职业教育电工电子技术仿真学习法系列教材
电工电子中高职衔接示范教材

模拟电子技术基础与仿真（Multisim10）

牛百齐　梁海霞　贾玉凤　主　编

電子工業出版社
Publishing House of Electronics Industry
北京 • BEIJING

内容简介

本教材以项目为单元，工作任务为引领，操作为主线，技能为核心，将仿真技术知识融入教学中；将虚拟仿真技术与真实实验结合，采用“教学做一体化”模式，培养学生分析和解决问题的能力，形成职业技能。

全书共分 9 个项目，分别是认知晶体二极管及 Multisim 10 仿真、认知半导体晶体管、基本放大电路的分析及应用、集成运算放大器的分析及应用、负反馈放大电路的分析及应用、波形发生电路的分析及应用、功率放大电路的分析及应用、直流稳压电源的分析及应用和综合训练项目：晶体管收音机的安装调试。

本书可作为职业院校电子、通信、自动化、电气、信息等专业的教材，也可供从事电工工作的技术人员参考。

图书在版编目（CIP）数据

模拟电子技术基础与仿真：Multisim10/牛百齐，梁海霞，贾玉凤主编. —北京：电子工业出版社，2016.7
ISBN 978-7-121-29490-7

Ⅰ. ①模… Ⅱ. ①牛… ②梁… ③贾… Ⅲ. ①模拟电路－电子技术－高等职业教育－教材②电子电路－计算机仿真－应用软件－高等职业教育－教材 Ⅳ. ①TN710②TN702

中国版本图书馆 CIP 数据核字（2016）第 173656 号

策划编辑：白　楠
责任编辑：白　楠　　特约编辑：王　纲
印　　刷：北京虎彩文化传播有限公司
装　　订：北京虎彩文化传播有限公司
出版发行：电子工业出版社
　　　　　北京市海淀区万寿路 173 信箱　邮编 100036
开　　本：787×1 092　1/16　印张：15.75　字数：403.2 千字
版　　次：2016 年 7 月第 1 版
印　　次：2024 年 1 月第 2 次印刷
定　　价：35.00 元

凡所购买电子工业出版社图书有缺损问题，请向购买书店调换。若书店售缺，请与本社发行部联系，联系及邮购电话：（010）88254888，88258888。

质量投诉请发邮件至 zlts@phei.com.cn，盗版侵权举报请发邮件至 dbqq@phei.com.cn。

本书咨询联系方式：（010）88254592，bain@phei.com.cn。

为了更好地满足职业教育改革的需要，结合办学定位、岗位需求、学生学业水平等情况，贯彻项目驱动教学理念，以培养学生的综合工作能力为出发点，实现技能型人才的培养目标，在总结多年的教学改革实践中的成功经验下，编写了这本《模拟电子技术基础与仿真(Multisim 10)》教材。

本教材以项目为单位组织教学活动，打破传统知识传授方式，变书本知识传授为动手能力培养，体现职业能力为本位的职业教育思想。全书贯穿了 Multisim 10 仿真，为课程教学提供了一种先进的教学手段和方法，使得模拟电子技术课程的教学更加生动活泼，实验更加灵活方便。主要特点如下：

（1）将仿真技术融入电子技术课程的教学过程中，仿真软件采用 NI Multisim 10 版本，该软件为用户提供了丰富的元件库和功能齐全的各类虚拟仪器，可以对各种电路进行全面的仿真分析和设计，可方便地对电路参数进行测试和分析；操作中不消耗实际的元器件，所需元器件的种类和数量不受限制，且具有界面直观、操作方便、易学易用的特点。引入仿真技术，丰富了教学手段，大大改进了电子技术课程学习方法，可有效提高学习效率。

（2）以项目任务来构建完整的教学组织形式。教材以项目为单元，工作任务为引领，操作为主线，技能为核心，将仿真技术知识点分解到项目教学中，项目由易到难，循序渐进，符合认知规律。

（3）采用“学中做，做中学，教学做一体化”模式，将虚拟仿真技术与真实实验结合，在动手操作实践过程中，全面掌握知识，形成技能。同时，仿真软件借助计算机，可以随时随地，不受限制地学习，特别适合学生自学，使学习过程变得轻松愉快。

（4）教材适用面广，书中“*”内容，可供不同层次、不同专业的教学需要选择。

全书共分 9 个项目，分别是认知晶体二极管及 Multisim 10 仿真、认知半导体晶体管、基本放大电路的分析及应用、集成运算放大器的分析及应用、负反馈放大电路的分析及应用、波形发生电路的分析及应用、功率放大电路的分析及应用、直流稳压电源的分析及应用和综合训练项目：晶体管收音机的安装调试。

本教材建议教学学时为 60～90 学时，教学时可结合具体专业实际，对教学内容和教学时数进行适当调整。

本书由牛百齐、梁海霞、贾玉凤担任主编，参与编写的还有江文莉、李风、潘谈、常淑英、李汉挺、孙尧、马艳霞、孙盟。

本教材在编写过程中，参考了大量的专家著作和资料，得到许多专家和学者的支持，在此对他们表示衷心的感谢。

由于编者水平有限，书中不妥、疏漏或错误之处在所难免，恳请专家、同行批评指正，也希望得到读者的意见和建议。

目　录

项目1

认知晶体二极管及Multisim 10仿真

知识目标

① 熟悉半导体的概念及其特点。
② 理解 PN 结的形成及特性。
③ 熟悉半导体二极管的伏安特性、主要参数。
④ 熟悉稳压二极管的伏安特性、稳压原理及主要参数。

技能目标

① 掌握万用表的结构及使用。
② 掌握二极管的识别与检测方法。
③ 熟悉 Multisim 10 仿真软件的使用。
④ 熟悉虚拟仪器仪表的使用方法。

1.1 任务1 认知晶体二极管

半导体器件是构成各种电子电路的基础，而半导体器件是由半导体材料制成的，所以在学习电子电路之前了解半导体的一些基本知识非常必要。

本任务首先介绍半导体的特性、PN 结的形成和特性，在此基础上介绍半导体二极管的结构、伏安特性及参数，讨论二极管的特点及应用，为合理选择和使用二极管打下基础。

1.1.1 半导体及其特性

自然界的各种物质根据其导电性的不同可分为导体、绝缘体和半导体三大类。导体中有大量的自由电子，外加电场后，自由电子可以定向运动，形成电流。在外电场作用下，物质内部能形成电流的粒子称为载流子，导体如铜、铁等金属内部有大量载流子——自由电子，因此导电性能很好，而绝缘体内部几乎没有可以自由移动的电荷——载流子很少，因此导电性能很差。由于半导体物质内部的特殊结构，载流子数量比导体的少，比绝缘体的多，因此半导体的导电性能居于两者之间，由此可见，导电性能取决于内部载流子的多少。

通常情况下纯净半导体的导电能力很差，随着外界条件改变，其导电能力会有较大改变。半导体具有以下特性。

（1）热敏特性：当半导体受热时，电阻率会发生变化，利用这个特性制成热敏电阻。热敏电阻可分为正温度系数（PTC）和负温度系数（NTC）两种，如MF58属于负温度系数的热敏电阻，即其电阻率随着温度的升高而降低。

（2）光敏特性：当半导体受到光照时，电阻率会发生改变，利用这个特性制成光敏器件，如光敏电阻、光敏二极管、光敏三极管等。光敏电阻随着光的照射，其电阻值下降；在光照条件下光敏二极管和光敏三极管的反向电流增加。

（3）杂敏特性：当纯净的半导体中掺入微量的其他杂质元素（如磷、硼等）时，其导电能力会显著增加，利用这个特性制成半导体器件，如半导体二极管、半导体三极管、场效应管、晶闸管等。

1.1.2 本征半导体

根据所含杂质的多少，半导体分为纯净半导体和杂质半导体。纯净半导体几乎不含杂质，它是通过一定的工艺过程将半导体提纯制成的晶体。完全纯净的、具有晶体结构的半导体又称为本征半导体，如单晶硅和单晶锗。

本征半导体的原子结构与其他元素的原子结构一样，绕原子核旋转的电子是分层排布的，最外层的电子叫价电子。硅和锗最外层都有 4 个价电子，被称为 4 价元素，当原子最外层达到 8 个价电子时，物质的结构最稳定。在硅和锗的原子中，除去价电子后的其余部分称为惯性核。硅和锗的原子均可表示为由一个带 4 个基本正电荷的惯性核和周围的 4 个价电子组成，如图 1-1 所示。

在本征半导体内部，每个原子与其相邻的 4 个原子，利用共用电子对的方式，形成共价键结构，如图 1-2 所示。

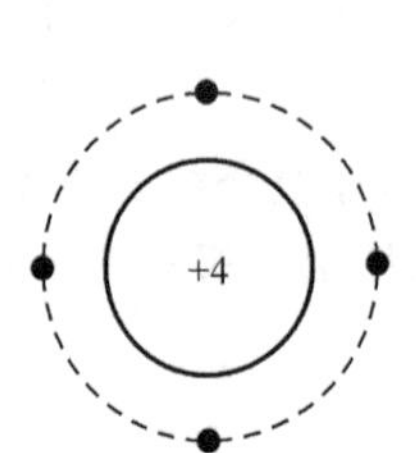

图 1-1 硅（锗）原子结构简图

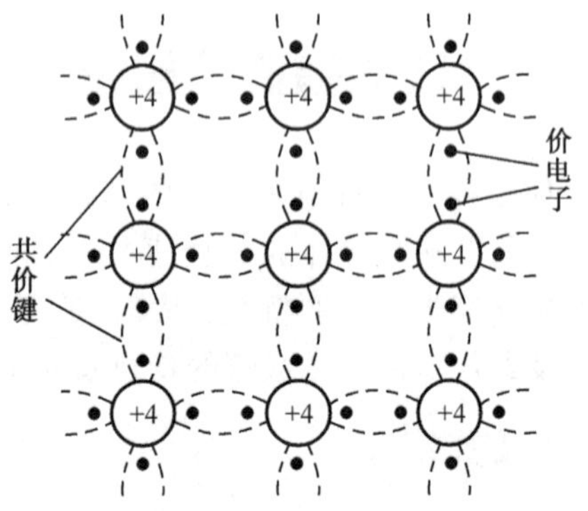

图 1-2 硅（锗）晶体共价键结构

共价键中的价电子由于热运动而获得一定的能量，其中少数能够摆脱共价键的束缚而成为自由电子，同时必然在共价键中留下空位，称为空穴。空穴带正电，如图 1-3 所示。

在一定的温度下，由于热运动转化为价电子的动能，少数价电子由于热激发获得足够的能量挣脱共价键的束缚成为自由电子，并在共价键中留下一个空位置，称为空穴。原子因失掉一个价电子而带正电，或者说空穴带正电。自由电子和空穴都是运载电荷的粒子，称为载流子。同时，自由电子在运动过程中也会填补空位，称为复合。在一定温度下，激发和复合处于动态平衡，在本征半导体中，自由电子与空穴是成对出现的，即自由电子与空穴数目相

等，如图 1-3 所示。这样，若在本征半导体两端外加一电场，则一方面自由电子产生定向移动，形成电子电流；另一方面由于空穴的存在，价电子将沿一定的方向移动，形成空穴电流。

由于自由电子和空穴所带电荷极性不同，所以它们的运动方向相反，本征半导体中的电流是由电子电流和空穴电流两部分组成的。

导体导电只有一种载流子，即自由电子导电；而本征半导体有两种载流子，即自由电子和空穴均参与导电，这是半导体导电的特殊性质。

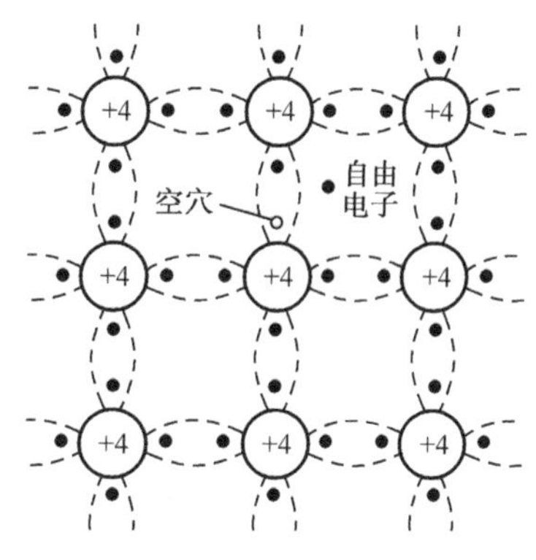

图 1-3　本征半导体中的自由电子和空穴

本征半导体受热或光照后产生电子空穴对的物理现象称为本征激发。由于常温下本征激发所产生的电子空穴对数目很少，所以本征半导体导电性能很差。当温度升高或光照增强，本征半导体内原子运动加剧，本征激发的电子空穴对增多，与此同时，又使复合的机会相应增多，最后达到一个新的相对平衡，这时电子空穴对的数目自然比常温时多，所以电子空穴对的数目与温度或光照有密切关系。温度越高或光照越强，本征半导体内载流子数目越多，导电性能越好，这就是本征半导体的热敏性和光敏性。

本征半导体的导电能力会随温度或光照的变化而变化，但是它的导电能力是很弱的。如果在本征半导体中掺入其他微量元素（这些微量元素的原子称为杂质），可使半导体的导电能力大大加强，掺入的杂质越多，半导体的导电能力越强，这就是半导体的掺杂特性。

1.1.3　PN 结的形成

在本征半导体中掺入微量的杂质就形成杂质半导体，根据掺入的元素的价电子不同，杂质半导体又分为 N 型半导体和 P 型半导体。

1. N 型半导体

在本征半导体硅（或锗）中，用特殊的工艺方法，有目的地掺入微量的五价元素，如磷（P）元素，就形成了 N 型半导体。

如图 1-4 所示，掺入的磷原子取代了晶格中某些硅原子，仍然与周围的 4 个硅原子利用共用电子对形成共价键结构。由于磷是五价元素，原子最外层有 5 个价电子。用 4 个价电子与周围的硅原子形成共价键结构后，还剩余 1 个价电子，该价电子受磷原子核的束缚很微弱，在一般温度下，均可脱离原于核的束缚而成为自由电子。磷原子失去 1 个价电子后，就成了带正电的离子，通常将其称为施主离子。综上所述，在本征半导体中，每掺入 1 个磷原子，就会产生 1 个自由电子和 1 个施主离子。

在 N 型半导体中，除了因掺杂产生的大量自由电子和相同数量的带正电的施主离子外，还有少量的、本征激发产生的电子空穴对。施主离子牢牢地束缚在晶格中，不能定向移动形成电流．所以它不是载流子。因此，在 N 型半导体中有两种载流子——自由电子和空穴，自由电子的数量多，被称为多数载流子，简称多子；而空穴的数量少，故被称为少数载流子，简称少子。N 型半导体中，载流子的分布情况示意图如图 1-5 所示。

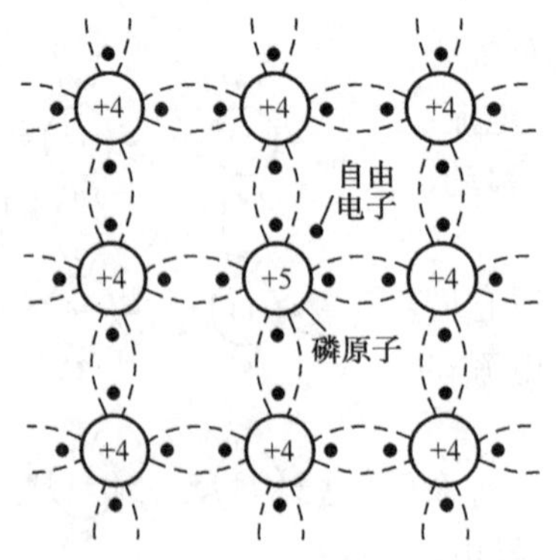

图 1-4 N 型半导体的晶体结构

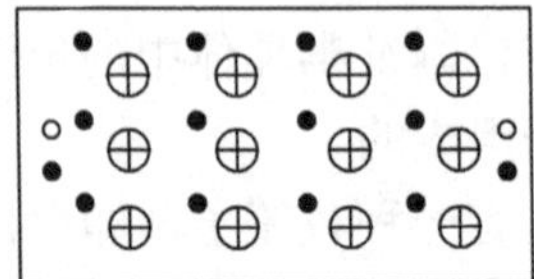

图 1-5 N 型半导体中的载流子

在外加电场作用下，N 型半导体中的载流子都能定向移动形成电流，所以 N 型半导体的导电性能大大好于本征半导体。N 型半导体主要是靠其中的多子——自由电子导电的，所以 N 型半导体又称为电子型半导体。

在 N 型半导体中，正电荷和负电荷的电量相等，所以 N 型半导体是电中性的。

2. P 型半导体

在本征半导体硅（或锗）中，用特殊的工艺方法，有目的地掺入微量的三价元素，如硼（B）元素，就形成了 P 型半导体。

硼是三价元素，当硼原子与周围的 4 个硅原子形成共价键结构时，还缺少一个价电子，这样，就在共价键中产生了 1 个空位，这个空位就是空穴。由于空穴带正电，所以硼原子去除一个基本正电荷，就变成了带负电的离子，通常称其为受主离子。P 型半导体的晶体结构如图 1-6 所示。

在本征半导体中，每加入一个硼原子，就会产生一个空穴和一个受主离子。在 P 型半导体中仍然有空穴和自由电子（本征激发产生的）两种载流子。但是与 N 型半导体不同的是 P 型半导体主要靠多子空穴导电。所以 P 型半导体又称为空穴型半导休。P 型半导体也是电中性的。P 型半导体的载流子分布情况如图 1-7 所示。

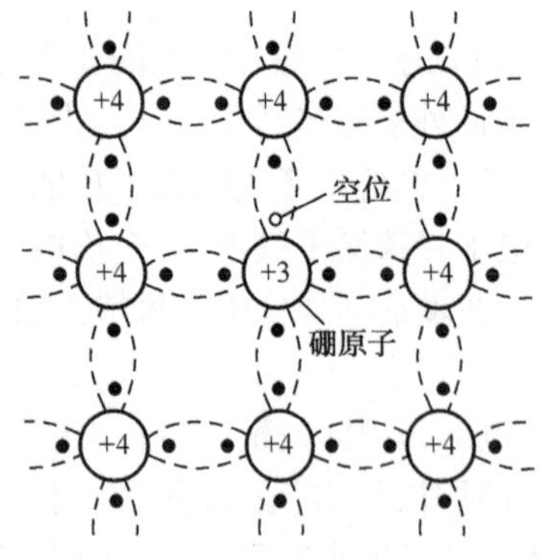

图 1-6 P 型半导体的晶体结构

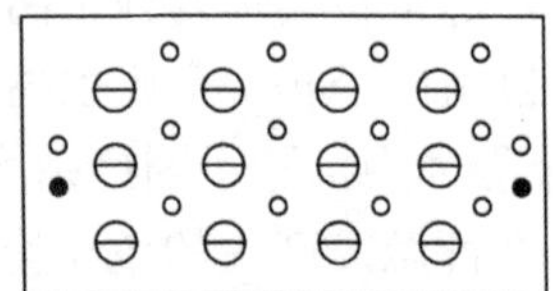

图 1-7 P 型半导体中的载流子

3. PN 结的形成

如果采用特定的工艺方法，使一块半导体的一边形成 P 型半导体，另一边形成 N 型半导体，那么在 P 型半导体和 N 型半导体分界面的附近就会形成一个具有特殊物理性质的区域。

在这个特殊区域的一侧是 P 型半导体，简称 P 区；另一侧是 N 型半导体，简称 N 区。单位体积（每立方厘米）半导体中含有的自由电子或空穴的数目，分别称为电子浓度或空穴浓度。显然。P 区的空穴浓度远大于 N 区的空穴浓度。而 N 区的电子浓度远大于 P 区的电子浓度。这样，空穴和自由电子都要从浓度高的地方向浓度低的地方运动（载流子由浓度高的地方高浓度低的地方运动称为扩散），如图 1-8 所示。

当 P 区的空穴扩散到 N 区后，便与 N 区的自由电子相遇复合掉了。同理，N 区的自由电子扩散到 P 区，又与 P 区的空穴复合了。这样，P 区一侧因为失去空穴而剩下受主离子，带负电；N 区一侧因为失去自由电子而剩下不能移动的施主离子，带正电。于是，形成了一个空间电荷区，产生了一个方向由 N 区指向 P 区的电场，通常称其为内电场。内电场的作用，一是阻碍多子的扩散运动；二是有助于少子向对方运动。在内电场作用下，P 区的少子（自由电子）要向 N 区运动，N 区的少子（空穴）要向 P 区运动（见图 1-8）。少子的上述运动称为漂移。载流子的扩散和漂移是相反的运动。开始时空间电荷较少，内电场较弱，扩散运动占优势；随着扩散运动的进行，空间电荷区不断加宽，内电场不断加强，对多数载流子扩散运动的阻力不断增大，但使少数载流子的漂移运动不断增强，最后扩散运动和漂移运动达到动态平衡。即在相同的时间内由 N 区扩散到 P 区的自由电子和由 P 区漂移到 N 区的自由电子数量相等，由 P 区扩散到 N 区的空穴和由 N 区漂移到 P 区的空穴数量相等。这时，空间电荷区的宽度相对稳定。这个稳定的空间电荷区就称为 PN 结，如图 1-9 所示。

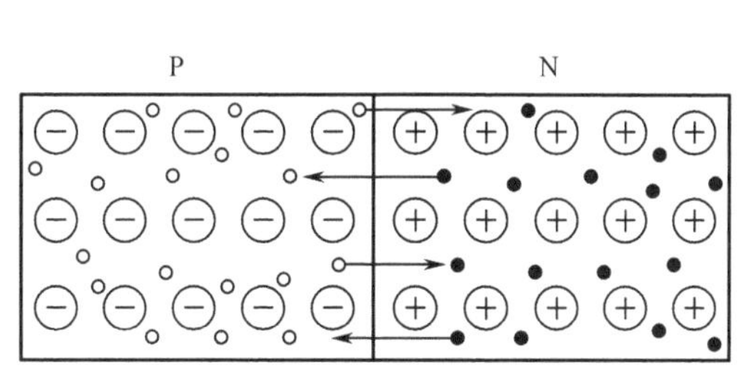

图 1-8 载流子的扩散

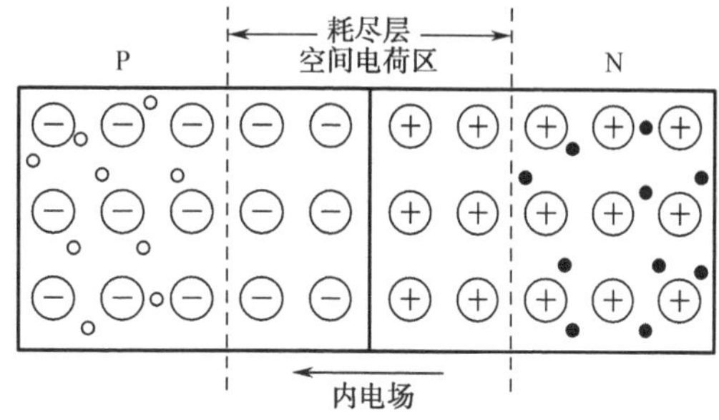

图 1-9 PN 结

4. PN 结的主要物理特性

（1）在 PN 结中没有载流子，所以 PN 结也称为耗尽层。

（2）PN 结有内电场，其方向由 N 区指向 P 区，即 PN 结的 N 区一侧电位高，P 区一侧电位低。PN 结两端的电压称为接触电压，其值约为零点几伏。内电场阻碍多子的扩散，所以 PN 结也称为阻挡层。

（3）在 PN 结中，载流子的扩散运动和漂移运动达到动态平衡，所以在没有外加电场的条件下，流过 PN 结的电流为零。

值得指出的是，PN 结除了具有上述物理特性外，还有其他特性，其中最为重要的是 PN 结具有单向导电性。

5. PN 结的单向导电性

在 PN 结的 P 区接电源正极，N 区接电源负极，如图 1-10（a）所示，这时称为给 PN 结加正向电压，也称为使 PN 结正向偏置，简称正偏。由于正向电压产生的电场称为外电场，正偏时外电场方向与 PN 结的内电场方向相反，削弱了内电场。当外电场足够强时，综合电场的方向与外电场的方向相同。这样 P 区的多子空穴和 N 区的多子自由电子就会在上述综合电场的作用下向对方扩散，形成同一方向的电流，这种电流的方向是由 P 区流向 N 区，即与外加电压的方向相同，故称为 PN 结导通了。显然，PN 结导通的条件是正偏。

另一方面，当 PN 结的 P 区接电源的负极，N 区接电源的正极时，如图 1-10（b）所示，即给 PN 结外加反向电压，称为 PN 结反向偏置，简称反偏。这时外加电场的方向与 PN 结内电场的方向相同，使得内电场加强，综合电场的方向与内电场方向相同。在这样的电场作用下，P 区和 N 区的多子不可能向对方扩散，而 P 区和 N 区的少子可能向对方漂移而形成同一方向的电流，该电流的方向是由 N 区流向 P 区，方向与所加的反向电压方向相同，称为反向电流。但是，值得指出的是，由于 P 区和 N 区的少子数量很少，所以反向电流一定很小，常为几微安，通常忽略不计，认为反向电流的值为零。若通过 PN 结的反向电流为零，则称 PN 结截止。可见，PN 结反偏截止。

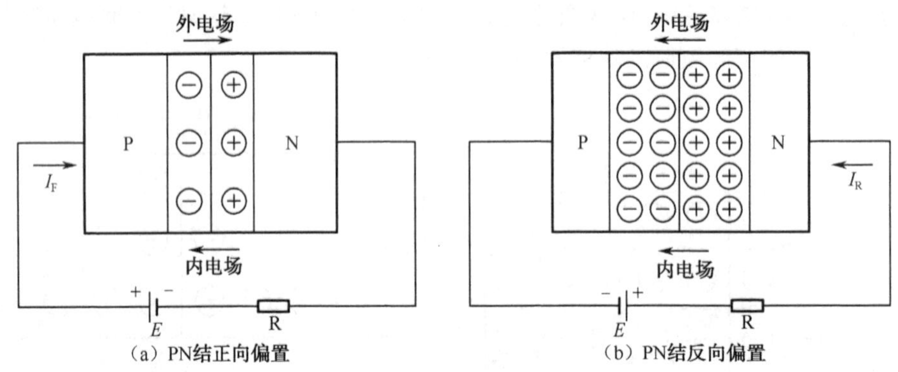

图 1-10 PN 结单向导电特性

综上所述，PN 结加正向偏压时导通，加反向偏压时截止，即 PN 结具有单向导电性。

1.1.4 半导体二极管

1. 二极管的分类及特性

若用管壳将一个 PN 结封装起来，并由 P 区和 N 区分别引出一条引线，就构成了一只二极管。由 P 区引出的引线称为正极（也称阳极）；由 N 区引出的引线称为负极（也称阴极），如图 1-11（a）所示，二极管的符号如图 1-11（b）所示。

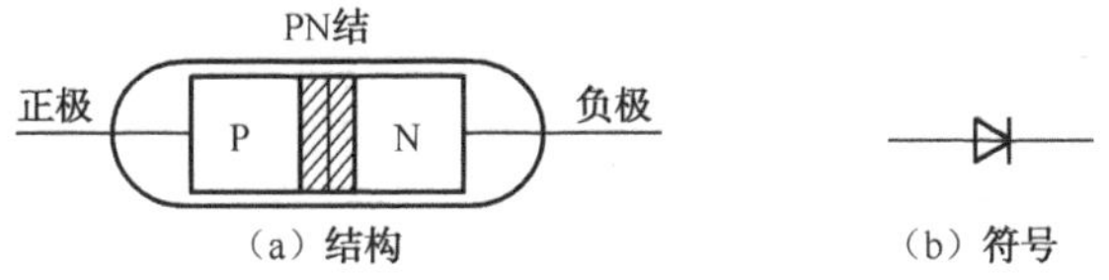

图 1-11　二极管的结构与符号

(1) 半导体二极管的分类

二极管按材料不同可分为硅二极管、锗二极管和砷化镓二极管等；按结构不同可分为点接触型二极管和面接触型二极管；按用途不同可分为整流管二极管、稳压管二极管、检波管二极管和开关二极管等。

二极管实物外形如图 1-12 所示。

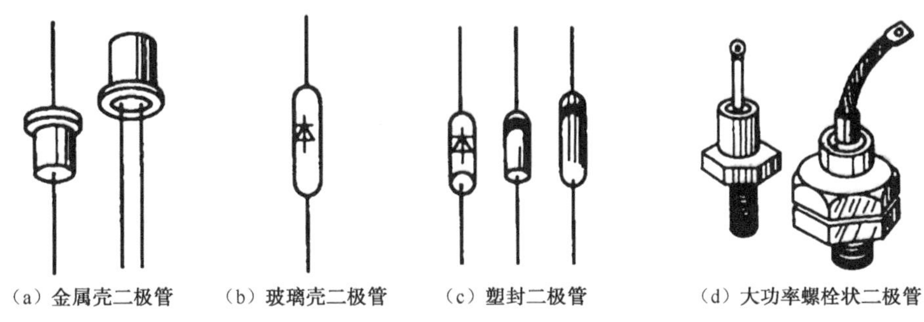

图 1-12　二极管实物外形

点接触型二极管的 PN 结是由一根很细的金属丝和一块半导体通过瞬间大电流熔接在一起形成的，其结面积很小，如图 1-13 (a) 所示，故不能承受大电流和较高的反向电压，一般用于高频检波和开关电路。

面接触型二极管的 PN 结采用合金法或扩散法形成，其结面积比较大，如图 1-13 (b) 所示，可以承受大电流。但由于结面积大，其结电容也比较大，故工作频率低，一般用于低频整流电路。

平面型二极管是一种特制的硅二极管，如图 1-13 (c) 所示，它不仅能通过较大的电流，而且性能稳定可靠，多用于开关、脉冲及高频电路中。

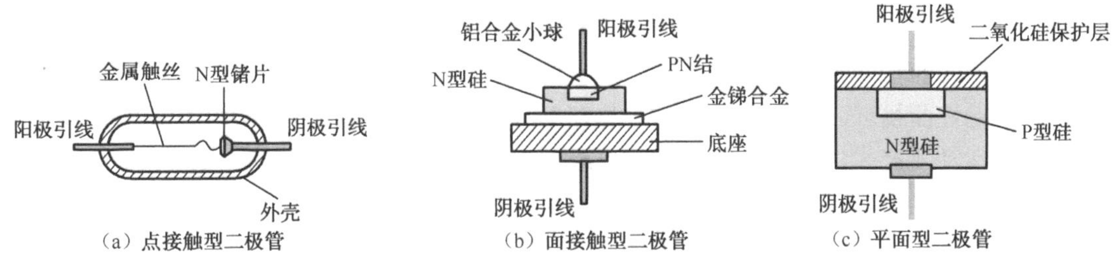

图 1-13　二极管几种常用类型的结构

(2) 半导体二极管的特性

半导体二极管具有单向导电性。在二极管内部有一个 PN 结，当二极管的正极接电源正极，负极接电源负极时，二极管正向偏置导通，有正向电流流过二极管。反之，当二极管正极接电源负极，负极接电源正极时，二极管反向偏置截止，没有电流流过二极管。二极管的单向导电性也可以这样理解，即正偏时二极管的电阻很小；反偏时二极管的电阻极大。

二极管的单向导电性可用下面的演示实验说明。当二极管正向偏置导通时，指示灯亮，当二极管反向偏置截止时，指示灯灭，如图 1-14 所示。

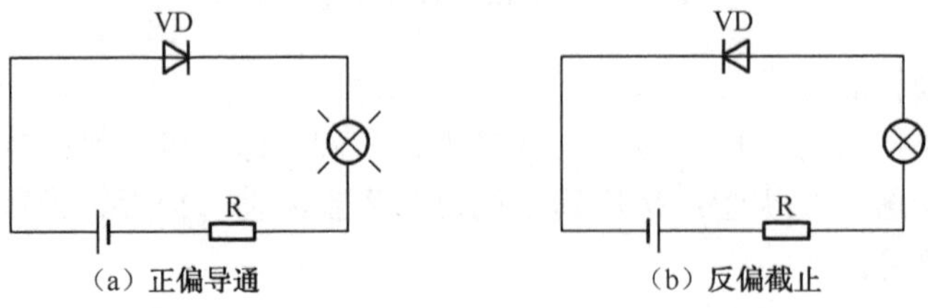

图 1-14　二极管的单向导电性

2. 二极管的伏安特性曲线

在二极管两端加电压，可以测得其电流。将电压和电流的关系绘制成函数图线，即可得到二极管的伏安特性曲线。

二极管正偏时的伏安特性曲线称为正向特性曲线；二极管反偏时的伏安特性曲线称为反向特性曲线。由实验得二极管特性曲线如图 1-15 所示。

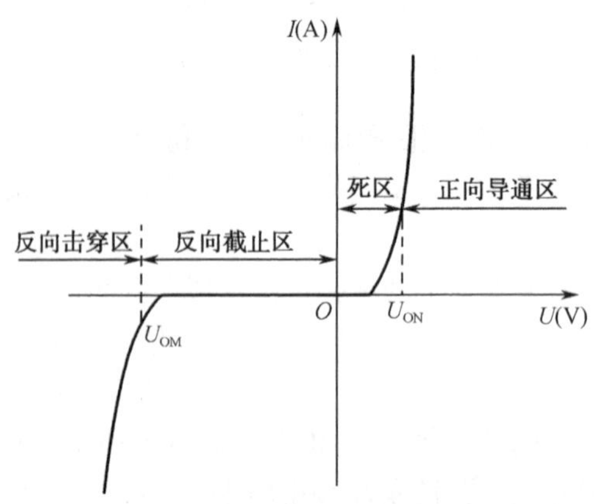

图 1-15　二极管的伏安特性曲线

（1）二极管的正向特性曲线

由正向特性曲线可以看到，当正向电压 U 较小时，由于外电场不足以克服 PN 结内电场对多子扩散运动所产生的阻力，二极管呈现的正向电阻较大，这时的正向电流很小，近似为零，称为死区。当二极管两端的正向电压达到某一数值后，内电场大大被削弱，二极管正向电阻变得很小，正向电流增加很快，这时二极管导通。二极管导通后，尽管正向电流在较大范围内变化，但二极管两端的正向电压变化很小，此电压称为正向导通电压，用 U_{ON} 表示。硅管的正向导通电压为 0.5～0.7V，锗管的正向导通电压为 0.1～0.3V。在近似计算中，对于硅管取 0.7V，对于锗管取 0.3V。

（2）二极管的反向特性曲线

当二极管反偏时，外加电场方向与内电场方向相同，内电场被加强，多子的扩散完全受

阻，二极管呈现的反向电阻极大。多子扩散运动形成的正向电流为零，而少子漂移形成的反向电流也很小，近似为零，这时二极管截止。但当反向电压增加到某一数值后，反向电流会突然急剧增加，这种现象称为二极管的反向击穿。此时的电压称为二极管的反向击穿电压，用 U_{OM} 表示。在二极管的反向特性曲线中，电压小于 U_{OM} 的部分称为反向截止区，电压大于 U_{OM} 的部分称为反向击穿区。

3. 主要技术参数

（1）最大正向工作电流 I_F：指二极管在长期工作时，允许通过的最大正向平均电流。使用时通过二极管的平均电流不能大于这个值，否则将导致二极管损坏。

（2）最大反向工作电压 U_{RM}：指正常工作时，二极管所能承受的反向电压的最大值。一般手册上给出的最大反向工作电压约为击穿电压的一半，以确保管子安全运行。

（3）最高工作频率 f_M：指晶体二极管能保持良好工作性能条件下的最高工作频率。

（4）反向饱和电流 I_S：指二极管未击穿时流过二极管的最大反向电流。反向饱和电流越小，二极管的单向导电性能越好。

4. 二极管的应用

（1）限幅电路

限幅电路也称为削波电路，它是一种能把输入电压的变化范围加以限制的电路，常用于波形变换和整形。

通常，将输出电压 u_o 开始不变的电压阈值称为限幅电平。当输入电压高于限幅电平时，输出电压保持不变的限幅称为上限幅。当输入电压低于限幅电平时，输出电压保持不变的限幅称为下限幅。

上限幅电路如图 1-16（a）所示。当 $u_i \geq =2.7V$ 时，二极管 VD 导通，$u_o=2.7V$，即将 u_i 的最大电压限制在 2.7V 上；当 $u_i < 2.7V$ 时，二极管 VD 截止，二极管支路开路，$u_o = u_i$。图 1-16（b）画出了输入−5V 的正弦波时，该电路的输入、输出波形。

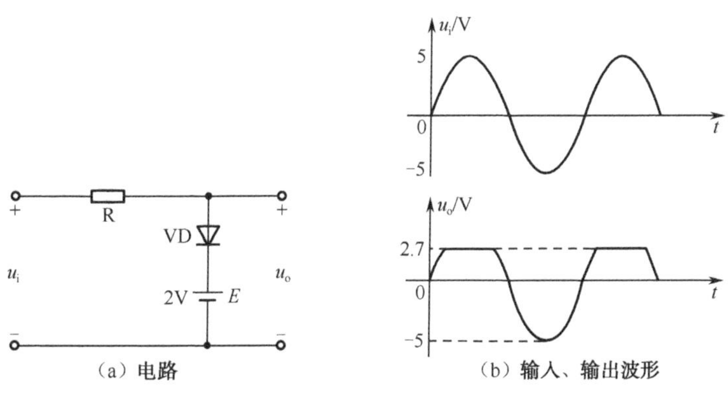

图 1-16　二极管上限幅电路及波形

（2）二极管整流电路

把交流电变为直流电，称为整流。一个简单的二极管半波整流电路如图 1-17（a）所示。若二极管为理想二极管，当输入一正弦波时，由图可知：正半周时，二极管导通（相当开关闭合），$u_o=u_i$；负半周时，二极管截止（相当开关打开），$u_o=0$。其输入、输出波形如图 1-17（b）所示。整流电路可用于信号检测，也是直流电源的一个组成部分。

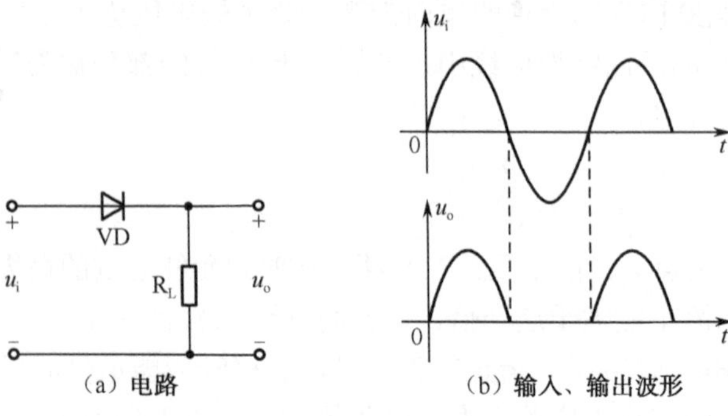

图 1-17　二极管半波整流电路及波形

（3）开关电路

二极管在正向电压作用下电阻很小，处于导通状态，相当于一个接通的开关；在反向电压作用下，电阻很大，处于截止状态，如同一个断开的开关。利用二极管的开关特性，可以组成各种开关电路。

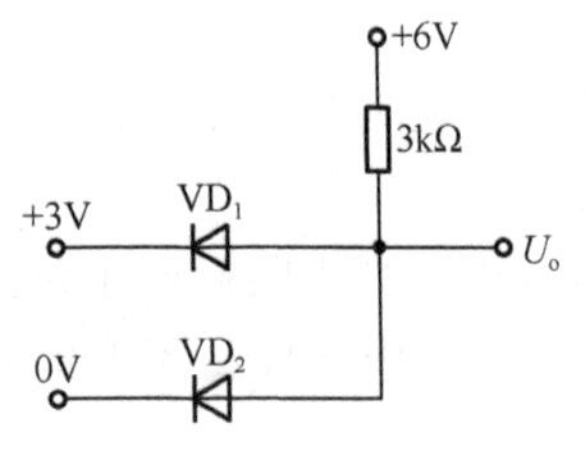

图 1-18　二极管组成的开关电路

例如，一种由二极管组成的开关电路如图 1-18 所示，设二极管是理想二极管，由图可知，当两只二极管都断开时，所承受的电压分别为

$$VD_1=6V-3V=3V>0$$

$$VD_2=6V-0V=6V>0$$

将二极管接入后，VD_2 承受的正向压降比 VD_1 高，VD_2 优先导通，使 U_o 箝位在 0V。此时二极管 VD_1 因承受反向电压而截止。所以，电路中二极管 VD_2 导通，VD_1 截止，输出电压 U_o=0V。

1.1.5　特殊二极管

1. 稳压二极管

一般的二极管工作于其特性曲线的第一和第三象限中，不允许出现反向击穿。而稳压二极管是一种用特殊工艺制造的半导体二极管，专门工作在反向击穿状态。稳压二极管的伏安特性和符号如图 1-19 所示。

从特性曲线可以看出，其正向特性与普通二极管相似，而反向击穿特性曲线很陡，工作在反向击穿时，虽然反向电流的变化较大，但反向电压的变化却是很小的。因此可以利用这一特点得到一个恒定的电压。

稳压二极管在正常工作时处于反向击穿状态，它的稳定电压就是其反向击穿电压。由于采用特殊工艺制造，稳压二极管并不因击穿而损坏。但如果反向电流过大，超过允许的最大值，其也会产生不可逆的热击穿，此时稳压二极管就烧坏了。因此，稳压二极管在使用时，必须串联一个限流电阻。

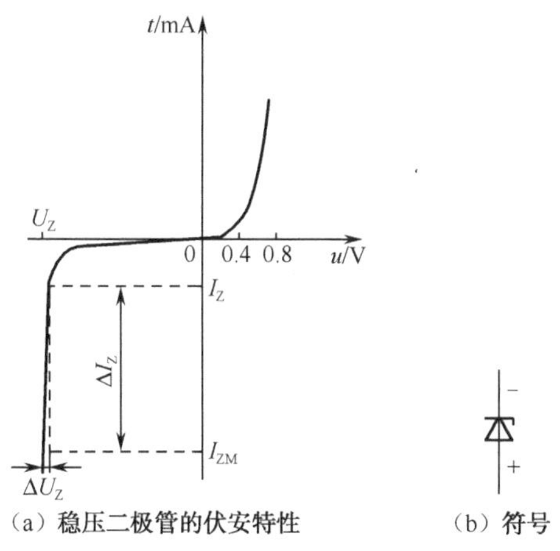

（a）稳压二极管的伏安特性　（b）符号

图 1-19　稳压二极管的伏安特性和符号

稳压二极管的主要参数：

（1）稳定电压 U_Z：指稳压二极管反向击穿后稳定工作的电压。稳定电压是选择稳压二极管的主要依据之一。

（2）稳定电流 I_Z：指工作电压等于稳定电压时的电流。

（3）动态电阻 r_Z：指在稳定工作范围内，管子两端电压的变化量与相应电流的变化量之比，即

$$r_Z=\Delta U_Z/\Delta I_Z \tag{1-1}$$

稳压二极管的动态电阻值越小越好。

（4）额定功率 P_Z，指在稳压管允许结温下的最大功率损耗。额定功率取决于稳压二极管允许的温升。

2. 发光二极管

发光二极管是一种能把电能转换成光能的特殊器件。这种二极管不仅具有普通二极管的正、反向特性，而且当给管子施加正向偏压时，管子还会发出可见光和不可见光（即电致发光）。目前应用的有红、黄、绿、蓝、紫等颜色的发光二极管。此外，还有变色发光二极管，即，当通过二极管的电流改变时，二极管的发光颜色也随之改变。图 1-20（a）为发光二极管的图形符号。

发光二极管常用来作为显示器件，除单个使用外，也常做成七段式或矩阵式器件。发光二极管的另一个重要的用途是将电信号变为光信号，通过光缆传输，然后再用光电二极管接收，再现电信号。图 1-20（b）为发光二极管发射电路通过光缆驱动的光电二极管电路。在发射端，一个 0～5V 的脉冲信号通过 500Ω 的电阻作用于发光二极管（LED），这个驱动电路可使 LED 产生一数字光信号，并作用于光缆。由 LED 发出的光约有 20%耦合到光缆。在接收端接收到的光中，约有 80%耦合到光电二极管，可在接收电路的输出端复原为 0～5V 电压的脉冲信号。

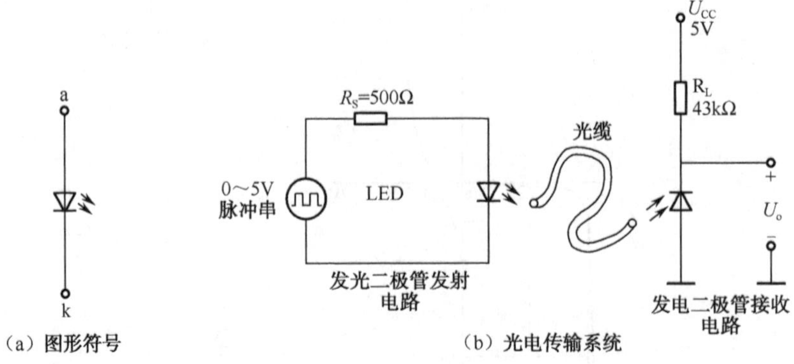

（a）图形符号　　（b）光电传输系统

图 1-20　发光二极管

3. 光电二极管

光电二极管的结构与普通二极管的结构基本相同，只是在它的 PN 结处，通过管壳上的一个玻璃窗口能接收外部的光照。光电二极管的 PN 结在反向偏置状态下运行，其反向电流随光照强度的增加而上升。图 1-21（a）为光电二极管的图形符号，图 1-21（b）为它的等效电路，而图 1-21（c）为它的特性曲线。光电二极管的主要特点是其反向电流与光照度成正比。

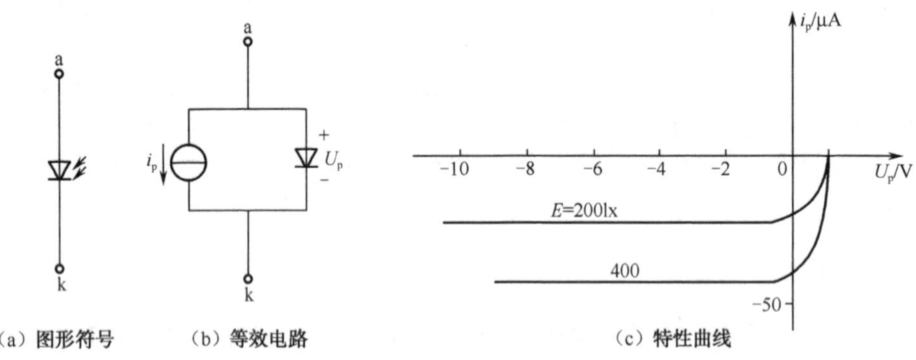

（a）图形符号　　（b）等效电路　　（c）特性曲线

图 1-21　光电二极管

思考与练习

1-1-1　什么是本征半导体？它的主要特性是什么？

1-1-2　什么是 P 型半导体？什么是 N 型半导体？它们是如何形成的？

1-1-3　什么是 PN 结的单向导电性？

1-1-4　稳压二极管的稳压原理是什么？

操作训练 1　万用表的使用

1. 训练目的

① 熟悉万用表的结构。

② 掌握使用万用表测量电阻、电流、电压的方法。

2. 训练内容

万用表是一种多功能电工仪表，可测量交、直流电压、电流、直流电阻，以及二极管、晶体管的参数等。万用表按其结构、原理不同，可分为指针式万用表和数字式万用表两类。

1）指针式万用表

指针式万用表主要是磁电式万用表，其结构主要由表头（测量机构）、测量线路和转换开关组成。

表头：万用表的表头多采用高灵敏度的磁电系测量机构，表头的满刻度偏转电流一般为几微安到几十微安。满偏电流越小，灵敏度就越高，测量电压时的内阻就越大。一般万用表直流电压挡内阻较大，交流电压挡内阻要低一些。

测量线路：万用表用一只表头能测量多种电量并具有多种量限，关键是通过测量线路的变换，把被测量变换成磁电系表头所能测量的直流电流。测量线路是万用表的中心环节。

转换开关：转换开关是万用表选择不同测量种类和不同量程的切换元件。万用表用的转换开关都采用多刀多掷波段开关或专用转换开关。

万用表的形式有多种，面板结构也有所不同。下面以 M47 型万用表的面板图为例进行识读。

面板结构：M47 型万用表的面板结构如图 1-22 所示，由指针、表盘、调零旋钮、表笔插孔等组成。

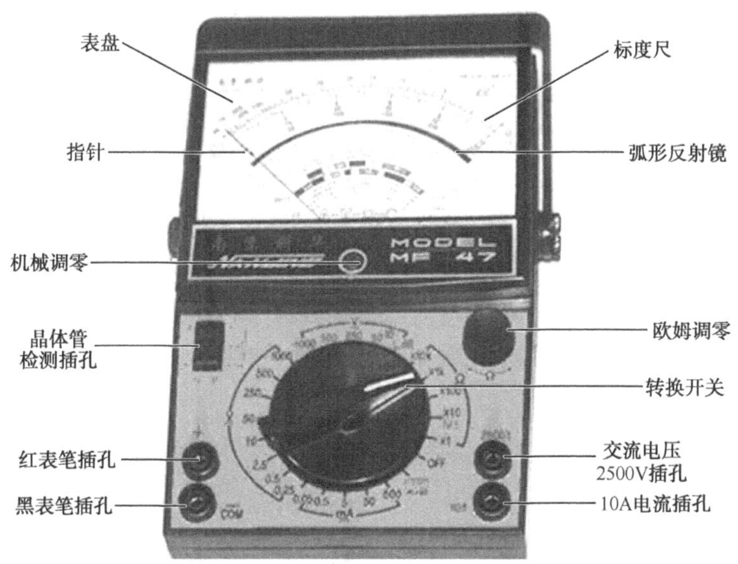

图 1-22 M47 型万用表的面板结构

标度尺：MF47 型万用表表盘共有 8 个标度尺，如图 1-23 所示。从上到下，第一条是电阻标度尺（Ω），第二条是 10V 交流电压（ACV）专用标度尺，第三条是交、直流电压和直流电流（mA）公用标度尺，第四条是电容（μF）标度尺，第五条是负载电压（稳压）、负载电流参数测量标度尺，第六条是晶体管直流放大倍数测量（h_{FE}）标度尺，第七条是电感测量（H）标度尺，第八条是音频电平测量（DB）标度尺。

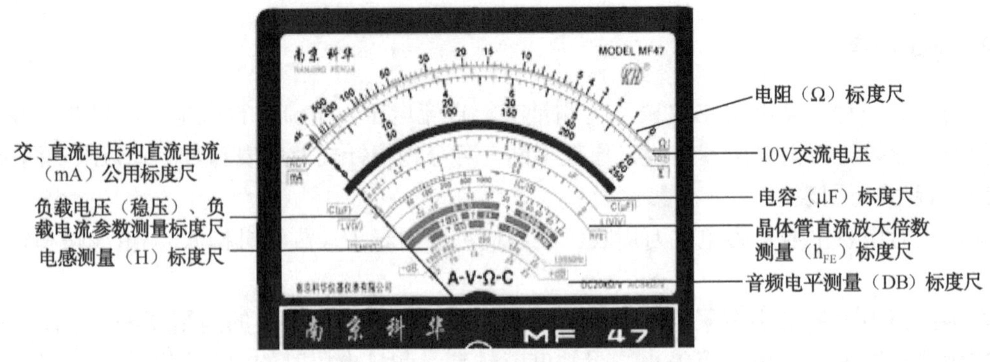

图 1-23　MF47 型万用表表盘标度尺

注意：指针式万用表表盘标度尺，有的是均匀的，如交、直流电压、直流电流刻度；有的是不均匀的，如电阻刻度，两个刻度线之间代表的数值有时是不同的，读取数值时一定要分辨清楚。

（1）指针式万用表的机械调零

在使用万用表之前，应先进行"机械调零"，即在没有被测电量时，使万用表指针指在零电压或零电流的位置上。使用前，要检查指针是否在零位，如果不在零位，可用螺钉旋具调整表头上的机械调零旋钮，使指针对准零分度。

（2）指针式万用表测量电阻

使用指针式万用表测量电阻的步骤如下。

① 选择量程。测量电阻前，首先选择适当的量程。电阻量程分为×1Ω、×10Ω、×100Ω、×1kΩ、×10kΩ 挡。将量程开关置于合适的量程，为了提高测量准确度，应使指针尽可能靠近标度尺的中心位置。

② 欧姆调零。选择好量程后，对表针进行欧姆调零，方法是将两表笔棒搭接，调节欧姆调零旋钮，使指针在第一条欧姆刻度的零位上，如图 1-24（a）所示。如调不到零，说明万用表的电池电量不足，需更换电池。注意每次变换量程之后都要进行一次欧姆调零操作。

③ 测量电阻。将两表笔接入待测电阻，如图 1-24（b）所示，按第一条刻度读数，并乘以量程所指的倍数，即为待测电阻值。例如，用 R×100 挡量程进行测量，指针指示为 18，则被测电阻 R_X=18×100=1800Ω。

（a）欧姆调零

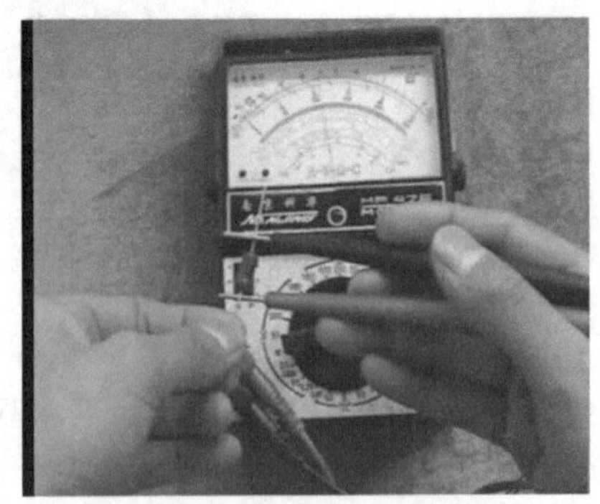

（b）测量电阻

图 1-24　指针式万用表测量电阻

指针式万用表测量电阻注意事项：

① 测量时，将万用表两表笔分别与被测电阻两端相连，不要用双手捏住表笔的金属部分和被测电阻，否则人体本身电阻会影响测量结果。

② 严禁在被测电路带电情况下测量电阻，如果电路中有电容，应先将其放电后再进行测量。

③ 若改变量程需重新调零。

（3）指针式万用表测量交流电压

使用指针式万用表测量交流电压的步骤如下。

① 选择适当的交流电压量程。MF47 型万用表有 5 个交流电压量程，为提醒使用者注意安全，用红色标示。

② 测量电压。表笔并联待测电压两端，不用考虑相线或零线。

指针式万用表测量交流电压注意事项：

指针式万用表测量的电压值是交流电的有效值，如果需要测量高于 1000V 的交流电压，要把红表笔插入 2500V 插孔。

（4）指针式万用表测量直流电压

使用指针式万用表测量直流电压与测量交流电压相似，都是将表笔并联待测电压两端。其具体步骤如下。

① 选择合适直流电压量程。

② 测量电压。将红表笔测电路正极，将黑表笔插测电路负极。如果指针反转，则说明表笔所接极性反了，应更正过来重测。

（5）指针式万用表测量电流

使用指针式万用表测量电流的步骤如下。

① 选择量程。将选择量程开关置于“mA”部分的最高量程，或根据被测电流的大约数值，选择适当的量程。

② 测量电流。将万用表串联在被测回路中，红表笔接电流的流入方向，黑表笔接电流的流出方向。若电源内阻和负载电阻都很小，应尽量选择较大的电流量程。

使用 MF47 型万用表测量 500mA～10A（5A）的直流电流时，应将旋转开关置于 500mA 挡，红表笔插入 10A 插孔。

指针式万用表测量电流注意事项：

① 在测量过程中，不能转动转换开关，特别是测量高电压和大电流时，严禁带电转换量程。

② 若不能确定被测量大约数值时，应先将挡位开关置于最大量程，然后再按测量值选择适当的挡位，使表针得到合适的偏转。所选挡位应尽量使指针指示在标尺位置的 1/2～2/3 的区域（测量电阻时除外）。

③ 测量电路中的电阻阻值时，应将被测电路的电源切断，如果电路中有电容器，应先将其放电后才能测量。切勿在电路带电的情况下测量电阻。

④ 测量完毕后，最好将转换开关置于交、直流电压最大量程上，有空挡的要放在空挡上，防止再次使用时因疏忽未调节测量范围而将仪表烧坏。

2）数字式万用表

数字式万用表是采用液晶显示器来指示测量数值的万用表，具有显示直观、准确度高等优点。

下面以型号 DT 9205A 的数字式万用表为例，说明其面板结构。如图 1-25 所示，从面板上看，数字式万用表由液晶显示屏、量程转换开关、测试笔插孔等组成。

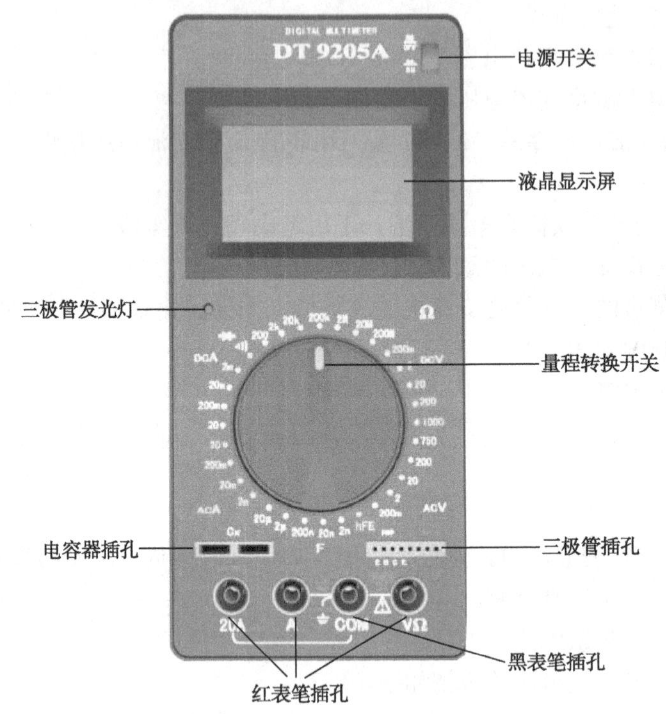

图 1-25　DT 9205A 数字式万用表的面板结构

液晶显示屏：液晶显示屏直接以数字形式显示测量结果。普通数字式万用表多为$3\frac{1}{2}$位（三位半）仪表，其最高位只能显示“1”或“0”，故称半位，其余 3 位是整位，可显示 0～9 全部数字。三位半数字式万用表最大显示值为±1999。

数字式万用表位数越多，灵敏度越高，例如，具有高挡的$4\frac{1}{2}$（四位半）仪表，最大显示值为±19999。

量程转换开关：量程转换开关位于表的中间，用于测量时选择项目和量程。由于最大显示数为±1999，不到满度 2000，所以量程挡的首位数字是 2，如 200Ω、2kΩ、2V……数字式万用表的量程也较指针式万用表要多，在 DT 9205A 上，电阻量程从 200Ω 至 200MΩ 就有 7 挡。除了直流电压、电流和交流电压及 h_{FE} 挡外，还增加了指针式万用表少见的交流电流和电容等测试挡。

表笔插孔：表笔插孔有 4 个。标有“COM”字样的为公共插孔，通常插入黑表笔。标有“VΩ”字样的插孔插入红表笔，用于测量电阻值和交直流电压值。测量交、直流电流有两个插孔，分别为 A 和 20A，供不同量程选用，也插入红表笔。

用数字式万用表测量电阻、电流、电压的方法与指针式万用表的使用方法基本一致，下面予以说明。

（1）交、直流电压的测量

使用数字式万用表测量交、直流电压的方法如下。

①将电源开关置 ON 位置，选择量程。根据需要将量程开关置于 DCV（直流）或 ACV（交流）范围内的合适量程。

②测量电压。红表笔插入 VΩ 孔，黑表笔插入 COM 孔，然后将两支表笔并联到被测点上，液晶显示器便直接显示被测点的电压。在测量仪器仪表的交流电压时，应当用黑表笔接触被测电压的低电位端（如信号发生器的公共接地端或机壳），从而减小测量误差。

（2）交、直流电流的测量

使用数字式万用表测量交、直流电流时，将量程开关置于 DCA（直流）或 ACA（交流）范围内的合适量程，红表笔插入 A 孔（≤200mA）或 20A 孔（>200mA），黑表笔插入 COM 孔，通过两支表笔将万用表串联在被测电路中。在测量直流电流时，数字式万用表能自动转换或显示极性。

当万用表使用完毕，应将红表笔从电流插孔中拔出，再插入电压插孔。

（3）电阻的测量

使用数字式万用表测量电阻时，所测电阻不乘倍率，直接按所选量程及单位读数。测量时，将量程开关置于 Ω 范围内的合适量程，红表笔（正极）插入 VΩ 孔，黑表笔（负极）插入 COM 孔。

注意：如果被测电阻超出所选量程的最大值，万用表将显示过量程“1”，这时应选择更高的量程。对大于 1MΩ 的电阻，需等待几秒稳定后再读数。当检查内部线路阻抗时，要保证被测线路电源切断，所有电容放电。

操作训练 2　二极管的识别与检测

1. 训练目的

① 掌握二极管的识别与检测方法。

② 熟悉万用表的使用。

2. 训练内容

1）二极管的极性识别

（1）根据标记识别

普通二极管正、负极性一般都标注在其外壳上。标记方法有箭头、色点、色环三种。一般印有色点、色环的一端为二极管的负极；箭头所指方向或靠近色环的一端为二极管的负极，另一端为正极。

对于玻璃封装的点接触式二极管，可透过玻璃外壳观察其内部结构来区分极性，金属丝一端为二极管的正极，半导体晶片一端为二极管的负极；二极管两端形状不同，平头一端为正极，圆头一端为负极；对于发光二极管，长引脚为正极，短引脚为负极。

一般二极管极性直观识别如图 1-26 所示。

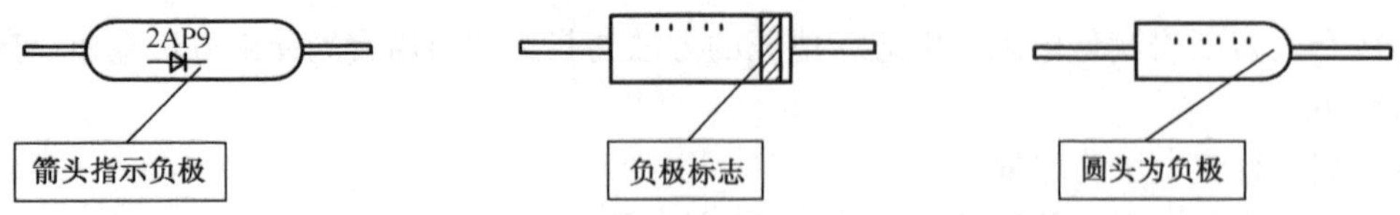

图 1-26　二极管极性直观识别

（2）根据正、反向电阻识别

将指针式万用表置于 R×100 或 R×1k 挡，两表笔分别接二极管的两个电极。若测出的电阻值较小（硅管为几百欧姆至几千欧姆，锗管为 100～1kΩ），说明是正向导通，此时黑表笔接的是二极管的正极，红表笔接的则是负极；若测出的电阻值较大（几十千欧姆至几百千欧姆），为反向截止，此时红表笔接的是二极管的正极，黑表笔为负极。

用数字式万用表测量时，使用二极管挡测量，正向压降小，反向溢出（显示“1”），红表笔与万用表内电池正极相连。当测量正向压降小时，红表笔所接为二极管的正极。

2）普通二极管检测

根据二极管的单向导电性，其反向电阻远远大于正向电阻。利用万用表欧姆挡，测试其正、反向电阻，即可对二极管的性能进行判断，具体方法如下。

将指针式万用表置于 R×100 或 R×1k 挡，两表笔分别接二极管的两个电极。若测出的电阻值较小（硅管为几百欧姆至几千欧姆，锗管为 100～1kΩ），说明是正向导通，当红、黑表笔对调后，反向电阻若在几百千欧姆以上，则可判断该二极管是正常的。

若不知被测的二极管是硅管还是锗管，可根据硅、锗管的导通压降不同的原理来判别。将二极管接在电路中，当其导通时，用万用表测其正向压降，硅管一般为 0.6～0.7V，锗管一般为 0.1～0.3V。

3）稳压管的测试

（1）极性的判别与普通二极管的判别方法相同。

（2）好坏检测

将万用表置于 R×10k 挡，黑表笔接稳压管的“-”极，红笔接“+”极，若此时的反向电阻很小（与使用 R×1k 挡时的测试值相比校），说明该稳压管正常。

万用表 R×10k 挡的内部电压都在 9V 以上，若此电压高于稳压管稳压值时，可达到被测稳压管的击穿电压，使其阻值大大减小。如果稳压值高于表内电池电压时，通过万用表分辨稳压二极管与普通二极管就非常困难。

1.2　任务 2　认知 Multisim 10 仿真软件

Multisim 10 是 National Instruments 公司（美国国家仪器有限公司）于 2007 年 3 月推出的 NI Circuit Design Suit 10 中的一个重要组成部分，其前身为 EWB（Electronics　Work-bench）。Multisim 是一种交互式电路模拟软件，是一种 EDA 工具，它为用户提供了丰富的元件库和功能齐全的各类虚拟仪器，主要用于对各种电路进行全面的仿真分析和设计。

Multisim 10 仿真软件提供了集成化的设计环境，能完成原理图的设计输入、电路仿真分析、电路功能测试等工作。当需要改变电路参数或电路结构仿真时，可以清楚地观察到各种变化电路对性能的影响。用 Multisim 10 进行电路的仿真，实验成本低、速度快、效率高。

Multisim 10 包含了数量众多的元器件库和标准化的仿真仪器库，用户还可以自己添加新元件，操作简单，分析和仿真功能十分强大。熟练使用该软件可以大大缩短产品研发的时间，对电路的强化、相关课程实验教学有十分重要的意义。EDA 的出现大大改进了电工、电子学习方法，提高了学习效率。下面简单介绍 Multisim 10 的基本功能及操作。

1. Multisim 10 的主界面

单击“开始”→“程序”→“National Instruments”→“Circuit Design Suite 10.0”→“multisim”，启动 Multisim10，这时会自动打开一个新文件，进入 Multisim 10 的主界面，如图 1-27 所示。

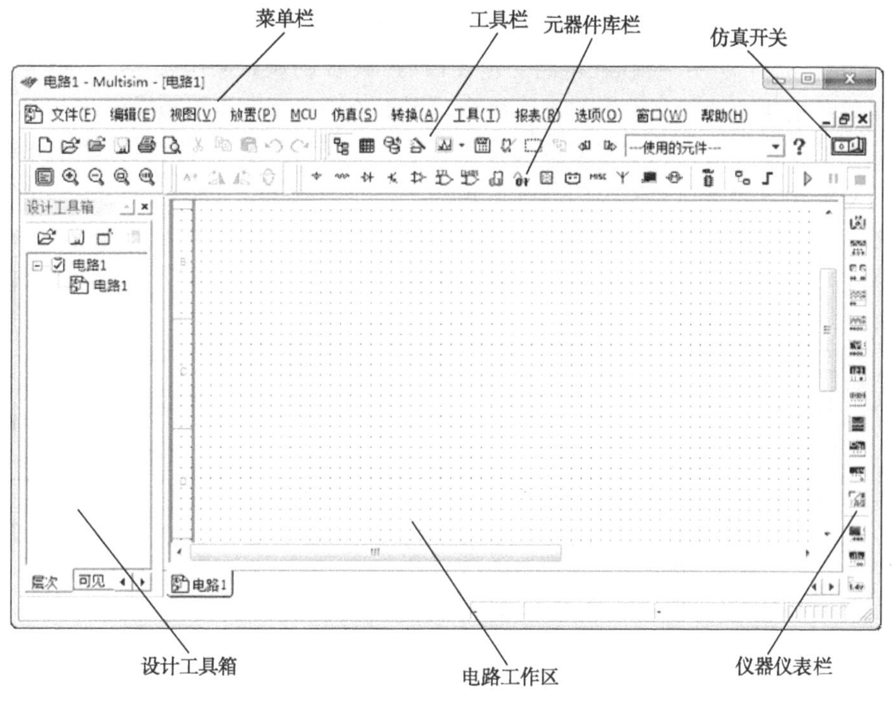

图 1-27　Multisim 10 的主界面

从图 1-27 可以看出，Multisim 10 的主窗口如同一个实际的电子实验台。屏幕中央区域最大的窗口就是电路工作区，在电路工作区上可将各种电子元器件和测试仪器、仪表连接成实验电路。电路工作窗口上方是菜单栏、工具栏和元器件库栏。从菜单栏可以选择电路连接、实验所需的各种命令。工具栏包含了常用的操作命令按钮。通过操作鼠标即可方便地使用各种命令和实验设备。元器件库栏存放着各种电子元器件。电路工作窗口右侧是仪器仪表栏。仪器仪表栏存放着各种测试仪器仪表，通过操作鼠标可以很方便地从元器件库和仪器仪表库中提取实验所需的各种元器件及仪器、仪表到电路工作窗口并连接成实验电路。按下电路工作窗口的仿真开关，可以进行电路仿真，“启动/停止”开关或“暂停/恢复”按钮可以方便地控制实验的进程。

1）菜单栏

菜单中提供了本软件几乎所有的功能命令，如图 1-28 所示。主要用于文件的创建、管理、编辑及电路仿真软件的各种操作命令。

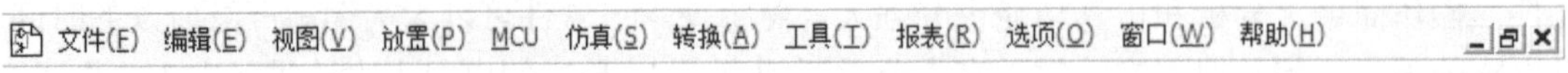

文件(F) 编辑(E) 视图(V) 放置(P) MCU 仿真(S) 转换(A) 工具(T) 报表(R) 选项(O) 窗口(W) 帮助(H)

图 1-28　Multisim 10 的菜单栏

文件菜单：提供文件操作命令，如打开、保存和打印等，对电路文件进行管理。

编辑菜单：在电路绘制过程中，提供对电路和元件进行剪切、粘贴、旋转等操作命令，进行编辑工作。

视图菜单：用来显示或隐藏电路窗口中的某些内容，如电路图的放大/缩小、工具栏栅格、纸张边界等。

放置菜单：提供在电路工作窗口内放置元件、连接点、总线和文字等命令。

MCU（单片机）菜单：提供在电路工作窗口内 MCU 的调试操作命令，

仿真菜单：提供电路仿真设置与操作命令，用于电路仿真的设置与操作。

工具菜单：提供元器件和电路编辑或管理命令，用来编辑或管理元器件库或元器件命令。

报表菜单：用来产生当前电路的各种报表。

选项菜单：用于定制软件界面和某些功能的设置。

窗口菜单：用于控制 Multisim 10 窗口的显示。

帮助菜单：为用户提供在线帮助和指导。

2）工具栏

Multisim 10 常用工具栏如图 1-29 所示，工具栏各图标名称及功能说明如下：

图 1-29　Multisim 10 常用工具栏

新建：清除电路工作区，准备生成新电路。

打开：打开电路文件。

存盘：保存电路文件。

打印：打印电路文件。

剪切：剪切至剪贴板。

复制：复制至剪贴板。

粘贴：从剪贴板粘贴。

旋转：旋转元器件。

全屏：电路工作区全屏。

放大：将电路图放大一定比例。

缩小：将电路图缩小一定比例。

放大面积：放大电路工作区面积。

适当放大：放大到适合的页面。

文件列表：显示或隐藏设计电路文件列表。

电子表：显示或隐藏电子数据表。

数据库管理：元器件数据库管理。

元件编辑器：

图形编辑/分析：图形编辑器和电路分析方法选择。

后处理器：对仿真结果进一步操作。

电气规则校验：校验电气规则。

区域选择：选择电路工作区区域。

3）元器件库

Multisim 10 仿真软件提供了丰富的元器件库，用鼠标左键单击元器件库栏的某一个图标即可打开该元件库。元器件库栏图标如图 1-30 所示。

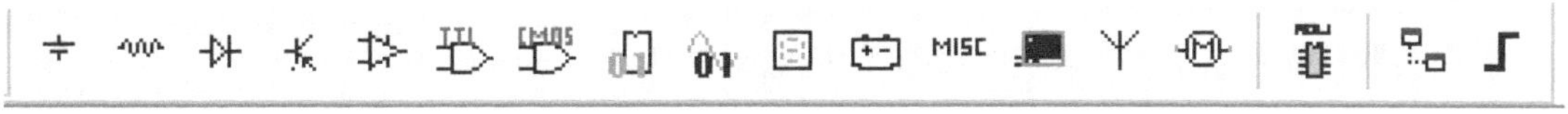

图 1-30 元器件库栏图标

（1）电源/信号源库

电源/信号源库包含接地端、直流电压源（电池）、正弦交流电压源、方波（时钟）电压源、压控方波电压源等多种电源与信号源。

（2）基本器件库

基本器件库包含电阻、电容等多种元件。基本器件库中的虚拟元器件的参数是可以任意设置的，非虚拟元器件的参数是固定的，但是是可以选择的。

（3）二极管库

二极管库包含二极管、晶闸管等多种器件。二极管库中的虚拟器件的参数是可以任意设置的，非虚拟元器件的参数是固定的，但是是可以选择的。

（4）晶体管库

晶体管库包含晶体管、FET 等多种器件。晶体管库中的虚拟器件的参数是可以任意设置的，非虚拟元器件的参数是固定的，但是是可以选择的。

（5）模拟集成电路库

模拟集成电路库包含多种运算放大器。模拟集成电路库中的虚拟器件的参数是可以任意设置的，非虚拟元器件的参数是固定的，但是是可以选择的。

（6）TTL 数字集成电路库

TTL 数字集成电路库包含 74××系列和 74LS××系列等 74 系列数字电路器件。

（7）CMOS 数字集成电路库

CMOS 数字集成电路库包含 40××系列和 74HC××系列等多种 CMOS 数字集成电路系列器件。

（8）数字器件库

数字器件库包含 DSP、FPGA、CPLD、VHDL 等多种器件。

（9）数/模混合集成电路库

数/模混合集成电路库包含 ADC/DAC、555 定时器等多种数/模混合集成电路器件。

（10）指示器件库

指示器件库包含电压表、电流表、七段数码管等多种器件。

（11）电源器件库

电源器件库包含三端稳压器、PWM 控制器等多种电源器件。

（12）其他器件库 MISC

其他器件库包含晶体管、滤波器等多种器件。

（13）键盘显示器件库

键盘显示器件库包含键盘、LCD 等多种器件。

（14）射频元器件库

射频元器件库包含射频晶体管、射频 FET、微带线等多种射频元器件。

（15）机电类器件库

机电类器件库包含开关、继电器等多种机电类器件。

（16）微控制器件库

微控制器件库包含 8051、PIC 等多种微控制器。

4）Multisim 仪器仪表库

仪器仪表库的图标及功能如图 1-31 所示。

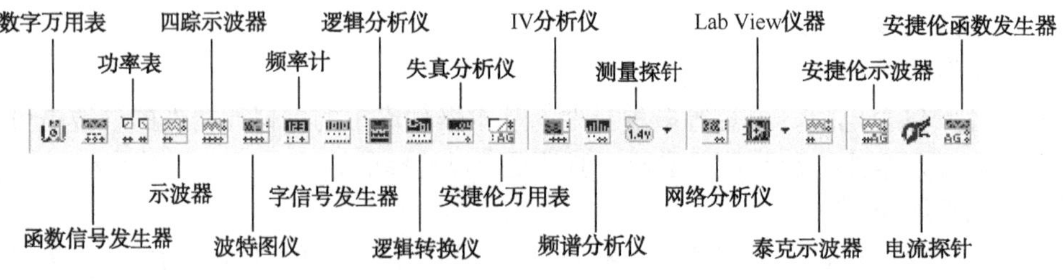

图 1-31　Multisim 仪器仪表库

5）设计工具箱

设计工具箱视窗一般位于窗口的底部，如图 1-32 所示。利用该工具箱，可以把有关电路设计的原理图、PCB 图、相关文件、电路的各种统计报告分类进行管理，还可以观察分层电路的层次结构。

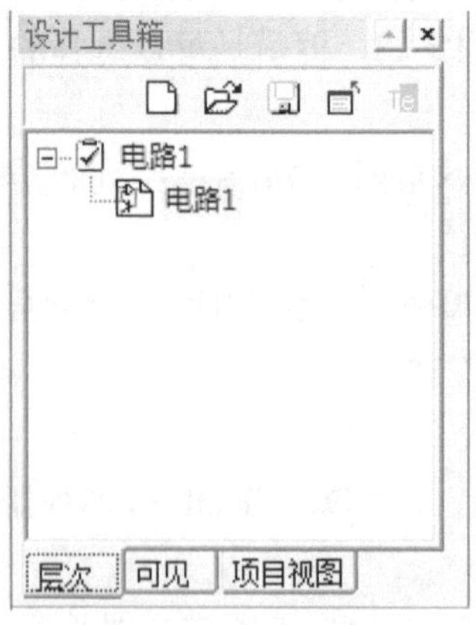

图 1-32　设计工具箱视窗

思考与练习

1-2-1 Multisim 10 仿真软件有什么优点？

1-2-2 Multisim 10 仿真软件元器件库包含的主要元器件有哪些？

1-2-3 Multisim 10 仿真软件仪器仪表库包含的主要仪器、仪表有哪些？

操作训练 3 Multisim 10 仿真软件基本操作

1. 训练目的

① 熟悉 Multisim 10 仿真软件的基本操作。

② 学会编辑电路原理图。

2. 训练内容

1）创建电路文件

运行 Multisim 10 系统，这时会自动打开一个名为“电路 1”的空白文件，也可以通过菜单栏中“文件”→“新建”命令新建一个电路文件，该文件可以在保存时重新命名。

2）定制工作界面

在创建一个电路之前，可以根据自己不同的喜好，通过“选项”菜单命令进行工作界面设置，如元件颜色、字体、线宽、标题栏、电路图尺寸、符号标准、缩放比例等。打开“选项”菜单，出现子菜单如图 1-33 所示。

选项(O) 窗口(W) 帮助(H)
Global Preferences...
Sheet Properties...
Customize User Interface...

图 1-33 “选项”菜单

（1）Global Preferences（首选项）

“首选项”对话框的设置是对 Multisim 界面的整体改变，下次再启动时按照改变后的界面运行。

执行“选项”→“Global Preferences”菜单命令，弹出如图 1-34 所示的对话框，包括路径、保存、零件和常规 4 个选项。该对话框用于对电路的总体参数进行设置。

① 在“零件”选项卡中，可以选择元器件的放置方式，如选择一次放置一个元器件，连续放置元器件等。

② 在符号标准区域选择元器件符号标准。

ANSI：设定采用美国标准元器件符号。

DIN：设定采用欧洲标准元器件符号。

我国采用的元器件符号标准与欧洲接近。

③ 选择相移方向，左移（Shift Left）或者右移（Shift Right）。

④ 数字仿真设置

选择数字仿真设置，“理想”即为理想状态仿真，可以获得较高速度的仿真；“Real（more accurate simulation-requires power and digital ground）”为真实状态仿真。

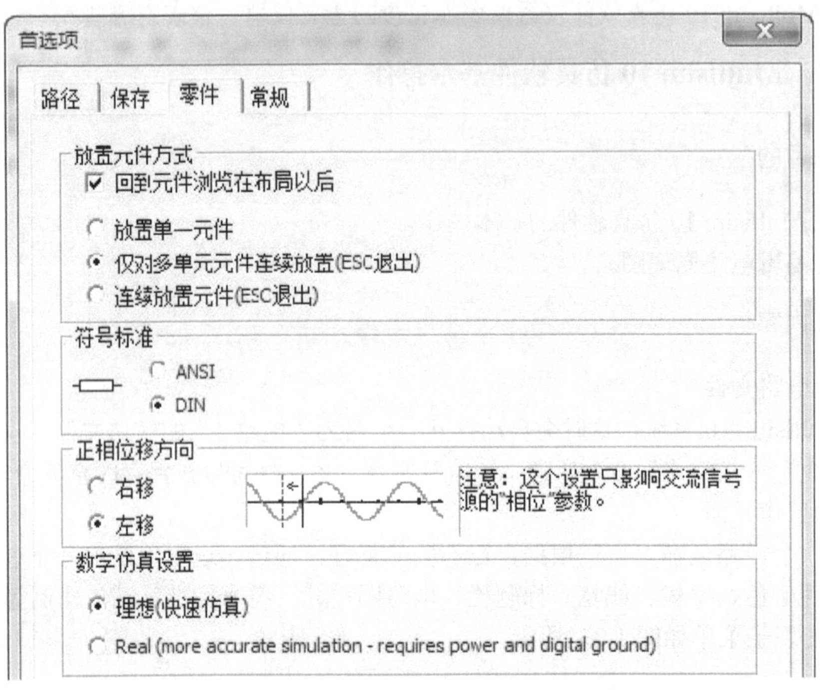

图 1-34 “首选项”对话框

（2）Sheet Properties（表单属性）

表单属性用于设置与电路图显示方式有关的一些选项。执行“选项”→“Sheet Properties”菜单命令，弹出如图 1-35 所示“表单属性”对话框，它有 6 个选项，基本包括了所有 Multisim 10 电路图工作区设置的选项。

① 电路：可选择显示电路各种参数，如选择是否显示元器件的标志；是否显示元器件编号；是否显示元器件数值等。“颜色”图框中的 6 个按钮用来选择电路工作区的背景、元器件、导线等的颜色。

② 工作区：可以设置电路工作区显示方式的控制、图纸的大小和方向等。

③ 配线：用来设置连接线的宽度和总线连接方式。

④ 字体：可以设置字体、选择字体的应用项目及应用范围等。

⑤ PCB：选择与制作电路板相关的选项，如地、单位、信号层等。

⑥ 可见：设置电路层是否显示，还可以添加注释层。

3）选择元器件

（1）在选用元器件时，首先在元器件库栏中用鼠标单击包含该元器件的图标，打开该元器件库。如选择基本元件库，单击图标 ，出现“选择元件”对话框，如图 1-36 所示。

图 1-35 “表单属性”对话框

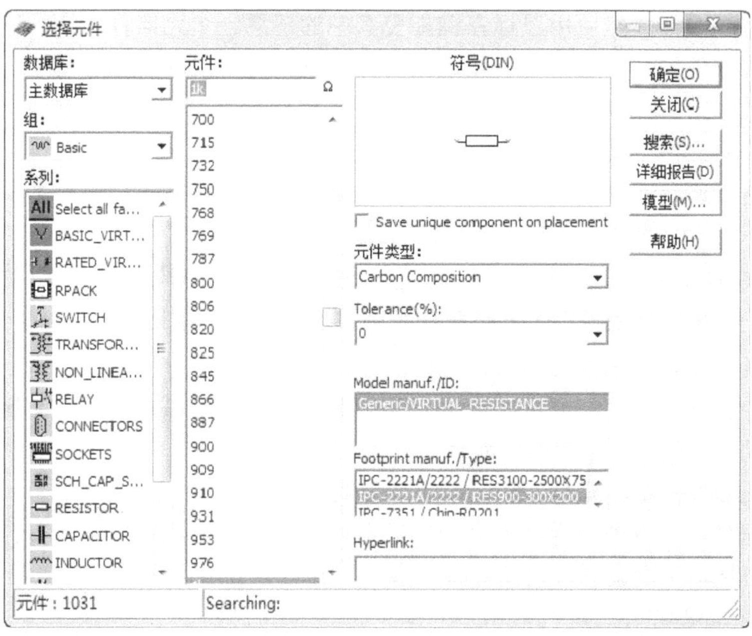

图 1-36 “选择元件”对话框

（2）在“选择元件”对话框中用鼠标单击该元器件，如选择电阻元件，然后单击“确定”按钮，此时在设计窗口，可以看到光标上黏附着一个电阻符号，如图 1-37 所示，用鼠标拖曳该元器件到电路工作区的适当位置，单击鼠标左键，放置元件。

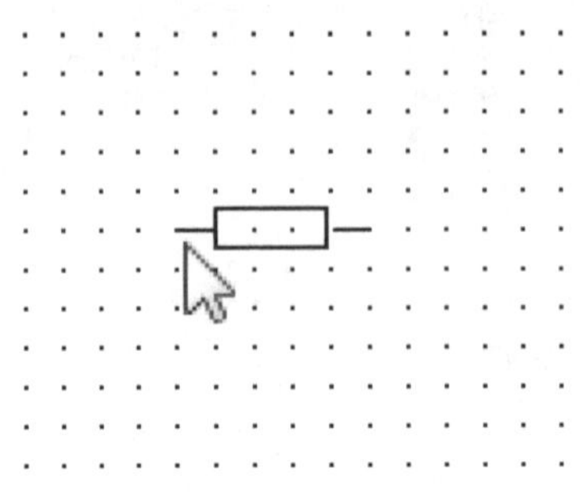

图 1-37　放置元件

4）编辑元器件

（1）选中元器件

在连接电路时，要对元器件进行移动、旋转、删除、设置参数等操作。这就需要先选中该元器件。要选中某个元器件可使用鼠标的左键单击它。被选中的元器件的四周将出现 4 个黑色小方块（电路工作区为白底），以便于识别。此时可对选中的元器件进行移动、旋转、删除、设置参数等操作。用鼠标拖曳形成一个矩形区域，可以同时对该矩形区域内包围的一组元器件进行操作。

要取消某一个元器件的选中状态，只须单击电路工作区的空白部分即可。

（2）元器件的移动

用鼠标的左键按住该元器件拖曳即可移动它。要移动一组元器件，必须先用前述的矩形区域法选中这些元器件，然后用鼠标左键拖曳其中的任意一个元器件，则所有选中的部分就会一起移动。元器件被移动后，与其相连接的导线就会自动重新排列。选中元器件后，也可使用箭头键使之做微小的移动。

（3）元器件的旋转与反转

对元器件进行旋转或反转操作，需要先选中该元器件，然后单击鼠标右键或者选择“编辑”菜单，选择菜单中的“方向”，其子菜单包括“水平镜像”，“垂直镜像”、“顺时针旋转 90 度”和“逆时针旋转 90 度”4 种命令，也可使用 Ctrl 键实现旋转操作。Ctrl 键的定义标在菜单命令的旁边。还可以直接单击工具栏中的图标 进行操作。

（4）元器件的复制、删除

若需对选中的元器件进行复制、移动、删除等操作时，可以单击鼠标右键或者使用菜单剪切、复制和粘贴、删除等菜单命令实现。

（5）设置元器件标签、编号、数值、模型参数

在选中元器件后，双击该元器件会弹出元器件特性对话框，以供输入数据。元器件特性对话框具有多种选项可供设置，包括标签、显示、参数、故障、引脚、变量等内容。“电阻”特性对话框如图 1-38 所示。

图 1-38 “电阻”特性对话框

5）导线的操作

（1）导线的连接

在两个元器件之间，首先，将鼠标指向一个元器件的端点，使其出现一个小圆点，然后，按下鼠标左键并拖曳出一根导线，拉住导线并指向另一个元器件的端点使其出现小圆点，最后，释放鼠标左键，则导线连接完成。

连接完成后，导线将自动选择合适的走向，不会与其他元器件或仪器发生交叉。

（2）连线的删除与改动

删除连线的操作：首先，将鼠标指向元器件与导线的连接点，使其出现一个圆点，然后，按下鼠标左键拖曳该圆点使导线离开元器件端点，最后，释放鼠标左键，导线自动消失，即完成连线的删除。也可以将拖曳移开的导线连至另一个接点，实现连线的改动。

（3）改变导线的颜色

在复杂的电路中，可以将导线设置为不同的颜色。要改变导线的颜色，用鼠标指向该导线，单击鼠标右键可以出现菜单，选择“Change Color”选项，出现颜色选择框，然后选择合适的颜色即可。

（4）在导线中插入元器件

将元器件直接拖曳放置在导线上，然后释放即可将元器件插入电路中。

（5）从电路中删除元器件

选中该元器件，单击“编辑”→“删除”按钮即可，或者单击鼠标右键可以出现菜单，选择“删除”按钮即可。

（6）“连接点”的使用

“连接点”是一个小圆点，单击“放置”→“节点”按钮，可以放置节点。一个“连接点”最多可以连接来自四个方向的导线。可以直接将“连接点”插入连线中。

（7）节点编号

在连接电路时，Multisim 10 自动为每个节点分配一个编号。是否显示节点编号可由Options→Sheet Properties 对话框的“电路”选项进行设置。选择“参考标识”选项，可以选择是否显示连接线的节点编号。

6）在电路工作区内输入文字

为加强对电路图的理解，在电路图中的某些部分添加适当的文字注释有时是必要的。在Multisim 10 的电路工作区内可以输入中、英文文字，其基本步骤为：

（1）启动“文本”命令

启动“放置”菜单中的“文本”命令，然后用鼠标单击需要放置文字的位置，可以在该处放置一个文字块（注意：如果电路窗口背景为白色，则文字输入框的黑边框是不可见的）。

（2）输入文字

在文字输入框中输入所需要的文字，文字输入框会随文字的多少自动缩放。文字输入完毕后，用鼠标单击文字输入框以外的地方，文字输入框会自动消失。

（3）改变文字的字体及颜色

如果需要改变文字的颜色，可以用鼠标指向该文字块，单击鼠标右键弹出快捷菜单。选取“Pen Color”命令，在“颜色”对话框中选择文字颜色。注意：选择“Font”命令可改动文字的字体和大小。

（4）移动文字

如果需要移动文字，用鼠标指针指向文字，按住鼠标左键，移动到目的地后放开左键即可完成文字移动。

（5）删除文字

如果需要删除文字，则先选取该文字块，单击鼠标右键打开快捷菜单，选取“删除”命令即可删除文字。

3. 电路仿真测试

要求用仿真软件创建如图 1-39 所示的开关控制指示灯电路，并对电路进行仿真测试。具体步骤如下。

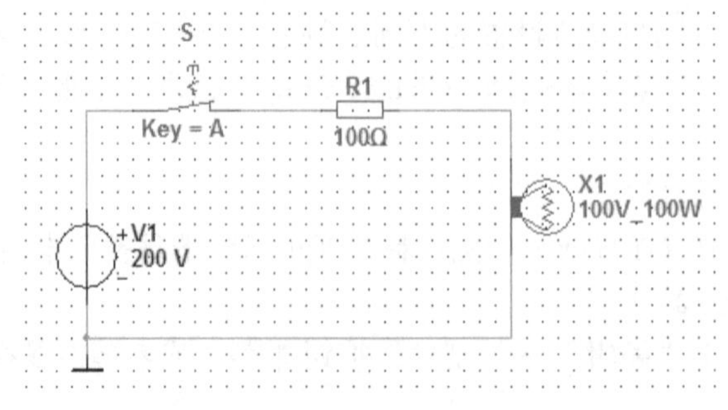

图 1-39　开关控制指示灯电路

（1）创建电路文件

运行 Multisim 10 系统，打开一个名为“电路 1”的空白文件。

（2）定制工作界面

执行“选项”→“Global Preferences”菜单命令，在“零件”选项卡符号标准区域选择元器件符号标准“DIN”，如图 1-40 所示。执行“选项”→“Sheet Properties”菜单命令，在工作区选项卡选择图纸大小“A4”，方向“横向”，如图 1-41 所示。完成设置后单击“确定”按钮关闭对话框。

图 1-40 选择符号标准

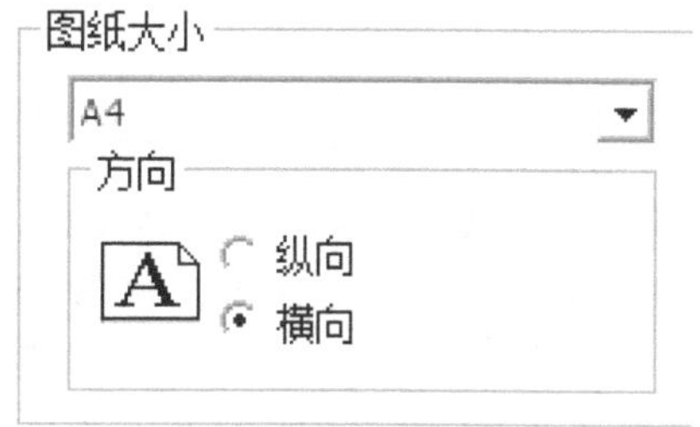

图 1-41 选择图纸大小、方向

（3）移动光标到基本元件库，单击图标 ，弹出选择元件对话框，选择“RESISTOR”元件系列，在元件列表中找到“100Ω”，单击“确定”按钮，如图 1-42 所示。返回设计窗口，将电阻元件放到合适位置。

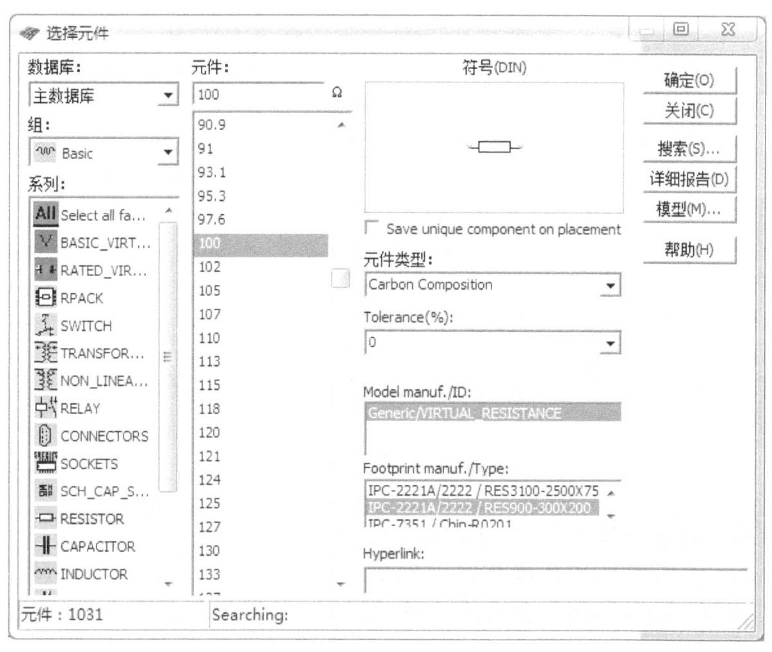

图 1-42 选择电阻

（4）将光标移动到指示元件库，单击图标 ，弹出选择元件对话框，选择“LAMP”元件系列，在元件列表中找到“100V_100W”，单击“确定”按钮，如图 1-43（a）所示。返回设计窗口，将指示灯元件放到合适位置。单击工具栏中图标，将指示灯顺时针旋转 90°，如图 1-43（b）所示。

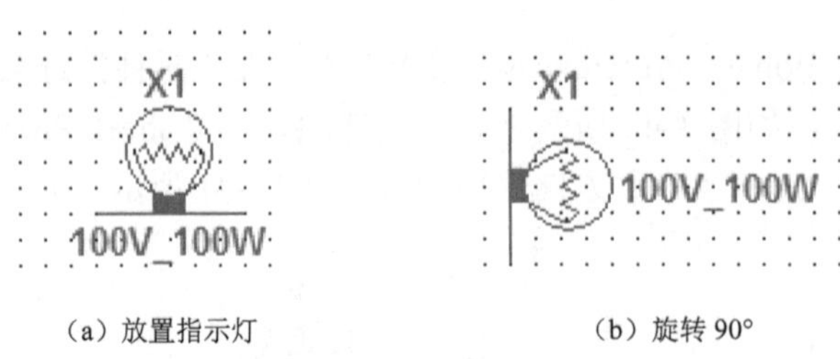

（a）放置指示灯　　（b）旋转 90°

图 1-43　选择指示灯

（5）将光标移动到信号源库，单击图标，弹出选择元件对话框，选择“PORWER_SOURCES”元件系列，在元件列表中找到“DC_PORWER”，单击“确定”按钮。返回设计窗口，将直流电源放到合适位置。选择模拟接地元件“Ground”放到电路原理图中。双击电源图标，在弹出的对话框中，设置参数选项“Voltage”为 200V，如图 1-44 所示。单击“确定”按钮。

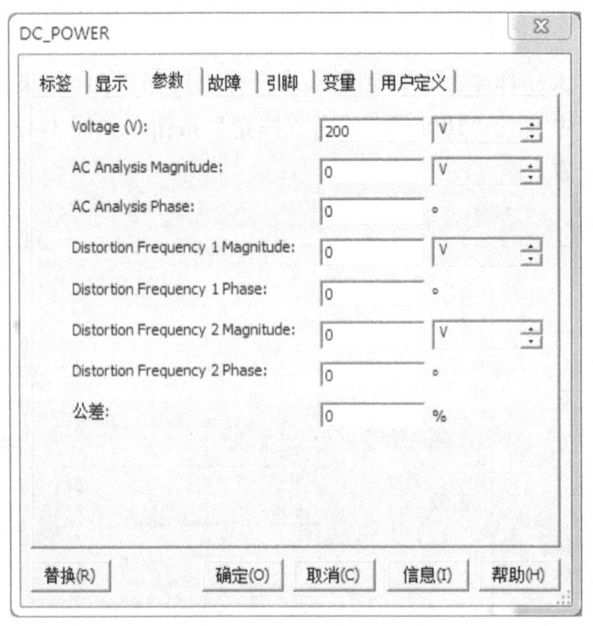

图 1-44　设置电源参数

（6）将光标移动到基本元件库，单击图标，弹出“选择元件”对话框，选择“SWITCH”元件系列，在元件列表中找到“DIPSWI”，单击“确定”按钮。返回设计窗口，将开关元件放到合适位置。双击开关元件图标，在弹出的对话框中，设置参数选项“参考标识”为 S，参数“Key for　Swith”为 A，单击“确定”按钮。

（7）按图 1-39 所示完成电路连接。

（8）按下仿真开关，键盘上的“A”键可以控制开关的闭合与断开，当开关闭合时，可以看到指示灯亮，如图 1-45 所示。断开开关，指示灯熄灭。

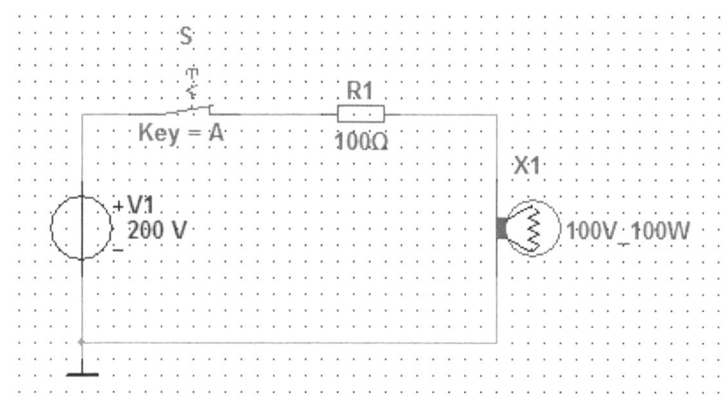

图 1-45 开关闭合指示灯亮

操作训练 4 虚拟仪器、仪表的使用

1. 训练目的

① 熟悉虚拟仪器仪表的图标、面板及参数设置。

② 掌握虚拟仪器仪表的使用。

2. 虚拟仪器仪表的基本操作

Multisim 10 中提供了 20 种在电子线路分析中常用的仪器。这些虚拟仪器、仪表的参数设置、使用方法和外观设计与实验室中的真实仪器基本一致。仪器、仪表的基本操作如下。

（1）仪器的选用与连接

从仪器库中将所选用的仪器图标，用鼠标将它拖放到电路工作区即可，与选用元器件的的方法类似。将仪器图标上的连接端（接线柱）与相应电路的连接点相连，连线过程类似元器件的连线。

（2）仪器参数的设置

双击仪器图标即可打开仪器面板。可以用鼠标操作仪器面板上的相应按钮及参数来设置对话窗口的各项数据。在测量或观察过程中，可以根据测量或观察结果来改变仪器、仪表参数的设置，如示波器、逻辑分析仪等。

3. 数字万用表的使用

数字万用表又称数字多用表，同实验室使用的数字式万用表一样，是一种比较常用的仪器。它可以用来测量交/直流电压、交/直流电流、电阻及电路中两点之间的分贝损耗。与现实万用表相比，其优势在于能自动调整量程。

数字万用表图标如图 1-46（a）所示。用鼠标双击数字多用表图标，可以放大的数字多用表面板，如图 1-46（b）所示。用鼠标单击数字多用表面板上的设置按钮，则弹出参数设置对话框窗口，可以设置数字多用表的电流表内阻、电压表内阻、欧姆表电流及测量范围等参数。参数设置对话框如图 1-47 所示。

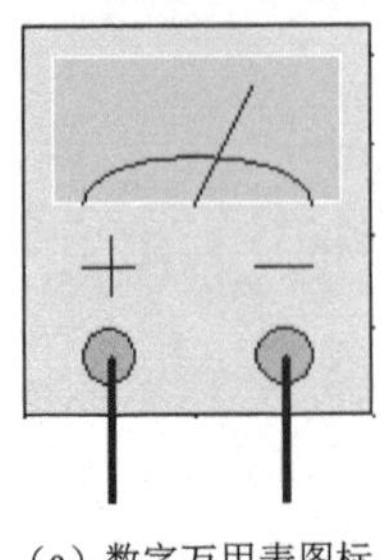

（a）数字万用表图标

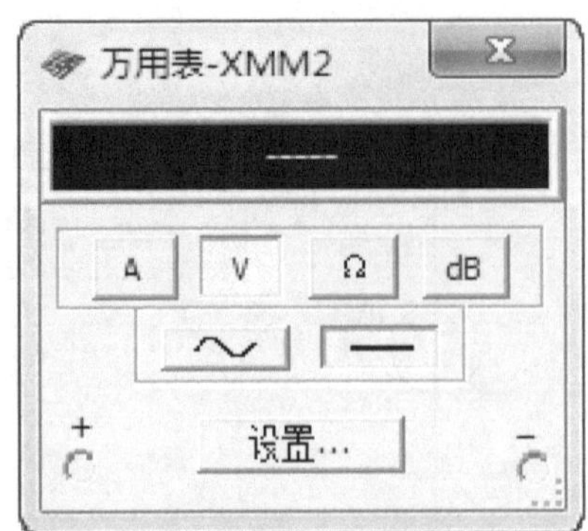

（b） 数字万用表面板图

图 1-46　数字万用表

万用表设置

电气设置

电流表内阻(R)	1	nΩ
电压表内阻(R)	1	GΩ
电阻表电流(I)	10	nA
相对分贝值(V)	774.597	mV

显示设置

电流表过量程(I)	1	GA
电压表过量程(V)	1	GV
电阻表过量程(R)	10	GΩ

确认　取消

图 1-47　数字万用表参数设置对话框

1）数字万用表的使用步骤

（1）单击数字万用表工具栏按钮，将其图标放置在电路工作区，双击图标打开仪器面板。

（2）按照要求将仪器与电路相连接，并从界面中选择所用的选项（如电阻、电压、电流等)。

（3）单击面板上的设置按钮，设置数字万用表的内部参数。

2）使用中注意

用数字万用表图标中的“+”“-”两个端子与待测设备连接测量电阻和电压时，应与待测的端点并联，测量电流时应串联在电路中。

3）数字万用表应用示例

（1）按图 1-48（a）所示设计电路。

（2）设置两个万用表为直流电压表，单击仿真开关进行仿真，观察万用表指示数值如图 1-48（b）所示。

（3）根据所学知识计算电阻 R_1 和 R_2 上的电压，与测量电压值进行比较。

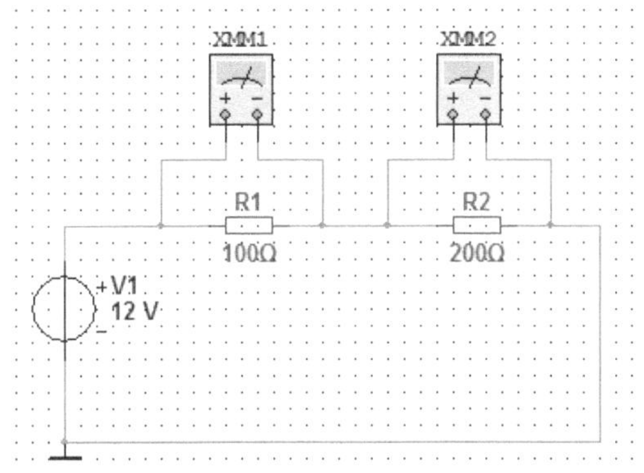

（a）电路

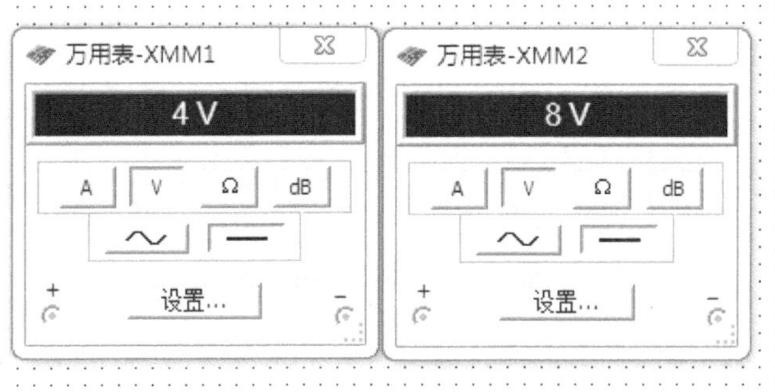

（b）万用表指示

图 1-48　数字万用表测量电压电路

4. 功率表（Wattmeter）

功率表用来测量电路的功率，交流或者直流均可测量。由于功率是瓦特，该仪器又称瓦特表。

图 1-49（a）为功率表的图标，它有 4 个端子与待测设备相连接。用鼠标双击功率表的图标可以放大功率表的面板。功率表的面板如图 1-49（b）所示。面板上的功率因数是电压与电流之间相位角的余弦值，取值范围为 0～1。

1）使用方法

电压输入端与测量电路并联，电流输入端与测量电路串联。

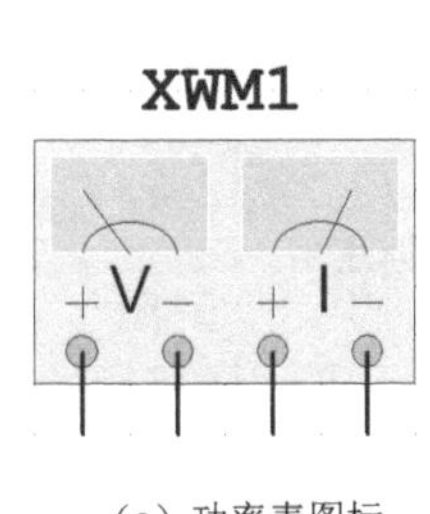

（a）功率表图标

（b）功率表面板

图 1-49　功率表

2）功率表应用示例

（1）按图 1-50 所示设计电路。

（2）双击功率表图标，打开功率表面板。

（3）单击仿真开关进行仿真，观察功率表指示数值如图 1-50 所示。根据所学知识计算电阻 R_1 上的功率，与测量功率值进行比较。

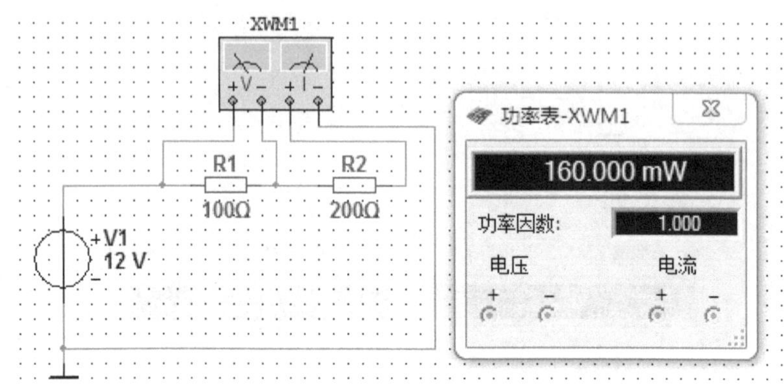

图 1-50　功率表应用示例

5. 函数信号发生器

函数信号发生器是可提供正弦波、三角波、方波三种不同波形的信号的电压信号源。在电路实验中广泛使用。

函数信号发生器图标如图 1-51（a）所示，用鼠标双击函数信号发生器图标，打开函数信号发生器的面板，如图 1-51（b）所示。

函数信号发生器的输出波形、工作频率、占空比、幅度和直流偏置，可用鼠标来选择波形、选择按钮和在各窗口设置相应的参数来实现。频率设置范围为 1Hz～999THz；占空比调整值可从 1%～99%：幅度设置范围为 1μV～999kV；偏移设置范围为-999～999kV。

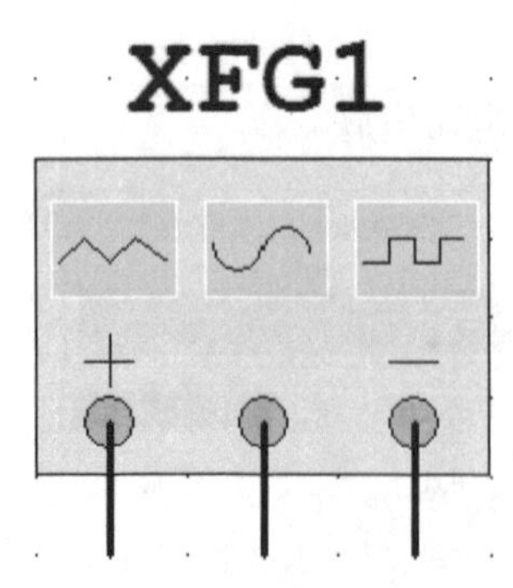

（a）函数信号发生器图标

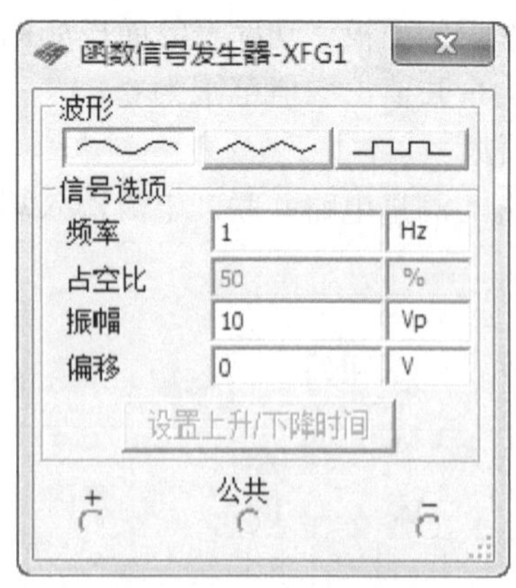

（b）函数信号发生器面板

图 1-51　函数信号发生器

该仪器与待测设备连接时应注意：

（1）连接“+”和“Common”端子，输出信号为正极性信号，幅值等于信号发生器的有效值。

（2）连接“-”和“Common”端子，输出信号为负极性信号，幅值等于信号发生器的有效值。

（3）连接“+”和“-”端子，输出信号的幅值等于信号发生器的有效值的两倍。

（4）同时连接“+”、“Common”和“-”端子，且把“Common”端子接地，则输出的两个信号幅度相等、极性相反。

6. 波特图示仪

波特图示仪可以用来测量和显示电路的幅频特性与相频特性，类似于扫频仪。

波特图示仪图标如图 1-52（a）所示，它有 IN 和 OUT 两对端口，其中 IN 端口的“+”和“-”分别接电路输入端的正端和负端；OUT 端口的“+”和“-”分别接电路输出端的正端和负端。使用波特图示仪时，必须在电路的输入端接入 AC（交流）信号源。

用鼠标双击波特图仪图标，弹出波特图仪的面板图如图 1-52（b）所示。

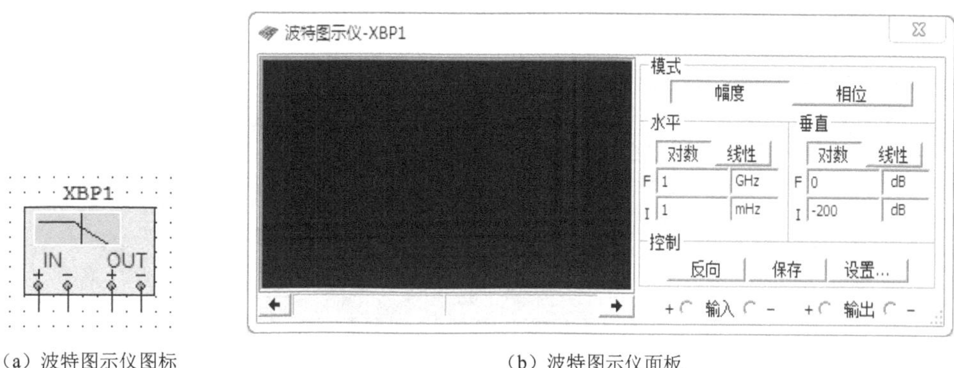

（a）波特图示仪图标　　（b）波特图示仪面板

图 1-52　波特图示仪

使用波特图示仪可设置以下内容：

（1）模式：设置屏幕中的显示内容的类型。选择幅度，显示幅频特性曲线。选择相位，显示相频特性曲线。

（2）坐标设置

水平：设置显示 X 轴类型和频率范围。垂直：设置显示 Y 轴的标尺刻度类型。

水平坐标标度（1mHz～1000THz）：水平坐标轴戏/轴总是显示频率值。它的标度由水平轴的初始值 I（Initial）或终值 F（Final）决定。在信号频率范围很宽的电路中，分析电路频率响应时，通常选用对数坐标（以对数为坐标所绘出的频率特性曲线称为波特图）。

在垂直坐标或水平坐标控制面板图框内，单击“对数”按钮，则坐标以对数（底数为 10）的形式显示；单击“线性”按钮，则坐标以线性的结果显示。

垂直：当测量电压增益时，垂直轴显示输出电压与输入电压之比，若使用对数基准，则单位是分贝；若使用线性基准，则显示的是比值。当测量相位时，垂直轴总是以度为单位显示相位角。

（3）坐标数值的读出

要得到特性曲线上任意点的频率、增益或相位差，可用鼠标拖动读数指针（位于波特图仪中的垂直光标），或者用读数指针移动按钮来移动读数指针（垂直光标）到需要测量的点，读数指针（垂直光标）与曲线的交点处的频率和增益或相位角的数值将显示在读数框中。

（4）分辨率设置

用鼠标单击设置，出现分辨率设置对话框，数值越大分辨率越高。

7. 两通道示波器

示波器是用来显示电信号波形的形状、大小、频率等参数的仪器。两通道示波器是一种双踪示波器，图标如图 1-53（a）所示，用鼠标双击示波器图标，弹出示波器的面板图如图 1-53（b）所示。

该仪器的图标上共有 6 个端子，分别为 A 通道的正、负端；B 通道的正、负端和外触发的正、负端。连接时注意：

（1）若需测量该点与地之间的波形，只需将 A、B 两个通道的正端分别用一根导线与待测点相连接即可。

（2）若需测量器件两端的信号波形，只需将 A 或 B 通道的正负端与器件的两端相连即可。

XSC1

Ext Trig

A B

（a）示波器图标

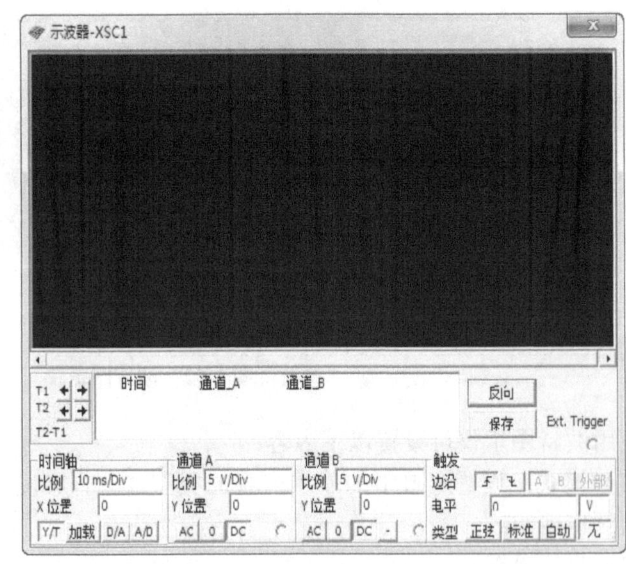

（b）示波器面板

图 1-53　示波器

1）示波器面板设置

两通道示波器面板各按键的作用、调整及参数的设置与实际的示波器类似，介绍如下。

（1）时间轴选项区域：用来设置 X 轴方向扫描线和扫描速率。

例如，选择 X 轴方向每一时刻代表的时间。单击该栏会出现一对上下翻转箭头，可根据信号频率的高低，选择合适的扫描时间。通常，时基的调整与输入信号的频率成反比，输入信号的频率越高，时基就越小。

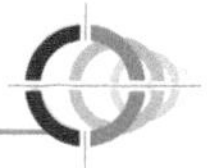

X 位置：X 位置控制 X 轴的起始点。当 X 位置调到 0 时，信号从显示器的左边缘开始，正值使起始点右移，负值使起始点左移。X 位置的调节范围为−5.00～+5.00。

工作方式：显示选择示波器的显示方式，可以从“幅度/时间（Y/T）”切换到“A 通道/B 通道中（A/B）”、“B 通道/A 通道（B/A）”或“加载（Add）”方式。

① Y/T 方式：X 轴显示时间，Y 轴显示电压值。

② A/ B、B/ A 方式：X 轴与 Y 轴都显示电压值。

③ 加载（Add）方式：X 轴显示时间，Y 轴显示 A 通道、B 通道的输入电压之和。

（2）通道 A 选项区域：用来设置 A 通道输入信号在 Y 轴的显示刻度。

比例：表示 A 通道输入信号的每格电压值，单击该栏会出现一对上下翻转箭头，可根据所测信号大小选择合适的的显示比例。

Y 位置：Y 位置控制 Y 轴的起始点。当 Y 位置调到 0 时，Y 轴的起始点与 X 轴重合，如果将 Y 位置增加到 1.00，Y 轴原点位置从 X 轴向上移一大格，若将 Y 位置减小到−1.00，Y 轴原点位置从 X 轴向下移一大格。Y 位置的调节范围为−3.00～+3.00。改变 A、B 通道的 Y 位置有助于比较或分辨两通道的波形。

工作方式：Y 轴输入方式即信号输入的耦合方式。当用 AC 耦合时，示波器显示信号的交流分量。当用 DC 耦合时，显示的是信号的 AC 和 DC 分量之和。当用 0 耦合时，在 Y 轴设置的原点位置显示一条水平直线。

（3）通道 B 选项区域：用来设置 B 通道输入信号在 Y 轴的显示刻度。其设置方式与通道 A 选项区域相同。

（4）触发方式选项区域：用来设置示波器的触发方式

边沿：表示输入信号的触发边沿，可选择上升沿或下降沿触发。

电平：用于选择触发电平的电压大小（阈值电压）。

类型：正弦表示单脉冲触发方式，标准表示常态触发方式；自动表示自动触发方式。

（5）波形参数测量区：波形参数测量区是用来显示两个游标所测得的波形的数据的。

在屏幕上有 T1、T2 两条可以左右移动的游标，游标的上方注有 1、2 的三角形标志，用于读取所显示波形的具体数值，并将显示在屏幕下方的测量数据显示区。数据区显示游标所在的刻度，两游标的时间差，通道 A、B 输入信号在游标处的信号幅度。通过这些操作可以测量信号的幅度、周期、脉冲信号的宽度、上升时间及下降时间等参数。

要显示波形读数的精确值时，可用鼠标将垂直光标拖到需要读取数据的位置。在显示屏幕下方的方框内，显示光标与波形垂直相交点处的时间和电压值，以及两光标位置之间的时间、电压的差值。也可以单击仿真开关“暂停”按钮，使波形暂停，读取精确值。

用鼠标单击“反向”按钮可改变示波器屏幕的背景颜色。用鼠标单击“保存”按钮可将显示的波形保存起来。

2）示波器的使用示例

（1）按图 1-54 所示设计电路。通道 A 显示电源输出波形，通道 B 显示二极管输出电压波形。

（2）在示波器 B 通道的连线上单击鼠标右键，在弹出的快捷菜单中，选择“图块颜色”，在弹出的“图块颜色”对话框中，选择蓝色，单击“确定”按钮，则 B 通道波形显示为蓝色。

（3）单击仿真开关进行仿真，双击示波器图标，打开示波器面板，设置面板 A 通道 Y 位置，观察示波器显示波形，如图 1-55 所示。

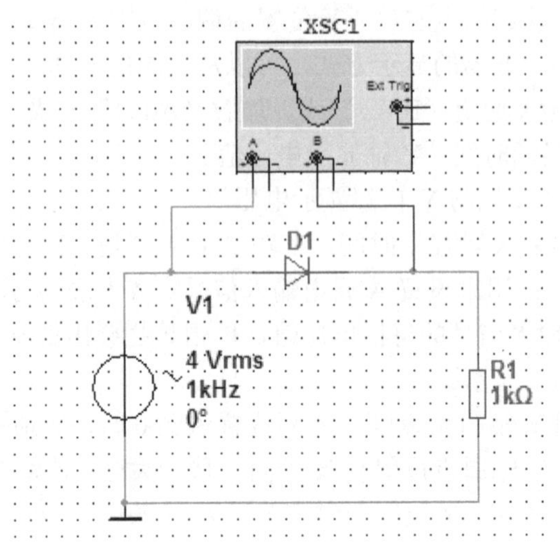

图 1-54　示波器测量电路

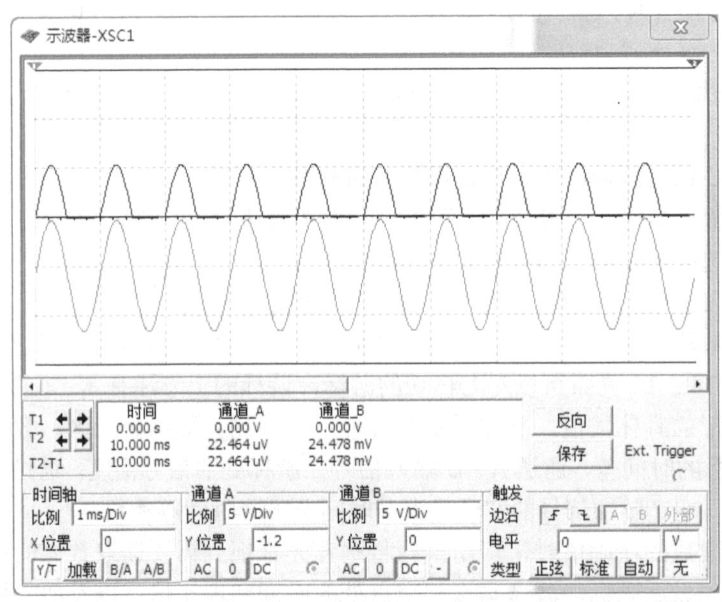

图 1-55　示波器显示波形

由图 1-55 可见，输入信号是一个双向的正弦波电压，而经过二极管后，在输出端得到一个单向的脉动电压，可见二极管具有单向导电性。

8. IV 分析仪

IV 分析仪用于测量二极管、PNP 晶体管、NPN 晶体管、PMOS 和 NMOS 的伏安特性曲线。在使用 IV 分析仪测量元件的伏安特性时，应使元件断开电路连接，即测量独立的未连接在电路中的元器件。

IV 分析仪的电路符号及操作面板如图 1-56 所示。

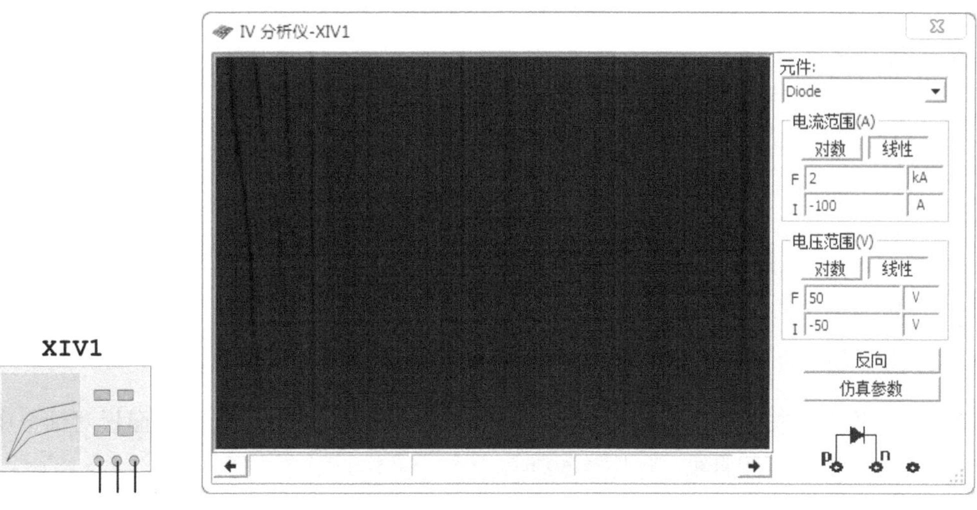

（a）IV 分析仪图标　　（b）IV 分析仪面板

图 1-56　IV 分析仪

1）IV 分析仪的设置包括以下内容

（1）元件

单击“元件”下拉按钮，在下拉列表中选择要测量的元器件，在操作面板的右下角的连接指示图中会给出元件的符号和引脚名称。

（2）电流范围和电压范围

用于设置显示屏中电流、电压的显示模式（对数模式、线性模式）及显示范围。

（3）仿真参数

单击“仿真参数”按钮，弹出“仿真参数”对话框，如图 1-57 所示。在该对话框中可以设置扫描源名称的电压开始值、停止值及增量等参数。

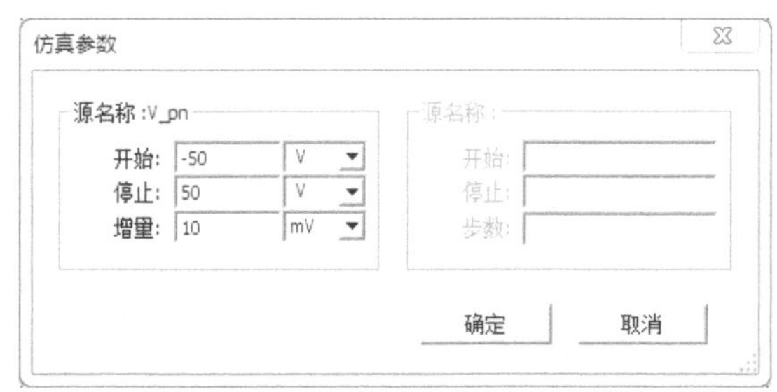

图 1-57　“仿真参数”对话框

2）使用示例

测量二极管 IN1202 的伏安特性。

（1）单击工具栏 ⊣⊢ 图标，在电路窗口放置一个二极管。

（2）单击虚拟仪器工具栏，在电路窗口放置一台 IV 分析仪，并将二极管和 IV 分析仪连接，如图 1-58 所示。

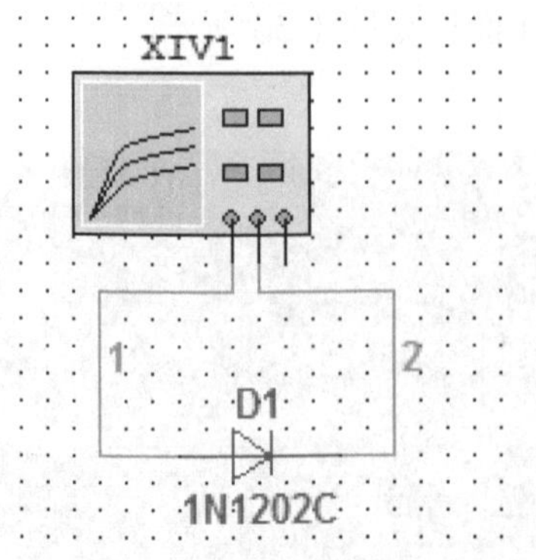

图 1-58　IV 分析仪和二极管的连接

（3）单击仿真开关 ，运行仿真，双击 IV 分析仪，在弹出的操作面板对话框中，可以观察二极管的伏安特性曲线，如图 1-59 所示。

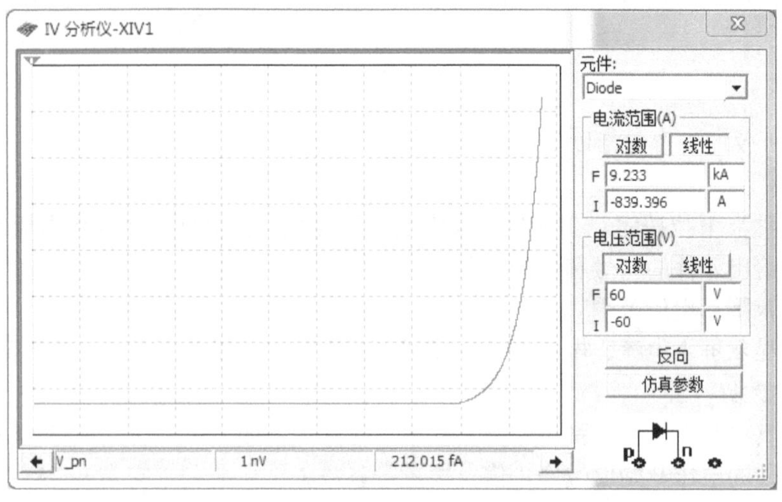

图 1-59　二极管伏安特性曲线

习题 1

1．填空

（1）完全纯净的、具有晶体结构的半导体称为________，在半导体硅（或锗）中，掺入微量的五价磷（P）元素，就形成了_______，掺入微量的三价硼（B）元素，就形成了_______。

（2）P 型半导体中多数载流子是________，少数载流子是________，N 型半导体中多数载流子是________，少数载流子是__________。

（3）在 PN 结的______接电源正极，______接电源负极，PN 结正向偏置，正偏时外电场方向与 PN 结的内电场方向________，削弱了内电场。

（4）PN 结有内电场，其方向由______，内电场阻碍多子的扩散，所以 PN 结也称为______。在 PN 结中没有载流子，所以 PN 结又称为__________。

（5）点接触型二极管 PN 结的________，不能承受大电流和较高的反向电压，一般用于___________。

（6）面接触型二极管 PN 结的__________，可以承受大电流。一般用于_________。

（7）平面型二极管是一种特制的硅二极管，它不仅能通过______，而且_________，多用于______________。

（8）限幅电路是一种能把输入电压的变化范围加以限制的电路，常用于___________。

（9）二极管在正向电压作用下电阻________，处于_______，相当于一个接通的开关；在反向电压作用下，电阻_______，处于________，如同一个断开的开关。利用二极管的开关特性，可以组成各种开关电路。

（10）稳压二极管是一种用特殊工艺制造的半导体二极管，专门工作在_______。它的稳定电压就是其___________。

2．电路如图 1-60 所示，二极管导通电压约为 0.7V，试分别估算开关断开和闭合时输出电压的数值。

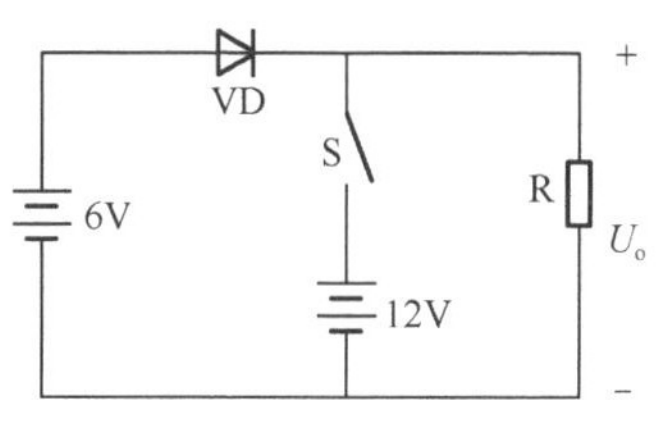

图 1-60　第 2 题图

3．在图 1-61 所示电路中．试求下列几种情况下输出端 Y 的电位 U_Y 及各元件（R，VD_1，VD_2）中通过的电流：（1）$U_A=U_B=0V$，（2）$U_A=+3V$，$U_B=0V$，（3）$U_A=U_B=+3V$。二极管的正向压降可忽略不计。

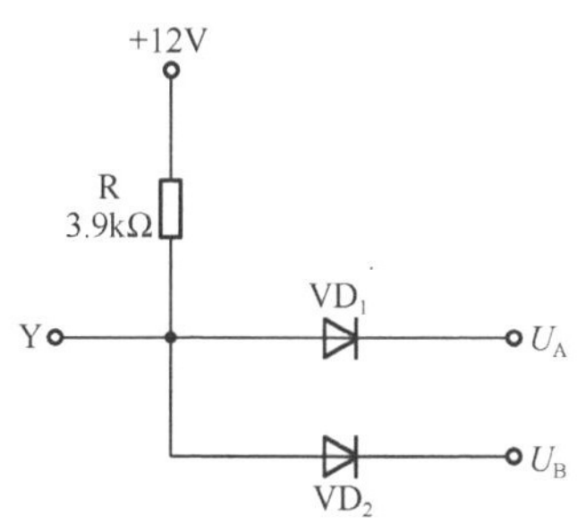

图 1-61　第 3 题图

4．在图 1-62 所示电路中，试求下列几种情况下输出端 Y 的电位 U_Y 及各元件中通过的电流：（1）$U_A=+10V$，$U_B=0V$；（2）$U_A=+6V$，$U_B=+5.8V$，（3）$U_A=U_B=+5V$。设二极管正向电阻为零，反向电阻为无穷大。

5．在图 1-63 所示的两个电路中，已知 $u_i=30\sin\omega t$，二极管的正向压降可忽略不计，试分别画出输出电压的波形。

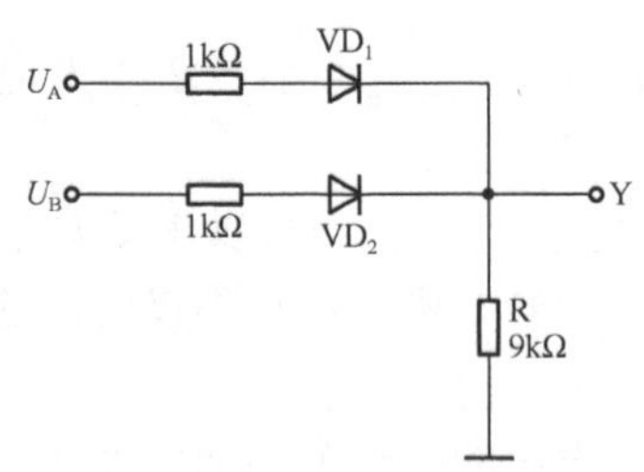

图 1-62　第 4 题图

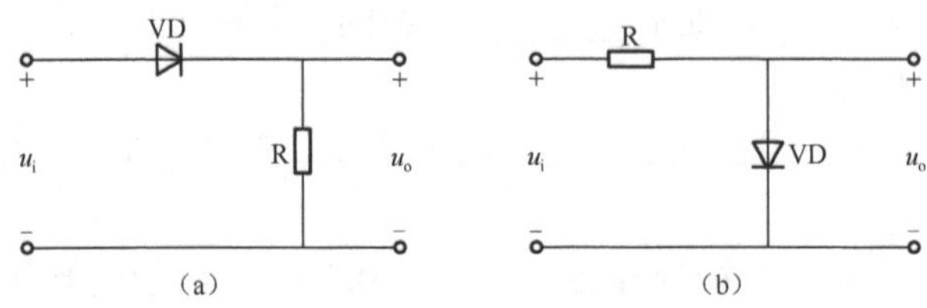

图 1-63　第 5 题图

6．在图 1-64 所示的各电路图中，E=5V，u_i=10sinωt，二极管的正向压降可忽略不计，试分别画出输出电压 u_o 的波形。

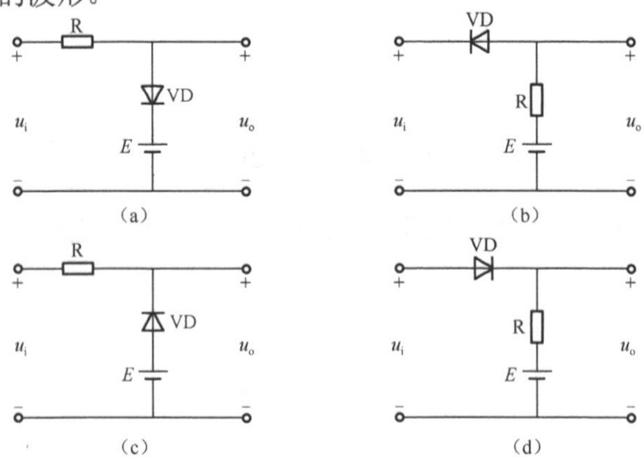

图 1-64　第 6 题图

7．在图 1-65 所示电路中，稳压管 VD_Z 的 U_z=6V，当输入电压 u_i=12sinωt 时，试画出输出电压 u_o 的波形。设二极管 VD 为理想元件。

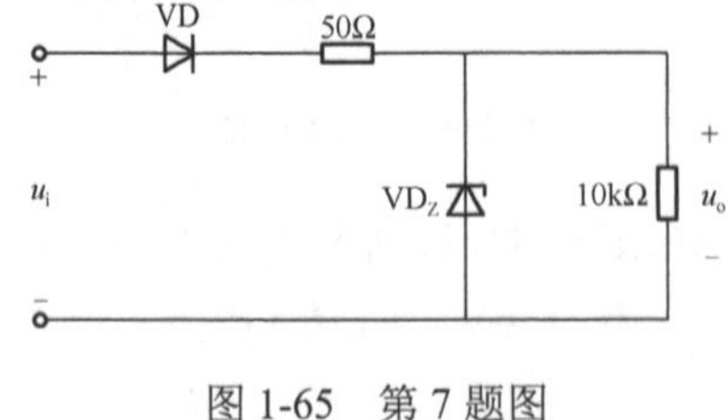

图 1-65　第 7 题图

8．用 Multisim 10 仿真软件，画出第 5 题中的电路图，用虚拟示波器测试出输入、输出电压波形。

项目2

认知半导体晶体管

知识目标

① 理解晶体管的基本构造、工作原理、特性和主要参数。
② 理解场效应管的基本结构、工作原理、特性和主要参数。
③ 熟悉晶体管的电流分配和放大作用。

技能目标

① 掌握晶体管的识别与检测方法。
② 掌握场效应管的识别与检测方法。

2.1 任务1 认知双极型晶体管

晶体管是组成各种电子电路的核心元件。晶体管分为双极型晶体管和单极型晶体管两大类，前者主要依靠半导体内多子和少子同时参与导电进行工作，而后者则主要依靠半导体内多子导电进行工作。它们的主要功能是“电流放大”作用。本任务主要介绍双极型晶体管的结构、电流放大原理、伏安特性、主要参数等知识。

2.1.1 双极型晶体管的结构和类型

双极型晶体管习惯上称为晶体管或三极管，它的种类很多，按照工作频率的不同，可分为高频管和低频管；按照功率的不同，可分为小功率管和大功率管；按照半导体材料的不同分为硅管和锗管；无论采用何种材料，按照晶体管的结构不同，都可分为NPN型和PNP型两种类型。

常见晶体管实物外形如图2-1所示。

（a）小功率三极管

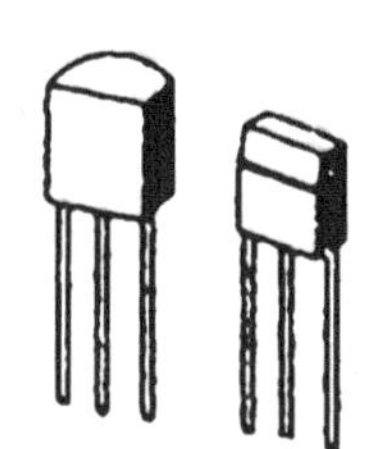
（b）塑封小功率三极管

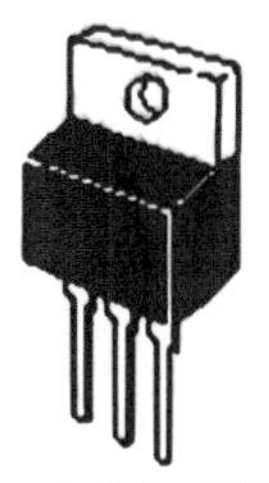
（c）中功率三极管

（d）低频大功率三极管

图2-1 晶体管实物外形

无论是 NPN 型还是 PNP 型晶体管，都有三个区：发射区、基区、集电区，基区很薄。从三个区各引出三个电极，分别是发射极、基极和集电极。两个 PN 结分别是发射区与基区的发射结和集电区与基区的集电结。箭头方向表示发射结加正向电压时的电流方向，其结构和符号如图 2-2 所示。

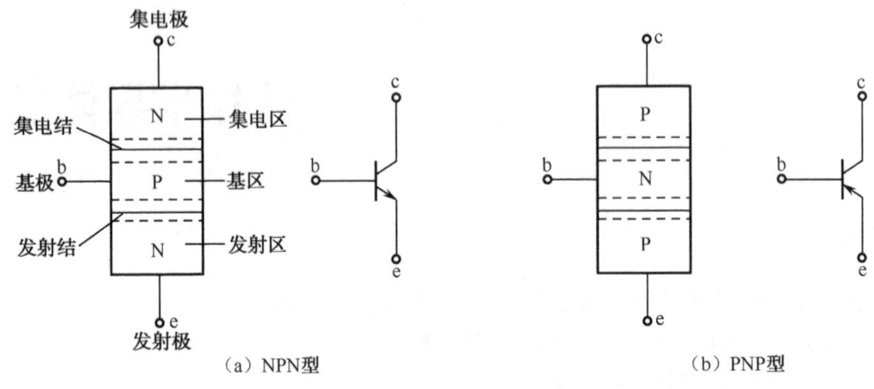

图 2-2　晶体管的组成及符号

为使晶体管具有电流放大作用，在制造过程中必须满足实现放大的内部结构条件，即：

（1）发射区掺杂浓度远大于基区的掺杂浓度，以便于有足够的载流子供“发射”。

（2）基区很薄，掺杂浓度很低，以减少载流子在基区的复合机会，这是晶体管具有放大作用的关键所在。

（3）集电区比发射区体积大且掺杂少，以利于收集载流子。

由此可见，晶体管并非两个 PN 结的简单组合，不能用两只二极管来代替；在放大电路中也不可将发射极和集电极对调使用。

2.1.2　晶体管的放大作用

1. 晶体管内部载流子的运动和各极电流的形成

1）晶体管的工作电压

在晶体管的内部，发射区的任务是向基区注入载流子，集电区的任务是收集载流子。为达到这个目的，应给发射结加正向电压（正向偏置），集电结加反向电压（反向偏置），这是使晶体管工作在放大状态的外部条件。

如图 2-3 所示，其中 VT 为晶体管，U_{CC}为集电极电源电压，U_{BB}为基极电源电压，两类管子外部电路所接电源极性正好相反，R_b 为基极电阻，R_c 为集电极电阻。若以发射极电压为参考电压，则晶体管发射结正偏，集电结反偏。这个外部条件也可用电压关系来表示：对于 NPN 型：$U_C>U_B>U_E$；对于 PNP 型：$U_E>U_B>U_C$。

2）电流放大原理

为了分析晶体管的电流分配和放大作用，下面以 NPN 型晶体管为例讨论，所得结论同样适用于 PNP 型晶体管。

当晶体管满足工作在放大状态的外部条件时，晶体管内部载流子将产生如下运动过程。（晶体管内部载流子的运动和电流分配关系如图 2-4 所示）

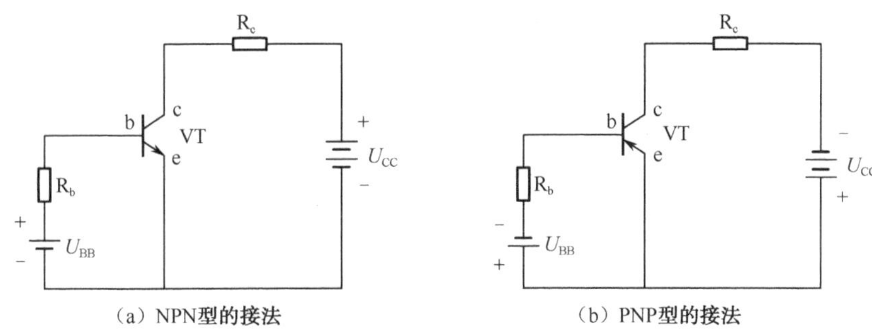

（a）NPN型的接法　　（b）PNP型的接法

图 2-3　晶体管电源的接法

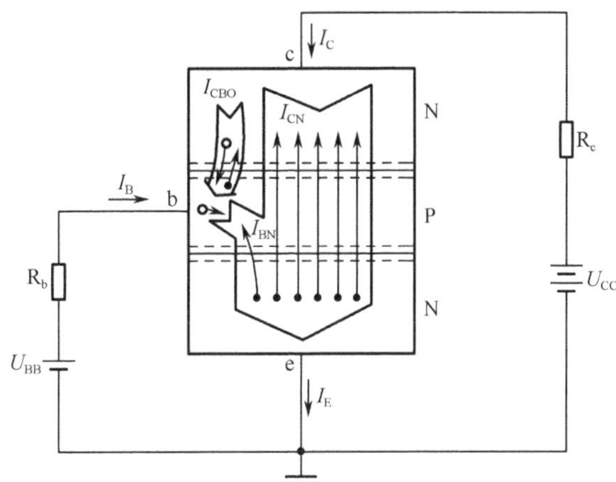

图 2-4　晶体管内部载流子的运动和各极电流

（1）发射区向基区注入电子

由于发射结正向偏置，发射结的宽度将变薄，有利于 PN 结两边多数载流子的扩散运动。所以发射区的自由电子将连续不断地通过发射结向基区扩散，形成扩散电流（因为电子带负电，所以电流方向与电子运动方向相反）。与此同时，基区的多子空穴也将向发射区扩散，形成扩散电流。发射极电流 I_E 应是上述两个电流之和，但由于发射区的掺杂浓度远大于基区，因此发射区电子形成的扩散电流远大于基区空穴的扩散电流，可以忽略基区空穴的扩散电流不计，所以 I_E 基本上是由发射区电子的扩散运动产生的。

（2）电子在基区的复合与扩散

从发射区注入的大量电子进入基区后（非平衡载流子），使得基区靠近发射结处的电子浓度升高很多。而基区离发射结远的地方电子的数量很少（基区靠近集电结处的电子浓度因集电结反偏，其作用几乎为 0）。所以，电子进入基区后由于浓度的差异将继续扩散。在扩散过程中，有些电子会和基区的多子空穴复合，使最终到达集电结的电子数量减少，若在基区复合越多，则到达集电结的电子越少，晶体管的放大系数就减小。为了减少这种复合，将基区做得很薄，而且基区掺杂浓度很低，以减少电子与空穴的相遇概率。所以，电子在这种扩散过程中与基区空穴复合的数量很少，大多数都能到达集电结处。

在基区与电子复合的空穴浓度由接在基极的正电源 U_{BB} 补充，以维持其浓度。随着发射区电子源源不断地注入，这种基区空穴的复合和补充也将连续进行，由此形成的电流 I_{BN} 是电流 I_B 的主要部分。

（3）集电结收集电子的过程

由于集电结反偏，在集电结内产生了一个较强电场，该电场阻止了集电区电子和基区空穴的扩散，却有利于从发射区扩散到基区的电子的漂移运动，大多数电子通过集电结进入集电区而形成集电极电流 I_C 的大部分。只要集电结反偏，集电结内电场就对扩散过来的电子具有吸引作用或抽取作用，所以基区靠近集电结处的电子浓度几乎为 0。另外，因为集电结反偏，还有利于基区中本身的电子和集电区中的空穴产生漂移运动，而形成反向饱和电流 I_{CBO}。该电流是由集电结两边区域中的少数载流子形成的，如图 2-4 所示。该电流的大小取决于少数载流子的浓度，由于室温下少子数量很少，所以电流很小。因为少数载流子的浓度与温度有关，当温度升高时此电流将会增大，所以这个电流对放大作用不仅没有贡献（不受输入信号的控制），还会大大降低管子的温度稳定性。因此，在晶体管的生产制造过程中要尽量设法减小 I_{CBO}。

综上所述，晶体管要在一定的条件下才具有放大能力。内部条件有：①发射区的掺杂浓度远大于集电区；②基区很薄且掺杂浓度低；②集电结面积远大于发射结。外部条件是发射结正偏，集电结反偏。

晶体管工作时有两种极性的载流子参与导电，既有多数载流子又有少数载流子，故称其为双极型晶体管。

（4）晶体管各极电流的分配关系

由晶体管内部载流子运动的示意图可以得出

$$I_C=I_{CN}+I_{CBO} \tag{2-1}$$

$$I_B=I_{BN}-I_{CBO} \tag{2-2}$$

$$I_E= I_{CN}+ I_{BN}= I_C+I_B \tag{2-3}$$

即发射极的电流等于基极电流与集电极电流之和。

晶体管各极电流的分配关系的定量数据可以通过实验得到，实验电路如图 2-5 所示。若使晶体管工作在放大状态，必须满足一定的外部条件：加电源电压 U_{BB}，使发射结正偏，而电源电压 $U_{CC}>U_{BB}$，保证集电结反偏。

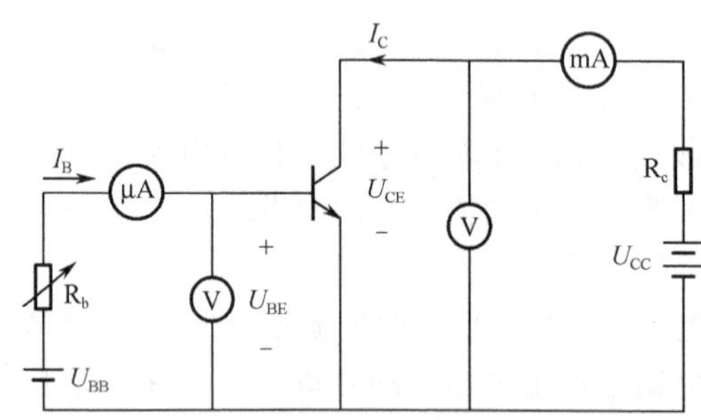

图 2-5　晶体管放大作用实验电路

若改变电阻 R_b，则基极电流 I_B、集电极电流 I_C 和发射极电流 I_E 都会发生变化。通过实验数据可得出如下结论：

① $I_E=I_B+I_C$，晶体管三个电流之间的关系符合基尔霍夫定律。

② $I_C \approx I_E$。I_B 虽然很小，但对 I_C 有控制作用，I_C 随 I_B 的变化而变化。两者在一定范围内保持比例关系，即 $\beta=I_C/I_B$，即基极电流较小的变化可以引起集电极电流较大的变化。这表明基极电流对集电极具有小量控制大量的作用，这就是晶体管的放大作用。

2. 晶体管的特性曲线

晶体管的特性曲线反映了晶体管各极电压与电流之间的关系，是分析和设计晶体管各种电路的重要依据。由于晶体管有三个电极，因此，要用两种特性曲线来表示，即输入特性曲线和输出特性曲线。

1）共发射极输入特性曲线

共射输入特性曲线是以 U_{CE} 为参变量时，I_B 与 U_{BE} 间的关系曲线，由图 2-6 可知：

（1）当 U_{CE}=0V 时，从输入端看进去，相当于两个 PN 结并联且正向偏置，此时的特性曲线类似于二极管的正向伏安特性曲线。

（2）当 U_{CE}≥1V 时，从图中可见 U_{CE}≥1V 的曲线比 U_{CE}=0V 时的曲线稍向右移，不同的 U_{CE} 有不同的输入特性曲线，但当 U_{CE}≥1V 以后，曲线基本保持不变。

2）共发射极输出特性曲线

共射输出特性曲线是以 I_B 为参变量时，I_C 与 U_{CE} 间的关系曲线，如图 2-7 所示。

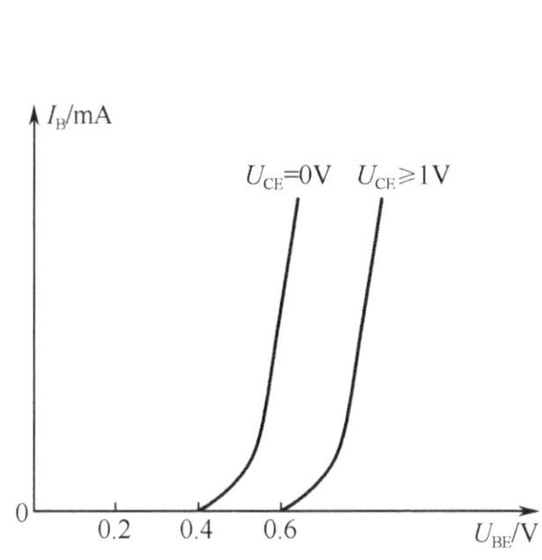

图 2-6 晶体管的输入特性曲线

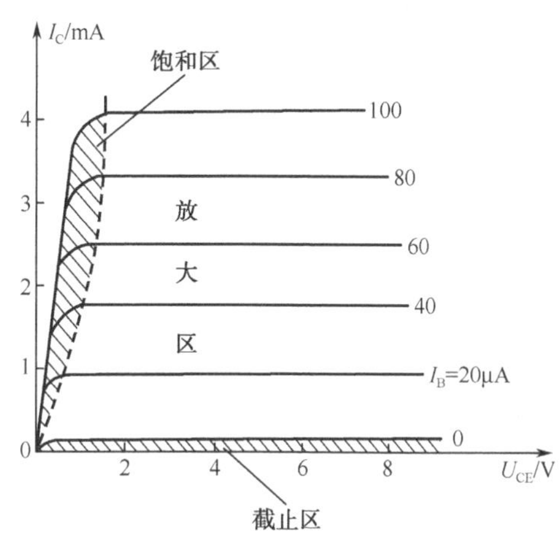

图 2-7 共发射极晶体管的输出特性曲线

当固定一个 I_B 值时，可得到一条输出特性曲线，当改变 I_B 值时，可得到一族输出特性曲线，由图 2-7 可见，输出特性可以划分为放大、饱和、截止三个区域，分别对应于三种工作状态。

（1）放大区

当 U_{CE}>1V 以后，晶体管的集电极电流 I_C 与基极电流 I_B 成正比，而与 U_{CE} 关系不大。所以输出特性曲线几乎与横轴平行，当 I_B 一定时，I_C 的值基本不随 U_{CE} 变化，具有恒流特性。I_B 等量增加时，输出特性曲线等间隔地平行上移。这个区域的工作特点是发射结正向偏置，集电结反向偏置，$I_C \approx \beta I_B$。由于工作在这一区域的晶体管具有放大作用，因而把该区域称为放大区。

由图 2-7 可以看出，基极电流对集电极电流有很强的控制作用，当 I_B 有很小的变化量 ΔI_B 时，I_C 就会有很大的变化量 ΔI_C。

为此，可用共发射极交流电流放大系数来表示这种控制能力。

$$I_B = f(U_{BE})|_{U_{CE}=\text{常数}} \tag{2-4}$$

（2）饱和区

发射结和集电结均处于正偏的区域为饱和区。通常把 $U_{CE}=U_{BB}$（即集电结零偏）的情况称为临界饱和，对应点的轨迹为临界饱和线。当 $U_{CE}<U_{BB}$ 时，I_C 与 I_B 不成比例，它随 U_{CE} 的增加而迅速上升。此时，晶体管工作在饱和状态。晶体管的集电极、发射极间呈现低电阻，相当于开关闭合。

（3）截止区

发射结和集电结均处于反偏的区域为截止区。在特性曲线上，通常把 $I_B=0$ 那条输出特性曲线以下的区域称为截止区。此时因不满足放大条件所以没有电流放大作用，各电极电流几乎全为零，相当于晶体管内部各极开路，即相当于开关断开。

3. 晶体管的主要参数

晶体管的参数是表征管子性能和安全运用范围的物理量，是正确使用和合理选择晶体管的依据。下面介绍晶体管的几个主要的参数。

1）电流放大系数

电流放大系数的大小反映了晶体管放大能力的强弱。

（1）共发射极交流电流放大系数β。β 指集电极电流变化量与基极电流变化量之比，其大小体现了共射接法时，晶体管的放大能力。即

$$\beta = \left.\frac{\Delta I_C}{\Delta I_B}\right|_{U_{CE}=\text{常数}} \tag{2-5}$$

（2）共发射极直流电流放大系数$\overline{\beta}$。$\overline{\beta}$ 为晶体管集电极电流与基极电流之比，即

$$\overline{\beta} = \frac{I_C}{I_B} \tag{2-6}$$

因$\overline{\beta}$ 与β的值几乎相等，故在应用中不再区分，均用β表示。

2）极间反向电流

（1）集—基极间的反向电流 I_{CBO}。I_{CBO} 是指发射极开路时，集—基极间的反向电流，也称集电结反向饱和电流。当温度升高时，I_{CBO} 急剧增大，温度每升高 10℃，I_{CBO} 增大一倍。选管时应选 I_{CBO} 小且受温度影响小的晶体管。

（2）集—射极间的反向电流 I_{CEO}。I_{CEO} 是指基极开路时，集电极—发射极间的反向电流，也称集电结穿透电流。它反映了晶体管的稳定性，其值越小，受温度影响也越小，晶体管的工作就越稳定。

3）极限参数

晶体管的极限参数是指在使用时不得超过的极限值，以此保证晶体管的安全工作。

（1）集电极最大允许电流 I_{CM}。集电极电流 I_C 过大时，β将明显下降，I_{CM} 为β下降到规定允许值（一般为额定值的 1/2～2/3）时的集电极电流。使用中若 $I_C>I_{CM}$，晶体管不一定会损坏，但β 明显下降。

（2）集电极最大允许功率损耗 P_{CM}。管子工作时，U_{CE} 的大部分降在集电结上，因此集电极功率损耗 $P_C=U_{CE}I_C$，近似为集电结功耗，它将使集电结温度升高而使晶体管发热致使管子损坏。工作时的 P_C 必须小于 P_{CM}。

（3）反向击穿电压 $U_{(BR)CEO}$。$U_{(BR)CEO}$ 为基极开路时集电结不致击穿，施加在集—射极之间允许的最高反向电压。

根据三个极限参数 I_{CM}、P_{CM}、$U_{(BR)CEO}$ 可以确定晶体管的安全工作区，如图 2-8 所示。晶体管工作时必须保证工作在安全区内，并留有一定的余量。

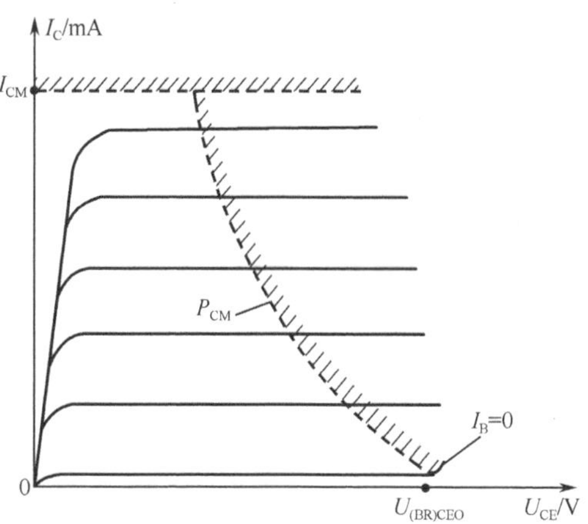

图 2-8　三极管的安全工作区

【例 2-1】 某电子产品的晶体管标号不清，于是利用测量晶体管各电极电位的方法判断管子的电极、类型及材料。测得三个电极对地的电位分别为 U_A=6V，U_B=2.7V，U_C=2V，试判断晶体管的类型、材料及三个引脚的电极。

解：根据所给数据初步判定管子工作在放大区，首先根据 U_{BE} 的值判断基极和发射极，因为晶体管处于放大状态时，发射结正偏，其 U_{BE}=0.7V（硅管）或 U_{BE}=0.2V（锗管），那么另一引脚即为集电极 C。再根据集电极电位是最高还是最低，判断是 NPN 型还是 PNP 型。

由已知 $U_{BC}=U_B-U_C$=2.7V−2V=0.7V，故此晶体管为硅管，A 为集电极，又因 U_A 电位最高，故为 NPN 管。在 NPN 管中，$U_B>U_E$，故 B 为基极，C 为发射极。

思考与练习

2-1-1　晶体管是如何进行分类的？

2-1-2　发射区和集电区都是同类型的半导体材料，发射极和集电极可以互换吗？为什么？

2-1-3　简述晶体管的放大原理。

2-1-4　晶体管由两个 PN 结组成，可否用两只二极管串联组成晶体管？

操作训练 1　晶体管的检测

1. 训练目的

① 掌握晶体管引脚的识别方法。

② 掌握使用万用表判断晶体管电极的方法。

2. 训练内容

1）根据引脚排列规律进行引脚的识别

常用的小功率晶体管有金属外壳封装和塑料封装两种，可直接观察出三个电极 e、b、c。但仍需进一步判断管型和管子的好坏，一般可用万用表进行判别。

（1）等腰三角形排列，识别时引脚向上，使三角形正好在上个半圆内，从左角起，按顺时针方向分别为发射极 e、基极 b 和集电极 c，如图 2-9（a）所示。

（2）在管壳外沿有一个突出部，由此突出部按顺时针方向分别为发射极 e、基极 b 和集电极 c，如图 2-9（b）所示。

（3）塑料封装晶体管的引脚判断如图 2-9（c）所示，将其引脚朝下，顶部切角对着观察者，则从左至右排列为：发射极 e、基极 b 和集电极 c。

（4）如图 2-9（d）所示晶体管，是装有金属散热片的晶体管，判定时，将其引脚朝下，印有型号的一面对着观察者，散热片的一面为背面，则从左至右排列为：基极 b、集电极 c 和发射极 e。

（5）大功率晶体管的两个引脚为基极 b 和发射极 e，集电极 c 是基面，如图 2-9（e）所示。

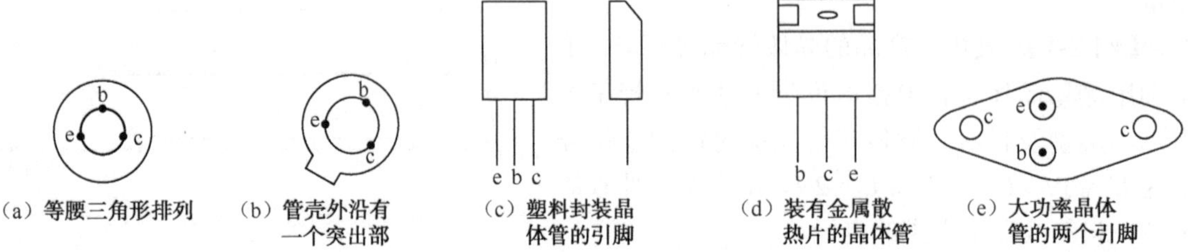

图 2-9　晶体管引脚排列规律

2）万用表判断晶体管电极

（1）判断基极与管型

对于 PNP 型晶体管，c、e 极分别为其内部两个 PN 结的正极，b 极为它们共同的负极，而对于 NPN 型晶体管而言，则正好相反，c、e 极分别为两个 PN 结的负极，而 b 极则为它们共用的正极，根据 PN 结正向电阻小反向电阻大的特性就可以很方便地判断基极和管子的类型。

具体方法：将万用表置于 R×100 挡或 R×1k 挡。用黑表笔接触某一引脚，用红表笔分别接另外两个引脚，若两次测得都是几十欧姆至上百千欧姆的高阻值时，则黑表笔所接触的引脚即为基极，且晶体管的管型为 NPN 型。若用上述方法两次测量都是几百欧姆的低阻值时，则黑表笔所接触的引脚就是基极，且晶体管的管型为 PNP 型，如图 2-10 所示。

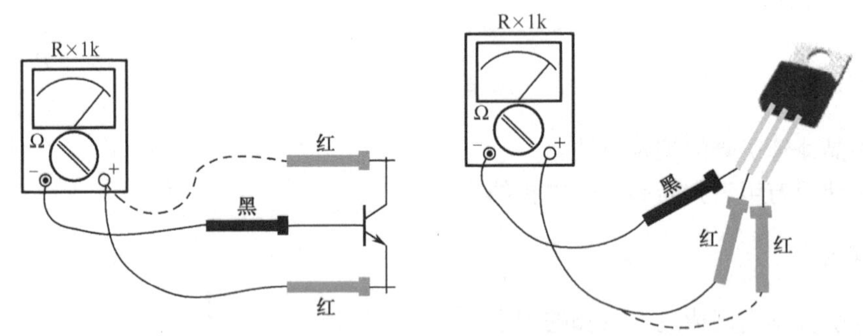

图 2-10　确定晶体管的基极

（2）判断发射极和集电极

由于晶体管在制作时，两个 P 区或两个 N 区的掺杂浓度不同，如果发射极、集电极使用正确，则晶体管具有很强的放大能力，反之，如果发射极、集电极互换使用，则放大能力非常弱，由此即可把管子的发射极和集电极区别开来。

在已经判断出晶体管基极和类型的情况下，任意假设另外两个电极为c、e，判别c、e时，以NPN型晶体管为例，如图2-11所示，先将万用表置于R×100挡或R×1k挡，将万用表红表笔接假设的集电极，黑表笔接假设的发射极，用潮湿的手指将基极与假设的集电极引脚捏在一起(注意不要让两极直接相碰)，注意观察万用表指针正偏的幅度。然后将两个引脚对调，重复上述测量步骤。比较两次测量中表针向右摆动的幅度，由摆动幅度相对较小的一次，确定红表笔接的是发射极，另一端是集电极。如果是PNP晶体管，则正好相反。

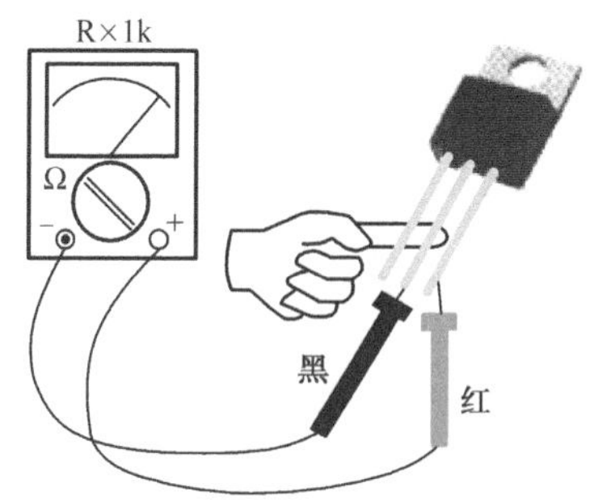

图2-11 确定晶体管的集电极

3）晶体管好坏的判断

如在以上操作中，无一电极满足上述现象，则说明晶体管已经损坏，也可用数字式万用表的“h_{FE}”挡来进行判断，当管型确定后，将晶体管插入“NPN”或“PNP”插孔，如h_{FE}值不正常（为0或大于300）则说明晶体管已经损坏。

2.2 任务2 认知单极型晶体管

单极型晶体管是以半导体中的多数载流子来实现导电的，它是利用电场效应来控制电流的一种半导体器件，所以又称为场效应管（FET）。场效应管根据结构不同，可以分为结型场效应管（JFET）和绝缘栅型场效应管（IGFET）两大类，其中绝缘栅型场效应管又称MOS型场效应管。根据场效应管制造工艺和材料的不同，又可分为N沟道场效应管和P沟道场效应管。

场效应管具有很高的输入电阻，能满足高内阻信号源对放大电路的要求，所以是较理想的前置输入级器件。它还具有热稳定性好、功耗低、噪声低、制造工艺简单、便于集成等优点，因此得到了广泛的应用。

2.2.1 结型场效应管

1. 结型场效应管的结构

结型场效应管分为N沟道和P沟道两种类型，都属于耗尽型场效应管，结型场效应管的结构示意图及其符号如图2-12所示。

图2-12（a）所示为N沟道场效应管的结构示意图，在一块N型半导体材料的两侧分别扩散一个高掺杂浓度的P型区（用P^+表示），两侧P^+区与N沟道交界处形成两个PN结，由于P^+区内侧耗尽层非常窄，可知这两个PN结都是非对称PN结。两边P^+区各引出一个电极并联在一起，称为栅极G；在N型半导体的两端各引出一个电极，分别称为源极S和漏极D。两个PN结之间的N型区域称为N型导电沟道，简称N沟道。N沟道场效应管的符号如图2-12（c）左侧所示，其中，箭头所指方向表示栅极和源极之间的PN结加正向偏压时，栅极电流的方向是从P指向N。

图2-12（b）所示为P沟道场效应管的结构示意图，其符号如图2-12（c）右侧所示。对于P沟道场效应管，在使用过程中，除了直流电源电压极性和漏极电流的方向与N沟道场效

应管相反外，两者的工作原理完全一样。因此，本节仅以 N 沟道场效应管为例介绍结型场效应管的工作原理。

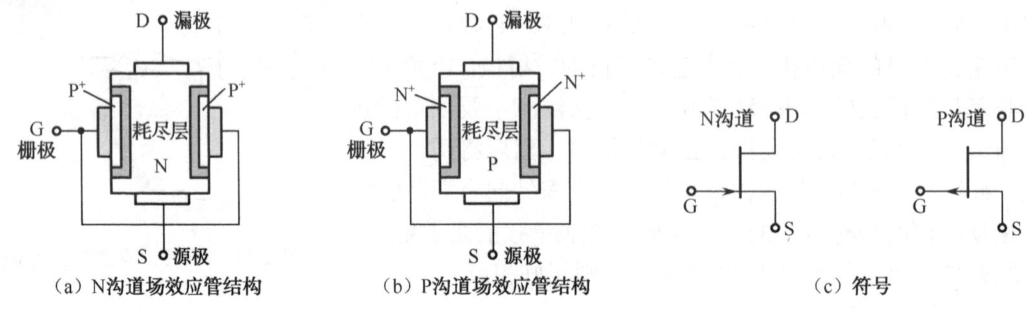

（a）N沟道场效应管结构　（b）P沟道场效应管结构　（c）符号

图 2-12　结型场效应管的结构及符号

2. N 沟道结型场效应管的工作原理

当 N 沟道结型场效应管工作时，需要在栅极和源极之间加一个负电压，即 $u_{GS}<0$，使栅极与 N 沟道间的 PN 结反偏，栅极电流 $i_G \approx 0$，场效应管呈现出高达 $10^9\Omega$的输入电阻。在漏极和源极间加一个正电压，即 $u_{DS}>0$，使 N 沟道中的多数载流子（电子）在电场作用下由源极向漏极运动，形成漏极电流 i_D。i_D 的大小受 u_{DS} 的影响，同时也受 u_{GS} 的控制，因此讨论场效应管的工作原理实际上就是分析 u_{GS} 对 i_D 的控制作用和 u_{DS} 对 i_D 的影响。

（1）u_{GS} 对导电沟道和 i_D 的控制作用

为了分析方便，首先假定 $u_{DS}=0$。当 $u_{GS}=0$ 时，导电沟道未受任何电场的作用，PN 结处于平衡状态，导电沟道最宽，如图 2-13（a）所示。当 u_{GS} 由零向负值增大时，即 $u_{GS}<0$，在 u_{GS} 的反向偏置电压作用下，两个 PN 结反偏，耗尽层将加宽，导电沟道变窄，沟道电阻增大，如图 2-13（b）所示。当 u_{GS} 增大到一定数值时，使 $u_{GS}=U_{GS(off)}$。两侧的耗尽层在中间完全合拢，导电沟道被夹断，如图 2-13（c）所示。此时漏—源极之间的电阻趋于无穷大，相应的栅—源极之间的电压称为夹断电压 $U_{GS(off)}$。N 沟道场效应管的 $U_{GS(off)}<0$。

由上述分析可见，改变 u_{GS} 的大小可以有效控制导电沟道电阻的大小。但由于 $u_{DS}=0$，漏极电流 $i_D=0$。若 u_{GS} 为一固定正值，则在 u_{DS} 作用下漏极流向源极的电流 i_D 将受 u_{GS} 的控制；若 u_{GS} 增大，沟道电阻增大，i_D 将减小；若 u_{GS} 减小，沟道电阻减小，i_D 将增大。当 $u_{GS}=U_{GS(off)}$ 时，$i_D=0$。

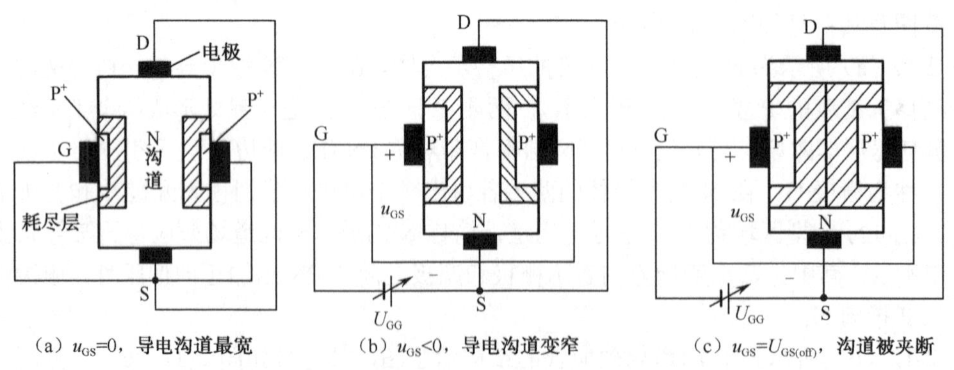

（a）$u_{GS}=0$，导电沟道最宽　（b）$u_{GS}<0$，导电沟道变窄　（c）$u_{GS}=U_{GS(off)}$，沟道被夹断

图 2-13　当 $u_{DS}=0$ 时，u_{GS} 对导电沟道的影响

（2）u_{DS}对导电沟道和i_D的控制作用

首先假定u_{DS}=0、u_{GS}=0，此时导电沟道未受任何电场的作用，PN结也处于平衡状态，导电沟道最宽，如图2-14（a）所示。

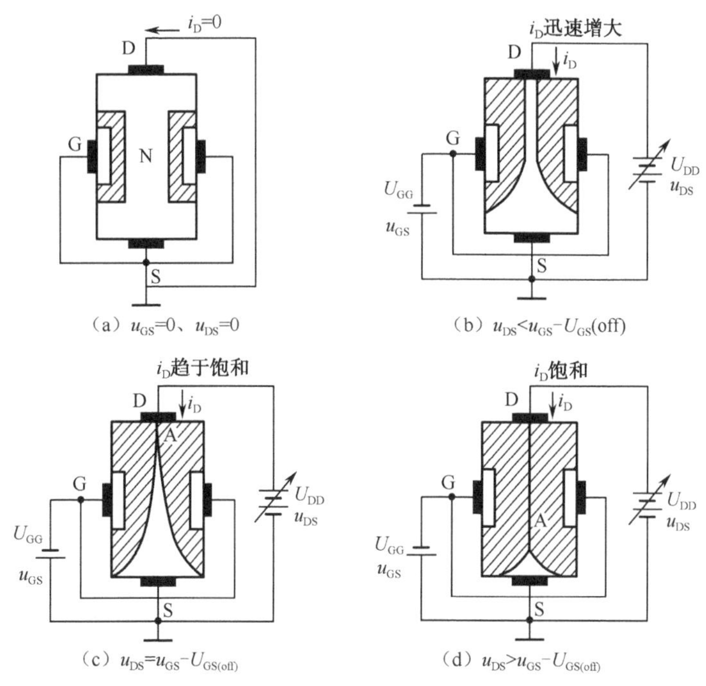

（a）u_{GS}=0、u_{DS}=0 （b）$u_{DS}<u_{GS}-U_{GS(off)}$

（c）$u_{DS}=u_{GS}-U_{GS(off)}$ （d）$u_{DS}>u_{GS}-U_{GS(off)}$

图2-14 u_{DS}对导电沟道的影响

当u_{GS}为某一固定值，且$U_{GS(off)}<u_{GS}<0$时，若u_{DS}=0，则i_D=0。当u_{DS}从零逐渐增大时，沟道中产生电位梯度，在电场的作用下导电沟道中形成沟道电流i_D。i_D从漏极流向源极。由于沟道中的电位梯度从源极到漏极，沿导电沟道的电位差从靠近源极端的零电位逐渐升高到靠近漏极端的$+u_{DS}$，因此从源极端到漏极端的不同位置上，栅极与导电沟道之间的电位差在逐渐变化，即距离源极越远电位差越大，施加到PN结的反偏压也越大，耗尽层越向沟道中心扩展，使导电沟道形成楔形，如图2-14（b）所示。所以从这方面看，增大u_{DS}，靠近漏极的沟道变窄，沟道电阻增大，产生了阻碍漏极电流i_D增大的因素。但在u_{DS}较小时，靠近漏极的沟道还没有被夹断，漏极电流i_D随u_{DS}几乎成正比地增大。

当u_{DS}继续增大到$u_{DS}=u_{GS}-U_{GS(off)}$，即$u_{GD}=u_{GS}-u_{DS}=U_{GS(off)}$时，靠近漏极端的耗尽层在A点合拢，如图2-14（c）所示，称为预夹断。此时，A点耗尽层两边的电位差用夹断电压$u_{GS(off)}$联示。预夹断处A点的电压$U_{GS(off)}$与u_{DS}和u_{GS}关系为

$$u_{DS}=u_{GS}-U_{GS(off)} \tag{2-7}$$

式（2-7）通常称为JFET的预夹断方程。图2-15为u_{GS}=0时，N沟道JFET的u_{DS}—i_D的关系曲线。预夹断时相当于图2-15中$u_{DS}=U_{GS(off)}$时的情况，此时i_D达到了饱和漏电流I_{DSS}。I_{DSS}下标中的第二个S表示栅—源极间短路。

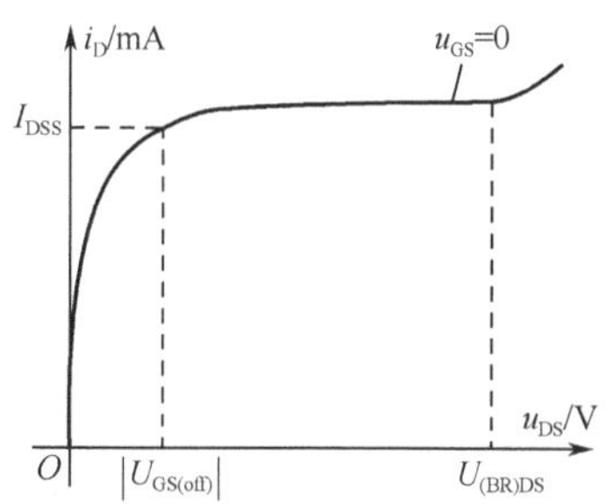

图2-15 u_{GS}=0时N沟道JFET的u_{DS}—i_D的关系

若 u_{DS} 继续增大，夹断区加长，夹断处 A 点沿导电沟道向源极端延伸，如图 2-14（d）所示。u_{DS} 增加的部分主要降落在夹断区，夹断区的电场也随之增大，仍能将载流子（电子）拉过夹断区形成漏极电流 i_D。此时未被夹断的沟道内的电场基本上不随 u_{DS} 增大而变化，漏极电流 i_D 趋于饱和，几乎不随 u_{DS} 变化，仅取决于 u_{GS}。

3. 结型场效应管的特性曲线

1）输出特性曲线

N 沟道结型场效应管的输出特性曲线是指当栅源电压 u_{GS} 一定时，JFET 漏极电流 i_D 与漏源电压 u_{DS} 之间的关系曲线，如图 2-16（a）所示，其函数关系为

$$i_D = f(u_{DS})\,|\,u_{GS}=\text{常数} \tag{2-8}$$

图 2-16（a）所示为 N 沟道结型场效应管的输出特性曲线。与晶体管的输出特性线类似，结型场效应管的输出特性曲线也分为 4 个区域。

（1）可变电阻区

在图 2-16（a）的（1）区，结型场效应管可以看作一个受栅源电压 u_{GS} 控制的可变电阻，称为可变电阻区。在该区域内，当 u_{GS} 变化时，导电沟道的宽度也随之变化。u_{GS} 越负，漏源之间的等效电阻越大，输出特性曲线越倾斜。

（2）放大区

在图 2-16（a）的（2）区，导电沟道处于夹断状态，漏极电流 i_D 基本稳定，不随 u_{DS} 的变化而变化，称为饱和区或恒流区。场效应管用作放大器时通常都工作在这个区域，因此该区域又称为放大区。

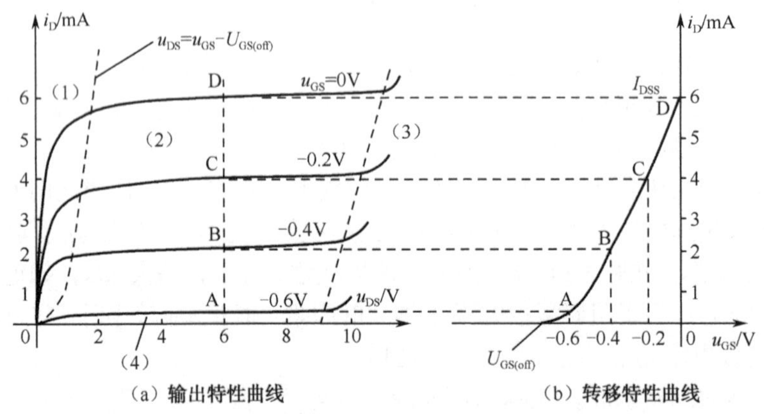

（a）输出特性曲线　　（b）转移特性曲线

图 2-16　结型场效应管的特性曲线

（3）击穿区

图 2-16（a）的（3）区，随着 u_{DS} 的继续增大，在 $u_{DS}>U_{(BR)DS}$ 后，由于导电沟道所承受的电压降太高，电场很强，致使栅漏间的 PN 结发生击穿，漏极电流 i_D 迅速增大，因此该区域称为击穿区。进入击穿区后场效应管不能正常工作，并且可能因为漏极电流 i_D 太大而烧毁 FET，通常不允许场效应管工作在击穿区。

（4）夹断区

图 2-16（a）的（4）区称为场效应管的截止区。当 $u_{GS}<U_{GS(off)}$，导电沟道完全被夹断，

i_D=0。这点与双极结型晶体管输出特性曲线的截止区类似。

2）转移特性曲线

场效应管是电压控制器件，由于栅—源之间的PN结加反偏压，流过栅极的电流几乎为零，因此讨论场效应管的输入特性曲线没有实际意义。为了讨论 u_{GS} 对 i_D 的控制作用，常用场效应管的转移特性来描述。所谓转移特性是指在漏—源极电压 u_{DS} 为某一常数时，u_{GS} 与 i_D 之间的关系曲线，即

$$i_D = f(u_{GS})|_{u_{DS}=\text{常数}} \quad (2\text{-}9)$$

由于输出特性和转移特性都是用来描述场效应管的电压与电流之间关系，因此转移特性可以直接从输出特性曲线上通过作图法求得。如图2-16所示，在图2-16（a）中，令 u_{DS}=6V，在输出特性曲线上作一条 u_{DS}=6V 的垂线，该垂线与各条输出特性曲线分别相交于 A、B、C 和 D 点，将 A、B、C 和 D 点各相应的漏极电流 i_D 及其对应的 u_{GS} 值画在 u_{GS}—i_D 直角坐标中，得到如图2-16（b）所示的场效应管的转移特性曲线。

将 u_{DS} 取不同的常数值，可得到一族转移特性曲线。但由于在饱和区 $u_{DS}= u_{GS}-U_{GS(off)}$，漏极电流 i_D 受 u_{DS} 的影响很小，因此不同 u_{DS} 下的转移特性曲线基本重合。

实验表明，在场效应管输出特性曲线的饱和区，即在 $U_{GS(off)}\leqslant u_{GS}\leqslant 0$ 的范围内，i_D 随 u_{GS} 的增加（负数减小）近似按平方律上升，即

$$i_D = I_{DSS}\left(1-\frac{u_{GS}}{U_{GS(off)}}\right)^2 \quad (2\text{-}10)$$

由式（2-10）可见，只要给出 I_{DSS} 和 $U_{GS(off)}$ 的数值就可以将转移特性曲线中的其他点近似计算出来。

4. 场效应管的主要参数

1）直流参数

（1）夹断电压 $U_{GS(off)}$：夹断电压是指施加于场效应管漏—源极之间的电压 u_{DS} 为某一常数时，使 i_D 为一个微小电流值时的 u_{GS} 值。从转移特性曲线上看，当 u_{GS} 从 $U_{GS(off)}$增大（负值减小）时 i_D 开始增大。$U_{GS(off)}$是耗尽型场效应管的参数。

（2）开启电压 $U_{GS(th)}$：开启电压是指施加于场效应管漏源之间的电压 u_{DS} 为某一常数时，i_D 为一个微小电流值时的 u_{GS} 值。从转移特性曲线上看，当 u_{GS} 从 $U_{GS(th)}$增大时 i_D 开始增大。$U_{GS(th)}$是增强型场效应管的参数。

（3）饱和电流 I_{DSS}：在 u_{GS}=0 时，$u_{DS}>U_{GS(off)}$的漏极电流 i_D 称为饱和电流 I_{DSS}。通常令 u_{GS}=0，u_{DS} 为某一常数时测出的漏极电流 i_D 就是 I_{DSS}。在转移特性上 u_{GS}=0 时对应的 i_D 就是 I_{DSS}。

（4）直流输入电阻 R_{GS}：场效应管的直流输入电阻是在漏—源极之间短路的条件下，栅源施加一定电压时的直流电阻值。线型场效应管的栅极电流很小，其直流输入电阻通常大于 10^7，而MOS场效应管的 R_{GS} 以可达到 10^9～$10^{15}\Omega$。

2）交流参数

（1）低频跨导（互导）g_m：当 u_{DS} 为某一常数时，场效应管漏极电流 i_D 的微小变化量与栅源电压 u_{GS} 的微小变化的比，称为场效应管的低频跨导，用 g_m 表示，即

$$g_m = \frac{\partial i_D}{\partial u_{GS}}\bigg|_{u_{DS}=常数} \qquad (2\text{-}11)$$

g_m是表征u_{GS}对i_D的控制能力的一个重要参数，其单位为ms或μs。它是转移特性曲线工作点上切线的斜率。g_m通常在十分之几至几毫秒的范围内，特殊的场效应管可达100ms。应注意到，跨导随场效应管的工作点不同而异。

（2）输出电阻r_{ds}：场效应管输出电阻的定义为

$$r_{ds} = \frac{\partial u_{DS}}{\partial i_D}\bigg|_{u_{GS}=常数} \qquad (2\text{-}12)$$

输出电阻r_{ds}，表明了u_{DS}对i_D的影响，是输出特性曲线工作点上切线的斜率的倒数。在放大区（饱和区），i_D随u_{DS}的变化很小，因此也称为恒流区，r_{ds}的值很大，通常在几十千欧姆到几百千欧姆。

（3）极间电容：场效应管的极间电容包括栅源电容C_{GS}栅漏电容C_{GD}和漏源电容C_{DS}。通常C_{GS}和C_{GD}为1～3pF，C_{DS}为0.1～1pF。场效应管的三个电极之间的等效电容将影响它的工作频率，其值越小越好。

3）极限参数

（1）最大漏极电流I_{DM}：I_{DM}表示当场效应管正常工作时所允许的最大漏极电流。当$i_D>I_{DM}$时场效应管的性能变差。

（2）最大耗散功率P_{DM}：$P_{DM}=u_{DS}i_D$是由场效应管最高工作温度确定的参数。当场效应管的$P_D>P_{DM}$时，管子的性能变差，甚至被烧坏。

（3）击穿电压：场效应管的击穿电压包括$U_{(BR)DS}$和$U_{(BR)GS}$。它们分别表示漏—源极和栅—源极之间的击穿电压。

2.2.2 绝缘栅场效应管

结型场效应管的直流输入电阻可以高达10^6～10^9，由于这个电阻从本质上看仍然是PN结的反向电阻，因此总存在少量的反向电流，这就限制了场效应管输入电阻的进一步提高。在高温度条件下工作时由于PN结反向电流增大，输入电阻值明显减小，尤其是栅源之间的PN结加正向电压，将出现较大的栅极电流，影响了结型场效应管的正常工作。

与结型场效应管不同，采用金属—氧化物—半导体场效应管（MOSFET）可以进一步提高场效应管的输入电阻。MOSFET也是利用半导体表面的电场效应进行工作的。由于MOSFET的栅极处于绝缘状态，其输入电阻可以高达$10^{15}\Omega$。

MOSFET也有N沟道和P沟道两种类型，每种类型又有增强型（E型）和耗尽型（D型），即，有N沟道增强型、N沟道耗尽型、P沟道增强型和P沟道耗尽型四种基本类型的MOSFET。此外，还有其他类型的MOSFET，如VMOSFET等，但它们的工作原理基本相同。本节主要讨论N沟道MOSFET，其他类型可在此基础上触类旁通。

1. N沟道增强型绝缘栅场效应管

1）结构

N沟道增强型MOSFET的结构示意图如图2-17（a）所示，增强型MOSFET的符号如

图 2-17（b）所示。它是在一块掺杂浓度较低的 P 型半导体材料（衬底）上，利用扩散工艺形成两个高掺杂浓度的 N 型区域（用 N^+表示），并在此 N 型区域上引出两个接触电极，分别称为源极（S）和漏极（D）。两个电极之间的衬底表面覆盖一层二氧化硅（SiO_2）绝缘层，该绝缘层上再沉积金属铝层并引出电极作为栅极（G），从衬底引出的电极称为衬底电极（B），通常将衬底电极和源极连接在一起使用。

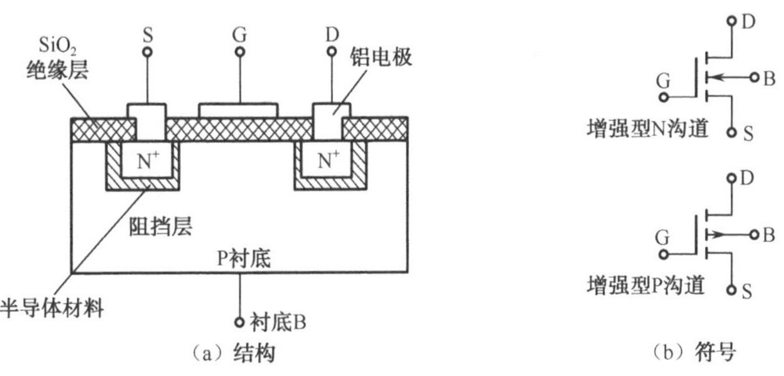

图 2-17 N 沟道增强型 MOSFET 的结构及符号

2）工作原理

（1）u_{GS} 对 i_D 的控制作用

① 当 u_{GS}=0 时，没有 N 型导电沟道。

当 u_{GS}=0 时，源区（N^+）、衬底（P）和漏区（N^+）之间形成两个背靠背的 PN 结，如图 2-18（a）所示，这时无论 u_{GS} 的极性如何，总漏源之间都不能形成导电沟道，因此，i_D=0，此时漏源之间的电阻值可以高达 $10^{15}\Omega$。

② 当 $u_{GS}>U_{GS(th)}$时，出现 N 沟道。当 $u_{GS}\geqslant 0$、u_{DS}=0 时，如图 2-18（b）所示，由于栅极和衬底之间的 SiO_2 绝缘作用，栅极电流 i_G=0。同时，栅极和衬底之间形成了一个以 SiO_2 为介质的平板电容器，在 $u_{GS}\geqslant 0$ 的作用下，介质中产生了一个垂直于 P 型半导体（衬底）表面由栅极指向衬底的电场，该电场排斥 P 型半导体中的空穴，而将电子吸附到靠近 SiO_2 一侧的 P 型衬底表面，形成一个 N 型薄层，称为反型层，即导电沟道，也称为感生沟道。源区的 N^+区和漏区的 N^+通过感生沟道连接起来，人们可以通过 u_{GS} 控制 N 型沟道的厚度，此时在 u_{DS} 的作用下将产生漏极电流 i_D。显然，u_{GS} 越大，导电沟道越厚，沟道电阻值越小。通常将在 u_{DS} 作用下开始导电时的 u_{GS} 称为开启电压，用 $U_{GS(th)}$ 表示，也正是由于这种场效应管只有在 $u_{GS}>U_{GS(th)}$时形成导电沟道，故称为增强型场效应管。

（2）u_{DS} 对 i_D 的影响

在 $u_{GS}>u_{GS(th)}$导电沟道形成后，此时外加漏源电压 u_{DS} 将产生漏极电流 i_D。在 u_{GS} 和 u_{DS} 的共同作用下，导电沟道的电位梯度将产生变化，使沟道的厚度也发生变化，如图 2-18（c）所示，靠近漏极端沟道变薄，靠近源极端沟道变厚。

当 u_{DS} 较小时，i_D 随 u_{DS} 增大而迅速增大。当 u_{DS} 增加到 $u_{DS}=u_{GS}-U_{GS(th)}$时，靠近漏极端的沟道厚度为零，出现预夹断。若 u_{DS} 继续增大，使 $u_{DS}>u_{GS}-U_{GS(th)}$，导电沟道的夹断点向源极方向移动，夹断区域向源极方向延伸，如图 2-18（d）所示。沟道电阻增大，电流 i_D 趋于饱和，u_{DS} 的增量部分主要降在夹断区，在夹断区形成较强的电场。在这个电场的作用下，源区端的电子仍能克服夹断区的阻力到达漏极，但漏极电流 i_D 饱和，基本不随 u_{DS} 的变化而变化，仅取决于 u_{GS}。

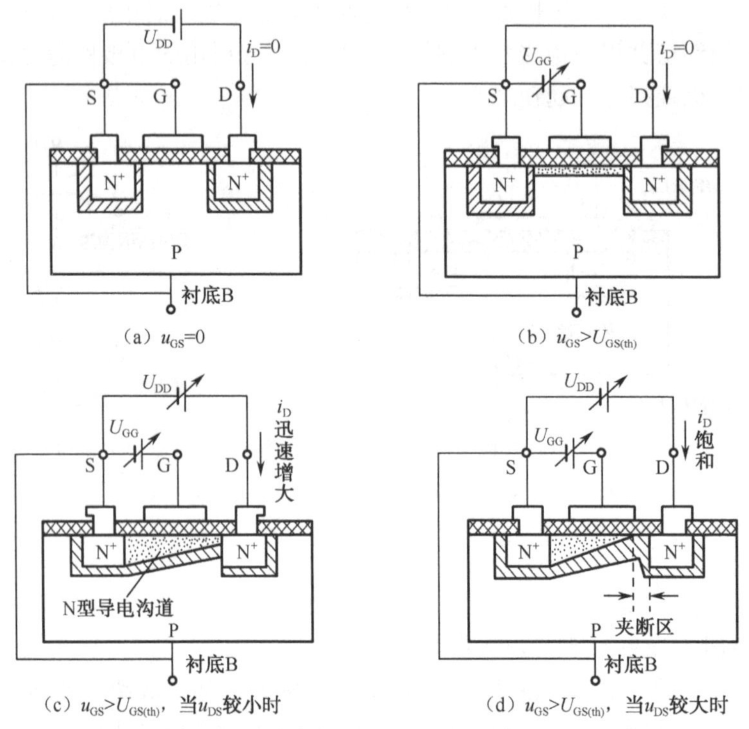

（a）$u_{GS}=0$　（b）$u_{GS}>U_{GS(th)}$

（c）$u_{GS}>U_{GS(th)}$，当 u_{DS} 较小时　（d）$u_{GS}>U_{GS(th)}$，当 u_{DS} 较大时

图 2-18　N 沟道增强型 MOSFET 的工作原理示意图

3）特性曲线

与结型场效应管特性类似，N 沟道增强型 MOSFET 的特性曲线也分为输出特性曲线和转移特性曲线，如图 2-19 所示。其中，图 2-19（a）为 N 沟道增强型 MOSFET 的转移特性曲线；图 2-19（b）为 N 沟道增强型 MOSFET 的输出特性曲线。输出特性曲线同样分为可变电阻区、放大区（饱和区）、击穿区和夹断区。转移特性曲线同样是在 u_{GS} 为常数的条件下，从输出特性曲线上用作图法求出。

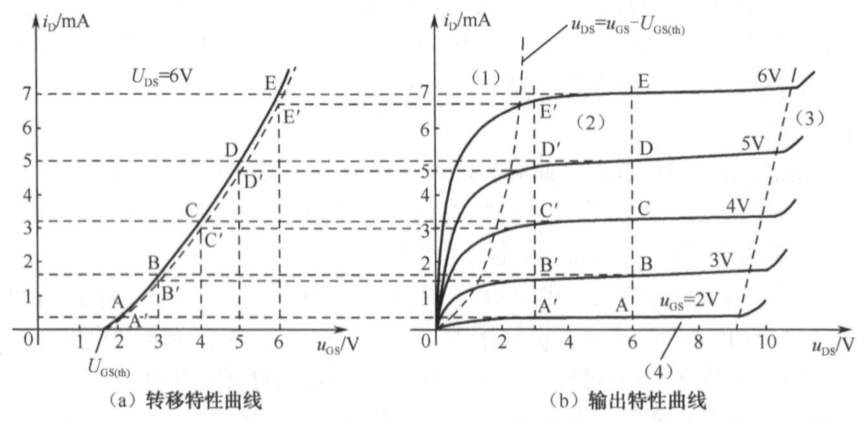

（a）转移特性曲线　（b）输出特性曲线

图 2-19　N 沟道增强型 MOSFET 的特性曲线

增强型 MOSFET 的转移特性曲线同样是以 u_{DS} 为参变量，漏极电流 i_D 随栅源电压 u_{GS} 变化的关系曲线，即

$$i_D = f(u_{GS})|_{u_{DS}=\text{常数}} \tag{2-13}$$

从图 2-19 可以看到，在 u_{DS} 大于一定的数值后，如 u_{DS}=3V 与 u_{DS}=6V 时的转移特性曲线基本重合，如图 2-19（b）中的虚线和实线所示，工程上通常忽略沟道的调制效应，因此为了分析方便，只用一条转移特性曲线表示输出特性放大区域内电压与电流的关系。这时漏极电流 i_D 的近似表达式为

$$i_D = I_{DO}\left(\frac{u_{GS}}{U_{GS(th)}} - 1\right)^2 \quad (u_{GS}>U_{GS(th)}) \tag{2-14}$$

式中，I_{DO} 是 u_{GS}=2 $U_{GS(th)}$时的漏极电流 i_D。

2. N 沟道耗尽型 MOSFET

N 沟道耗尽型 MOSFET 的结构示意图如图 2-20（a）所示，耗尽型 MOSFET 的符号如图 2-20（b）所示。N 沟道耗尽型 MOSFET 的结构与增强型 MOSFET 结构相似，不同之处在于 N 沟道耗尽型 MOSFET 在制造过程中，在栅—源极之间的 SiO_2 绝缘层中注入一些离子（图中 2-20（a）中用“+”表示），使漏—源极之间的导电沟道在 u_{GS}=0 时就已经存在了，这一沟道称为初始沟道。如图 2-20（a）所示，在绝缘层中预先注入正离子，形成 N 型初始沟道，因此称为 N 沟道耗尽型 MOSFET。由于 u_{GS}=0 时就存在初始导电沟道，所以只要加上 u_{DS} 就能形成漏极电流 i_D。

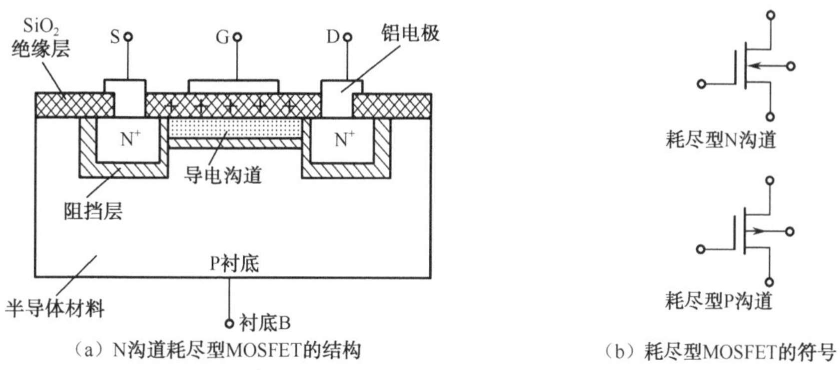

（a）N沟道耗尽型MOSFET的结构　（b）耗尽型MOSFET的符号

图 2-20　耗尽型 MOSFET 的结构及符号

如果在 N 沟道耗尽型 MOSFET 的栅—源极之间加上负偏压（u_{GS}<0），则在栅—源极之间产生的外加电场将与绝缘层中预注入的正离子产生的电场相互抵消，使吸附到衬底表面的 N 型层（导电沟道）变薄，沟道电阻增大。当负栅压增大到 $u_{GS}=U_{GS(off)}$时，导电沟道被完全夹断，使漏极电流 i_D=0。N 沟道耗尽型 MOSFET 的特性曲线如图 2-21 所示。

N 沟道耗尽型 MOSFET 的漏极电流可近似表示为

$$i_D = I_{DSS}\left(1 - \frac{u_{GS}}{U_{GS(off)}}\right)^2 \quad (U_{GS(off)} \leqslant u_{GS} \leqslant 0) \tag{2-15}$$

式中，I_{DSS} 是 u_{GS}=0 时的漏极电流。

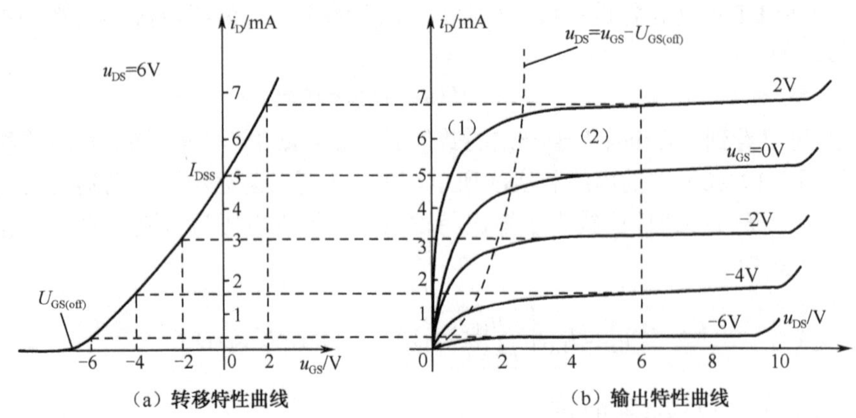

图 2-21　N 沟道耗尽型 MOSFET 的特性曲线

2.2.3　场效应管的使用

1. 各种场效应管的特性比较

表 2-1 给出了各种场效应管的符号及输入、输出特性。

表 2-1　各种场效应管的特性比较

名　称	符　号	转移特性	输出特性
N 沟道耗尽型 MOS 管	D, G, S, 衬底	i_D, $U_{GS(off)}$, O, u_{GS}	i_D, u_{GS}: 1V, 0V, −1V, −2V; O, u_{DS}
N 沟道增强型 MOS 管	D, G, S, 衬底	i_D, O, $U_{GS(th)}$, u_{GS}	i_D, u_{GS}: 6V, 5V, 4V, 3V; O, u_{DS}
P 沟道耗尽型 MOS 管	D, G, S, 衬底	i_D, $U_{GS(off)}$, O, u_{GS}	$-i_D$, u_{GS}: −1V, 0V, +1V, +2V; O, $-u_{DS}$
P 沟道增强型 MOS 管	D, G, S, 衬底	$U_{GS(th)}$, i_D, O, u_{GS}	$-i_D$, u_{GS}: −6V, −5V, −4V, −3V; O, $-u_{DS}$

续表

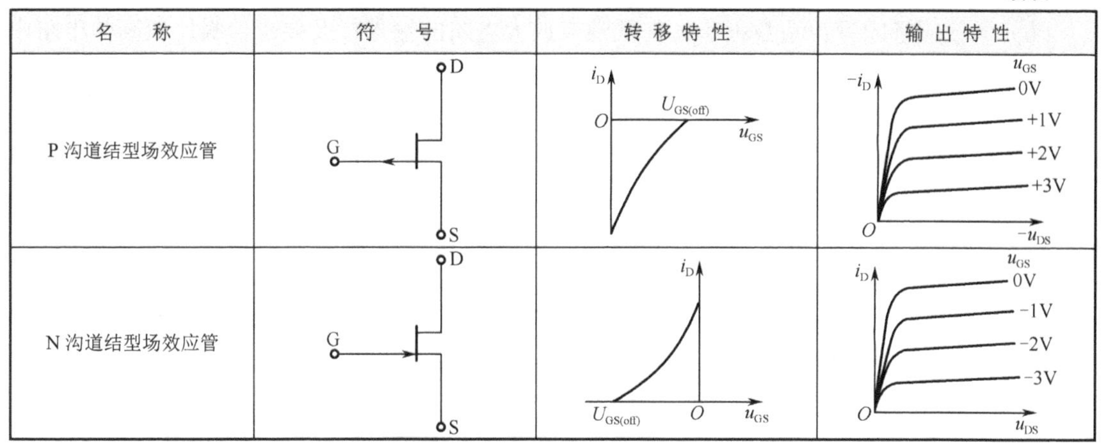

名　称	符　号	转移特性	输出特性
P沟道结型场效应管			
N沟道结型场效应管			

2. MOS型场效应管使用注意事项

MOS型场效应管在使用时应注意其分类，不能随意互换。MOS型场效应管由于输入阻抗高（包括MOS集成电路），极易被静电击穿，使用时应注意以下事项。

（1）为保证场效应管安全可靠地工作，使用中不要超过器件的极限参数。

（2）绝缘栅型场效应管保存时应将各电极引线短接，由于MOS管栅极具有极高的绝缘强度，因此栅极不允许开路，否则会感应出很高电压的静电，而将其击穿。

（3）焊接时应将电烙铁的外壳接地或切断电源趁热焊接。

（4）测试时仪表应良好接地，不允许有漏电现象。

（5）当场效应管使用在要求输入电阻较高的场合时，还应采取防潮措施，以免其受潮气的影响使输入电阻大大降低。

（6）对于结型场效应管，栅—源极间的电压极性不能接反，否则PN结将正偏而不能正常工作，有时可能烧坏器件。

3. 双极型晶体管（三极管）和场效应管的比较

双极型晶体管和场效应管的比较如下：

（1）场效应管的源极S、栅极G、漏极D分别对应于三极管的发射极e、基极b、集电极c，它们的作用相似。

（2）场效应管是电压控制电流器件，由u_{GS}控制i_D，其放大系数g_m一般较小，因此场效应管的放大能力较差；三极管是电流控制器件，由i_B（或i_E）控制i_C。

（3）场效应管栅极几乎没有电流流过；而三极管工作时基极总要吸取一定的电流。因此场效应管的输入电阻比三极管的输入电阻高。

（4）场效应管只有多子参与导电；三极管有多子和少子两种载流子参与导电，因少子浓度受温度、辐射等因素影响较大，所以场效应管比三极管的温度稳定性好、抗辐射能力强。在环境条件（温度等）变化很大的情况下应选用场效应管。

（5）场效应管在源极未与衬底连在一起时，源极和漏极可以互换使用，且特性变化不大；而三极管在制造时，由于发射区的掺杂浓度大，集电区掺杂浓度低，且集电结面积大，基区掺杂浓度低并做得很薄，其厚度一般在几微米至几十微米，所以发射极和集电极是不能互换的。

（6）场效应管的噪声系数很小，在低噪声放大电路的输入极及要求信噪比较高的电路中要选用场效应管。

（7）场效应管和三极管均可组成各种放大电路和开关电路，但由于前者制造工艺简单，且具有耗电少、热稳定性好和工作电源电压范围宽等优点，而被广泛用于大规模和超大规模集成电路中。

思考与练习

2-1-1　场效应管是如何进行分类的？它有何特点？

2-1-2　场效应管的特性曲线分哪几个区？有何特点？

2-1-3　使用 MOS 型场效应管时应注意哪些事项？

2-1-4　与双极型晶体管相比，场效应管有哪些主要特点？

操作训练 2　场效应管的测试

1. 训练目的

① 掌握结型场效应管的检测方法。

② 掌握 MOS 型场效应管的检测方法。

2. 训练内容

1）结型场效应管检测方法

（1）栅极判别

根据 PN 结的正、反向电阻值是不同的，可以很方便地测试出结型场效应管的 G、D、S 极，如图 2-22 所示。

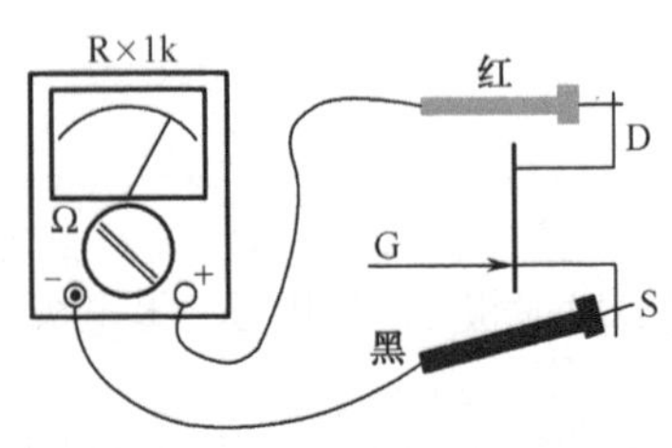

图 2-22　场效应管的栅极判别

方法一：将万用表置于 R×1k 挡，任选两电极，分别测出它们之间的正、反向电阻。若正、反向的电阻相等（约几千欧姆），则该两极为漏极 D 和源极 S（结型场效应管的 D、S 极可互换），余下的则为栅极 G。

方法二：用万用表的黑表笔任意接触一个电极，另一表笔依次接触其余两个电极，测其阻值。若两次测得的阻值近似相等，则该黑表笔接的为栅极 G，余下的两个为漏极 D 和源极 S。

（2）场效应管的沟道类型判别

对于 N 沟道场效应管，当黑表笔接栅极，红表笔接另外两极时，电阻较小。对于 P 沟道场效应管，黑表笔接栅极，红表笔接另外两极时，电阻较大，如图 2-23 所示。

（3）放大倍数的测量

将万用表置于 R×1k 挡或 R×100 挡，两支表笔分别接触 D 极和 S 极，用手靠近或接触 G 极，此时表针右摆，且摆动幅度越大，放大倍数越大。

（4）判断结型场效应管的好坏

检查两个 PN 结的单向导电性，若 PN 结正常，则管子是好的，否则为坏的。测漏—源极

间的电阻 R_{DS}，应约为几千欧姆；若 $R_{DS}\to0$ 或 $R_{DS}\to\infty$，则管子已损坏。测 R_{DS} 时，用手靠近栅极 G，表针应有明显摆动，摆幅越大，管子的性能越好。

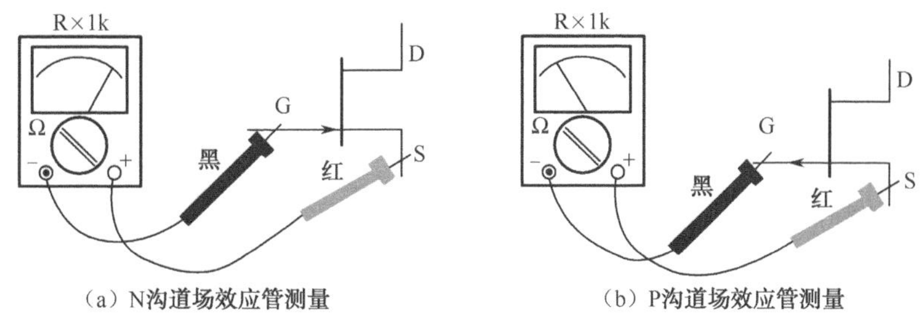

（a）N沟道场效应管测量　（b）P沟道场效应管测量

图 2-23　场效应管沟道类型判断

对于绝缘栅型场效应管而言，因其易被感应电荷击穿，所以不便于测量。

2）MOS 型场效应管的检测方法

（1）准备工作。

测量之前，先手戴静电屏蔽套与大地连通，使人体与大地保持等电位，将人体对地短路后才能触摸 MOSFET 的引脚，再把引脚分开，然后拆掉引脚短路导线。

（2）判断电极。

将万用表置于 R×100 挡，首先确定栅极。若某脚与其他脚的电阻都是无穷大，证明此脚就是栅极 G。交换表笔重新测量，S—D 极之间的电阻值应为几百欧姆至几千欧姆，其中阻值较小的那一次，黑表笔接的为 D 极，红表笔接的为 S 极。日本生产的 3SK 系列产品，S 极与管壳接通，据此很容易确定 S 极。

（3）检查放大能力（跨导）。

将 G 极悬空，黑表笔接 D 极，红表笔接 S 极，然后用手指触摸 G 极，表针应有较大的偏转。双栅极 MOS 型场效应管有两个 G_1、G_2 栅极。为便于区别，可用手分别触摸 G_1、G_2 极，其中表针向左侧偏转幅度较大的为 G_2 极。

实际应用中，一些 MOSFET 管在 G—S 极间增加了保护二极管（如功率 MOSFET），通常不需要把各引脚短路。

为了准确测量出场效应管的主要参数，尽量采用相应的测试仪器测量，并注意场效应管的测量方法，避免出现“未用先坏”现象。

操作训练 3　双极型晶体管和场效应管特性曲线测试

1. 训练目的

① 熟悉双极型晶体管的输出特性曲线。

② 熟悉场效应管的输出特性曲线。

2. 仿真测试

伏安特性分析仪可用于测量双极型晶体管和场效应管的输出特性曲线，具体步骤如下。

1）双极型晶体管输出特性测试

（1）打开 Muitisim 10 仿真软件，在元件库中选择一个双极型晶体管元件 2N2222A，将其放置在电路工作区。

（2）单击伏安特性分析仪在工具栏中的按钮，将其图标放置在电路工作区，双击图标打开仪器。设置测量元件类型为“NPN BJT”；

（3）按照仪表右下方元器件连接指示图连接晶体管，如图 2-24 所示。

（4）单击“仿真参数”按钮，弹出仿真参数设置对话框，按图 2-25 所示进行设置。

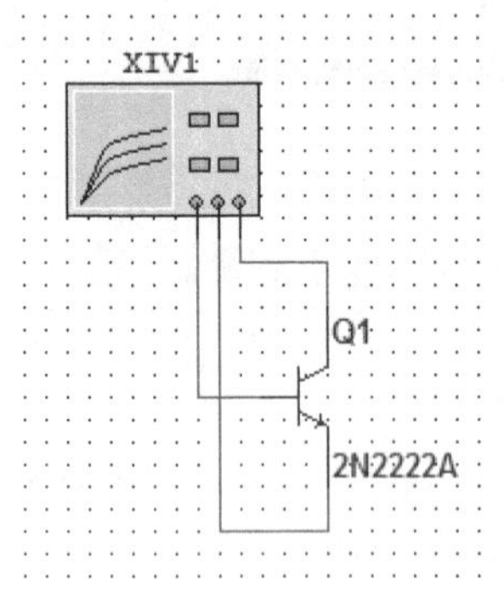

图 2-24　双极型晶体管特性测试电路

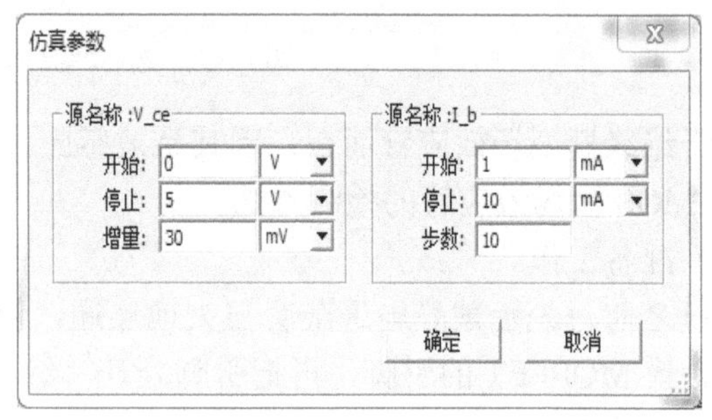

图 2-25　设置仿真参数

（5）设置显示屏中电流、电压的显示模式为线性。

（6）单击仿真按钮，开始测量双极型晶体管的输出特性曲线，如图 2-26 所示。

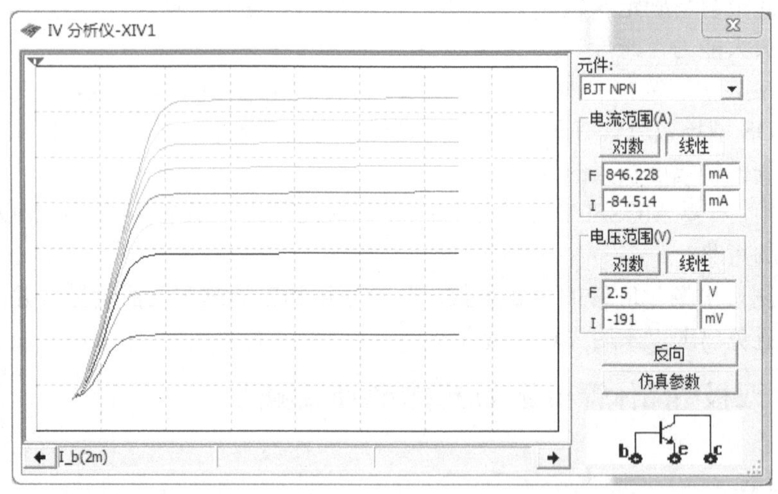

图 2-26　双极型晶体管输出特性测试结果

2）场效应管输出特性测试

（1）打开 Muitisim 10 仿真软件，在元件库中选择一个场效应管元件 2N6762，将其放置在电路工作区。

（2）单击伏安特性分析仪在工具栏的按钮，将其图标放置在电路工作区，双击图标打开仪器。设置测量元件类型为“NMOS”，

（3）按照仪表右下方元器件连接指示图连接场效应管，如图 2-27 所示。

（4）单击“仿真参数”按钮，弹出“仿真参数”对话框，按图 2-28 所示进行设置。

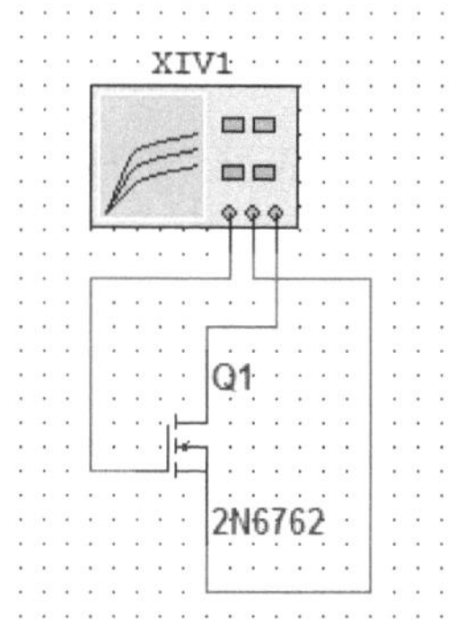

图 2-27 场效应管测试电路

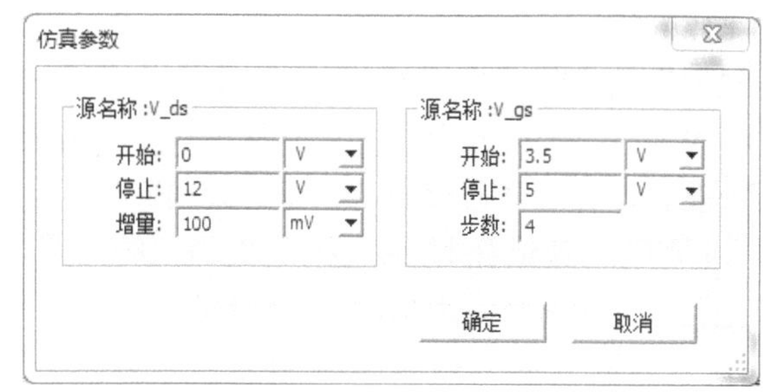

图 2-28 “仿真参数”对话框

（5）设置显示屏中电流、电压的显示模式为线性。

（6）单击仿真按钮，开始测量场效应管的输出特性曲线，如图 2-29 所示。

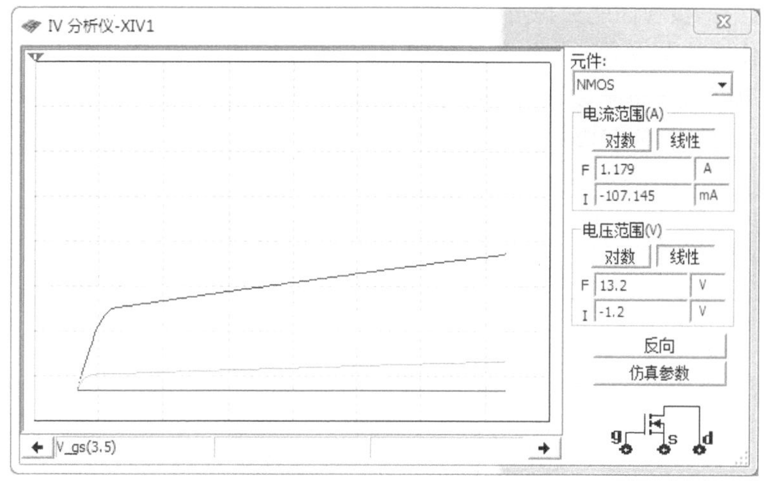

图 2-29 场效应管输出特性测试结果

习题 2

1．填空

（1）无论是 NPN 型还是 PNP 型晶体管，都有三个区，分别是__________、__________、________，从三个区引出的三个电极，分别是________、________、________，形成的两个 PN 结分别称为________、________。

（2）使晶体管工作在放大状态的外部条件是发射结加________，集电结加________。

（3）晶体管的放大作用是指晶体管的基极________变化可以引起________的变化。

（4）共射极晶体管的输出特性可以划分为________、________和________三个区域。

（5）I_{CBO} 是指________开路时，________的反向电流，也称集电结反向饱和电流。温度________时，I_{CBO} 急剧增大。

（6）I_{CEO} 是指________开路时，________的反向电流，其值________，受温度影响也越小，晶体管的工作就越稳定。

（7）晶体管的极限参数 I_{CM} 称为________，P_{CM} 称为________，$U_{(BR)CEO}$ 称为________。

（8）根据场效应管结构不同，可以分为________和________两大类。根据场效应管制造工艺和材料的不同，又可分为________和________场效应管。

（9）场效应管的三个电极 D、G 和 S 分别称为________、________和________。

（10）MOSFET 管也有 N 沟道和 P 沟道两种类型，每种类型又有________和________，可以组成________四种基本类型的 MOSFET。

（11）绝缘栅型场效应管保存时应将________，焊接时应将电烙铁的外壳________，测试时仪表应________。

（12）场效应管是________控制________器件，由________控制________，三极管是________控制________器件，由________控制________。

2．有两个晶体管 VT_1 和 VT_2，已知其参数 $\beta_1=250$，$I_{CEO1}=200\mu A$，$\beta_2=50$，$I_{CEO2}=20\mu A$，在电路中选择哪个三极管性能更稳定？

3．已知晶体管处在放大工作状态，$\beta=80$，$I_{CBO}=1\mu A$，$I_B=151\mu A$，求 I_C 及 I_E。

4．今测得电路中各晶体管的三个电极的电压（对地），如图 2-30 所示。试指出各三极管是硅管还是锗管？是 NPN 型还是 PNP 型？是处于放大状态、截止状态还是饱和状态？有哪几只管子已损坏？

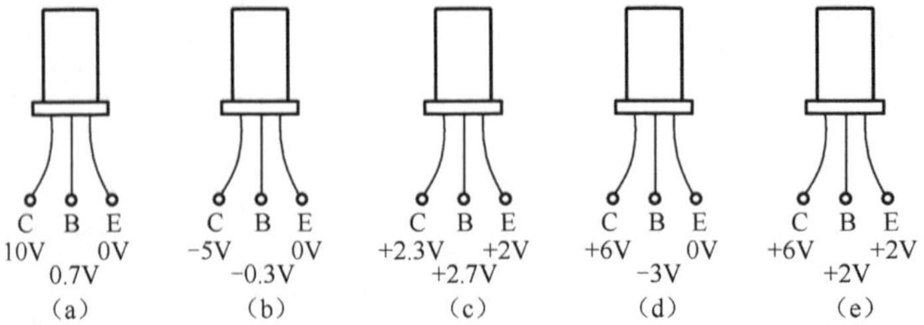

C B E
10V 0V
0.7V
(a)
C B E
-5V 0V
-0.3V
(b)
C B E
+2.3V +2V
+2.7V
(c)
C B E
+6V 0V
-3V
(d)
C B E
+6V +2V
+2V
(e)

图 2-30　第 4 题图

5．一只三极管的输出特性和功耗曲线如图 2-31 所示，试从图中估算β，I_{CM} 和 P_{CM} 值（取 U_{CE}=10V）。

i_C/mA
P_{CM}
100μA
80μA
60μA
40μA
20μA
I_B=0
O
5 10 15 20 25 30
u_{CE}/V
1 2 3 4 5

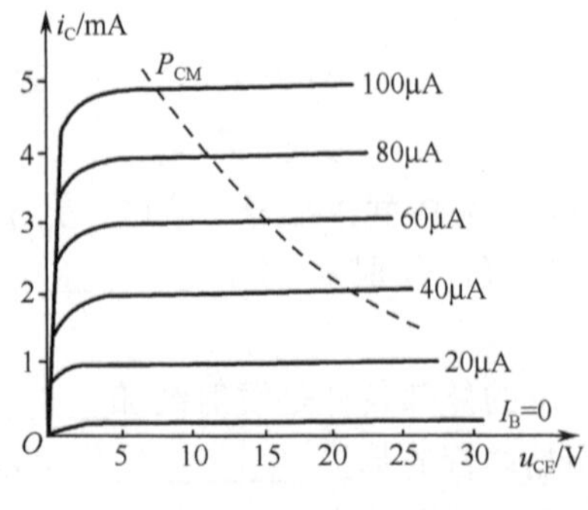

图 2-31　第 5 题图

6．结型场效应管共源电路如图 2-32 所示。已知管子的 $U_{GS(off)}$=−5V，试分析：在（1）u_{GS}=−7V，u_{DS}=4V；（2）u_{GS}=−3V，u_{DS}=4V；（3）u_{GS}=−3V，u_{DS}=1V 三种情况下，场效应管的工作状态。

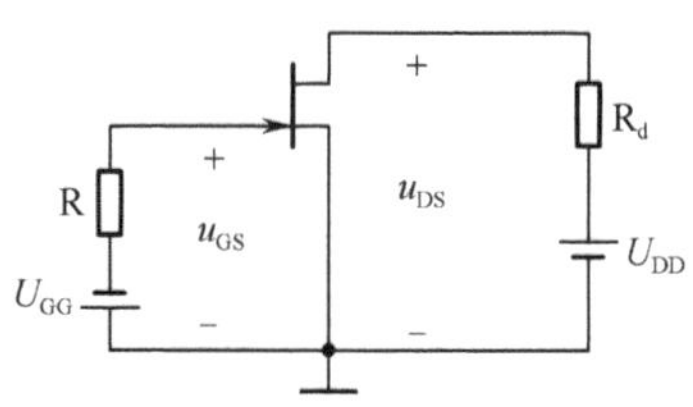

图 2-32　第 6 题图

项目3

基本放大电路的分析及应用

知识目标

① 理解放大电路的组成及作用。
② 理解静态、动态的概念及直流通路、交流通路的画法。
③ 掌握放大电路的静态和动态分析方法。
④ 熟悉放大电路非线性失真产生的原因及消除方法。
⑤ 多级放大电路的耦合方式及其特点。

技能目标

① 掌握静态工作点的估算方法。
② 掌握微变等效电路的分析方法。
③ 熟悉多级放大电路的指标计算。
④ 掌握放大电路性能测试方法。

3.1 任务 1 单级放大电路的分析与测试

在日常生活和生产实践中，经常要求将微弱电信号加以放大去推动各式各样的负载，以满足人们生活、生产和科学实验的需要。放大电路在电子技术及其应用领域中占据着极其重要的地位。本任务将介绍放大电路的有关知识。

3.1.1 放大电路概述

放大电路主要有交流放大电路和直流放大电路两大类。

1. 放大电路的作用

放大电路又称为放大器，是一种用来放大电信号的装置，在电子设备中被广泛使用。放大电路的作用是将输入的微弱信号放大成为幅度足够大且与原来信号变化规律一致的信号。

放大的对象可以是电压、电流或功率，可以是高频信号和低频信号，也可以是小信号、大信号等。本任务介绍低频小信号电压放大电路。

一个放大器可以用一个方框图来表示，如图 3-1 所示。信号源提供放大电路的输入信号；放大电路的作用是将输入的微弱信号放大，得到输出信号；负载是接收放大了的输出信号，

如扬声器或显像管等。一般的放大电路均需要直流电源来提供电路所需的能量。

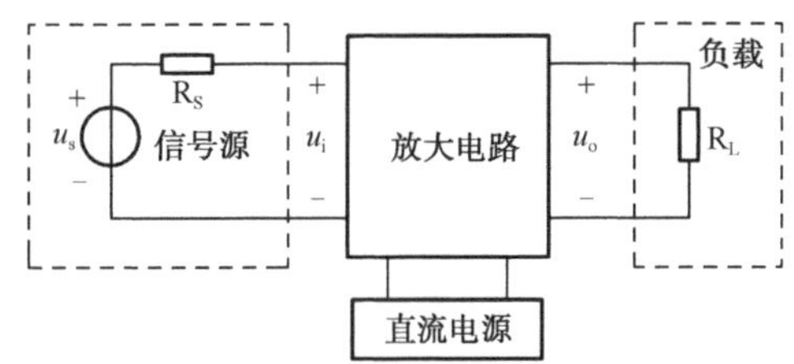

图 3-1 放大电路框图

2. 放大电路的基本要求

（1）足够的放大倍数

放大倍数是衡量放大电路能力的参数，包括电压放大倍数、电流放大倍数和功率放大倍数。不同的放大电路对放大倍数的要求不同。

（2）一定宽度的通频带

放大电路所放大的信号一般不是单一频率，而是在一定范围内变化。在放大时，无论频率高低，都应该得到同样的放大，因此要求放大电路有一定宽度的通频带。

（3）非线性失真要小

放大电路中使用的是非线性器件，在放大的过程中，存在一定的波形畸变，这种现象称为非线性失真。要合理地设计放大电路，使非线性失真减到最小。

（4）工作稳定

放大电路中的各元件参数要基本稳定，不随外部环境的变化而变化。

3. 放大电路的输入、输出

放大电路的输入端一定是与信号源电路相连的。对输入信号的要求：信号源提供的电流、电压和功率都不允许超过放大电路的最大允许输入电流、电压和功率。输入信号过大，会使放大电路损坏。

放大电路的输出端是与负载电路相连的。对输出信号的要求：由放大电路输出给负载电路的电流、电压和功率不能超过放大电路应具有的最大允许输出电流、电压和功率。

3.1.2 基本放大电路

由于三极管可以利用控制输入电流从而控制输出电流，达到放大的目的，因此可利用其上述特性来组成放大电路。

基本放大电路通常是指由一个三极管构成的单级放大器。由于放大电路中输入和输出回路的公共端选择三极管不同的电极，使放大电路存在着三种基本组态：共发射极放大电路、共集电极放大电路、共基极放大电路。下面介绍常用的共射极基本放大电路。

1. 电路组成及作用

共射极放大电路如图 3-2 所示。它由三极管 VT、电阻 R_b 和及 R_c、电容 C_1 和 C_2 以及集电

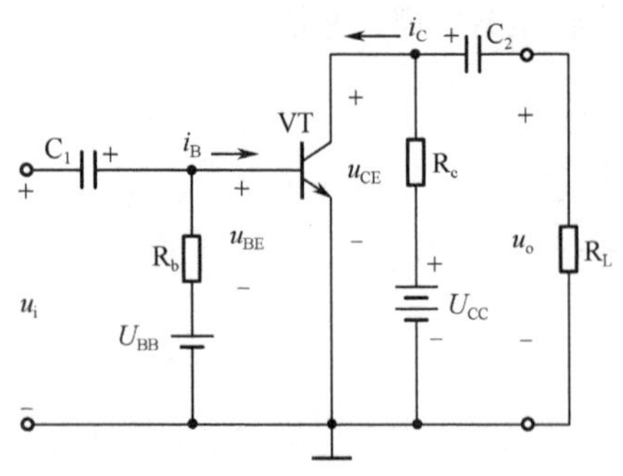

图 3-2　共射极放大电路

极直流电源 U_{CC} 组成。u_i 为信号源的端电压，也是放大电路的输入电压。u_o 为放大电路的输出电压，R_L 为负载电阻。

1）放大电路组成原则

为了使放大电路正常工作，其电路组成要满足下面的条件。

（1）三极管工作在放大区，要求使管子的发射结处于正向偏置，集电结处于反向偏置。

（2）由于三极管的各极电压和电流均有直流分量（u_i=0 时），也称为静态值或静态工作点，而被放大的交流信号叠加在直流分量上，要使电路能不失真地放大交流信号，必须选择合适的静态工作点，可以通过选用合适的电阻 R_b、Rc 和三极管参数来实现。

（3）要使放大电路能不失真地放大交流信号，放大器必须有合适的交流信号通路，以保证输入、输出信号能有效、顺利地传输。

（4）放大电路必须满足一定的性能指标要求。

2）电路中各部分的作用

（1）VT 为 NPN 型三极管，起电流放大作用。

（2）U_{CC} 为放大电路的直流电源，一方面保证三极管工作在放大状态；另一方面为输出信号提供能量。U_{BB} 为基极直流电源，为三极管发射结提供正偏置电压。

（3）R_b 为基极偏置电阻，它和电源 U_{CC} 一起给基极提供一个合适的基极直流，使晶体管能工作在特性曲线的放大区域。

（4）R_c 为集电极偏置电阻，当三极管的集电极电流受基极电流控制而发生变化时，R_c 上电压产生变化，从而引起 U_{CE} 的变化，这个变化的电压就是输出电压 u_o。

（5）C_1 和 C_2 是耦合电容，起到一个“隔直通交”的作用，它把信号源与放大电路之间、放大电路与负载之间的直流隔开。输入回路、输出回路右边只有交流信号而无直流信号，放大器三极管有直流信号和交流信号。耦合电容一般多采用电解电容，在使用时，应注意其极性与加在其两端的工作电压极性相一致，即电解电容正极接高电位，负极接低电位。

3）放大电路的简化

图 3-2 所示电路要用两个电源供电，这在使用上很不方便。在实际应用中，为了简化电路，一般选取 U_{BB}=U_{CC}，省去一个电源。又因为电源 U_{CC} 负极要接地，所以在图中可以只标出它的极性和大小，而不画出电源的符号。共射极基本放大电路的习惯画法如图 3-3 所示。

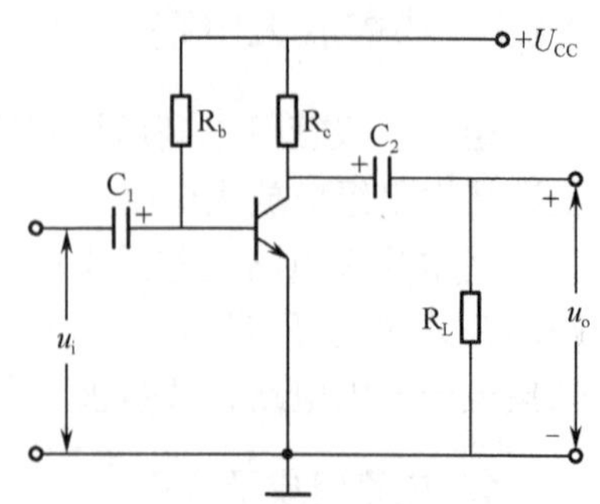

图 3-3　共射极基本放大电路

2. 电路分析

（1）直流通路和交流通路

任何放大电路都是由直流通路和交流通路两大部分组成的。直流通路的作用是为三极管处在放大状态提供发射结正向偏压和集电结反向偏压，即为静态工作情况。交流通路的作用

是把交流信号输入放大后输出，由具有“通交隔直”功能的电容器和变压器等元件完成。

当 u_i=0 时，放大电路中没有交流信号，只有直流成分，称为静态工作状态，可用直流通路进行分析，如图 3-4 所示，这时耦合电容 C_1、C_2 视为开路。其中基极电流 I_B，集电极电流 I_C 及集—射极间电压 U_{CE} 等直流成分，可用 I_{BQ}，I_{CQ}，U_{CEQ} 表示。它们在三极管特性曲线上可确定一个点，称为静态工作点，用 Q 表示，如图 3-5 所示。

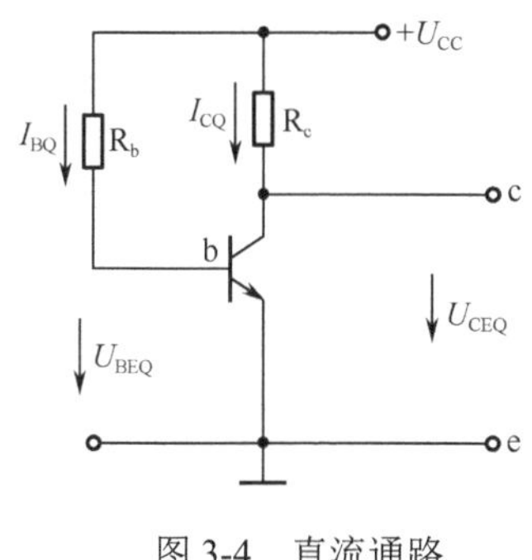

图 3-4　直流通路

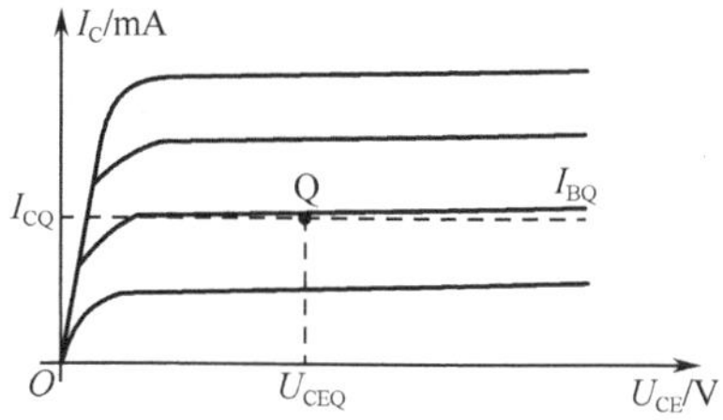

图 3-5　静态工作点

输入端加上正弦交流信号电压 u_i 时，放大电路的工作状态称为动态。这时电路中既有直流成分，又有交流成分，各极的电流和电压都是在静态值的基础上再叠加交流分量。

在分析电路动态性能时，一般只关心电路中的交流成分，这时用交流通路来研究交流量及放大电路的动态性能。所谓交流通路，就是交流电流流通的途径，在画图时遵循两条原则：

① 将原理图中的耦合电容 C_1、C_2 视为短路；

② 电源 U_{CC} 的内阻很小，对交流信号视为短路，如图 3-6 所示。

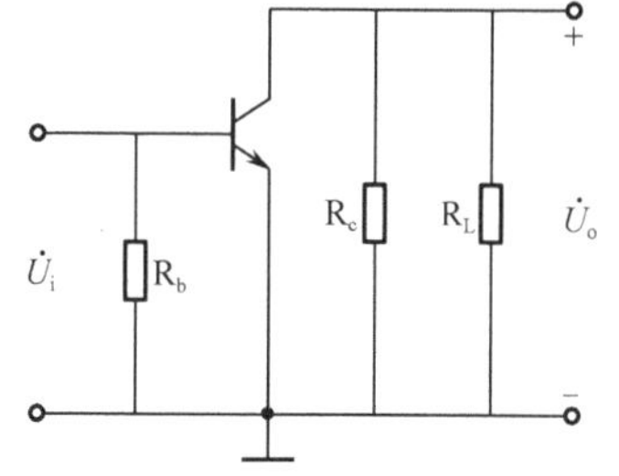

图 3-6　交流通路

（2）静态工作点

当外加输入信号为零时，在直流电源 U_{CC} 的作用下，晶体管的基极回路和集电极回路均存在着直流电流和直流电压，这些直流电流和直流电压在晶体管的输入、输出特性上各自对应一个点，称为静态工作点。

在图 3-4 所示直流偏置电路中，直流通路有两个回路，一个是由电源—基极—发射极组成，此回路中通常 U_{BE} 为已知值，一般硅管取 0.7V、锗管取 0.3V；另一个回路由电源—集电极—发射极组成。

由图可以求出固定偏置电阻共发射极放大电路的静态工作点为

$$I_{BQ}=\frac{U_{CC}-U_{BEQ}}{R_B} \tag{3-1}$$

$$I_{CQ}=\beta I_{BQ} \tag{3-2}$$

$$U_{CEQ}=U_{CC}-I_{CQ}R_C \tag{3-3}$$

设置静态工作点的目的是给三极管的发射结预先加上适当的正向电压，即预先给基极提供一定的偏流以保证在输入信号的整个周期中，放大电路都工作在放大状态，避免信号在放大过程中产生失真。

【例 3-1】 已知图 3-3 中，U_{CC}=10V，R_b=250kΩ，R_c=3 kΩ，硅材料三极管的 β=50，试求该放大电路的静态工作点 Q。

解：电路的直流通路如图 3-4 所示，可以电路的静态工作点为

$$I_{BQ}=\frac{U_{CC}-U_{BEQ}}{R_b}=\frac{10-0.7}{250\times10^3}\text{A}=37.2\mu\text{A}$$

$$I_{CQ}=\beta I_{BQ}=50\times37.2\mu\text{A}=1.86\text{mA}$$

$$U_{CEQ}=U_{CC}-I_{CQ}R_c=10-1.86\times3=4.42\text{V}$$

3. **基本放大电路各电压和电流的表示方法**

由于放大电路中既有需要放大的交流信号 u_i；又有为放大电路提供能量的直流电源 U_{CC}，所以三极管的各极电压和电流中都是直流分量与交流分量共存，如图 3-7 所示。

以 u_{BE}=U_{BE}+u_{be} 为例，画出了 u_{BE} 的组成，其中

u_{BE}：发射结电压的瞬时值，它既包含直流分量也包含交流分量；

U_{BE}：发射结的直流电压，也是 u_{BE} 中的直流分量，它是由直流电源 U_{CC} 产生的；

u_{be}：发射结的交流电压，也是 u_{BE} 中的交流分量，它是由输入电压 u_i 产生的；

U_{bem}：发射结交流电压的振幅值；

U_{be}：发射结交流电压的有效值。

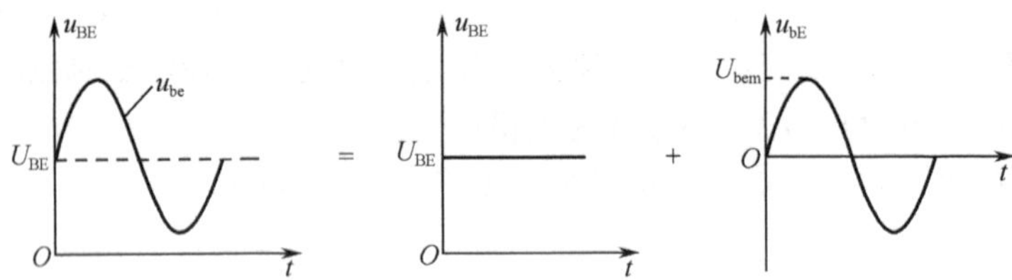

图 3-7　发射结电压波形

同理，对于基极电流 i_B=I_B+i_b、集电极电流 i_C=I_C+i_C 和集射极电压 u_{CE}=U_{CE}+u_{ce} 是表示它们的瞬时值，既包含直流值，也包含交流值。而 I_B、I_C 和 U_{CE} 表示直流分量，i_b、 i_c 和 u_{ce} 表示交流分量。

3.1.3　共发射极放大电路的分析

三极管放大电路的分析包括直流（静态）分析和交流（动态）分析，其分析方法有图解法和微变等效分析法两种。图解法主要用于大信号放大器分析，微变等效分析法主要用于低频小信号放大器的动态分析。

1. **图解法分析**

当放大器在大信号条件下工作时，难以用电路分析的方法对放大器进行分析，通常采用图解法分析。

图解法是在三极管输入、输出特性曲线上，用作图的方法通过静态分析确定放大电路的静态工作点；通过动态分析，研究放大电路的非线性失真，确定放大电路的最大电压输出幅

值，这种分析方法具有形象直观的特点。

1）静态分析

由于三极管的各极间的电压和电流都是交流量与直流量的叠加，在 u_i=0 时，放大电路只有直流电源作用，放大电路的这种状态称为静态，对直流通路的分析称为静态分析。

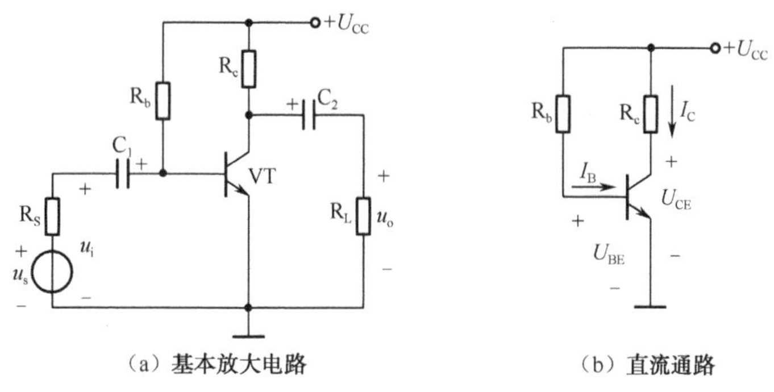

图 3-8 共射极基本放大电路

由于三极管是非线性组件，所以可用作图的方法求得 Q 点的值。其步骤如下：

（1）给定三极管的输入特性和输出特性，由放大电路的直流通路求得 I_B 和 U_{BE} 的方程，并在输入特性曲线上做出这条直线。

根据图 3-8（b）得

$$U_{CC}=I_BR_b+U_{BE} \tag{3-4}$$

$$I_B=-\frac{U_{BE}}{R_b}+\frac{U_{CC}}{R_b}$$

这是一条直线，令 U_{BE}=0，求得 $I_B=\dfrac{U_{CC}}{R_b}$，在纵轴上得到一点 A，如图 3-9（a） 所示，令 I_B=0，求得 $U_{BE}=U_{CC}$，则在横轴上得到一点 B（B 点未画出）。连接 AB 两点，与三极管输入特性相交于 Q 点，求得对应的 I_B 和 U_{BE}。

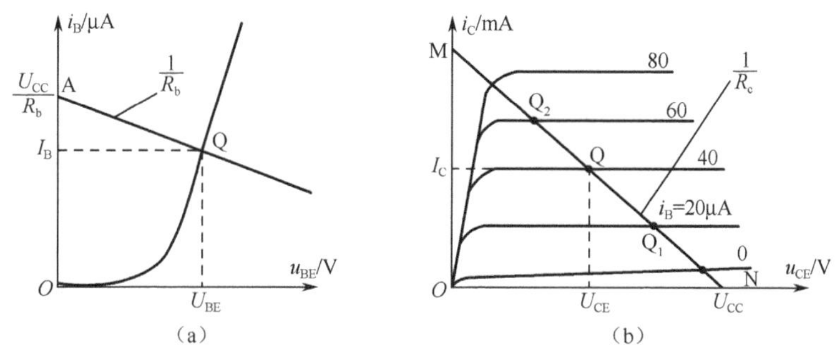

图 3-9 图解法分析静态工作点

（2）由直流通路得到直流负载线，并在晶体管的输出特性上做出这条直线 MN。根据图 3-9（b）可得

$$U_{CE}=U_{CC}-I_CR_c \tag{3-5}$$

$$I_C = -\frac{U_{CE}}{R_c} + \frac{U_{CC}}{R_c}$$

式（3-5）表示一条直线，令 U_{CE}=0，求得 $I_C = \frac{U_{CC}}{R_c}$，与纵轴相交于 M 点；令 I_C=0，求得 U_{CE}=U_{CC}，则在横轴上得到 N 点。连接 M、N 两点，与三极管输出特性相交于多点，其中与 I_B 对应的点就是所求放大电路的静态工作点 Q（I_B，U_{CE}，I_C），如图 3-9（b）所示，则可求得相应的 U_{CE} 和 I_C 的值。这条直线的斜率为$-1/R_C$，故称为直流负载线。

2）动态分析

在 $u_i \neq 0$ 的情况下对放大电路进行分析，称为放大电路的动态分析。

（1）交流通路及交流负载线

图 3-8（a）所示的放大电路的交流通路如图 3-10 所示。从图中可以看出，输入交流信号 u_i 和三极管的发射结电压的交流分量 u_{be} 相等，三极管集射极电压的交流分量 u_{ce} 和输出电压 u_o 相等，即 u_i=u_{be}，u_o=u_{ce}，该放大电路输出回路的瞬时电流为

$$i_C = I_C + i_c = I_C - \frac{u_{ce}}{R'_L}$$

输出回路的瞬时电压为

$$u_{CE} = U_{CE} + u_{ce}$$

$$i_C = I_C - \frac{u_{ce}}{R'_L} = I_C - \frac{u_{CE} - U_{CE}}{R'_L} \qquad (3\text{-}6)$$

式中，$R'_L = R_e // R_c$。式（3-6）表明集电极电流的瞬时值、i_C 与集—射极回路瞬时电压 u_{CE} 及 R'_L 之间的关系。利用式（3-6）表示的交流负载线方程，可以在三极管输出特性坐标系中画出输出回路的交流负载线，具体做法如下。

从式（3-6）可以看到，当 u_{CE}=U_{CE} 时，i_C=I_C，这表明交流负载线一定通过静态工作点 Q；利用求截距的方法，令 i_C=0，可得到 u_{CE}=U_{CE}+$I_C R'_L$，可在 u_{CE} 轴上得到 D 点，D 点的坐标为（0，U_{CE}+$I_C R'_L$），连接 Q、D 两点并延长到 M 点的直线即为输出回路的交流负载线，其斜率为$-1/R'_L$；。而不是$-1/R$，如图 3-11 所示。

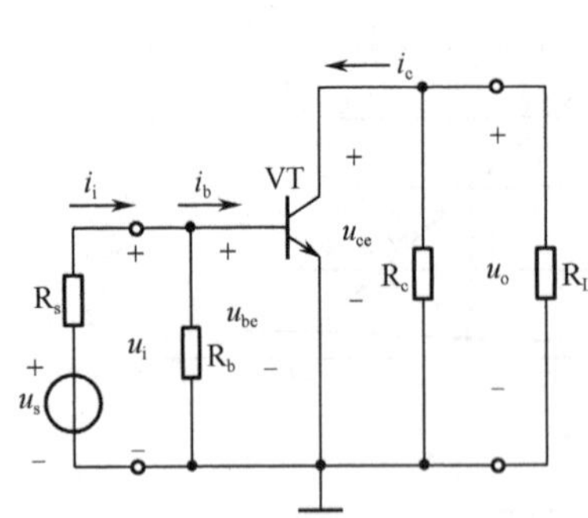

图 3-10　放大电路的交流通路

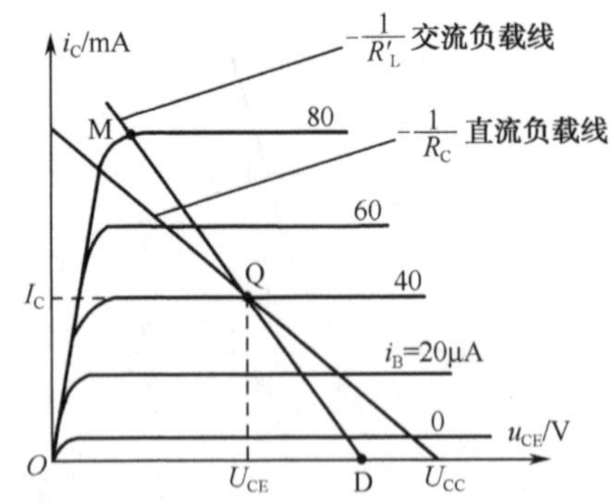

图 3-11　放大电路的交、直流负载线

应该指出，当 R_L=∞，即负载开路情况下，交直流负载线重合。

（2）由输入电压 u_i 求得基极电流 i_b。

设 u_i=$U_m \sin\omega t$，当它加到图 3-10 的放大电路时，三极管发射结电压是在直流电压 U_{BE} 的

基础上叠加了一个交流量 u_{be}。根据放大电路的交流通路可知 $u_{be}=u_i=U_m\sin\omega t$，此时发射结的电压 u_{BE} 的波形如图 3-12（a）所示。由 u_{BE} 的波形和三极管的输入特性可以做出基极电流 i_B 的波形，如图 3-12（a）所示。输入电压 u_i 的变化将产生基极电流的交流分量 i_b，由于输入电压 u_i 幅度很小，其动态变化范围小，在 Q_1～Q_2 段可以看成是线性的，基极电流的交流分量 i_b 也是按正弦规律变化的，即 $i_b=I_{bm}\sin\omega t$。

（3）由 i_b 求得 i_c 和 u_{ce}（u_o）

当三极管工作在放大区时，集电极电流 $i_c=\beta i_b$，基极电流的交流分量 i_b 在直流分量 I_B 基础上按正弦规律变化时，集电极电流的交流分量 i_c 也是在直流分量 I_C 的基础上按正弦规律变化。由于集射极电压的交流分量为 $u_{ce}=-i_c R'_L$，u_{ce} 也会在直流分量 U_{CE} 的基础上按正弦规律变化。很显然，动态工作点将在交流负载线上的 Q_1 和 Q_2 之间移动，根据动态工作点移动的轨迹可画出 i_c 和 u_{ce} 的波形，如图 3-12（b）所示。

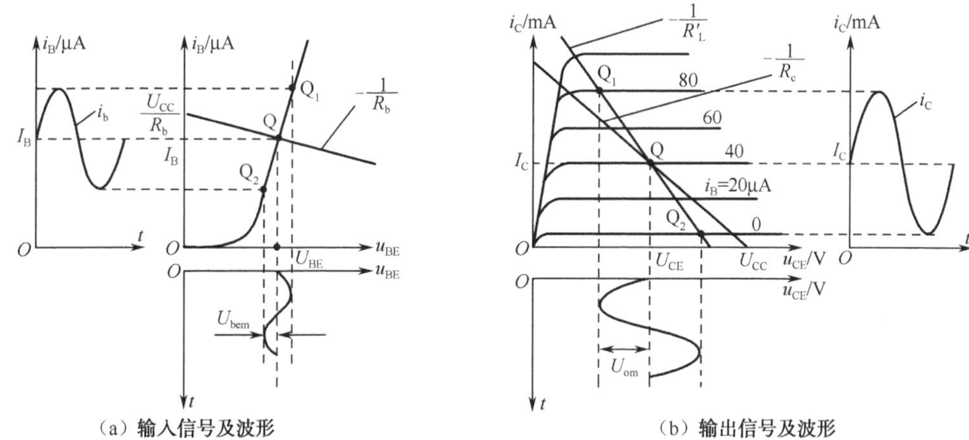

图 3-12　图解法分析放大器的工作波形

由图中可以看到集电极电流和集—射极电压的交流分量为

$$i_c=I_{cm}\sin\omega t$$
$$u_{ce}=u_o=-U_{cem}\sin\omega t=-U_{om}\sin\omega t \tag{3-7}$$

输入电压 u_i 和输出电压 u_o 是反相位的。

（4）电压放大倍数的计算

放大电路的电压放大倍数等于输出电压与输入电压的比值，即

$$A_u=\frac{U_o}{U_i}=\frac{U_{om}}{U_{im}} \tag{3-8}$$

3）非线性失真

若放大电路的输出电压波形和输入电压波形形状不同，则放大电路产生了失真。如果放大电路的静态工作点设置得不合适（偏低或偏高），出现了在正弦输入信号 u_i 作用下，静态三极管进入截止区或饱和区，使得输出电压不是正弦波的情况，这种失真称为非线性失真。它包括饱和失真和截止失真两种。

（1）饱和失真

放大电路中的晶体管有部分时间工作在饱和区而引起的失真，称为饱和失真。当放大器

输入信号幅度足够大时，若静态工作点 Q 偏高到 Q_1 处，i_b 不失真，但 i_c 和 u_{ce}（u_o）失真，i_c 的正半周削顶，而 u_{ce}（u_o）的负半周削顶，如图 3-13 中波形（1）所示，这种失真为饱和失真。为了消除饱和失真，对于图 3-8（a）所示共射极放大电路，应该增大电阻 R_b，使 I_B 减小，从而使静态工作点下移到放大区域中心。

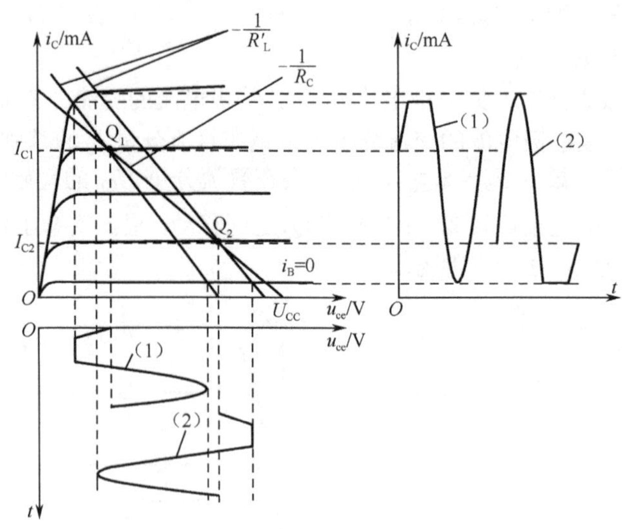

图 3-13　静态工作点对波形的影响

（2）截止失真

放大电路中的晶体管有部分时间工作在截止区而引起的失真，称为截止失真。当放大器输入信号幅度足够大时，若静态工作点 Q 偏低到 Q_2 处，i_b、i_c 和 u_{ce}（u_o）都失真，i_b、i_c 的负半周削顶，而 u_{ce}（u_o）的正半周削顶，如图 3-13 中波形（2）所示，这种失真为截止失真。为了消除截止失真，对于图 3-8（a）所示共射极放大电路，应该减小 R_b 的阻值，使 I_B 增大，从而使静态工作点上移到放大区域中心。

（3）双向失真

当静态工作点合适但输入信号幅度过大时，在输入信号的正半周三极管会进入饱和区；而在负半周，三极管进入截止区，于是在输入信号的一个周期内，输出波形的正、负半周都被切削，输出电压波形近似梯形波，这种情况为双向失真。为了消除双向失真，应减小输入信号的幅度。

4）输出电压不失真的最大幅度

通常说放大器的动态范围是指不失真时，输出电压 u_o 的峰—峰值 $u_{o(P\text{-}P)}$，由图 3-12 可知，当静态工作点合适时，若忽略晶体管的 I_{CEO}，那么为使输出不产生截止失真，应满足 $U_{cem1} \leq I_C R'_L$，为了使输出不产生饱和失真，应满足 $U_{cem1} \leq U_{CE} - U_{CES}$。由于三极管饱和电压 U_{CES} 很小，故可以忽略其影响，有 $U_{cem2} \leq U_{CE}$，则输出电压不失真最大幅度的取值为 $U_{om(max)}=\min(U_{cem1}, U_{cem2})$。

2. 微变等效分析法

1）晶体管的微变等效电路

晶体管是非线性元件，在一定的条件（输入信号幅度小，即微变）下可以把晶体管看成一个线性元件，用一个等效的线性电路来代替它，从而把放大电路转换成等效的线性电路，

使电路的动态分析、计算大大简化。

首先，从晶体管的输入与输出特性曲线入手来分析其线性电路。由输入特性曲线可以看出，当输入信号很小时，在静态工作点Q附近的曲线可以认为是直线，如图3-14（a）所示。这表明在微小的动态范围内，基极电流Δi_b与发射结电压Δu_{be}成正比，为线性关系。

因而可将晶体管输入端（即基极与发射极之间）等效为一个电阻r_{be}。

$$r_{be}=\frac{\Delta u_{BE}}{\Delta i_B}$$

常用下式估算

$$r_{be}\approx 300+(1+\beta)\frac{26\text{mV}}{I_{EQ}\text{mA}} \tag{3-9}$$

式中，I_{EQ}是发射极电流的静态值（mA）。一般小功率晶体管在I_{EQ}为1mA时，其r_{be}值约为1kΩ左右。

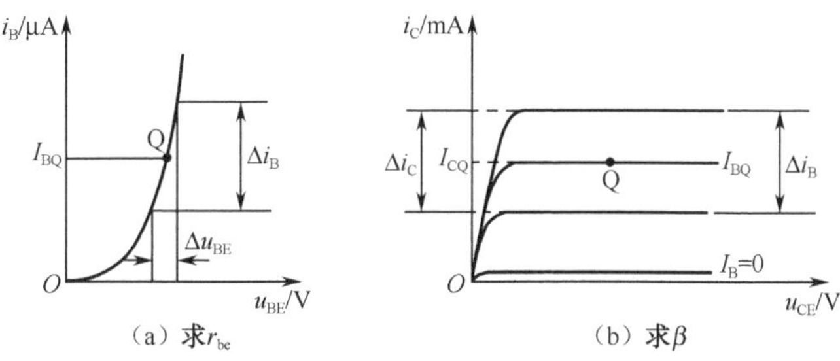

图3-14 由三极管特性曲线求r_{be}、β

图3-14（b）所示为晶体管的输出特性曲线，在线性工作区是一组近似等距离的平行直线。这表明集电极电流i_C的大小与集电极电压u_{CE}的变化无关，这就是晶体管的恒流特性。i_C的大小仅取决于i_b的大小，这就是晶体管的电流放大特性。由这两个特性，可以将i_C等效为一个受i_b控制的恒流源，$i_C=\beta i_b$。

所以晶体管的集电极与发射极之间可用一个受控恒流源代替。因此，晶体管电路可等效为一个由输入电阻和受控恒流源组成的线性简化电路，如图3-15所示。但应当指出，在这个等效电路中，忽略了u_{CE}对i_c及输入特性的影响，所以又称为晶体管简化的微变等效电路。

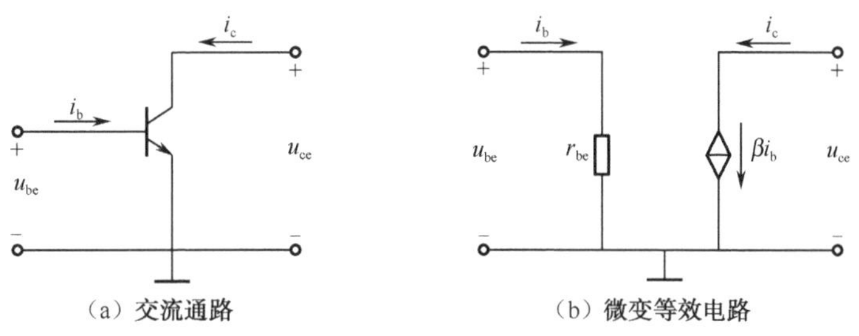

图3-15 晶体管等效电路模型

2）微变等效电路法分析

当放大电路工作在小信号范围内时，可利用微变等效电路来分析放大电路的动态指标，即输入电阻r_i、输出电阻r_o和电压放大倍数A_u。

（1）先画出放大电路的交流通路，再用简化的微变等效电路代替其中的晶体管，标出电压的极性和电流的方向，就得到放大电路的微变等效电路，如图 3-16 所示。

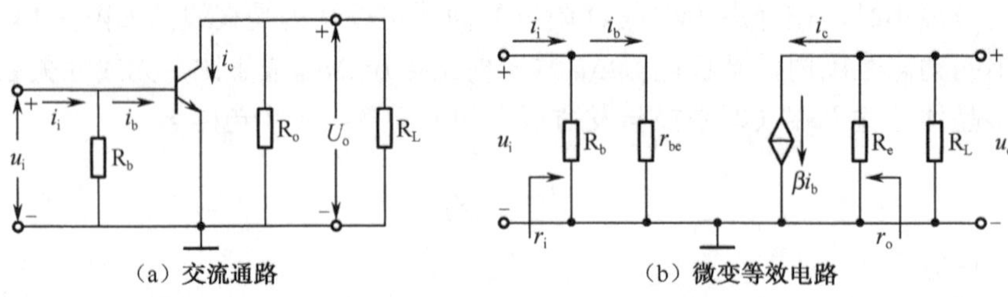

图 3-16　共射电路的微变等效电路

（2）输入电阻 r_i

显而易见，放大电路是信号源的一个负载，这个负载电阻就是从放大器输入端看进去的等效电阻。从图 3-16 所示的电路中可知

$$r_i = \frac{u_i}{i_i} = R_b // r_{be} \tag{3-10}$$

（3）输出电阻 r_o

对负载电阻 R_L 来说，放大器相当于一个信号源。放大电路的输出电阻就是从放大电路的输出端看进去的交流等效电阻，从图 3-16 所示电路可知，放大电路接上负载后要向负载（后级）提供能量，所以，可将放大电路看作一个具有一定内阻的信号源，这个信号源的内阻就是放大电路的输出电阻。

$$r_o = \frac{u_o}{i_o} = R_c \tag{3-11}$$

（4）电压放大倍数 A_u

A_u 定义为放大器输出电压 u_o 与输入电压 u_i 之比，是衡量放大电路电压放大能力的指标。即

$$A_u = \frac{u_o}{u_i}$$

如图 3-16 所示，有

$$A_u = -\frac{i_c\left(R_c // R_L\right)}{i_b r_{be}} = -\frac{\beta\left(R_c // R_L\right)}{r_{be}} = -\frac{\beta R_L'}{r_{be}} \tag{3-12}$$

式中，$R_L' = R_c // R_L$，负号表示输出电压与输入电压的相位相反。当不接负载 R_L 时，电压放大倍数为

$$A_u = -\frac{\beta R_c}{r_{be}} \tag{3-13}$$

由式（3-13）可知，接上负载 R_L 后，电压放大倍数 A_u 将有所下降。

【例 3-2】 在如图 3-17 所示电路中，β=50，U_{BE}=0.7V，试求：

（1）静态工作点参数 I_{BQ}、I_{CQ}、U_{CEQ} 值。

（2）计算动态指标 r_i、r_o、A_u。

解：（1）静态工作点参数 I_{BQ}、I_{CQ}、U_{CEQ} 值

$$I_{BQ}=\frac{U_{CC}-U_{BEQ}}{R_b}=\frac{12-0.7}{280\times10^3}\text{A}=40\mu\text{A}$$

$$I_{CQ}=\beta I_{BQ}=50\times40\mu\text{A}=2\text{mA}$$

$$U_{CEQ}=U_{CC}-I_{CQ}R_c=12\text{V}-2\times3\text{V}=6\text{V}$$

（2）计算动态指标

画出微变等效电路，如图 3-18 所示。

$$r_{be}\approx300+(1+\beta)\frac{26\text{mV}}{I_{EQ}\text{mA}}\approx0.96\text{k}\Omega$$

$$r_i=R_b\,//\,r_{be}\approx r_{be}=0.96\text{k}\Omega$$

$$r_o\approx R_c=3\text{k}\Omega$$

$$A_u=-\frac{\beta R_L'}{r_{be}}=\frac{-50\times(3//3)}{0.96}=-78.1$$

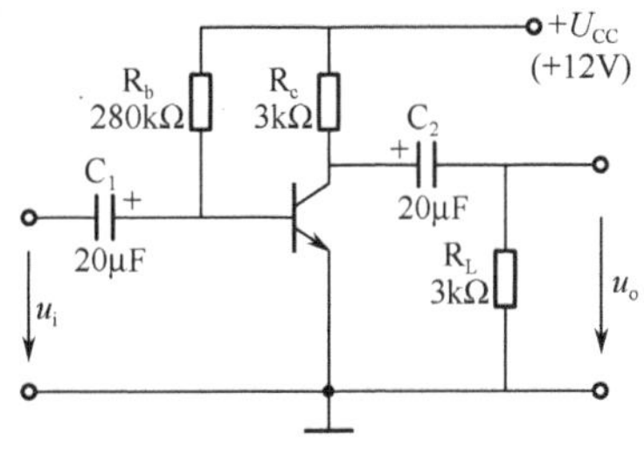

图 3-17　例 3-2 电路图

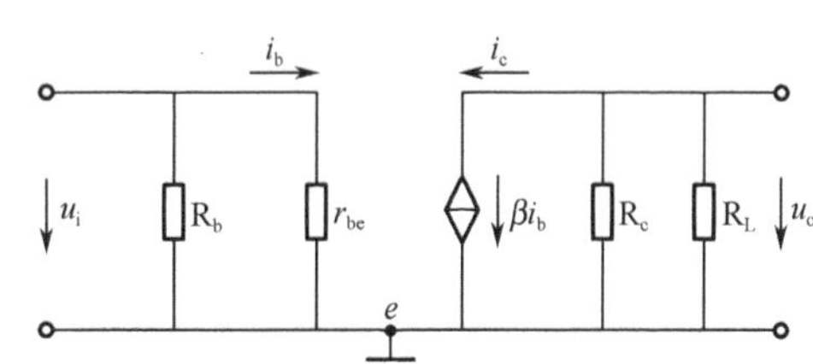

图 3-18　微变等效电路

3.1.4　分压式偏置放大电路

1. 温度对放大电路静态工作点的影响

前面介绍的固定偏置式共射极放大电路的结构比较简单，电压和电流放大作用都比较大，但其突出的缺点是静态工作点不稳定，电路本身没有自动稳定静态工作点的能力。

造成静态工作点不稳定的原因很多，如电源电压波动、电路参数变化、晶体管老化等，但主要原因是晶体管特性参数随温度的变化而变化，造成静态工作点偏离原来的数值。使静态工作点随之漂移，放大电路就可能进入非线性区，产生非线性失真。

为了克服上述问题，可以从电路结构上采取措施，采用分压式偏置稳定电路，该电路结构如图 3-19 所示。

设计流过 R_{b1}、R_{b2} 支路的电流远大于基极电流，可近似的把 R_{b1}、R_{b2} 视为串联，根据分压公式可以确定基极电位：

$$U_B\approx\frac{R_{b2}}{R_{b1}+R_{b2}}U_{CC}\tag{3-14}$$

当温度变化时， 只要 U_{CC}、R_{b1}、R_{b2} 的值不变，基极电位就是确定的，不受温度变化影响。

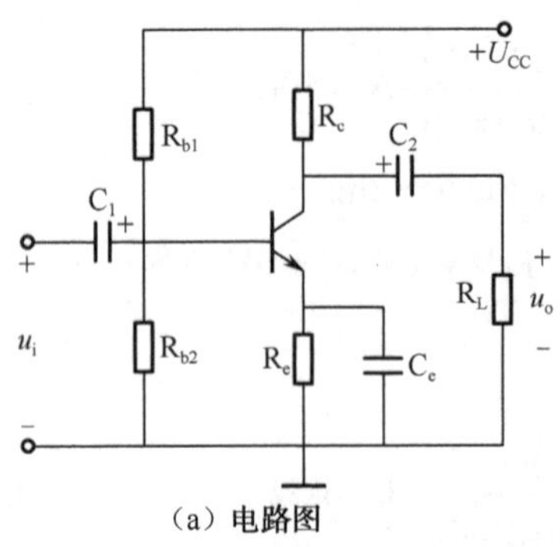

（a）电路图

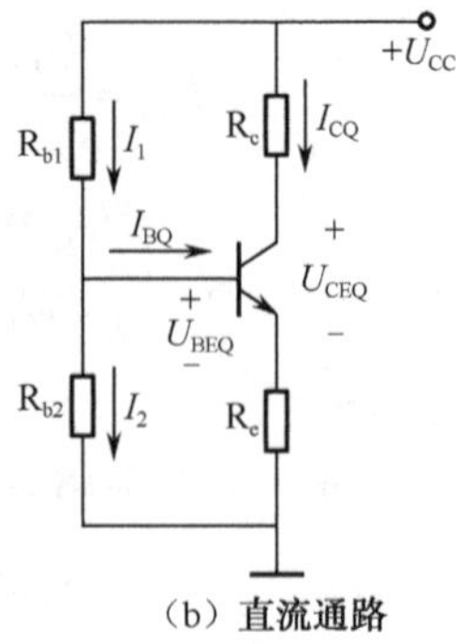

（b）直流通路

图 3-19 分压式偏置放大电路

分压式偏置共射极放大电路中，在发射极串入一个反馈电阻 R_e 和一个发射极旁路电容 C_e 的并联组合，其目的就是稳定静态工作点。当温度上升，使集电极电流 I_{CQ} 增大，I_{EQ} 随之增大，发射极电阻上流过的电流增大，使发射极对地电位 U_E 增大，因基极电位 U_B 基本不变，故 $U_{BE}=U_B-U_E$ 减小。由晶体管的输入特性曲线可知，U_{BE} 的减小必然引起基极电流 I_B 的减小，因此，集电极电流 I_C 也将随之下降。稳定过程可归纳为：

温度上升→I_C↑→I_E↑→U_E↑→U_{BE}↓→I_B↓→I_C↓→静态工作点维持稳定

发射极电阻 R_e 不但对直流信号产生负反馈，也对交流信号产生负反馈作用，从而造成电压增益下降过多。为了不使交流信号削弱，一般在 R_e 两端并联一个几十微法的电容 C_e，电容具有隔直流作用，对静态工作点不产生影响，相当于开路。其通交流的特性，可对交流信号视为短路。

【例 3-3】 电路如图 3-20 所示，已知晶体管 β=40，U_{CC}=12V，R_{b1}=20kΩ，R_{b2}=10kΩ，R_L=4kΩ，R_c=2kΩ，R_e=2kΩ，试求：

（1）静态值 I_{CQ} 和 U_{CEQ}。

（2）电压放大倍数 A_u。

（3）输入电阻 r_i，输出电阻 r_o。

解：（1）静态值 I_{CQ} 和 U_{CEQ}

$$U_B \approx \frac{R_{b2}}{R_{b1}+R_{b2}}U_{CC}=\frac{10}{10+20}\times 12\text{V}=4\text{V}$$

$$I_{CQ}\approx I_{EQ}=\frac{U_B-U_{BEQ}}{R_e}=\frac{4-0.7}{2000}\text{A}\approx 2\text{mA}$$

$$U_{CEQ}=U_{CC}-I_{CQ}(R_c+R_e)=12\text{V}-2\text{mA}\times(2+2)\text{k}\Omega=4\text{V}$$

（2）估算电压放大倍数 A_u。

由图 3-20 可画出其微变等效电路如图 3-21 所示。

由于

$$r_{be}\approx 300+(1+\beta)\frac{26\text{mV}}{I_{EQ}\text{mA}}=300+41\times\frac{26\text{mA}}{2\text{mA}}=833\Omega$$

$$R_L'=R_c // R_L=\frac{2\times 4}{2+4}\text{k}\Omega=1.33\text{k}\Omega$$

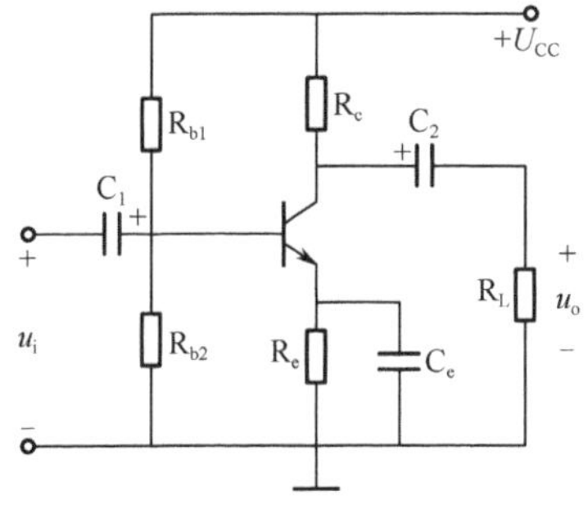

图 3-20　放大电路

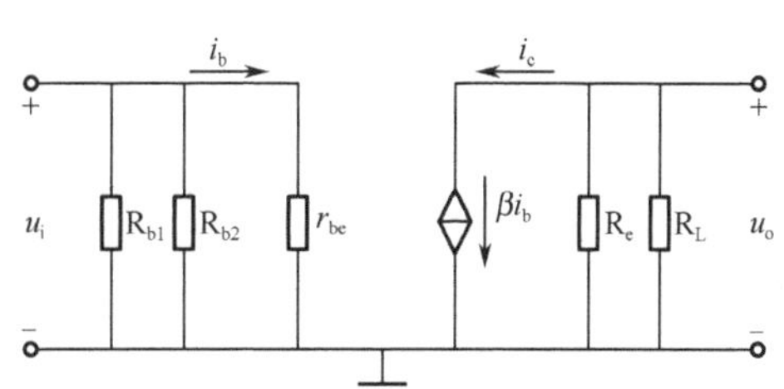

图 3-21　微变等效电路

故

$$A_u = -\frac{\beta R_L'}{r_{be}} = \frac{-40 \times 1.33}{0.83} = -64$$

（3）输入电阻 r_i，输出电阻 r_o

$$r_i = R_{b1} // R_{b2} // r_{be} \approx r_{be} = 0.83\text{k}\Omega$$

$$r_o = R_c = 2\text{k}\Omega$$

*3.1.5　共集电极放大电路

1. 电路组成

共集电极放大电路如图 3-22（a）所示，它是由基极输入信号、发射极输出信号组成的，所以称为射极输出器。由图 3-22（b）所示的交流通路可知，集电极是输入回路与输出回路的公共端，所以又称为共集放大电路。

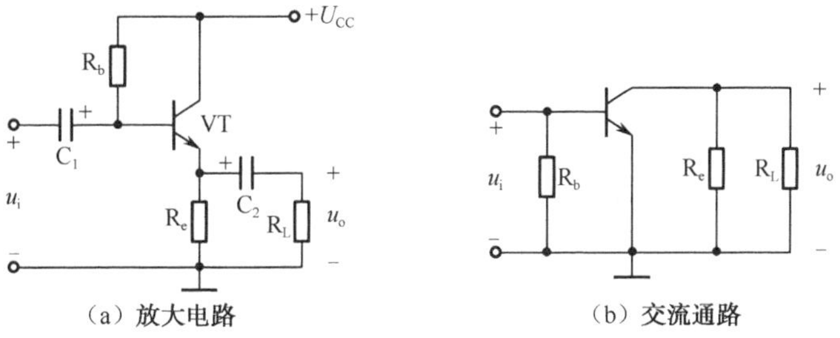

图 3-22　共集电极放大电路

2. 静态分析

共集电极放大电路的直流通路图 3-23（a）所示，由图可知

$$U_{CC} = I_{BQ}R_b + U_{BEQ} + I_{EQ}R_e$$

$$I_{BQ} = \frac{I_{EQ}}{1+\beta} \tag{3-15}$$

于是得

$$I_{CQ} \approx I_{EQ} = \frac{U_{CC} - U_{BEQ}}{R_e + \frac{R_b}{1+\beta}} \tag{3-16}$$

故

$$U_{CEQ} = U_{CC} - I_{CQ}R_e \tag{3-17}$$

射极电阻 R_e 具有稳定静态工作点的作用。

3. 动态分析

（1）电压放大倍数近视等于 1

射极输出器的微变等效电路如图 3-23（b）所示，由图可知

$$A_u = \frac{u_o}{u_i} = \frac{i_e R_L'}{i_b r_{be} + i_e R_L'} = \frac{(1+\beta)i_b R_L'}{i_b r_{be} + (1+\beta)i_b R_L'} = \frac{(1+\beta)R_L'}{r_{be} + (1+\beta)R_L'} \tag{3-18}$$

式中，$R_L' = R_e // R_L$

通常 $(1+\beta)R_L \gg r_{be}$ ，于是得

$$A_u \approx 1$$

电压放大倍数约为 1 并为正值，可见输出电压 u_o 随着输入电压 u_i 的变化而变化，大小近似相等，且相位相同，因此，射极输出器又称为射极跟随器。

应该指出，虽然射极输出器的电压放大倍数约等于 1，但它仍具有电流放大和功率放大的作用。

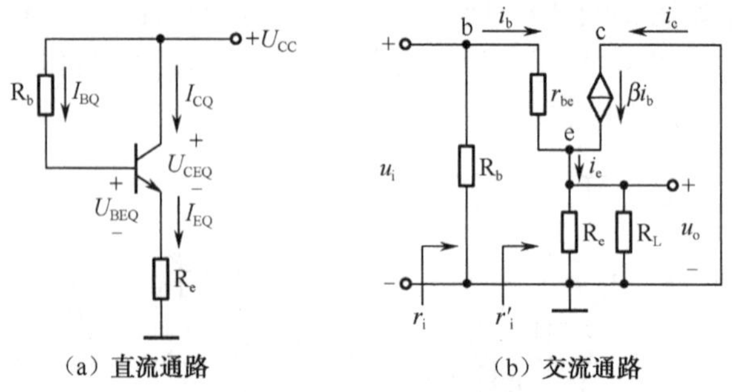

（a）直流通路　　（b）交流通路

图 3-23　共集电极放大电路

（2）输入电阻高

由图 3-23（b）可知

$$r_i = R_b // r_i' = R_b // [r_{be} + (1+\beta)R_L] \tag{3-19}$$

由于 R_b 和 $(1+\beta)R_L'$ 值都比较大，因此，射极输出器的输入电阻 r_i 很高，可达几十千欧姆到几百千欧姆。

（3）输出电阻低

由于射极输出器 $u_o \approx u_i$，当 u_i 保持不变时，u_o 也保持不变。可见，输出电阻对输出电压的影响很小，说明射极输出器带负载能力极强。输出电阻的估算公式为

$$r_o \approx \frac{r_{be}}{1+\beta} \tag{3-20}$$

通常 r_o 很低，一般只有几十欧姆。

4. 射极输出器的应用

（1）用作输入级

在要求输入电阻较高的放大电路中，常用射极输出器作为输入级，利用其输入电阻很高的特点，可减少对信号源的衰减，有利于信号的传输。

（2）用作输出级

由于射极输出器的输出电阻很低，常用作输出级，可使输出级在接入负载或负载变化时，对放大电路的影响小，使输出电压更加稳定。

（3）用作中间隔离级

将射极输出器接在两级共射电路之间，利用其输入电阻高的特点，可提高前级的电压放大倍数；利用其输出电阻低的特点，可减小后级信号源内阻，提高后级的电压放大倍数。由于其隔离了前后两级之间的相互影响，因而也称为缓冲级。

*3.1.6　共基极放大电路

1. 电路组成

共基极放大电路如图 3-24 所示，图中 C_b 为基极旁路电容，其他元件同共射极放大电路。

交流信号 u_i 从发射极输入，u_o 从集电极输出，基极作为输入、输出的公共端，因此为共基极组态。

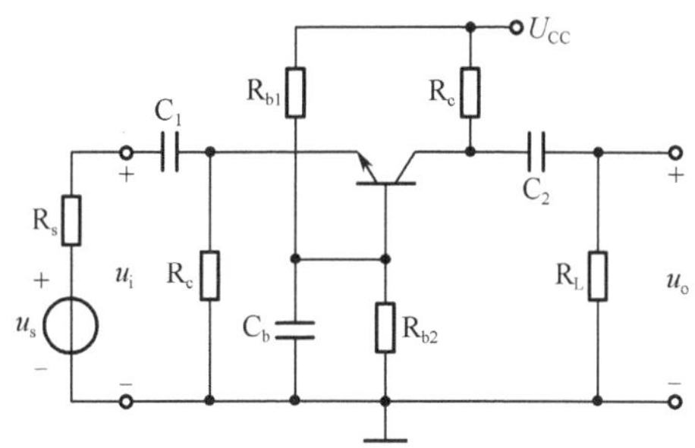

图 3-24　共基极放大电路

2. 静态分析

图 3-25 是共基极电路的直流通路，静态工作点的计算如下：

$$U_B \approx \frac{R_{b2}}{R_{b1}+R_{b2}}U_{CC} \tag{3-21}$$

$$I_{CQ} \approx I_{EQ} = \frac{U_B - U_{BEQ}}{R_e} \tag{3-22}$$

$$U_{CEQ}=U_{CC}-I_{CQ}（R_c+R_e）$$

$$I_{CQ} = \beta I_{BQ}$$

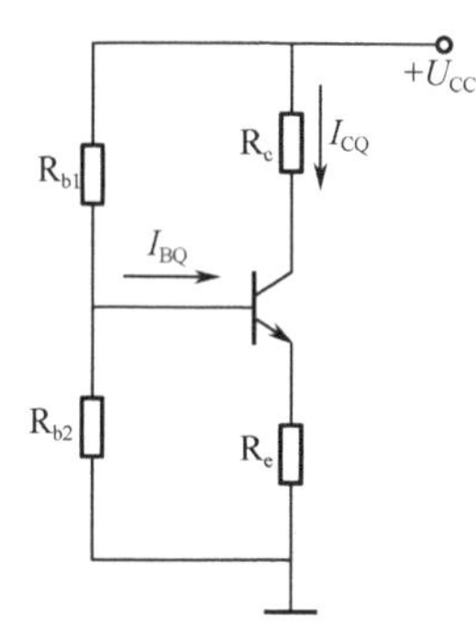

图 3-25　共基极电路的直流通路

3. 动态分析

图 3-26 是共基极电路的交流通路和微变等效电路

1）电压放大倍数

$$A_u = \frac{u_o}{u_i} = \frac{-\beta\, i_b R'_L}{-i_b r_{be}} = \frac{\beta\, R'_L}{r_{be}} \tag{3-23}$$

2）输入电阻

先求晶体管的发射极与基极之间看进去的等效电阻 R'

$$R'_i = \frac{u_i}{-i_e} = \frac{-i_b r_{be}}{-(1+\beta)\, i_b} = \frac{r_{be}}{1+\beta}$$

输入电阻为

$$R_i = R_e \,//\, \frac{r_{be}}{(1+\beta)} \tag{3-24}$$

由此可见，共基极组态输入电阻很小，一般只有几欧姆到几十欧姆。

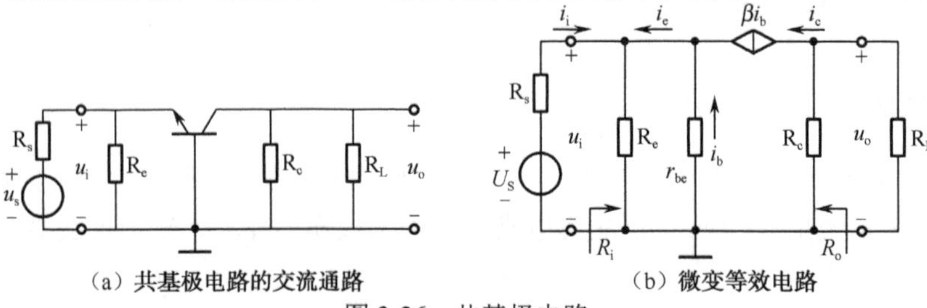

图 3-26　共基极电路

3）输出电阻

求共基极输出电阻时，U_S=0，I_b=0，βI_b=0，相当于开路，因此 R_o=R_c。

共基极放大电路的主要特点：

（1）电流放大倍数小于 1，接近于 1；输入电流为 i_e，输出电流为 i_c，由于 $i_c \approx i_e$，故没有电流放大作用。

（2）具有电压和功率放大作用，输入、输出电压同相。

（3）输入电阻小；输出电阻大。

（4）共基极放大电路的频率特性比较好，一般多用于高频和宽频放大电路中。

三种组态放大电路的比较：

（1）共射极放大电路：有较大的电压放大倍数和电流放大倍数，输出电压与输入电压反相，输入、输出电阻值比较适中，频率响应差，在低频电压放大电路中广泛应用。

（2）共集电极放大电路：又称电压跟随器。电压放大倍数接近 1，输入电阻高，输出电阻低，可用作多级放大电路的输入级、输出级或作为隔离用的中间级。

（3）共基极放大电路：有电压放大作用，无电流放大作用，输入电阻低，使晶体管结电容的影响不显著，因此频率响应好，常用于宽频带放大电路中，也可作为恒流源。

思考与练习

3-1-1　画出共射极基本放大电路，并叙述电路中各元件的作用。

3-1-2 如何根据放大电路画出直流通路和交流通路？

3-1-3 什么是截止失真和饱和失真？其原因是什么？

3-1-4 简述共射极、共集电极、共基极三种放大电路的特点。

操作训练 1 示波器的使用

1. 训练目的

① 熟悉示波器面板上各控制开关、旋钮的名称和作用。

② 掌握示波器的使用方法。

2. 示波器功能说明

示波器是一种用途十分广泛的电子测量仪器。它能把看不见的电信号转换成看得见的图像，便于人们研究各种电现象的变化过程，通过对电信号波形的观察，便可以分析电信号随时间变化的规律。利用示波器能观察各种不同信号幅度随时间变化的波形曲线，还可以用它测试各种不同的电量，如电压、电流、频率、相位差、调幅度等。

下面以 YB4320 型双踪示波器为例，介绍示波器的使用。它能用来同时观察和测定两种不同信号的瞬变过程，也可选择独立工作，进行单踪显示。其外形如图 3-27（a）所示，面板如图 3-27（b）所示。

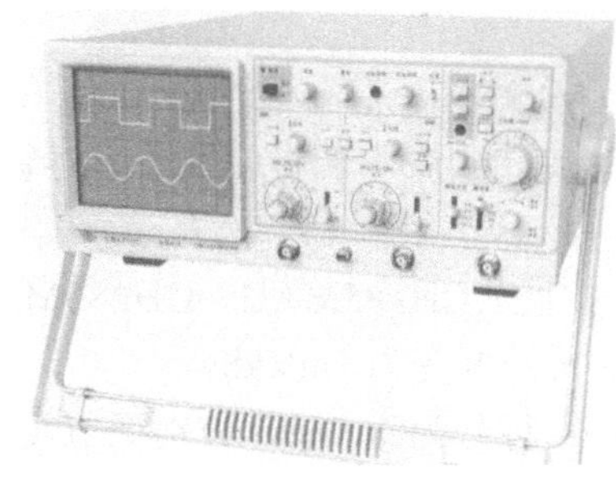

（a）示波器外形

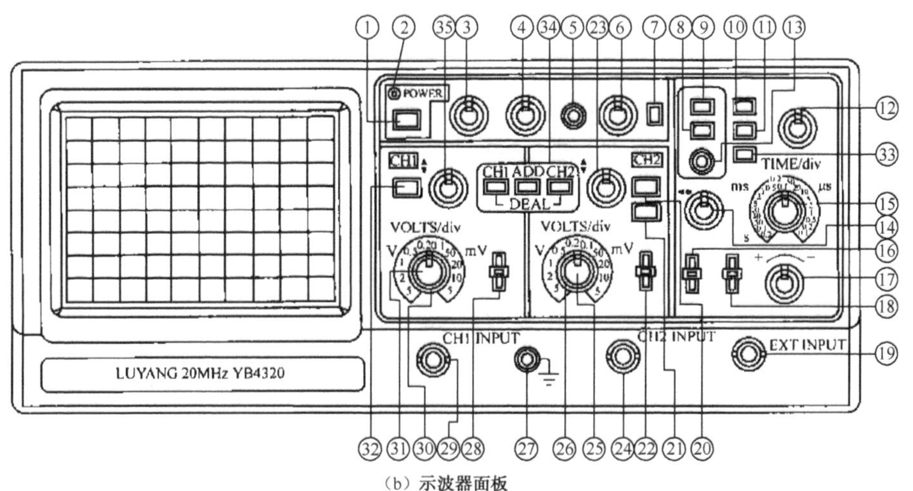

（b）示波器面板

图 3-27 YB4320 型示波器

1）电源部分

（1）电源开关（POWER）：标号为①，弹出为关，按下为开。

（2）电源指示灯：标号为②，电源开关打开，指示灯亮。

（3）亮度旋钮（INTENSIT）：标号为③，显示波形亮度。

（4）聚焦旋钮（FOUCE）：标号为④，配合亮度旋钮显示波形清晰度。

（5）光迹旋转旋钮（TRACEROTATION）：标号为⑤，用于调节光迹与水平刻度线平行。

（6）刻度照明旋钮（SCALE　ILLUM）：标号为⑥，用于调节屏幕刻度照明。

2）垂直系统部分

（1）通道 1 输入端（CH1　INPOUT（X））：标号为㉙，用于垂直方向 Y1 的输入，在X—Y 方式时作为 X 轴信号输入端。

（2）通道 2 输入端（CH1　INPOUT（Y））：标号为㉔，用于垂直方向 Y2 的输入，在X—Y 方式时作为 Y 轴信号输入端。

（3）垂直输入耦合选择（AC-GND-DC）：标号为㉑、㉘，选择垂直放大器的耦合方式。

交流（AC）：电容耦合，用于观测交流信号。

接地（GND）：输入端接地，在不需要断开被测信号的情况下，可为示波器提供接地参考电平。

直流（DC）：直接耦合，用于观测直流或观测频率变化慢的信号。

（4）衰减器（VOLTS/div）：标号㉖，用于选择垂直偏转因数，如果使用 10∶1 的探头，计算时应将幅度乘以 10。

（5）垂直衰减器微调旋钮（VARIBLE）：标号为㉕、㉛，用于连续改变电压偏转灵敏度，正常情况下，应将此旋钮顺时针旋转到底。若将此旋钮逆时针旋转到底，则垂直方向的灵敏度下降 2.5 倍以上。

（6）CH1×5 扩展、CH2×5 扩展（CH1×5MAG、CH2×5MAG）：标号为⑳、㊱，按下此键垂直方向的信号扩大 5 倍，最高灵敏度变为 1mV/div。

（7）垂直位移（POSITION）：标号为㉓、㉟，分别调节 CH2、CH1 信号光迹在垂直方向的移动。

（8）垂直通道选择按钮（VERTICAL　MODE）：图中标号为㉞，共 3 个键，用来选择垂直方向的工作方式。

通道 1 选择（CH1）：按下 CH1 键，屏幕上仅显示 CH1 的信号 Y1。

通道 2 选择（CH2）：按下 CH2 键，屏幕上仅显示 CH2 的信号 Y2。

双踪选择（DUAL）：同时按下 CH1 和 CH2 键，屏幕上会出现双踪并自动以断续或交替方式同时显示 CH1 和 CH2 端输入的信号。

叠加（ADD）：按下 ADD 键，显示 CH1 和 CH2 端输入信号的代数和。

（9）CH2 极性选择（INVERT）：标号为㉑，按下此键时 CH2 显示反相电压值。

3）水平系统部分：

（1）扫描时间因数选择开关（TIME/div）：标号为⑮，共 20 挡，在 0.1μs/div～0.2s/div 范围选择扫描时间因数。

（2）X—Y 控制键：标号为⑪，选择 X—Y 工作方式，Y 信号出 CH2 输入；X 信号由 CHl 输入。

（3）扫描微调控制键（VARIBLE）：标号为⑫，正常工作时，此旋钮顺时针旋到底处于校准位置，扫描由 TIME/div 开关指示。若将旋钮反时针旋到底，则扫描减小 2.5 倍以上。

（4）水平移位（POSTION）：标号为⑭，用于调节光迹在水平方向的移动。

（5）扩展控制键（MAG×5）：标号为⑳、㉜，按下此键，扫描因数以 5 部扩展。扫描时间是 TIME/div 开关指示数值的 1/5。将波形的尖端移到屏幕中心，按下此键，波形将部分扩展 5 倍。

（6）交替扩展键（ALT-MAG）：标号为⑧，按下此键，工作在交替扫描方式。屏幕上交替显示输入信号及扩展部分，扩展以后的光迹可由光迹分离控制键⑬移位。同时使用垂直双踪方式和水平方式可在屏幕上同时显示四条光迹。

4）触发（TRIG）

（1）触发源选择开关（SOURCE）：标号为⑱，选择触发信号，触发源的选择与被测信号源有关。

内触发（INT）：适用于需要利用 CH1 或 CH2 上的输入信号作为触发信号的情况。

通道触发（CH2）：适用于需要利用 CH2 上被测信号作为触发信号的情况，如比较两个信号的时间关系等用途时。

电源触发（LINE）：电源成为触发信号，用于观测与电源频率有时间关系的信号。

外触发（EXT）：从标号为⑲的外触发输入端（EXTINPUT）输入的信号为触发信号，当被测信号不适于做触发信号等特殊情况，可用外触发。

（2）交替触发（ALT TRIG）：标号为㉝，在双踪交替显示时，触发信号交替来自 CH1、CH2 两个通道．用于同时观测两路不相关信号。

（3）触发电平旋钮（TRIG LEVEL）：标号为⑰，用于调节被测信号在某一电平触发同步。

（4）触发极性选择（SLOPE）：标号为⑩，用于选择触发信号的上升沿或下降沿触发，分别称为“+”极性或“-”极性触发。

（5）触发方式选择（TRIG MODE）：标号为⑯。

自动（AUTO）：扫描电路自动进行扫描。在无信号输入或输入信号没有被触发同步时，屏幕上仍可显示扫描基线。

常态（NORM）：有触发信号才有扫描，无触发信号屏幕上无扫描基线。

TV-H：用于观测电视信号中行信号波形。

TV-V：用于观测电视信号中场信号波形。仅在触发信号为负同步信号时，TV-H 和 TV-V 同步。

5）校准信号（CAL）：标号为⑦，提供 1kHz，0.5V（p—p）的方波作为校准信号。

6）接地柱（⊥）：标号为㉗，接地端。

3. 测量前的准备工作

（1）检查电源电压，将电源线插入交流插座，设定下列控制键的位置：

电源（POWER）：弹出；

亮度旋钮（INTENSITY）：逆时针旋转到底；

聚焦（FOCUS）：中间；

AC-GND-DC：接地（GND）；

（×5）扩展键：弹出；

垂直工作方式（VERTICAL MODE）：CH1；
触发方式（TRIG MODG）：自动（AUTO）；
触发源（SOURCE）：内（LNT）；
触发电平（TRIG LEVEL）：中间；
TIME/div：0.5ms/div；
水平位置：×5MAG、ALT-MAG 均弹出。

（2）打开电源，调节亮度和聚焦旋钮，使扫描基线清晰度较好。

（3）一般情况下，将垂直微调（VARIBLE）和扫描微调（VARIBLE）旋钮处于“校准”位置，以便读取 VOLTS/div 和 TIME/div 的数值。

（4）调节 CH1 垂直移位，使扫描基线设定在屏幕的中间，若此光迹在水平方向略微倾斜，则调节光迹旋转旋钮使光迹与水平刻度线相平行。

4. 信号测量的步骤

1）将被测信号输入到示波器通道输入端。注意输入电压不可超过 400V。

（1）使用探头测最大信号时，必须将探头衰减开关置于×10 位置，此时输入信号缩小到原值的 1/10，实际的 VOLTS/div 值为显示值的 10 倍。如果 VOLTS/div 为 0.5V/div，那么实际值为 0.5V/div×10=5V/div。测量低频小信号时，可将探头衰减开关置于×10 位置。

（2）如果要测量波形的快速上升时间或高频信号，必须将探头的接地线接在被测量点附近，以减少波形的失真。

2）按照被测信号参数的测量方法不同，选择各旋钮的位置，使信号正常显示在荧光屏上。测量时必须注意将 Y 轴增益微调和 X 轴增益微调旋钮旋至“校准”位置。

3）记下显示的数据并进行分析、运算、处理，得到测量结果。

5. 测量示例

1）直流电压测量　被测信号中如含有直流电平，可用仪器的地电位作为基准电位进行测量，步骤如下：

（1）垂直系统的输入耦合选择开关置于“⊥”，触发电平电位器置于“自动”，使屏幕上出现一条扫描基线。按被测信号的幅度和频率，将 V/div 挡开关和 t/div 扫描开关置于适当位置，然后调节垂直移位电位器，使扫描基线位于坐标上，如图 3-28 所示的某一特定基准位置。

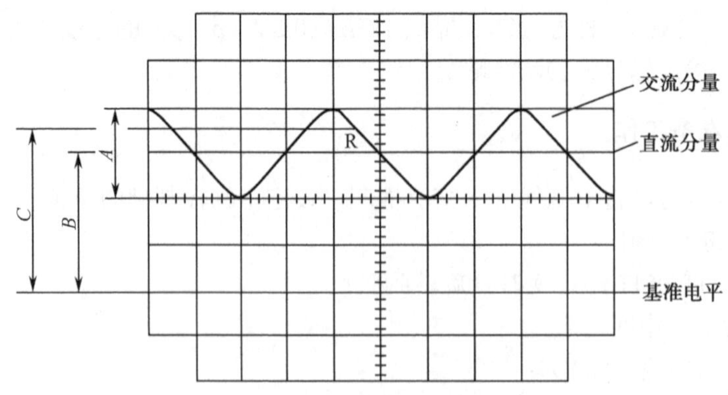

图 3-28　直流电压的测量

（2）输入耦合选择开关改换到“DC”位置。将被测信号直接或经 10∶1 衰减探头接入仪器的 Y 输入插座，调节触发“电平”使信号波形稳定。

（3）根据屏幕坐标刻度，分别读出信号波形交流分量的峰—峰值所占格数为 4（图中 A=2div），直流分量的格数为 B（图中 B=3div），被测信号某特定点 R 与参考基线间的瞬时电压值所占格数为 C（图中 C=3.5div）。若仪器 V/div 挡的标称值为 0.2V/div，同时 Y 轴输入端使用了 10∶1 衰减探头，则被测信号的各电压值分别为：

被测信号交流分量：u_{p-p}=0.2V/div×2div×10=4V

被测信号直流分量：U=0.2V/div×3div×10=6V

被测 R 点瞬时值：U=0.2V/div×3.5div×10=7V

2）交流电压的测量

一般是测量交流分量的峰—峰值，测量时通常将被测量信号通过输入端的隔值电容，使信号中所含的直流分量被隔离，步骤如下：

（1）垂直系统的输入耦合选择开关置于“AC”位置，V/div 开关和 t/div 扫描开关根据被测量信号的幅度和频率选择适当的挡级，将被测信号直接或通过 10∶1 探头输入仪器的 Y 轴输入端，调节触发“电平”使波形稳定，如图 4-29 所示。

（2）根据屏幕的坐标刻度，读被测信号波形的峰—峰值所占格数为 D（图中 D=3.6div）。

若仪器 V/div 挡标称值为 0.1V/div，且 Y 轴输入端使用了 10∶1 探头，则被测信号的峰—峰值应为

$$u_{p-p}=0.1\text{V/div}\times3.6\text{V/div}\times10=3.6\text{V}$$

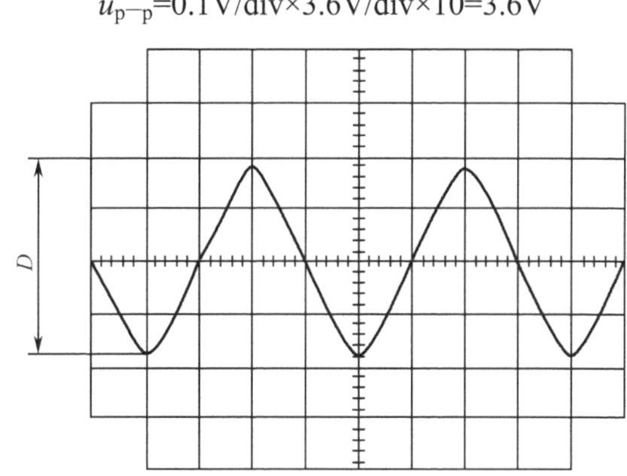

图 3-29 交流电压的测量

3）时间测量

对仪器时基扫描速度 t/div 校准后，可对被测信号波形上任意两点的时间参数进行定量测量，步骤如下；

（1）按被测信号的重复频率或信号上两特定点 P 与 Q 的时间间隔，选择适当的 t/div 扫描挡。务必使两特定点的距离在屏幕的有效工作面内达较大限度，以提高测量精度，如图 3-30 所示。

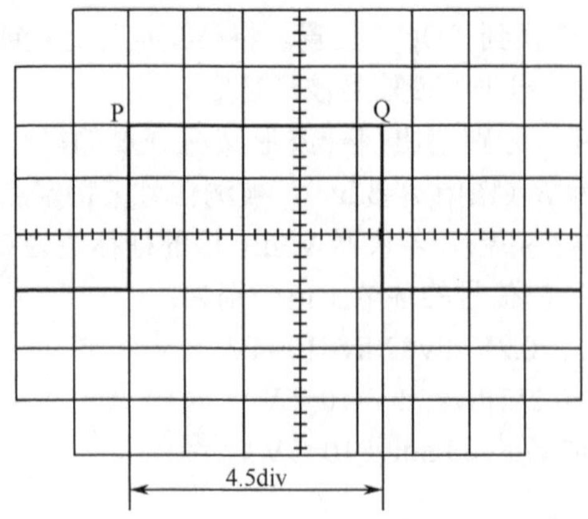

图 3-30　时间测量

（2）根据屏幕坐标上的刻度，读被测信号两特定点 P 与 Q 间所占格数为 D。如果 t/div 开关的标称值为 2ms/div，D=4.5div，则 P、Q 两点的时间间隔值 t 为

$$t=2\text{ms/div}\times4.5\text{div}=9\text{ms}$$

4）频率测量

对于重复信号的频率测量，一般可按时间测量的步骤测出信号的周期，并按 f=1/t 算出频率值。

操作训练 2　单管共射极放大电路测试

1. 训练目的

① 学会测试单管共射极放大电路的静态工作点。

② 学会测试单管共射极放大电路的输入电压和输出电压的波形及两者的相位关系。

③ 了解电路产生非线性失真的原因。

2. 仿真测试

1）单管共射极放大电路采用基极固定分压式偏置电路，测试电路如图 3-31 所示。

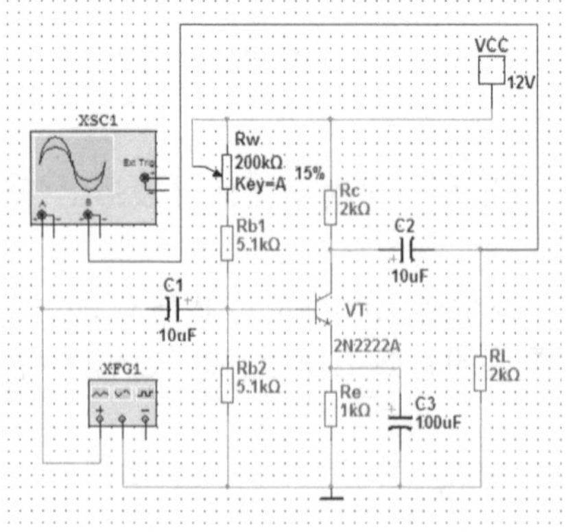

图 3-31　共射极放大器测试电路

2）静态工作点的选择

放大器的基本任务是不失真地放大小信号。为此应设置合适的静态工作点。为了获得最大不失真的输出电压，静态工作点应选在输出特性曲线上交流负载线的中点，若工作点选得太高则易引起饱和失真；而选得太低，又易引起截止失真。

3）静态工作点的测量方法

静态工作点的测量是指在接通电源电压后，放大器输入端不加信号时，测量晶体管集电极电流 I_{CQ} 和管压降 U_{CEQ}。其中 U_{CEQ} 可直接用万用表直流电压挡测 c—e 极间的电压即得，而 I_{CQ} 的测量则有直接法和间接法两种：

（1）直接法：将万用表（电流挡）串入集电极电路直接测量。此法测量精度高，但要断开集电极回路，比较麻烦。

（2）间接法：用万用表（直流电压挡）先测出 R_c（或 R_e）上的电压降，然后根据已知 R_c（或 R_e）算出 I_{CQ}，此法较简便，在实验中常用，但其测量精度稍差。为了减小测量误差，应选用内阻较高的电压表。

静态工作点的选择，从理论上说，就是使其处于交流负载线的中点，也就是让输出信号能够达到最大限度的不失真。

因此，在本实验中，静态工作点的调整，就是用示波器观察输出波形，让输出信号达到最大限度的不失真。

当按照上述要求接好电路，在输入端引入正弦信号，用示波器观察输出。静态工作点具体的调整方法如表 3-1 所示。

表 3-1 静态工作点的调整方法

现象	截止失真	饱和失真	两种都出现	无失真
调整方法	减小 R_W	增大 R_W	减小输入信号	加大输入信号

根据示波器上观察到的现象，做出不同的调整动作，反复进行。当加大输入信号，两种失真同时出现；减小输入信号，两种失真同时消失时，可以认为此时的静态工作点正好处于交流负载线的中点，就是最佳的静态工作点。去掉输入信号，测量此时的 U_{CQ} 就得到了静态工作点。

3. 测试步骤

1）静态工作点测试

（1）打开 Multisim 10 仿真软件，从晶体管库中取出 NPN 型三极管 2N2222，从元件库里取出测试电路中需要的电阻、电容，按图 3-31 连接好电路。

（2）改变元件属性，在每个元件上双击鼠标，即可显示元件属性对话框，例如，双击电位器，将其名称改为 R_W 及“控制键（Key）”改为“A”，每次阻值改变量改为 1%，这样在使用中每按一次 A，电位器阻值就增加 1%，要想减小阻值，按“Shift+A”组合键。分别对图中元件属性进行修改，将名称改为图 3-31 中所示。

（3）接入信号发生器和示波器，示波器 A 通道接放大器输入信号，B 通道接放大器的输出信号，在示波器 B 通道连线上单击鼠标右键，在弹出的“颜色”对话框中，选择 B 通道波形显示颜色为蓝色。

（4）打开仿真开关，双击示波器图标，显示示波器面板，在输入端加入 1kHz、幅度为 20mV 的正弦波，如图 3-32 所示，调节电位器及改变信号发生器的信号幅度，使示波器输出显示波形最大不失真，如图 3-33 所示。

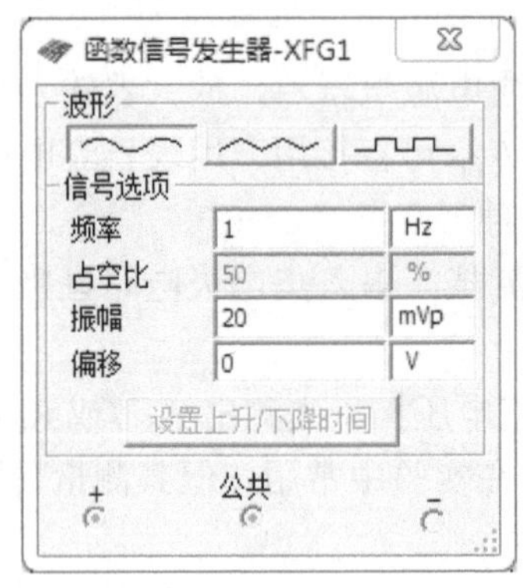

图 3-32　函数信号发生器面板设置

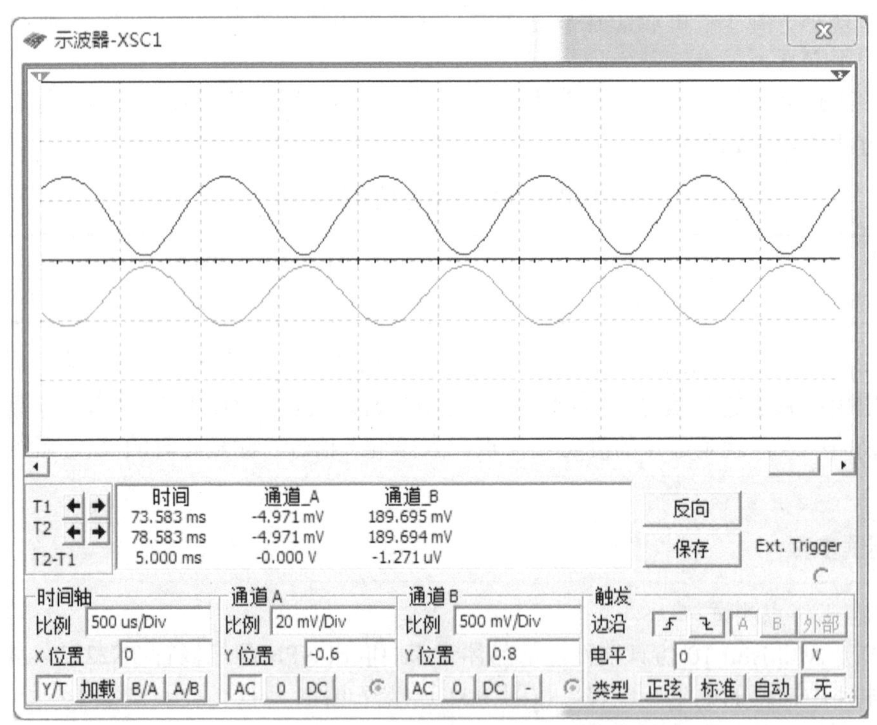

图 3-33　示波器面板波形显示

（5）使输入信号为 0，用万用表测量三极管三个电极分别对地电压 U_B、U_C、U_E，U_{CEQ}。万用表连接如图 3-34 所示，设置万用表为电压表，打开仿真开关，万用表显示数据如图 3-35 所示，根据 $I_{EQ}=U_E/R_e$，得出 $I_{CQ}\approx I_{EQ}$。

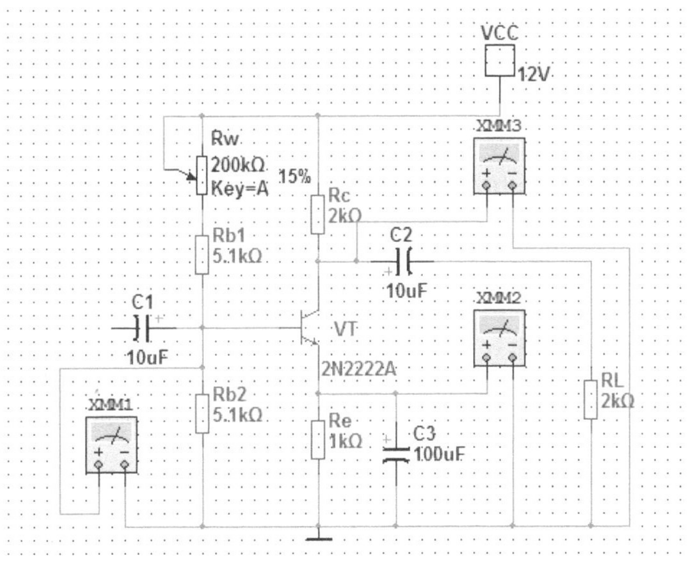

图 3-34 万用表测量晶体管电极的对地电压

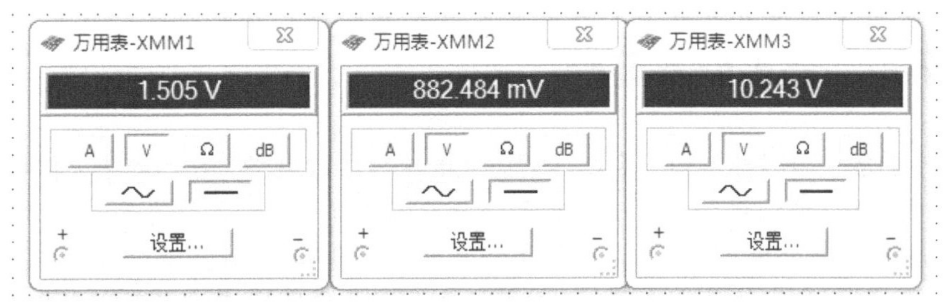

图 3-35 万用表电压显示数据

（6）将测量结果填入表 3-2，并与估算值进行比较。

表 3-2 静态工作点

理论估算值					实际测量值				
U_B	U_C	U_E	U_{CE}	I_C	U_B	U_C	U_E	U_{CE}	I_C

2）电压放大倍数的测量

（1）输入信号为 1kHz、幅度为 20mV（峰—峰值）的正弦信号；输出端开路（R_L=∞）时，用示波器分别测出 u_i，u_o 的大小，然后根据式（2．1—5）算出电压放大倍数。

（2）放大电路输出端接入 2kΩ 的负载电阻 R_L，保持输入电压 u_i 不变，测出此时的输出电压 u_o，并算出此时的电压放大倍数，分析负载对放大电路电压放大倍数的影响。

（3）用示波器观察 u_i，u_o 的相位关系。

3）静态工作点对输出波形的影响

当静态工作点偏低时，接近截止区，交流量在截止区不能被放大，使输出电压的波形正半周被削顶，产生截止失真。当静态工作点偏高时，接近饱和区，交流量在饱和区不能被放大，使输出电压波形负半周被削底，产生饱和失真。可对电路进行适当调整，如输出电压波形负半周被削底，说明产生了饱和失真。出现饱和失真是因为 R_W 太小，可以增大 R_B，使静态工作点下移。

将频率为 1kHz 的正弦信号加在放大器的输入端，使输出波形为不失真的正弦波。调整 R_W 的大小，观察输出信号的波形。

4. 实验操作

1）静态工作点的调整和测量

（1）按照实验电路在面包板上连接好，布线要整齐、均匀，便于检查；经检查无误接通 12V 直流电源。

（2）在放大电路输入端加入 1kHz、幅度为 20mV 的正弦波，在放大电路的输出端接示波器，调节电位器，使示波器所显示的输出波形不失真，然后关掉信号发生器的电源，使输入电压 u_i=0，用万用表测量晶体管三个极分别对地的电压，算出静态工作点，并与估算值进行比较。

2）电压放大倍数的测量和静态工作点对输出波形的影响，可参照仿真实验步骤。

3.2 任务 2 多级放大电路

前面分析的放大电路都是由一个晶体管组成的单级放大电路，它们的放大倍数是有限的。在实际应用中，例如通信系统、自动控制系统及检测装置中，输入信号都是极微弱的，必须将微弱的输入信号放大到几千乃至几万倍才能驱动执行机构，如扬声器、伺服机构和测量仪器等进行工作；所以实用的放大电路都是由多个单级放大电路组成的多级放大电路。

3.2.1 放大电路的级间耦合方式

多级放大电路的组成可用图 3-36 所示的框图来表示。其中，输入级与中间级的主要作用是实现电压放大，输出级的主要作用是功率放大，以推动负载工作。

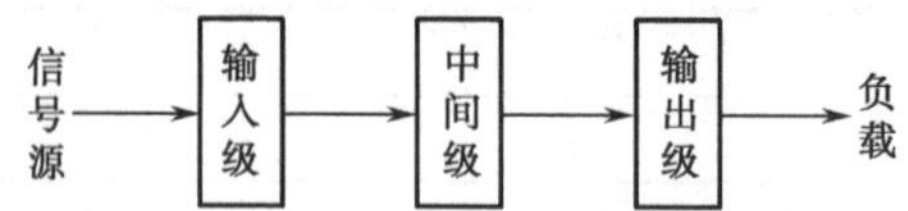

图 3-36 多级放大电路的组成框图

多级放大电路是由两级或两级以上的单级放大电路级联而成。在多级放大电路中，将级与级之间的连接方式称为耦合方式，而当级与级之间耦合时，必须满足：

（1）耦合后各级电路仍具有合适的静态工作点。

（2）保证信号在级与级之间能够顺利地传输。

（3）耦合后多级放大电路的性能指标必须满足实际的要求。

为了满足上述要求，一般常用的耦合方式有直接耦合、阻容耦合和变压器耦合三种。

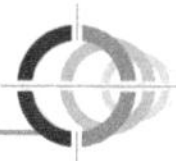

1. 直接耦合

为了避免在信号传输过程中，耦合电容对缓慢变化的信号带来不良影响，也可以把放大器前级的输出端直接与后级的输入端相连，这种连接方式称为直接耦合，如图 3-37 所示。

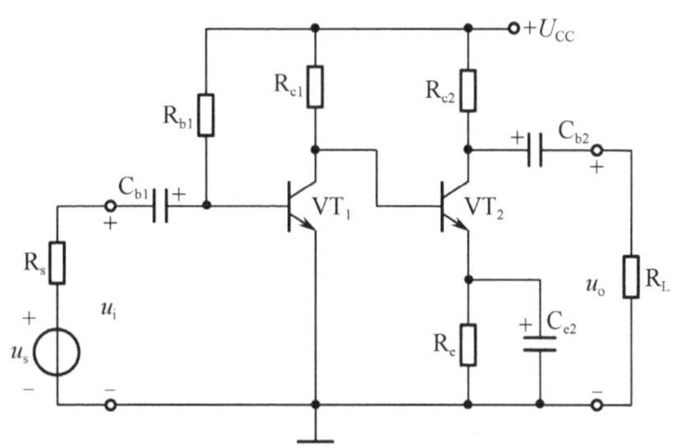

图 3-37　直接耦合多级放大器

显然，直接耦合放大电路的各级静态工作点相互影响，并且还存在零点漂移现象，即当输入电压 u_i=0 时，受环境温度等因素的影响，输出电压 u_o 将在静态工作点的基础上漂移。若输入信号比较微弱，零点漂移信号有时会覆盖要放大的信号，使得电路无法正常工作，因此要抑制零点漂移，使漂移电压和有用信号相比可以忽略。

直接耦合的特点如下。

（1）既可以放大交流信号，也可以放大直流和变化非常缓慢的信号；电路简单，便于集成，所以集成电路中多采用这种耦合方式。

（2）需要电位偏移电路，以满足各级静态工作点的需要。

（3）存在着各级静态工作点相互牵制和零点漂移这两个问题。

2. 阻容耦合

放大器的级与级之间通过耦合电容与下级输入电阻连接的方式称为阻容耦合，如图 3-38 所示。

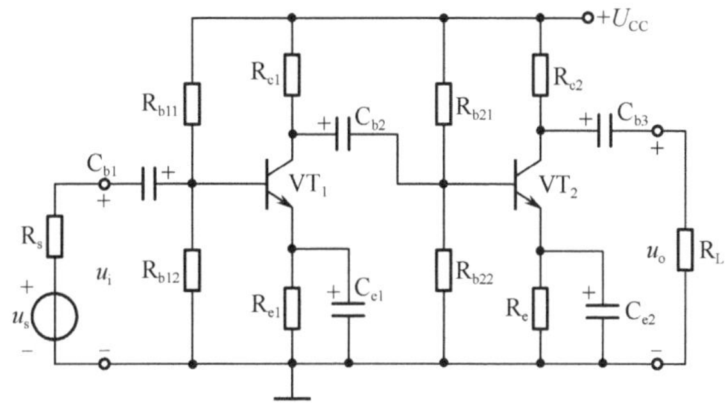

图 3-38　阻容耦合放大电路

阻容耦合放大电路的特点如下

（1）由于耦合电容有“隔直通交”作用，故可使各级的静态工作点彼此独立，互不影响。

（2）因电容对交流信号具有一定的容抗，若耦合电容的容量足够大，对交流信号的容抗则很小，前级输出信号就能在一定频率范围内几乎无衰减地传输到下一级。但阻容耦合放大电路不能放大直流与缓慢变化的信号，不适合于集成电路。

3. 变压器耦合

放大器的级与级之间采用变压器进行连接的方式称为变压器耦合，如图 3-39 所示。

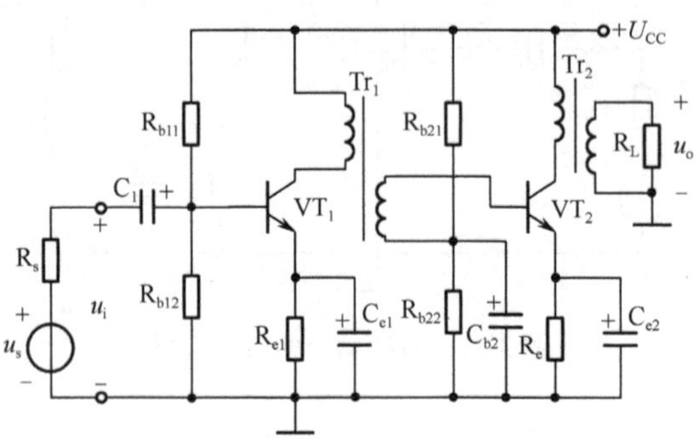

图 3-39　变压器耦合多级放大电路

由于变压器一、二次侧在电路上彼此独立，因此这种放大电路的静态工作点也是彼此独立的。而变压器具有阻抗变换的特点，可以起到前后级之间的阻抗匹配的作用。变压器耦合放大电路主要用于功率放大电路。

除上述方式外，在信号电路中还有光电耦合方式，用于提高电路的抗干扰能力。

3.2.2　多级放大电路的分析

（1）电压放大倍数

电压放大倍数可用方框图表示，如图 3-40 所示。

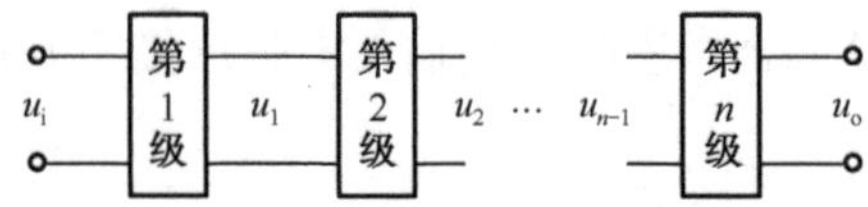

图 3-40　多级放大电路的级联

由图 3-35 可知

$$u_1=A_{u1}\,u_0，\ u_2=A_{u2}\,u_1，\ \ldots\ldots，\quad u_o=A_{un}\,u_{n-1}$$

$$A_u=A_{u1}A_{u2}\ldots A_{un} \tag{3-25}$$

其中，n 为多级放大电路的级数。在计算电压放大倍数时，应把后一级的输入电阻作为前一级的负载电阻。

（2）输入电阻和输出电阻

多级放大电路的输入电阻就是第一级的输入电阻，而多级放大电路的输出电阻则等于末级放大电路的输出电阻，即

$$r_i=r_{i1} \tag{3-26}$$

$$r_o=r_{in} \tag{3-27}$$

【例 3-4】 如图 3-41 所示，在两级阻容耦合放大电路中，已知，U_{CC}=12V，R_{b11}=30kΩ，R_{b12}=15kΩ，R_{c1}=3kΩ，R_{e1}=3kΩ，R_{b12}=20kΩ，R_{b22}=10kΩ，R_{c2}=2.5kΩ，R_{e2}=2kΩ，R_L=5kΩ，$\beta_1=\beta_2$=50，$U_{BE1}=U_{BE2}$=0.7V。求：

（1）各级电路的静态值；

（2）各级电路的电压放大倍数 A_{u1}、A_{u2} 和总的电压放大倍数 A_u。

（3）各级电路的输入电阻和输出电阻。

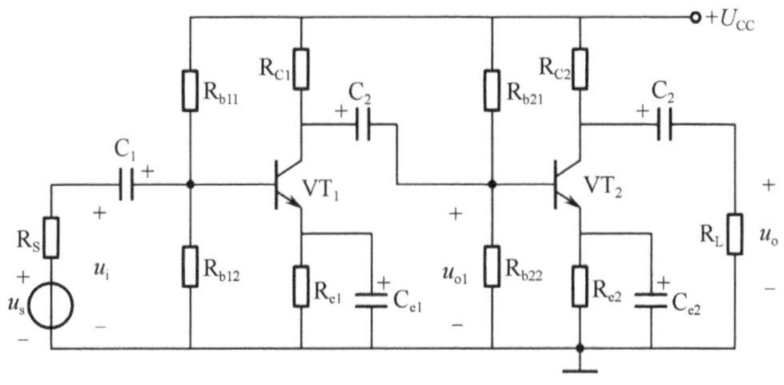

图 3-41 例 3-4 图

解：（1）静态值的估算

第一级：

$$U_{B1} \approx \frac{R_{b12}}{R_{b11}+R_{b12}}U_{CC} = \frac{15}{30+15} \times 12V = 4V$$

$$I_{CQ1} \approx I_{EQ1} = \frac{U_{B1}-U_{BE1}}{R_{e1}} = \frac{4-0.7}{3000}A \approx 1.1mA$$

$$U_{CEQ1}=U_{CC}-I_{CQ1}（R_{c1}+R_{e1}）=12V-1.1mA\times（3+3）k\Omega=5.4V$$

第二级：

$$U_{B2} \approx \frac{R_{b22}}{R_{b21}+R_{b22}}U_{CC} = \frac{10}{20+10} \times 12V = 4V$$

$$I_{CQ2} \approx I_{EQ2} = \frac{U_{B2}-U_{BE2}}{R_{e2}} = \frac{4-0.7}{2000}A \approx 1.65mA$$

$$U_{CEQ2}=U_{CC}-I_{CQ2}（R_{c2}+R_{e2}）=12V-1.65mA\times（2.5+2）k\Omega=4.62V$$

（2）各级电路的电压放大倍数 A_{u1}、A_{u2} 和总的电压放大倍数 A_u

首先画出电路的微变等效电路，如图 3-42 所示。

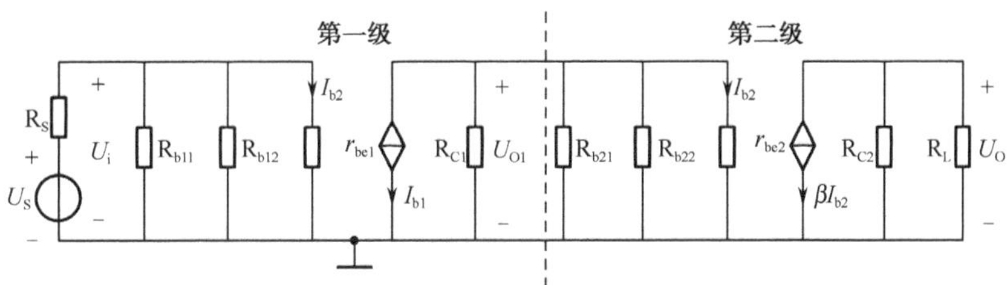

图 3-42 微变等效电路

晶体管 VT_1 的输入电阻

$$r_{be1} \approx 300 + (1+\beta_1)\frac{26mV}{I_{EQ1}mA} = 300 + 51 \times \frac{26mA}{1.1mA} = 1.5k\Omega$$

晶体管 VT_2 的输入电阻

$$r_{be2} \approx 300 + (1+\beta_2)\frac{26mV}{I_{EQ2}mA} = 300 + 51 \times \frac{26mA}{1.65mA} = 1.1k\Omega$$

第二级输入电阻为

$$r_{i2}=R_{b21} // R_{b22} // r_{be2}=20//10//1.1=0.94(k\Omega)$$

第一级等效负载电阻为

$$R'_{L1} = R_{c1} // r_{i2} = \frac{3 \times 0.94}{3 + 0.94}k\Omega = 0.72k\Omega$$

第二级等效负载电阻为

$$R'_{L2} = R_{c2} // R_L = \frac{5 \times 2.5}{5 + 2.5}k\Omega = 1.67k\Omega$$

第一级电压放大倍数

$$A_{u1} = -\frac{\beta_1 R'_{L1}}{r_{be1}} = \frac{-50 \times 1.67}{1.5} = -24$$

第一级电压放大倍数

$$A_{u2} = -\frac{\beta_2 R'_{L2}}{r_{be2}} = \frac{-50 \times 1.67}{1.1} = -76$$

两级电压放大倍数

$$A_u=A_{u1}A_{u2}=(-24)\times(-76)=1824$$

（3）各级电路的输入电阻和输出电阻。

第一级输入电阻

$$r_{i1}=R_{b11} // R_{b12} // r_{be1}=30//15//1.5=1.3\ (k\Omega)$$

第二级输入电阻

$$r_{i2}=R_{b21} // R_{b22} // r_{be2}=20//10//1.1=0.94\ (k\Omega)$$

第一级输出电阻

$$r_{o1}=R_{c1}=3k\Omega$$

第二级输入电阻

$$r_{o2}=R_{c2}=2.5k\Omega$$

第二级的输出电阻就是两级放大电路的输出电阻。

3.2.3 放大电路的频率特性

前面讨论放大电路的性能时，都是以单一频率的正弦信号为对象的，而且将频率设定在中频范围，此时可将耦合电容、旁路电容视为短路，则放大电路的放大倍数与频率无关。但实际中需要放大的信号往往并非单一频率，而是各种不同频率分量组成的复合信号，因此，要求放大电路对某一范围的各种信号都有相同的放大效果。

放大电路的电压放大倍数与频率之间的关系，称为放大电路的频率特性，下面主要介绍

频率特性中的幅频特性，即电压放大倍数 A_u 与频率 f 的关系，A_u～f 图像称为幅频特性曲线。

1. 单级阻容耦合放大电路的幅频特性

如图 3-43 所示是单级阻容耦合共射放大电路的幅频特性曲线。图中，按频率的高低将横坐标分为低频区、中频区和高频区。在中频区这个较宽的范围内，曲线比较平组，放大倍数随频率变化较小；而在其余两个区域，随着频率的升高或降低，放大倍数急剧下降。

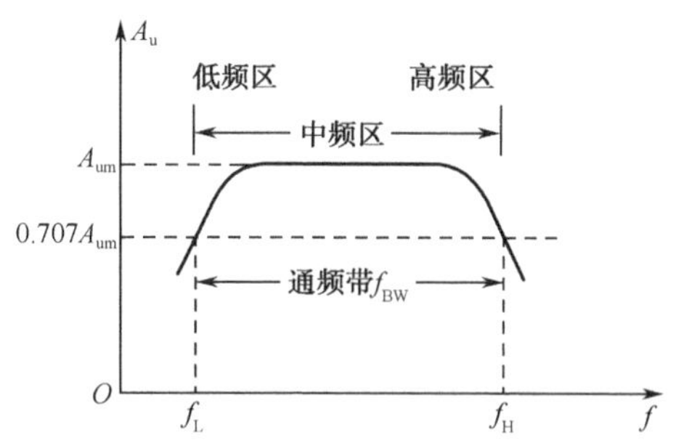

图 3-43 单级阻容耦合共射放大电路的幅频特性

工程上把因频率变化使放大倍数下降到中频放大倍数的 $1/\sqrt{2}$（即 0.707 倍）时所对应的低频频率点和高频频率点分别称为中频区的下限截止频率 f_L 和上限截止频率 f_H，将 f_L 和 f_H 之间的频率范围称为通频带（简称带宽） f_{BW}，即 $f_{BW}=f_H-f_L$。

通频带是放大电路频率响应的一个重要指标。通频带越宽，表明放大电路工作的频率越宽。例如，质量好的音频放大器，其通频带可达 20Hz～20kHz。

2. 多级阻容耦合放大电路的幅频特性

在多级放大电路中，随着级数的增加，其通频带变窄，且窄于任何一级放大电路的通频带。因为多级放大电路总的放大倍数是各级放大倍数的乘积，所以其幅频特性应由各单级幅频特性的电压放大倍数相乘而获得。图 3-44 所示为两级放大电路的幅频特性。

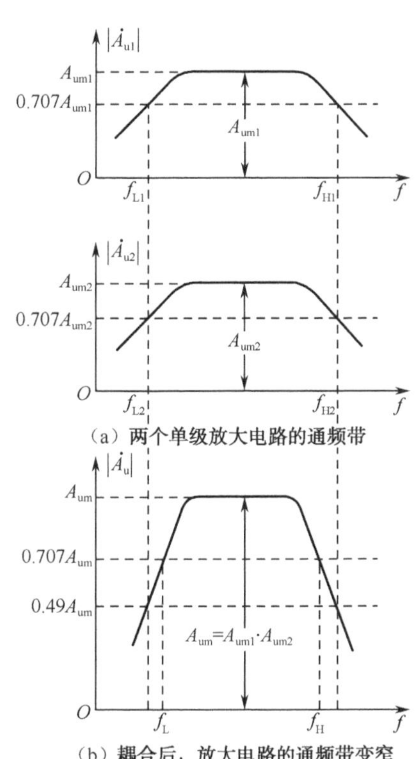

图 3-44 两级放大电路的幅频特性

显然，多级放大电路的放大倍数与通频带是一对矛盾，多级放大电路虽然使放大倍数提高了，但通频带却变窄了，其级数越多，通频带越窄。

3. 按通频带要求选择电容及晶体管

（1）按低频特性要求选择耦合电容及发射极旁路电容

下限截止频率要求越低，这些电容的容量应该越大。但要注意，输入信号在这些电容上的压降，是由这些电容的容抗与输入电阻的分压来决定的。输入电阻越大，电容上的分压越小，所以对高输入电阻，耦合电容可选小一些的。

在下限截止频率点，发射极旁路电容的容抗一般远小于 R_e，所以在下限截止频率点上，可忽略 R_e，只需考虑 C_e。由于发射极电流是基极电流的（$1+\beta$）倍，如果基极与发射极接入大小相同的电容，则发射极电容上的压降是基极电容的（$1+\beta$）倍。为减小 C_e 上的信号压降，C_e 值要比

C_1值大得多。

（2）按高频特性选择晶体管

反映三极管高频特性的参数有几种，一般情况下，场效应管由极间电容表示，而三极管，由于极间电容的影响会使 β 值随频率而变，所以常用 f_β、f_α、f_T 来表示三极管的高频特性。当频率超过一定范围后，β 开始下降，f_β 称共射截止频率，表示 β 值下降到中频区 β_0 值 0.707 倍时所对应的频率；f_α 称共基截止频率，表示 α 值下降到中频区 α_0 值 0.707 倍时所对应的频率；f_T 称特征频率表示 β 下降到 1 时的频率。

同一只三极管在电路中接法不同，上限截止频率也不同。一般选择是：对于共射接法，其 f_β 要大于信号的最高频率；对于共基接法，其 f_α 要大于信号的最高频率。对于同一只管子，上述三种频率参数的数量关系为 $f_\alpha>f_T>f_\beta$。

思考与练习

3-2-1　多级放大器级间耦合主要有哪几种方式？各有什么特点？

3-2-2　上限频率、下限频率和通频带的含义是什么？

3-2-3　放大倍数与通频带有什么关系？

3-2-4　放大电路有哪三种基本连接方式？

3-2-5　分压式偏置电路与单管放大电路相比，在结构和功能上有什么不同？

3-2-6　共集电极放大电路结构和功能上有什么特点？

3-2-7　多级放大电路有哪几种耦合方式？各有什么特点？

*3.3　任务 3　场效应管放大电路

由于场效应管也具有放大作用，而且它还有输入电阻高、噪声低、热稳定性好等优点，所以实际中也用它来组成放大电路。与三极管组成的放大电路相似，场效应管组成的放大电路有共漏、共源和共栅放大电路。分析场效应管放大电路也和分析晶体管放大电路一样，可分为静态分析和动态分析，所不同的是，场效应管是电压控制器件，这使场效应管放大电路在静态工作点的设置和动态分析中与晶体管放大电路有所不同。

3.3.1　场效应管的偏置电路及静态分析

场效应管是一个电压控制器件，在构成放大电路时，为了实现信号不失真的放大，同三极管放大电路一样，也要有一个合适的静态工作点 Q，但它不需要偏置电流，而是需要一个合适的栅—源极偏置电压 U_{GS}。

场效应管放大电路常用的偏置电路主要有两种：自偏压电路和分压式自偏压电路。

1. 自偏压电路

（1）自偏压原理

结型场效应管构成的共源极自偏压电路如图 3-45 所示，图中漏极电流在 R_S 上产生的源极电位 $U_S=I_DR_S$。由于栅极基本不取电流，R_G 上没有压降，栅极电位 $U_G=0$，所以栅源电压

$$U_{GS}=U_G-U_S=-I_DR_S \tag{3-28}$$

可见，这种栅偏压是依靠场效应管自身电流 I_D 产生的，故称为自偏压电路。增强型场效应管只有栅—源极电压达到开启电压 $U_{GS(th)}$ 时才有漏极电流，所以，自偏压电路只能产生反向偏压，所以它仅适用于耗尽型 MOS 管和 JFET 管，而不能用于增强型 MOS 管。

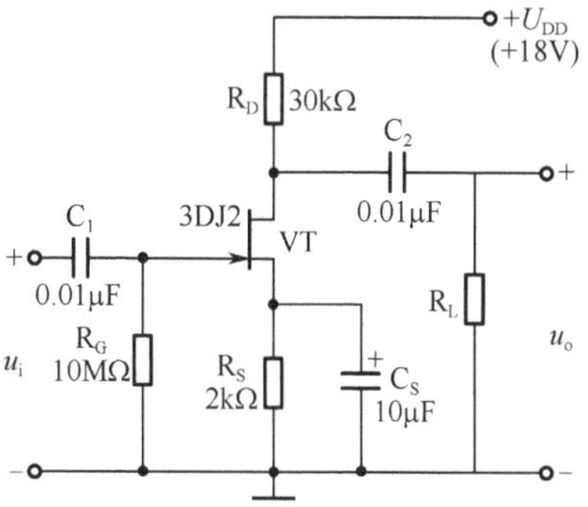

图 3-45 自偏压电路

（2）静态工作点的估算

场效应管放大电路的静态工作点指直流量 U_{GS}、I_D 和 U_{DS} 的值。对于耗尽型场效应管，当工作在放大区时，其 I_D 和 U_{GS} 之间的关系式为

$$I_D = I_{DSS}\left(1 - \frac{U_{GS}}{U_{GS(off)}}\right)^2 \quad (3\text{-}29)$$

$$U_{GS}=U_G-U_S=-I_D R_S \quad (3\text{-}30)$$

求得 I_D 和 U_{GS}，漏—源极之间的电压

$$U_{DS} = U_{DD} - I_D(R_S + R_D) \quad (3\text{-}31)$$

注意： I_D 表达式是二次方程，会有两个解，需要从中确定一个合理的解。一般可根据静态工作点是否合理，栅—源极电压是否超出了夹断电压等加以判断。

2. 分压式自偏压电路

如图 3-46 所示是由增强型场效应管组成的分压式自偏压放大电路，它是在自偏压电路的基础上加接分压电阻后组成的。这种偏置电路适用于各种类型的场效应管。为提高电路的输入电阻，一般 R_{G3} 选得很大，可取几兆欧姆。

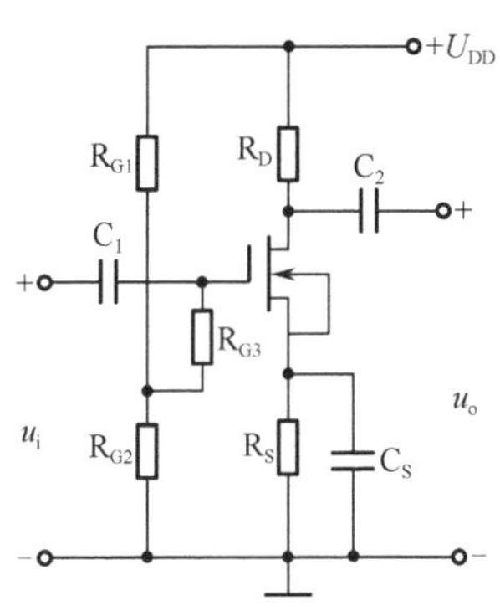

图 3-46 分压式自偏压电路

这个电路的栅—源极电压除与 R_S 有关外，还随 R_{G1}、R_{G2} 的分压比而改变。由图可得

$$U_G = \frac{R_{G2}}{R_{G1} + R_{G2}} U_{DD} \quad (3\text{-}32)$$

则栅压

$$U_{GS} = U_G - U_S = \frac{R_{G2}}{R_{G1} + R_{G2}} U_{DD} - I_D R_S \quad (3\text{-}33)$$

I_D 与 U_{GS} 应符合增强型场效应管的电流方程，即

$$I_D = I_{DO}\left(\frac{U_{GS}}{U_{GS(th)}} - 1\right)^2 \quad (3\text{-}34)$$

式中，I_{DO} 是 $U_{GS}=2U_{GS(th)}$ 时的 i_D 值。

漏—源极之间的电压为

$$U_{DS}=U_{DD}-I_D(R_D+R_S) \quad (3\text{-}35)$$

3.3.2 场效应管放大电路的动态分析

1. 场效应管的微变等效电路

（1）场效应管的简化微变等效模型

和三极管一样，场效应管也是非线性器件。当工作信号幅值足够小，且工作在恒流区时，场效应管也可用简化微变等效模型来代替，如图 3-47 所示。

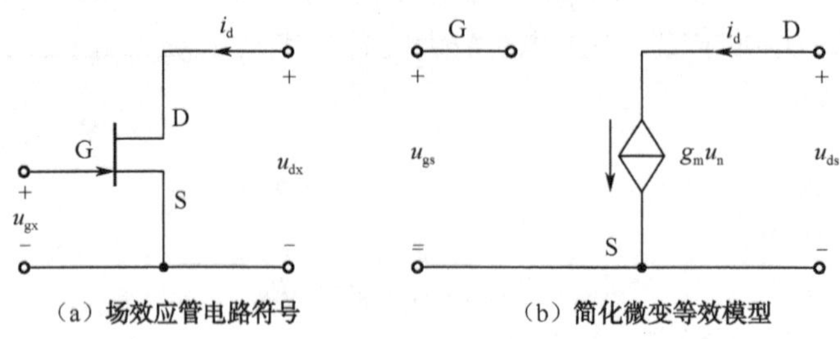

（a）场效应管电路符号　　（b）简化微变等效模型

图 3-47　场效应管微变等效电路

从输入回路看，场效应管的输入电阻极高，栅极电流趋于 0，可认为场效应晶体管的输入回路 g、s 间开路。从输出回路看，场效应晶体管的漏极电流 i_d 受栅源电压 u_{gs} 控制，$i_d=g_m u_{gs}$，故输出回路可以用一个受控电流源 $g_m u_{gs}$ 表示。

g_m 称为场效应管的低频跨导，根据场效应管的电流方程可以求出。对于结型和耗尽型场效应管：

$$g_m = \frac{\Delta i_D}{\Delta u_{GS}}\bigg|_{u_{DS}=\text{常数}} = -\frac{2}{U_{GS(off)}}\sqrt{I_{DSS} i_D} \tag{3-36}$$

当小信号作用时，可以用 I_D 来近似 i_D，所以有

$$g_m \approx -\frac{2}{U_{GS(off)}}\sqrt{I_{DSS} I_{DQ}} \tag{3-37}$$

对于增强型场效应管，有

$$g_m \approx \frac{2}{U_{GS(th)}}\sqrt{I_{DO} I_D} \tag{3-38}$$

可见，g_m 除了取决于所用管子的自身参数外，还与静态工作点有关。

2. 场效应管放大电路动态分析

场效应管放大电路中，场效应管的接法也有三种，分别是共源极、共漏极和共栅极。与三极管的共射、共集、共基对应。用微变等效电路法分析场效应管放大电路，其步骤和分析半导体三极管放大电路基本相同。

1）共源极放大电路

图 3-48（a）所示为共源极放大电路，它的输入、输出信号是以源极为公共端，图 3-48（b）为其微变等效电路。当源极无旁路电容 C_S 时，其微变等效电路如图 3-48（c）所示。

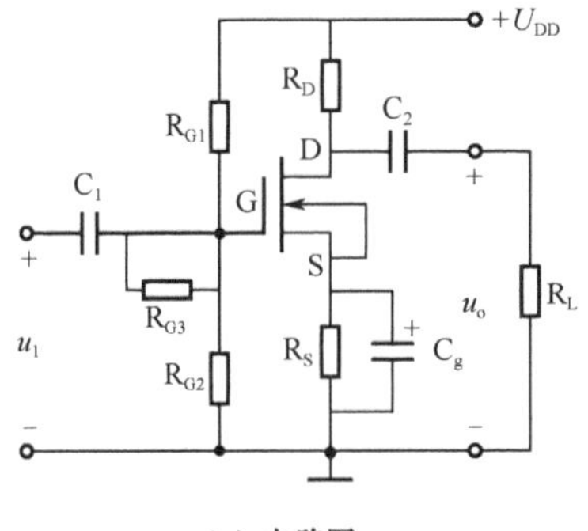

（a）电路图

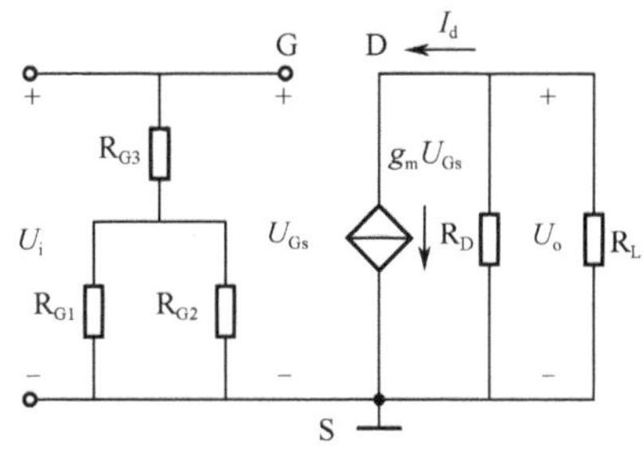

（b）源极有旁路电容C_s的微变等效电路

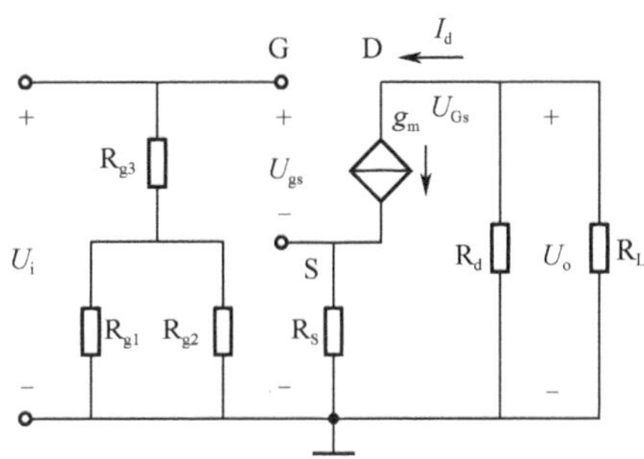

（c）源极无旁路电容C_s的微变等效电路

图 3-48 共源极场效应管放大电路

（1）电压放大倍数 A_u

当源极有旁路电容 C_S 时，由图 3-48（b）可知

$$u_o = -g_m u_{gs}(R_D // R_L)$$

$$u_i=u_{gs}$$

$$A_u = \frac{u_o}{u_i} = \frac{-g_m u_{gs}(R_D // R_L)}{u_{gs}} = -g_m R'_L \tag{3-39}$$

式中，负号表示输出与输入电压反相。

当源极无旁路电容 C_S 时，由图 3-48（c）可知

$$u_o = -g_m u_{gs}(R_D // R_L)$$

$$u_i=u_{gs}+g_m u_{gs} R_S$$

$$A_u = \frac{u_o}{u_i} = \frac{-g_m u_{gs}(R_D // R_L)}{u_{gs}+g_m u_{gs} R_S} = -\frac{g_m (R_D // R_L)}{1+g_m R_S} \tag{3-40}$$

可见，当源极电阻两端没有并联电容 C_S 时，电压放大倍数下降了。

（2）输入电阻 R_i

无论是否有无旁路电容 C_S，由图 3-48 可知

$$R_i=R_{G3}+（R_{G1}//R_{G2}）$$

通常 $R_{G3} \gg （R_{G1}//R_{G2}）$，则

$$R_i \approx R_{G3}$$

可见 R_{G3} 的输入大大提高了放大电路的输入电阻。

（3）输出电阻 R_o

$$R_o \approx R_D$$

可见，共源极放大电路有电压放大能力，输出电压与输入电压反相，输入电阻高，输出电阻主要由漏极负载电阻 R_D 决定。

2）共漏极放大电路

如图 3-49（a）所示是由耗尽型 MOS 管构成的共漏极放大电路，由交流通路可见，漏极是输入、输出信号的公共端。由于信号是从源极输出，故也称源极输出器。图 3-49（b）为其微变等效电路。

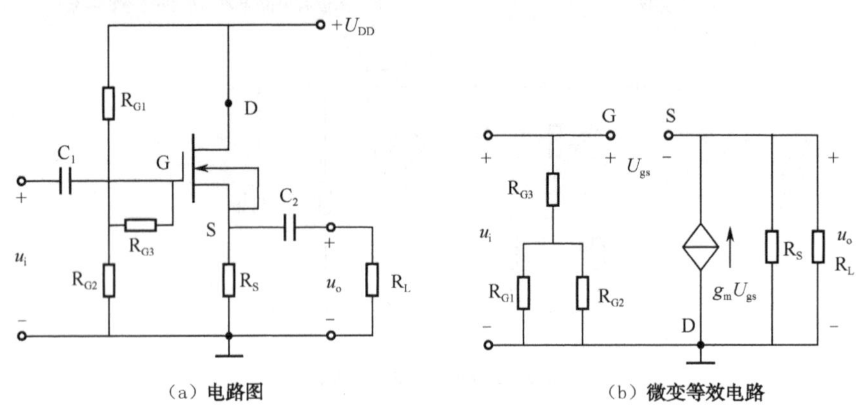

图 3-49　共漏极放大电路

（1）电压放大倍数 A_u

由图 3-49（b）可得

$$u_o = g_m u_{gs}(R_S // R_L)$$

$$u_i = u_{gs} + u_o = u_{gs} + g_m u_{gs}(R_S // R_L)$$

$$A_u = \frac{u_o}{u_i} = \frac{g_m(R_S // R_L)}{1+g_m(R_S // R_L)_S} \tag{3-41}$$

可见，输出电压与输入电压同相，且由于 $g_m(R_S // R_L) \gg 1$，所以 A_u 小于 1，但接近于 1。

（2）输入电阻 R_i

由图 3-49（b）可得

$$R_i = R_{G3} + (R_{G1} // R_{G2})$$

当 $R_{G3} \gg (R_{G1} // R_{G2})$，则

$$R_i \approx R_{G3}$$

（3）输出电阻 R_o

由图 3-49（b）可得

$$R_o = R_S // \frac{1}{g_m}$$

由以上分析可知，源极输出器与双极型射极输出器有相似的特点，即 $A_u \leqslant 1$，输入电阻 R_i 大，输出电阻 R_o 小。但它的输入电阻比射极输出器电阻还大得多，一般可达几十兆欧姆。

【例 3-5】 在图 3-50 所示放大电路中，已知场效应管的参数 $U_{GS(th)}$=2V，I_{DO}=2mA，电路

中的 U_{DD}=18V，R_{G1}=210kΩ，R_{G2}=60kΩ，R_{G3}=100kΩ，R_S=6kΩ，R_D=30kΩ，R_L=10kΩ。

求：（1）该电路的静态工作点。（2）电压放大倍数、输入电阻和输出电阻。

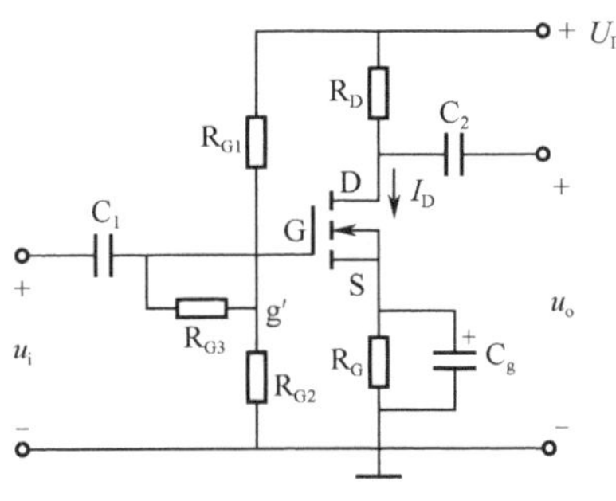

图 3-50　例 3-5 图

解：（1）求得静态工作点

由方程

$$U_{GS}=\frac{R_{G2}}{R_{G1}+R_{G2}}U_{DD}-I_D R_S$$

$$I_D=I_{DO}\left(\frac{U_{GS}}{U_{GS(th)}}-1\right)^2$$

可解出 I_D=0.22mA，U_{GS}=2.67V

$$U_{DSQ}=U_{DD}-I_D(R_D+R_S)=10V$$

（2）该电路的微变等效电路如图 3-51 所示。

$$g_m\approx\frac{2}{U_{GS(th)}}\sqrt{I_{DO}I_D}=\frac{2}{2}\sqrt{2\times\frac{2}{9}}=\frac{2}{3}=0.67ms$$

电压增益

$$A_v=\frac{u_o}{u_i}=-\frac{g_m u_{gs} R_D}{u_{gs}}=-g_m R_D=-20.1$$

输入电阻

$$R_i=R_{G3}+(R_{G1}//R_{G2})=147k\Omega$$

输出电阻

$$R_o=R_D=30k\Omega$$

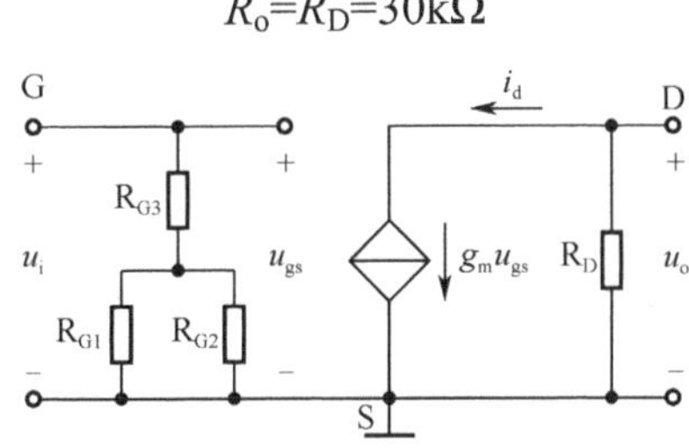

图 3-51　微变等效电路

思考与练习

3-3-1　简述自偏压电路产生栅偏压的工作原理。自偏压电路适用于哪一类场效应管？

3-3-2　场效应管分压式偏置电路栅极电压由 R_{G1}、R_{G2} 分压后，为什么还要串联一个大的电阻 R_{G3}？

操作训练 3　场效应晶体管放大电路的仿真与测试

1. 训练目的

① 掌握场效应管放大器静态工作点的测试和调整方法。
② 观察静态工作点对放大器输出波形的影响。

2. 仿真测试

1）创建仿真电路

创建如图 3-52 所示场效应晶体管放大电路。具体步骤如下：

（1）打开 Multisim 10 仿真软件，从晶体管库中取出 NPN 型三极管 2N2222，从元件库里取出测试电路中需要的电阻、电容，按图 3-52 连接好电路。

（2）改变元件属性，在每个元件上双击鼠标，即可显示元件属性对话框，分别对图中元件属性进行修改。

（3）接入信号发生器和示波器，示波器 B 通道接放大器的输出信号。

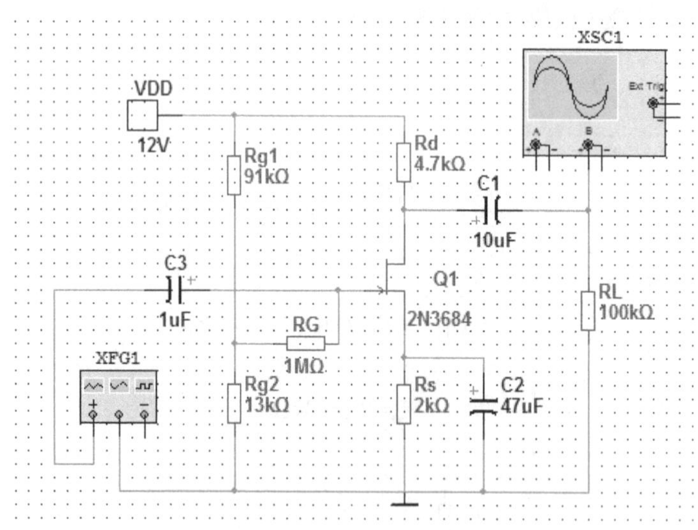

图 3-52　场效应晶体管放大电路

2）仿真测试

（1）打开仿真开关，双击示波器图标，显示示波器面板，在输入端加入 1kHz、幅度为 20mV 的正弦波，改变信号发生器的信号幅度，使示波器输出显示波形最大不失真，如图 3-53 所示。

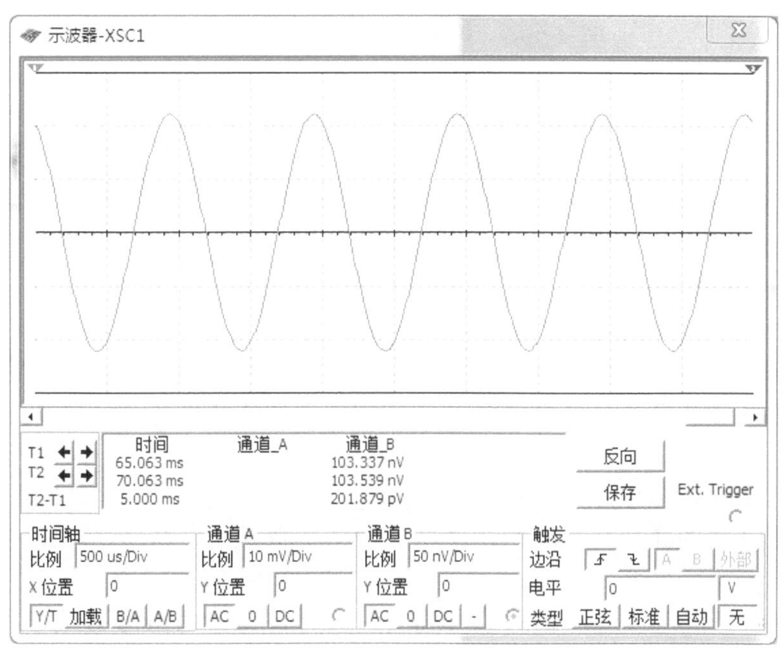

图 3-53　场效应晶体管放大电路输出波形

（2）静态工作点的测量与调整

将输入信号断开，接通+12V 电源，用直流电压表测量 U_G，U_S 和 U_D。检查静态工作点是否在特性曲线放大区的中间部分。若不合适，适当调整电阻 R_{G2} 和 R_{G3}，调整好后如合适则把结果记入表 3-3 中。

表 3-3　静态工作点的测量结果

仿真测量值						理论计算值		
U_G	U_S	U_D	U_{DS}	U_{GS}	I_D	U_{DS}	U_{GS}	I_D

（3）电压放大倍数和输出电阻的测量

打开信号发生器的电源，输入信号为 f =1kHz 的正弦信号（u_i 为 50～100mV），并用示波器监视输出电压 u_o 的波形。在输出电压 u_o 没有失真的条件下，分别测量 R_L=∞和 R_L=10kΩ 时的输出电压 U_o，根据测量数据计算电压放大倍数和输出电阻。

3. 实验操作

参照仿真测试电路在面包板上连接好实验电路。布线要整齐、均匀，便于检查；经检查无误后接通。

1）测量电路的静态工作点。在放大电路的输入端加入频率为 1kHz、幅度为 50mV 的正弦波信号，在放大电路的输出端接示波器，调节电路，使示波器所显示的输出波形不失真，然后关闭信号发生器的电源，使输入电压 u_i=0，测量电路的静态工作点。

2）电压放大倍数和波形与仿真测试相同。

习题 3

1. 填空

（1）基本放大电路有三种基本组态，分别是_______、__________和___________。

（2）为了使放大电路正常工作，其电路中晶体管应工作在_______，要求晶体管的发射结处于_______，集电结处于_________。

（3）放大电路的非线性失真包括_________和_____________两种。

（4）放大电路中的晶体管有部分时间工作在______而引起的失真，称为饱和失真。饱和失真的原因是放大器的静态工作点设置_______，为了消除饱和失真，对于共发射极放大电路，应该增大______。

（5）放大电路中的晶体管有部分时间工作在______而引起的失真，称为截止失真。截止失真的原因是放大器的静态工作点设置_______，为了消除截止失真，对于共发射极放大电路，应该减小______。

（6）当静态工作点合适但输入信号幅度过大时，在输入信号的正半周三极管会进入________；而在负半周三极管进入______，在输入信号的一个周期内，输出波形正负半周都被_____，这种情况为双向失真。为了消除双向失真，应减小______。

（7）射极输出器的电压放大倍数_______，但它仍具有______和______的作用。

（8）共射极放大电路有较大的_____和______放大倍数，输出电压与输入电压_____，输入输出电阻值_____，频率响应___，在低频电压放大电路中广泛应用。

（9）共集电极放大电路电压放大倍数_____，输入电阻___，输出电阻___，可用作多级放大电路的输入级、输出级或作为隔离用的中间级。

（10）共基极放大电路输入电阻___，使晶体管结电容的影响_____，因此频率响应____，常用于宽频带放大电路中。

（11）在多级放大电路中，一般常用的耦合方式有_______、_______和_______。

（12）工程上把因频率变化使放大倍数下降到中频放大倍数的____时所对应的低频频率点和高频频率点分别称为中频区的_____和______。

（13）通频带是放大电路频率响应的一个重要指标。通频带越____，表明放大电路工作的频率越宽。

（14）场效应管放大电路常用的偏置电路主要有_______和________两种。

（15）场效应管放大电路中，场效应管的接法也有三种，分别是_____、_______和______。

2. 试判断如图 3-54 所示电路能否放大交流信号?为什么?

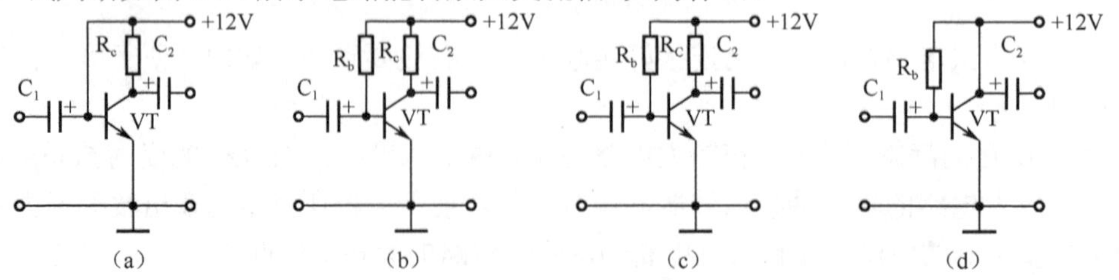

图 3-54　第 2 题图

3．晶体管放大电路如图 3-55 所示，已知 U_{CC}=12V，R_c=3kΩ，R_b=240kΩ，晶体瞥的 β=40。

（1）试估算各静态值；

（2）如晶体管的输出特性如图 3-55（b）所示，试用图解法求放大电路的静态工作点。

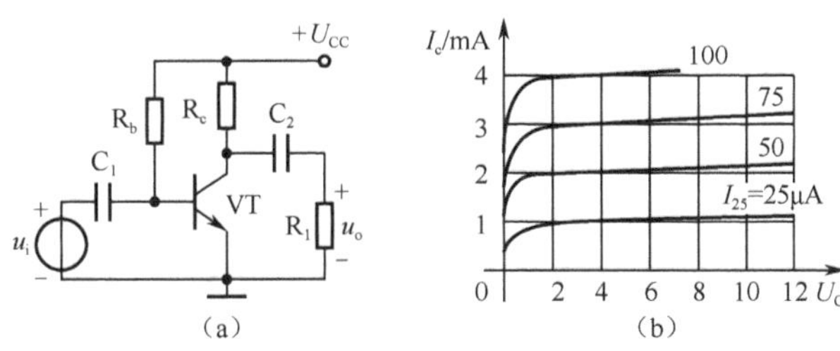

图 3-55　第 3 题图

4. 在上题中，如改变 R_b，使 U_{CE}=3V，试用直流通路求 R_b 的大小，如改变 R_b，使 I_C=1.5mA，R_b 等于多少?并分别用图解法做出静态工作点。

5．晶体管放大电路如图 3-56 所示，已知 U_{CC}=12V，R_c=3kΩ，R_b=240kΩ，晶体管 β=40，U_{BC}=0.7V。试估算静态值。

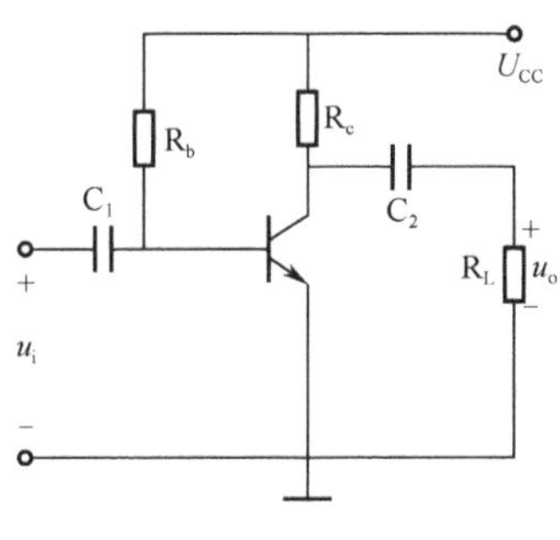

图 3-56　第 5 题图

6．在上题中．改变 R_b 使 U_{CE}=3V，R_b 应等于多少？改变 R_b 使 I_C=1.5mA，R_b 又应等于多少?

7.画出第 5 题电路的微变等效电路，分别求以下两种情况的电压放大倍数 A_u:（1）负载电阻 R_L 开路；(2)R_L=6kΩ。

8．第 5 题电路在实验时发现在以下两种情况下，输入正弦信号后，输出电压波形均出现失真，这两种情况是:（1）U_{CE}≤1V;（2）U_{CE}≈U_{CC}。试分别说明这两种情况输出电压波形出现的是什么失真，画出各自的输出电压 u_o 波形，并说明可以怎样调节 R_b 来改善失真?

9. 电路如图 3-57 所示，已知 U_{CC}=12V，R_{b1}=68kΩ，R_{b2}=22kΩ，R_c=3kΩ，R_e=2kΩ，R_L=6kΩ，晶体管β=60，U_{BE}=0.7V。(1）计算静态值 I_B、I_C、U_{CE};（2）画出微变等效电路，求电压放大倍数 A_u 输入电阻 r_i 和输出电阻 r_o。

10．射极输出器如题 3-58 图所示，已知 U_{CC}=12V，R_b=100kΩ，R_e=2kΩ，R_L=4kΩ，晶体管 β=50，U_{BE}=0.7V。(1）计算静态值 I_B、I_C、U_{CE};（2）画出微变等效电路，求电压放大倍数 A_u 输人电阻 r_i 和输出电阻 r_o。

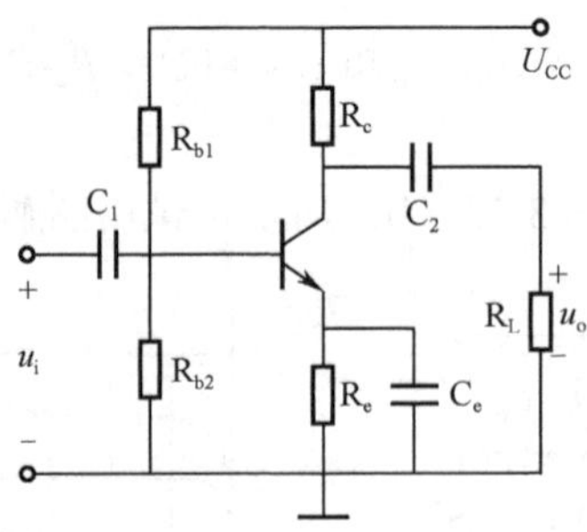

图 3-57　第 9 题图

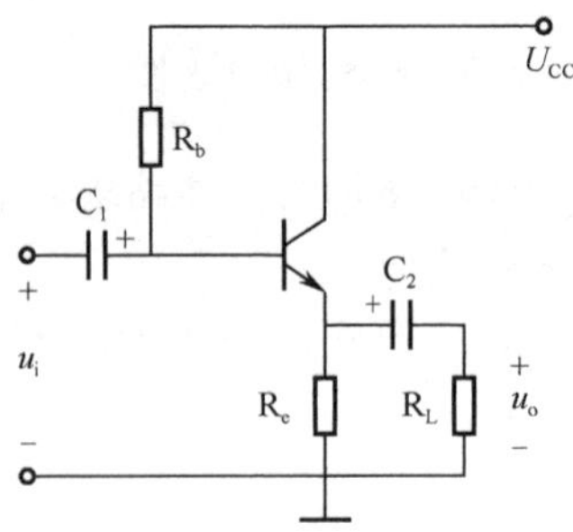

图 3-58　第 10 题图

11．两级阻容耦合放大电路如图 3-59 所示，试计算 A_u、R_i、R_o。

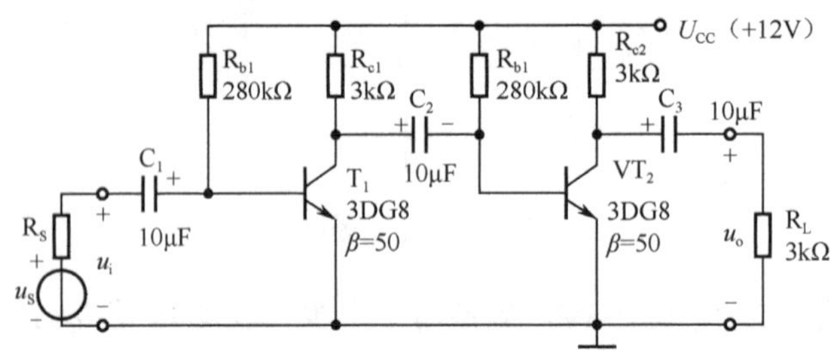

图 3-59　第 11 题图

12．在图 3-60 所示的放大电路中，已知 U_{DD}=20V，R_D=10kΩ，R_s=10kΩ，R_{G1}=200kΩ，R_{G2}=51kΩ，R_G=1MΩ，并将其输出端接一负载电阻 R_L=10kΩ。所用的场效应管为 N 沟道耗尽型，其参数 I_{DD}=0.9mA，$U_{GS(off)}$=−4V，试求其静态工作点的 I_D、U_{DS} 和 U_{GS} 的值。

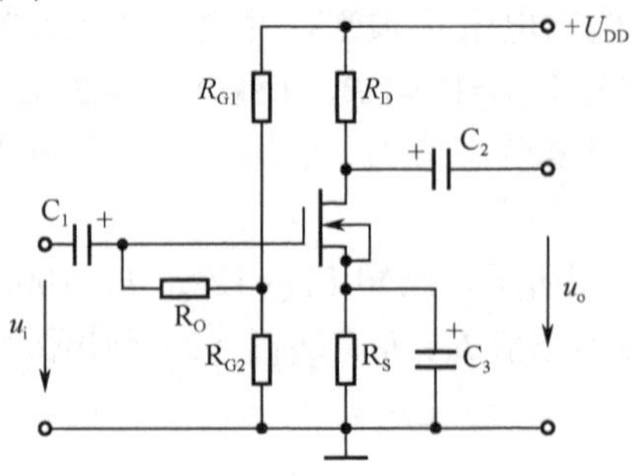

图 3-60　第 12 题图

项目4

集成运算放大器的分析及应用

知识目标

① 了解集成运算放大器的基本组成及其主要参数的意义。
② 理解集成运算放大器的电压传输特性。
③ 掌握比例、加减、微分和积分运算电路的工作原理。
④ 理解电压比较器和滞回比较电路的工作原理。

技能目标

① 掌握理想运算放大器的基本分析方法。
② 掌握比例、加减、微分和积分运算电路的应用。
③ 掌握电压比较器和滞回比较电路的应用。

4.1 任务1 集成运算放大器的认知

集成运算放大器简称集成运放，最初应用于模拟计算机对模拟信号进行加法、减法、微分、积分等数学运算，并由此而得名，其实质是多级放大电路的直接耦合电路。随着集成运放电路技术的发展，目前它的应用几乎渗透到了电子技术的各个领域，它成为组成电子系统的基本功能单元，配以不同外电路可实现信号放大、模拟运算、滤波、波形发生、稳压等应用。本任务学习集成运算放大器的相关知识。

4.1.1 集成运放的组成

1. 集成运放的产生

集成电路是 20 世纪 60 年代初发展起来的一种固体组件。它指的是采用半导体平面工艺或薄、厚膜工艺，将电路的有源元器件（二极管、晶体管、场效应管等）、无源元器件（电阻、电容、电感）以及它们之间的连线所组成的整个电路集成在一块半导体基片上，封装在一个管壳内，构成的一个完整的具有一定功能的半导体器件。

集成电路按其功能不同分为模拟集成电路和数字集成电路两大类。数字集成电路是用来产生和加工各种数字信号的，模拟集成电路是用来产生、放大和处理各种模拟信号或进行模拟信号与数字信号相互转换的集成电子线路。模拟集成电路种类繁多，有集成运算放大器、集成电压比较器、集成功率放大器、集成乘法器、集成稳压器、集成锁相环路与频率合成器、集成模—数与数—模转换器等。集成电路还有小规模、中规模、大规模和超大规模之分。目前，超大规模的集成电路能在几十平方毫米的硅片上集成几百万个元器件。

集成运算放大器实际上是一种高放大倍数的直接耦合放大器。目前，集成运放的放大倍数可高达 10^7 倍（140dB）。在该集成电路的输入与输出之间接入不同的反馈网络，可实现不同用途的电路，例如，利用集成运算放大器可非常方便地完成信号放大、信号运算（加、减、乘、除、对数、平方、开方等）、信号的处理（滤波、调制）以及波形的产生和变换。早期的集成电路主要用在实施模拟信号的运算上，常称为集成运算放大器。尽管现在集成运放的应用早已远远超出了模拟运算的范围。但仍保留了运放的名称。

2. 集成运放的发展

集成运放的发展大致有以下四个阶段。

① 20 世纪 60 年代初出现原始型运放，如 F001（国外的μA702）。它的特点是全部由 NPN 型管组成，制造工艺简单，集成度不高，放大倍数较低。1965 年出现第一代集成运放，如 FC3（国外μA709）。它采用了微电源的恒流源，放大倍数和输入电阻有了较大的提高，是中放大倍数的运放。

② 1966 年出现第二代集成运放，如 F007（国外μA741）。它采用了有源器件来代替负载电阻，采用短路保护以防止过流损害，是一种高放大倍数的集成运放。

③ 1972 年出现第三代集成运放，如 F031（国外 AD358）。它采用超β管作为输入级，并在设计时考虑了热反馈的效应，是一种高精度低漂移的集成运放。

④ 1973 年出现第四代集成运放，如国外的 HA2900。它将晶体管和 MOS 管集成在同一硅片上，并采用斩波稳零电路来抑制漂移，是一种漂移极低的集成运放（不用调零），目前，集成运放还在不断发展，其方向是更低的漂移、噪声和功耗，更高的速度、放大倍数和输入电压，以及更大的输出功率等。

集成电路是相对分立电路而言的，集成电路在体积、重量以及功耗等方面均比以前更小、更轻、更低，而且由于缩短了元件相互间的连接距离，免去了焊接点，提高了工作可靠性，降低了成本。这些突出优点，决定了分立电路将逐渐被集成电路取代。

3. 集成运算放大器组成

集成运放的内部主要电路可分为输入级、中间级、输出级和偏置电路四个基本组成部分，如图 4-1 所示。

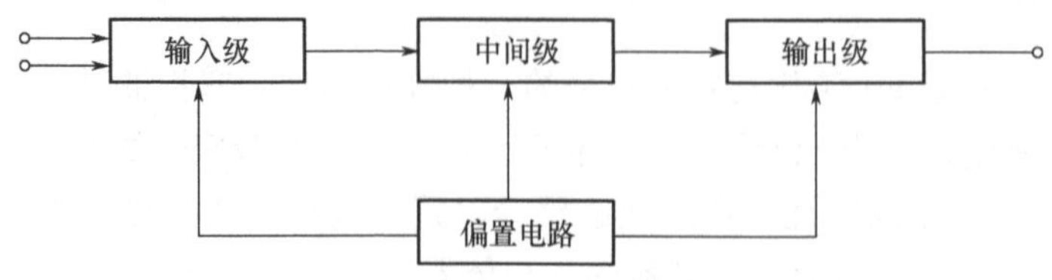

图 4-1　集成运放的组成框图

输入级由差动放大电路组成，目的是为了减小放大电路的零漂、提高输入阻抗。它的性

能（如输入阻抗、共模抑制比和输入电压范围等）对整个集成电路的质量起决定性作用。

中间级通常由共射极放大电路构成，目的是为了获得较高的电压放大倍数。

输出级由互补对称功率放大电路构成，目的是为了减小输出电阻，提高电路的带负载能力。

偏置电路一般由各种恒流源电路构成，作用是为上述各级电路提供稳定、合适的偏置电流，决定各级的静态工作点。

4. 集成运算放大器的符号

集成运放的符号如图 4-2 所示，有用方框形的，也有用三角形的，本书集成运放的符号采用国标方框形（仿真图形除外）。图中两个输入端，“−”端称为反相输入端，“+”端称为同相输入端。输出端的电压与反相输入端反相，而与同相输入端同相。

集成运放是一种多端电子器件，常用的集成运放μA741 的引脚排列如图 4-3 所示，各引脚及作用如下：

① 输入和输出端：引脚 2 为反相输入端 u_{-}，引脚 3 为同相输入端 u_{+}，引脚 6 为输出端 u_o。

② 电源端：引脚 7 为正电源端$+U_{CC}$，引脚 4 为负电源端$-U_{EE}$。μA741 的电源电压范围为±9～±18V。

③ 调零端：引脚 1 和引脚 5 为外接调零电位器端，调零时要外接调零电位器，以保证在零输入时有零输出。

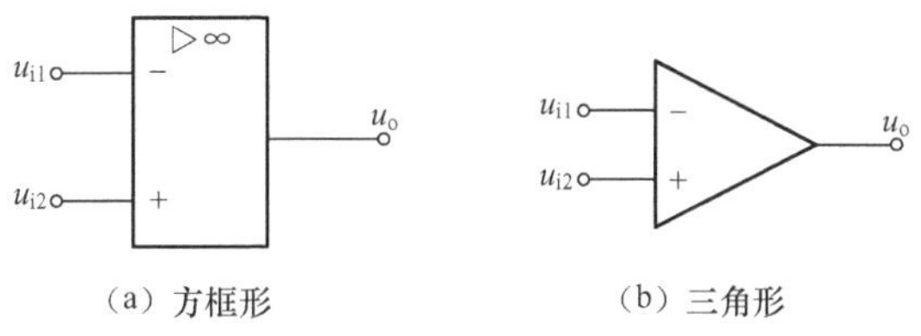

图 4-2 集成运放的符号

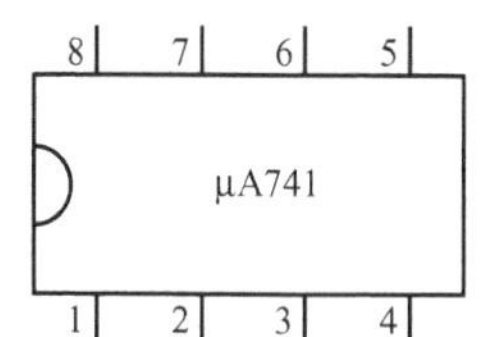

图 4-3 集成运放的引脚排列

4.1.2 差动放大电路

集成运算放大器实质上是一种高增益的直接锅台多级放大器，输入级的性能对整个运算放大器件能的影响至关重要。运算放大器的输入级一般都采用高性能的差动放大电路，以克服温度带来的零点漂移问题。

1. 零点漂移

零点漂移指的是当放大器的输入端短路时，输出端还有缓慢变化的电压产生，即输出电压偏离零点上下漂动的现象，简称“零漂”。

在直接耦合的放大器中，由于级与级之间没有隔断直流的电容，所以第一级静态工作的微小偏移就会逐级被放大，致使放大器的输出端产生较大的漂移电压，严重时，可能把输出的有用信号淹没，导致放大器无法正常工作。

引起零点漂移的主要原因是湿度的变化。当温度变化时，三极管的参数β、U_{BE}、I_{CBO} 都会变化. 从而使静态工作点发生变化，引起输出电压的漂移。

克服零漂的措施通常有三种：一是采用热敏元件（如热敏电阻、半导体二极管等）进行温度补偿；二是采用直流调制型放大电路；三是采用差动放大电路。由于差动放大电路的温度补偿效果好、成本低、易集成化，所以一般都采用差动放大电路。

2. 差动放大电路

1）差动放大电路的基本结构

差动放大电路（又称差分放大电路）的基本结构如图 4-4 所示。从图中可以看出，差动放大电路有两个输入端和两个输出端，输出端的电位差为输出信号，是对两个输入信号之差的放大结果，所以称为差动放大器。

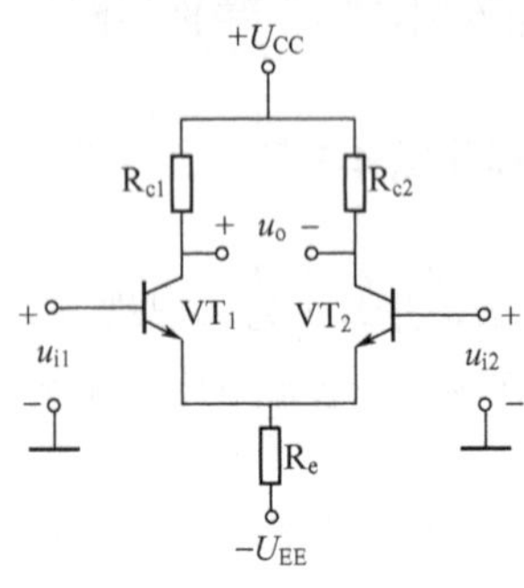

图 4-4　差动放大电路

如图 4-4 所示差动放大电路采用了双极性电源，即正直流电源 $+U_{CC}$ 和负直流电源 $-U_{EE}$，电路中的 R_e 具有温度稳定和降低共模信号放大增益的作用。

2）差动放大电路具有以下特点

（1）电路具有对称性，即两个管子的所有参数相同，电子元件的阻值相同。

（2）输入信号分为差模输入信号和共模输入信号两部分。差模输入信号是指两输入端的输入信号大小相同，极性相反，即 $u_{i1}=-u_{i2}$。共模输入信号是指两输入端的输入信号大小相同，极性也相同，即 $u_{i1}=u_{i2}$。因为

$$u_{i1}=\frac{1}{2}(u_{i1}-u_{i2})+\frac{1}{2}(u_{i1}+u_{i2}) \tag{4-1}$$

$$u_{i2}=-\frac{1}{2}(u_{i1}-u_{i2})+\frac{1}{2}(u_{i1}+u_{i2}) \tag{4-2}$$

所以一般输入信号都可分解为差模输入信号和共模输入信号两部分。

（3）放大器具有两个输出端，放大器的指出信号分为双端输出信号和单端输出信号两种。双端输出信号为两个输出信号之差；单端输出信号以两个输出端之一的输出信号作为输出信号。

（4）两个三极管工作在线性区

3）差动放大电路抑制零点漂移和共模输入信号

静态时，$u_{i1}=u_{i2}=0$，由于电路对称，两管静态工作点相同，则 $u_{c1}=u_{c2}$，所以输出电压 $u_{o1}=u_{c1}-u_{c2}=0$。当温度变化时，两管都产生零漂，由于对称的原因，$\Delta u_o=\Delta u_{c1}-\Delta u_{c2}=0$，实现了零输入时零输出，即电路的对称性抑制了零漂。

共模信号输入时，若电路完全对称，则输出电压为零。所以，在电路完全对称的情况下，差动放大电路能完全抑制共模信号和零点漂移（所有零点漂移信号都属于共模信号）。但在实际中，完全对称的差动放大电路是不存在的，所以零点漂移并不能完全抑制，只能减少。

4）差动放大电路放大差模输入信号

差模信号输入时，电路的两个输出电压大小相等，极性相反，即 $u_{o1}=-u_{o2}$，双端输出电压 $\Delta u_o=\Delta u_{o1}-\Delta u_{o2}=2u_{o1}$。差模电压放大倍数 A_{ud} 为

$$A_{ud}=\frac{\Delta u_o}{\Delta u_i}=\frac{u_{o1}-u_{o2}}{u_{i1}-u_{i2}}=\frac{2u_{o1}}{2u_{i1}}=A_{u1} \tag{4-3}$$

A_{u1} 为单管放大电路的电压放大倍数。由此可见，差动放大电路对差模输入信号有放大作用。

4.1.3 集成运算放大器的主要参数

集成运算放大器性能的好坏常用一些参数表征，这些参数是选用集成运算放大器的主要依据。

（1）开环差模电压增益 A_{ud}。它是指运放输入与输出之间未接任何反馈元件，即运放开路情况下的差模电压放大倍数。它等于输出电压 u_o 与输入电压 u_i（$u_i=u_+-u_-$），它体现了集成运放的电压放大能力，增益一般用对数形式表示，单位为分贝（dB），即 $20\lg A_{ud}$（dB），集成运放的一般在 80～140dB 之间。理想集成运放可以认为 A_{ud} 为无穷大。

（2）差模输入电阻 r_{id}、输出电阻 r_{od}。r_{id} 指差模信号作用下集成运放的输入电阻，即运放两输入端之间的电阻。数值越大对信号源的影响越小。通常为几十千欧姆至几十兆欧姆。r_{od} 为输入差模信号是运放的输出电阻，数值越小，说明运放的带负载能力越大，通常在 100～300Ω 之间。

（3）共模抑制比 K_{CMR}。共模抑制比用来综合衡量集成运放的放大能力和抗温漂、抗共模干扰的能力，一般应大于 80dB，且越大越好。

（4）输入失调电压 U_{IO}。一个理想的集成运放应实现零输入时输出为零。但实际的集成运放，当输入电压为零时，存在一定输出电压。为了使输出电压为零，将在两输入端之间需加的直流补偿电压定义为输入失调电压。它反映差动放大部分参数的不对称程度，显然越小越好，一般为毫伏级。

（5）输入失调电流 I_{IO}。一个理想的集成运放的两输入端的静态电流应该完全相等。实际上，当集成运放输出电压为零时，流入两输入端的电流不相等，这两静态电流差 $I_{IO}=I_{B1}-I_{B2}$ 就是失调电流。该值越小越好，一般为纳安级。

（6）输入偏置电流 I_{IB}。当输入信号为零时，将两输入端静态偏置电流的平均值定义为输入偏置电流，该值越小越好。

（7）转换速率 S_R。它是反映运放对于高速变化的输入信号的响应能力。S_R 越大，说明运放的高频特性越好。

4.1.4 集成运放的分析

1. 集成运放的两种工作状态

在电路中，集成运放的工作状态只有两种，即线性工作状态和非线性工作状态。线性工作状态指的是运放电路的输出信号与输入信号成线性关系，而非线性工作状态指的是运放电路的输出信号与输入信号不成线性关系。运放的工作状态取决于外围电路的设计。

2. 集成运放的传输特性

集成运放的传输特性是指描述其输出电压和输入电压之间关系的特性曲线，如图 4-5 所示。集成运放的传输特性可分为线性区和饱和区（非线性区）。

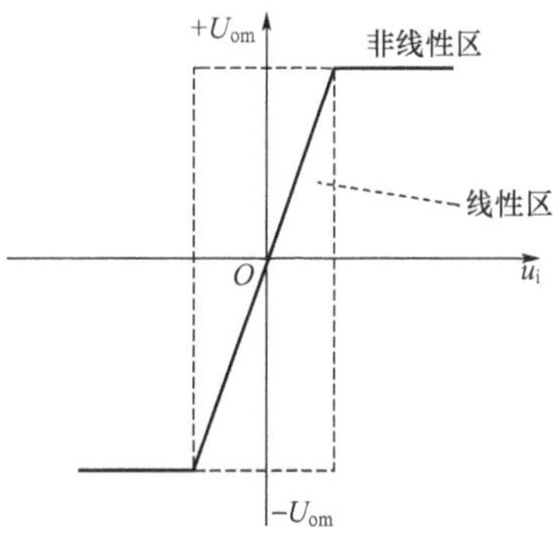

图 4-5 集成运放的传输特性

3. 理想集成运放

在大多数情况下，可以将实际运放看成理想运放，即将运放的各项技术指标理想化。理想集成运放满足下列条件：

（1）开环电压放大倍数 $A_{ud}\to\infty$；

（2）开环差模输入电阻 $r_{id}\to\infty$；

（3）开环差模输出电阻 $r_o\to 0$；

（4）共模抑制比 $K_{CMR}\to\infty$。

（5）失调电压、失调电流及它们的温漂均为 0。

4. 理想集成运放的两个重要结论

集成运算放大器可以工作在线性区域，也可以工作在非线性区域。在直流信号放大电路中，使用的集成运算放大器是工作在线性区域的。把集成运算放大器作为一个线性放大元件应用，它的输出和输入之间应满足如下关系式：

$$u_o = A_{ud}\cdot u_i = A_{ud}\,(u_+ - u_-) \tag{4-4}$$

为了使集成运算放大器工作在线性区域，通常把外部电阻、电容、半导体器件等跨接在集成运算放大器的输出端，与反相输入端之间构成闭环工作状态，限制其电压放大倍数。

1）集成运放工作在线性区

（1）集成运算放大器同相输入端和反相输入端的电位相等（虚短）。

因为运放工作在线性状态时，其输出电压与输入电压之间满足关系式：

$$u_o = A_{ud}\cdot u_i = A_{ud}\,(u_+ - u_-)$$

这是由于理想运放的 $A_{ud}\to\infty$，而输出电压 u_o 为有限值，所以有

$$u_i = u_+ - u_- \approx 0$$

即

$$u_+=u_- \tag{4-5}$$

集成运算放大器同相输入端和反相输入端的电位相等，因此两个输入端之间好像短路，但又不是真正的短路（即不能用一根导线把同相输入端和反相输入端短接起来），故这种现象称为虚短。

（2）集成运算放大器同相输入端和反相输入端的输入电流等于零（虚断）。

由于理想运放的差模输入电阻 $r_{id}\to\infty$，可知流入两个输入端的电流为零。即

$$i_+ \approx i_- \approx 0 \tag{4-6}$$

理想集成运算放大器的两个输入端不从外部电路取用电流，两个输入端之间好像断开一样，但又不能真正的断开，故这种现象通常称为虚断。

2）运放工作在非线性区

由于集成运放的开环差模电压放大倍数 A_{uo} 很大，当它工作在开环状态（即未接深度负反馈）或加有正反馈时，只要有很小的差模信号输入，集成运放都将进入非线性区，输出电压立即达到正饱和值 U_{om} 或负饱和值 $-U_{om}$。理想运放工作在非线性区时，可以得到以下两条结论：

（1）输入电压 u_+ 与 u_- 可以不等，输出电压 u_o 不是正饱和就是负饱和。

$$当\ u_+ - u_- < 0，\ u_o = -U_{om}$$

$$当u_+ - u_- > 0，u_o = +U_{om}$$

（2）两个输入端的输入电流为零，即

$$i_+ \approx i_- \approx 0$$

可见，在非线性区，“虚短”的概念不再成立，但“虚断”仍然成立。

思考与练习

7-1-1　集成运算放大器由哪几部分组成？各部分的主要作用是什么？

7-1-2　集成运算放大器的级间为什么要采用直接耦合方式？

7-1-3　什么是零点漂移？引起零点漂移的原因有哪些因素？其中最主要的因素是什么？

7-1-4　理想集成运放的两个重要结论是什么？

4.2　任务2　集成运算放大器的应用

本任务主要介绍集成运放在线性状态和非线性状态下的应用电路。集成运放工作在线性区，其主要应用有构成各种运算电路，完成包括比例运算、加减运算、积分和微分运算等。集成运放工作在线性区，其主要应用是做电压比较。

4.2.1　比例运算放大电路

比例运算是指电路的输出电压与输入电压成正比例关系。它分为反相比例运算电路和同相比例运算电路。

1. 反相比例运算电路

电路如图4-6所示，输入信号 u_i 经电阻 R_1 加到集成运放反相输入端，同相输入端经电阻 R_2 接地，输出电压 u_o 经反馈元件 R_f 回送到反相输入端，引入了电压并联负反馈，因此该集成运放电路工作在线性区。

根据集成运算放大器工作在线性区域的两条依据“虚短”（$u_+ \approx u_-$）和“虚断”（$i_+ \approx i_- \approx 0$），有

$$u_+ = u_- = 0 \qquad i_i = i_f + i_- \approx i_f$$

由电路可知

$$i_i = \frac{u_i - u_-}{R_1} = \frac{u_i}{R_1} \qquad i_f = \frac{u_- - u_o}{R_f} = \frac{-u_o}{R_f}$$

综合分析可得

$$\frac{u_i}{R_1} = -\frac{u_o}{R_f}$$

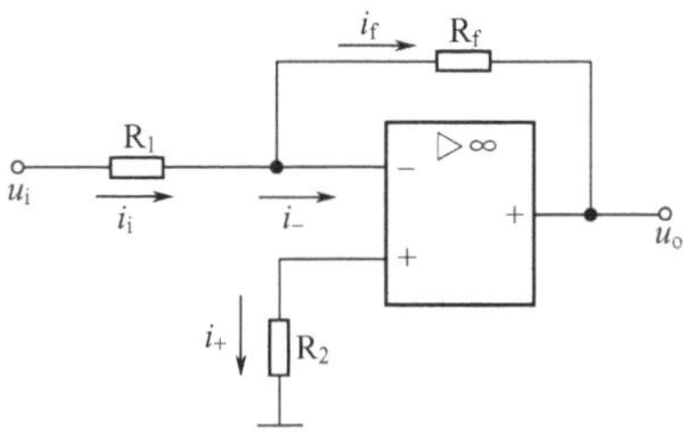

图4-6　反相比例运算电路

因此，闭环（引入反馈后的）电压放大倍数为

$$A_{uf} = \frac{u_o}{u_i} = -\frac{R_f}{R_1} \qquad (4-7)$$

上式表明，该电路的输出与输入之间符合比例运算关系，负号表示 u_o 与 u_i 相位相反，故称为反相比例运算电路。改变 R_f 与 R_1 的比值，即可改变 A_{uf} 的值。若取 R_1=R_f，则 A_{uf}=−1，这

时输出电压与输入电压数值相等、相位相反，即 $u_o=-u_i$，称此电路为反相器。

在反相比例运算电路中，只要 R_1 和 R_f 的阻值足够精确，就可保证比例运算的精度和工作稳定性。与晶体管构成的电压放大电路相比，显然，用集成运算放大器设计电压放大电路既方便，性能又好，且可以按比例缩小。

图 4-6 中的 R_2 称为静态平衡电阻，其作用是为了使静态运放的输入级差动放大器的偏置电流保持平衡，即运放的两输入端对地静态电阻应相等，所以要求 $R_2=R_1/\!/R_f$。

【例 4-1】 在图 4-6 中，已知 $R_1=10\text{k}\Omega$，$R_f=500\text{k}\Omega$。求电压放大倍数 A_{uf} 和平衡电阻 R_2。

解： 在反相比例运算电路中，电压放大倍数为

$$A_{uf}=\frac{u_o}{u_i}=-\frac{R_f}{R_1}=-\frac{500}{10}=-50$$

$$R_2=R_1/\!/R_f=10\text{k}\Omega/\!/500\text{k}\Omega=9.8\text{k}\Omega$$

2. 同相比例运算电路

如图 4-7 所示，输入信号 u_i 通过外接电阻 R_2 输入送到同相输入端，而反相输入端经电阻 R_1 接地。反馈电阻 R_f 跨接在输出端和反相输入端之间，形成电压串联负反馈，集成运算放大器工作在线性区。

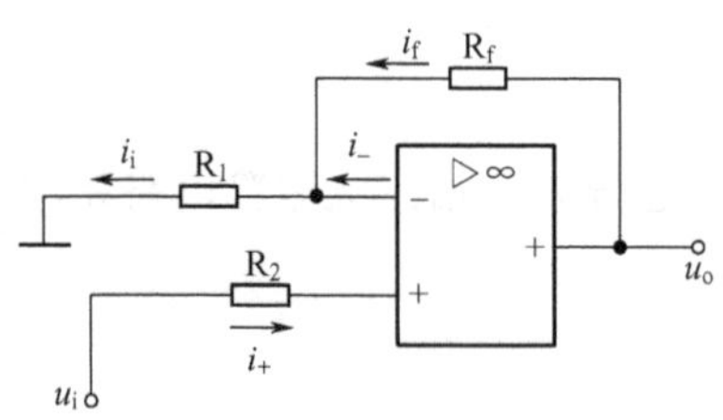

图 4-7　同相比例运算电路

根据电路平衡性，设计电路时，要求 $R_1=R_2/\!/R_f$。

根据集成运算放大器工作在线性区域时的两条依据："虚短"（$u_+\approx u_-$），"虚断"（$i_+\approx i_-\approx 0$），可得

$$u_+\approx u_-=u_i$$

$$i_f+i_-\approx i_f\approx i_1=\frac{u_i}{R_1}$$

由图 4-7 可列出等式

$$\frac{0-u_i}{R_1}=\frac{u_i-u_o}{R_f}$$

可解得

$$u_o=\left(1+\frac{R_f}{R_1}\right)u_i$$

因此得闭环电压放大倍数为

$$A_{uf}=\frac{u_o}{u_i}=1+\frac{R_f}{R_1} \tag{4-8}$$

由上式可见，u_o 与 u_i 成正比且同相，故称此电路为同相比例运算电路。也可认为 u_o 与 u_i 之间的比例关系与集成运算放大器本身无关，只取决于电阻，其精度和稳定度非常高。A_{uf} 为正值，这表示 u_o 与 u_i 同相。且 A_{uf} 总是大于或等于 1，即只能放大信号，这点与反相比例运算电压跟随器电路不同。

当图中的 $R_1=\infty$（断开）或 $R_f=0$，或者两者同时存在时，则 $A_{uf}=u_o/u_i=1$，输出电压与输入电压始终相同，这时电路称为电压跟随器，如图 4-8 所示。

如果同相端接上分压电阻 R_3，如图 4-9 所示，则有

$$u_+ = \frac{R_3}{R_2 + R_3} u_i$$

$$u_o = \left(1 + \frac{R_f}{R_1}\right) u_+ = \left(1 + \frac{R_f}{R_1}\right) \frac{R_3}{R_2 + R_3} u_i$$

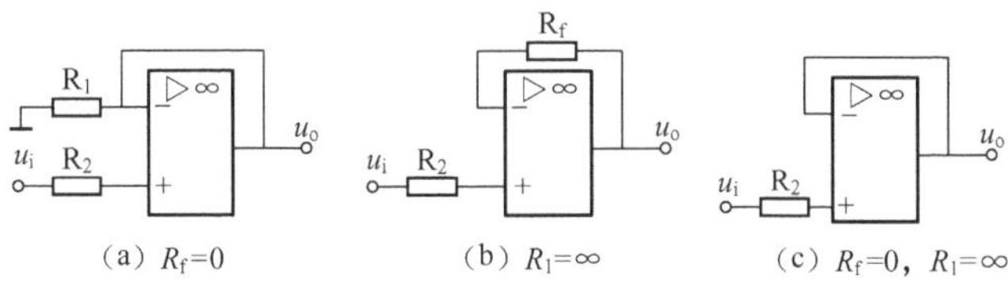

图 4-8 电压跟随器的几种接法

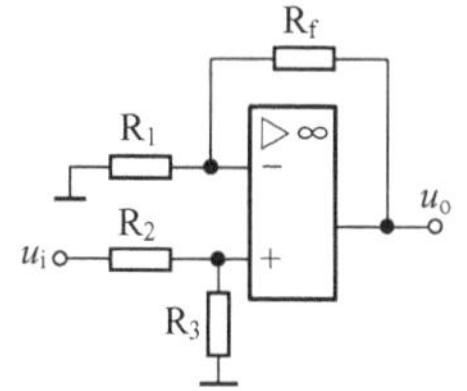

图 4-9 同相端接分压电阻

由于同相比例电路不存在“虚地”，运算放大器承受的共模输入电压比较大，要求运算放大器有较高的共模抑制比，故在实际中，反相比例运算电路更常用。

4.2.2 加减运算电路

1. 加法运算电路

集成运放完成加法运算，主要有反相求和和同相求和两种电路形式，常用的是反相求和电路，下面予以介绍。

如果在反相比例运算电路的输入端增加若干输入电路，如图 4-10 所示，则构成反相加法运算电路。

利用“虚断”以及节点电流定律得

$$i_f = i_1 + i_2 + i_3$$

依据 $u_+ \approx u_- \approx 0$ 有

$$i_1 = \frac{u_{i1}}{R_1},\quad i_2 = \frac{u_{i2}}{R_2},\quad i_3 = \frac{u_{i3}}{R_3}$$

利用反相比例运算关系

$$u_o = -\frac{R_f}{R_1} u_i$$

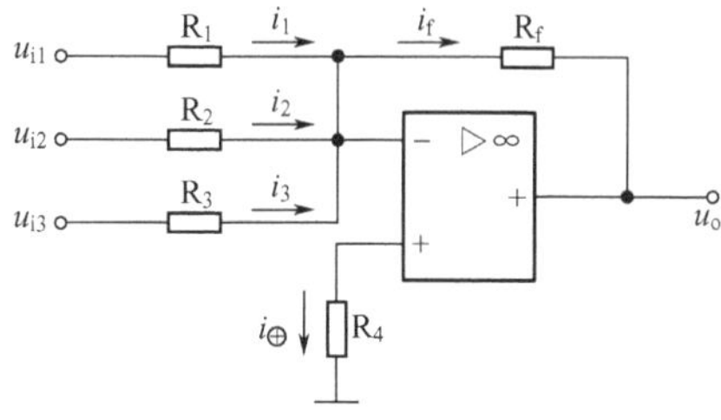

图 4-10 反相加法电路

整理可得

$$u_o = -\left(\frac{R_f}{R_1} u_{i1} + \frac{R_f}{R_2} u_{i2} + \frac{R_f}{R_3} u_{i3}\right) \tag{4-9}$$

当 $R_1 = R_2 = R_3 = R$ 时，则上式可变为

$$u_0 = -\frac{R_f}{R}(u_{i1} + u_{i2} + u_{i3}) \tag{4-10}$$

在此，平衡电阻为

$$R_4 = R_1 // R_2 // R_3 // R_f$$

同理，如果在同相比例运算电路的输入端增加若干输入电路，如图 4-11 所示，则构成同

相加法运算电路，推导可得输出电压和输入电压关系为

$$u_o = \frac{R_f}{R_a}u_{i_1} + \frac{R_f}{R_b}u_{i_2} + \frac{R_f}{R_c}u_{i_3}$$

其中，电阻间满足平衡条件 $R_1=R_a // R_b // R_c=R''=R_1 // R_f$。

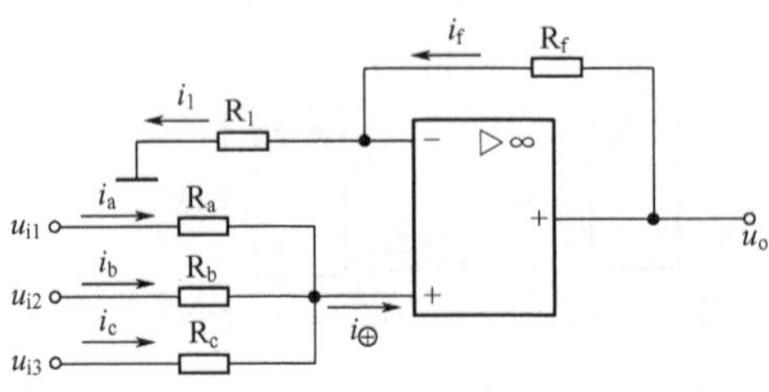

图 4-11　同相加法电路

2. 减法运算电路

如果运放的两个输入端都有信号输入，则为差分输入，如图 4-12 所示。根据叠加原理可知，u_o 为 u_{i1} 和 u_{i2} 分别单独在反相比例运算电路和同相比例运算电路上产生的响应之和，即

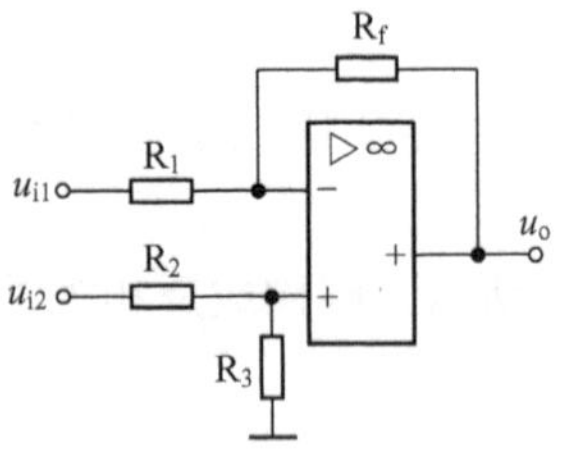

u_{i1} 单独作用时（$u_{i1}=0$）为反相输入比例运算电路，其输出电压为

$$u_{o1} = -\frac{R_f}{R_1}u_{i1}$$

u_{i2} 单独作用时（$u_{i2}=0$）为同相输入比例运算，其输出电压为

$$u_{o2} = \left(1+\frac{R_f}{R_1}\right)\frac{R_3}{R_2+R_3}u_{i2}$$

图 4-12　减法运算电路

故可得两者共同作用时的输出电压为

$$u_o = u_{o1} + u_{o2} = -\frac{R_f}{R_1}u_{i1} + \left(1+\frac{R_f}{R_1}\right)\frac{R_3}{R_2+R_3}u_{i2} \tag{4-11}$$

可见，此电路输出电压与两输入电压之差成比例，故称其为差动运算电路或减法运算电路。其差模放大倍数只与电阻 R_1 与 R_f 的取值有关。当 $R_1=R_f$，$R_2=R_3$ 时，得 $u_o=u_{i2}-u_{i1}$。

【例 4-2】 用运算放大器实现如下关系 $u_o=4u_{i1}-u_{i2}$。

解： 可用两个运算放大器实现，如图 4-13 所示。

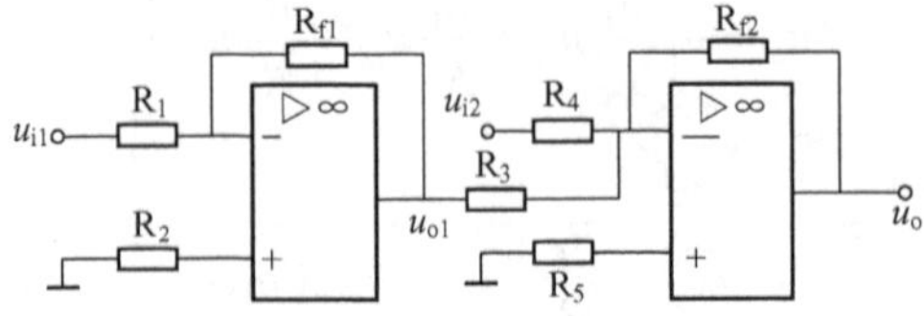

图 4-13　例 4-2 图

由图 4-13 可知

$$u_{o1}=-\frac{R_{f1}}{R_1}u_{i1}$$

$$u_o=-\frac{R_{f2}}{R_3}u_{o1}-\frac{R_{f2}}{R_4}u_{i_2}=\frac{R_{f2}}{R_3}\cdot\frac{R_{f1}}{R_1}u_{i1}-\frac{R_{f2}}{R_4}u_{i_2}$$

由题意可取

$$\frac{R_{f1}}{R_1}=4,\quad \frac{R_{f2}}{R_3}=\frac{R_{f2}}{R_4}=1$$

如选 R_1=25kΩ，则 R_{f1}=100kΩ，R_{f2}=75kΩ，R_3=R_4=75kΩ

平衡电阻 $R_2=R_1//R_{f1}$=20kΩ，$R_5=R_3//R_4//R_{f2}$=25kΩ

4.2.3　微分和积分电路

1. 微分运算电路

在反相比例运算电路中，将反馈电阻 R_1 用电容 C 代替，就成了微分运算电路，如图 4-14 所示。

依据 $i_+\approx i_-\approx 0$，$u_+\approx u_-\approx 0$ 可得

$$i_R=i_C$$

而

$$i_C=C\frac{d(u_i-u_-)}{dt}=C\frac{du_i}{dt}$$

$$i_R=\frac{u_--u_o}{R}=-\frac{u_o}{R}$$

所以

$$u_o=-RC\frac{du_i}{dt} \tag{4-12}$$

可见 u_o 与 u_i 的微分成比例，因此称为微分运算电路。负号表示输出与输入反相。R_1C 为微分时间常数，其值大小决定微分作用的强弱。

微分电路可以进行波形的变换，如图 4-15 所示，可将矩形波变成尖脉冲输出。

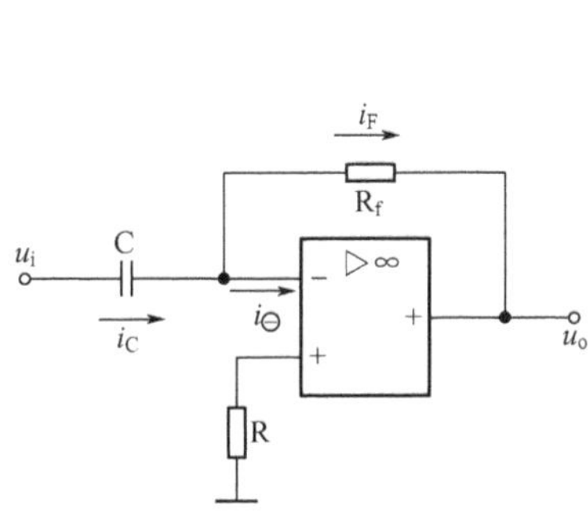

图 4-14　微分电路

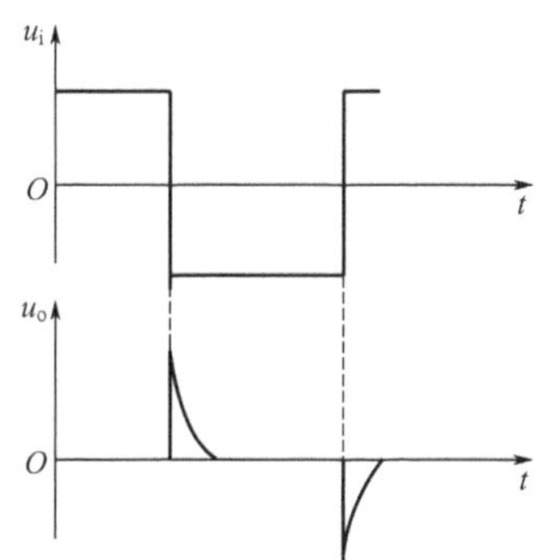

图 4-15　将矩形波变成尖脉冲

2. 积分运算电路

微分与积分互为逆运算，只需将电容 C 和反馈电阻 R_f 互易位置即可，如图 4-16 所示。

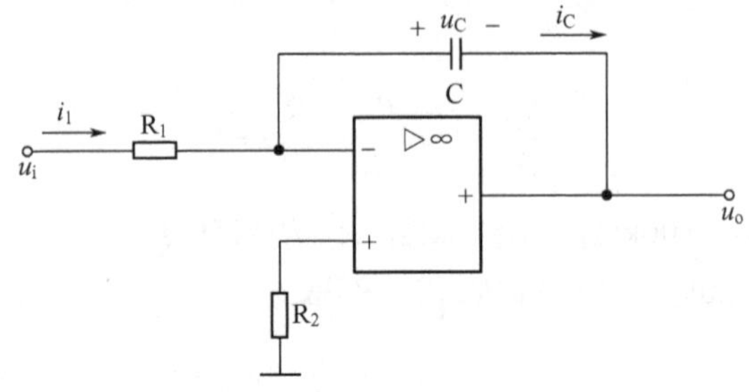

图 4-16　积分电路基本形式

由电路可得

$$u_o = -u_C + u_- = -u_C$$

而

$$u_C = \frac{1}{C}\int i_C \cdot dt + u_C(0)$$

式中 u_C（0）是积分前时刻电容 C 上的电压，称为电容端电压的初始值。所以

$$u_o = -u_C = -\frac{1}{C}\int i_C dt - u_C(0)$$

可得

$$u_o = -\frac{1}{RC}\int u_1 dt - u_C(0)$$

当 u_C（0）=0 时

$$u_o = -\frac{1}{RC}\int u_1 dt \qquad (4\text{-}13)$$

可见，u_o 与 u_i 的积分成比例，因此称为积分运算电路。

积分电路可实现波形变换，例如可将方波电压变换为三角波电压，如图 4-17 所示。

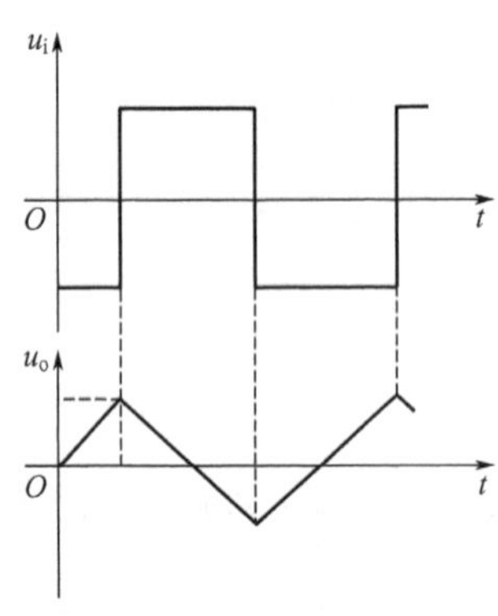

图 4-17　将方波电压变换为三角波电压

4.2.4　电压比较器

电压比较器的功能是将一个输入电压和另一个基准电压的大小进行比较，并将比较结果在输出端用高或低电平表示出来。它通常应用于越限报警、数模转换、波形产生等方面。

在电压比较器中，集成运放工作在开环或正反馈形式的非线性状态，所以运放此时的输出电压只有两个电平值，即$+U_{OH}$和$-U_{OL}$，输出电压由一个电平跳到另一个电平的临界条件是两个输入端电位相等，即 $u_+= u_-$。因此，分析电压比较器的步骤如下。

第一步，根据临界条件 $u_+=u_-$，求出比较器的输出电压从一个电平跳到另一个电平时所对应的输入电压值，该输入电压称做“阈值电压”，简称阈值，用 U_{TH} 表示。

第二步，根据输出与输入的对应关系，画出比较器的传输特性。

1. 简单电压比较器

简单电压比较器通常采用开环形式构成，其阈值电压 U_{TH} 为某一固定值。当输入电压加在运放的同相输入端时称为同相电压比较器；当输入电压加在运放的反相输入端时称为反相电压比较器，如图 4-18 所示。图中 u_i 为输入电压，U_R 为基准电压。

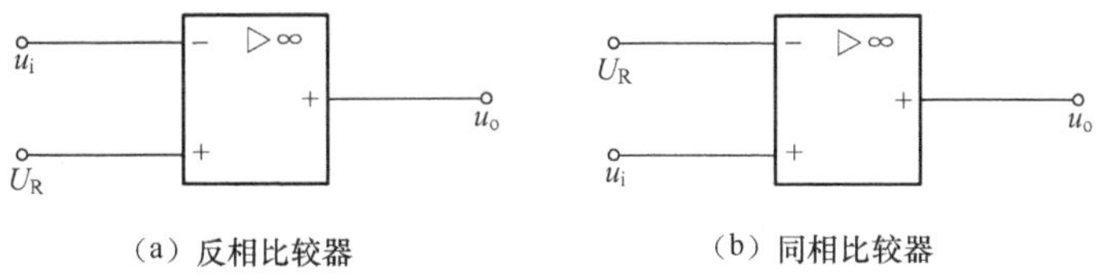

图 4-18 简单电压比较器

下面以同相电压比较器为例分析。

由理想运放工作在非线性状态的虚断概念 $i_+ \approx i_- \approx 0$，可知：

$$U_- = U_R$$

$$u_+ = u_i$$

根据临界条件 $u_+ = u_-$，得阈值电压 $U_{TH} = U_R$

当 $u_i > U_R$ 时，$u_+ > u_-$，$u_o = +U_{OH}$

当 $u_i < U_R$ 时，$u_+ < u_-$，$u_o = -U_{OL}$

由此可以画出其传输特性曲线，如图 4-19（a）所示。

同理可以分析并画出反相比较器的传输特性如图 4-19（b）所示。

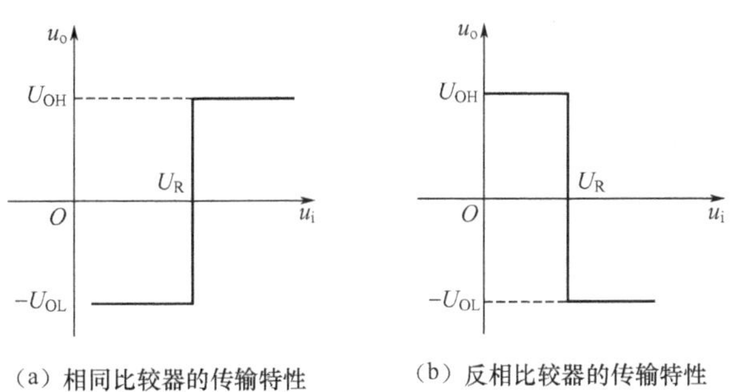

图 4-19 简单电压比较器的传输特性

若改变基准电压 U_R 的大小，即可改变阈值电压 U_{TH}。若 $U_R=0$，则 $U_{TH}=U_R=0$，此时的比较器称为过零同相电压比较器。

同样，为了限制输出电压的最大值，可用双向稳压管来限幅，形成过零限幅比较器。稳压管的接入有两种方法：一种是接在运放的输出端，如图 4-20（a）所示；另一种是接在输出和反相输入端之间，如图 4-20（b）所示，从而形成过零限幅比较器。

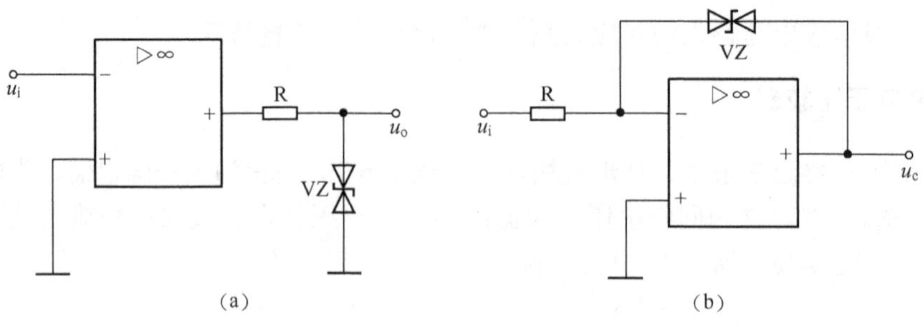

图 4-20　过零双向限幅比较电路

4.2.5　滞回比较器

简单电压比较器中的阈值电平是固定的，当输入电压达到阈值电压时，输出电平立即翻转，用简单电压比较器来检测未知电压，具有较高的灵敏度。但是它易受噪声或干扰的影响，造成误翻转。在自动控制系统中，若输入电压恰好在临界值附近变化，将使 u_o 不断由一个电平值翻转到另一电平值，引起执行机构频繁动作，这是很不利的。为了克服此缺点，可以采用图 4-21 所示的滞回电压比较器。该电路的灵敏度虽然低一些，但抗干扰的能力比较强。

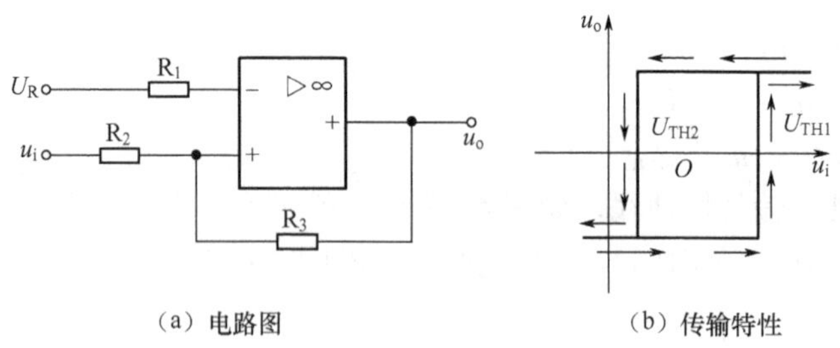

图 4-21　同相滞回比较器

滞回电压比较电路是在简单电压比较器的基础上增加了正反馈元件 R_3。由于集成运放工作于非线性状态，那么它的输出只可能有两种状态：正向饱和电压$+U_{om}$和负向饱和电压$-U_{om}$。由图可知，集成运放的同相端电压 u_+是由输出电压和参考电压共同作用叠加而成，因此集成运放的同相端电压 u_+也有两个。

从图 4-21（a）可得

$$u_- = U_R$$

$$u_+ = \frac{R_2}{R_2 + R_3}u_o + \frac{R_3}{R_2 + R_3}u_i$$

当 $u_-=u_+$时阈值所对应的 u_i 值就是临界阈值电压，联立上式可得

$$U_{TH} = u_i = \left(1 + \frac{R_2}{R_3}\right)U_R - \frac{R_2}{R_3}u_o \tag{4-14}$$

由于 u_o 的取值有两种可能（正向最大与反相最大），因此 U_{TH} 的值也有两种可能

1）当输出电压为负最大时，即 $u_o=U_{OL}=-U_{om}$ 时，可得上阈值：

$$U_{\mathrm{TH_1}}=\left(1+\frac{R_2}{R_3}\right)U_{\mathrm{R}}-\frac{R_2}{R_3}U_{\mathrm{OL}}=\left(1+\frac{R_2}{R_3}\right)U_{\mathrm{R}}+\frac{R_2}{R_3}U_{\mathrm{om}}$$

2）当输出电压为正最大时，即 $u_o=U_{OH}=+U_{om}$ 时，可得下阈值：

$$U_{\mathrm{TH_2}}=\left(1+\frac{R_2}{R_3}\right)U_{\mathrm{R}}-\frac{R_2}{R_3}U_{\mathrm{OH}}=\left(1+\frac{R_2}{R_3}\right)U_{\mathrm{R}}-\frac{R_2}{R_3}U_{\mathrm{om}}$$

显然，$U_{TH1}>U_{TH2}$，其中 U_{TH1} 称为上限阈值电压，U_{TH2} 称为下限阈值电压。

电路的传输特性曲线如图 4-21（b）所示。从图可以读出，随着输入信号 u_i 的不断增大过程中，当输入信号小于 U_{TH2} 时，输出为负向最大；当输入信号大于 U_{TH1} 时，输出为正向最大；反之，随着信号的不断减小过程中，只有当输入信号小于 U_{TH2} 后，输出才调回到反向最大。由传输特性曲线形状也可看出，曲线在阈值点处形成回环（类似于磁性材料的磁滞回线），因此称这种具有滞后回环特性的比较器为滞回比较器（又称施密特触发器）。

滞回比较器有两个阈值，两阈值之差（$U_{TH1}-U_{TH2}$）称为回差电压，用 ΔU 表示。回差电压是滞回比较器的一个重要参数，回差电压越大，滞回比较器的抗干扰能力越强。当输入信号受干扰或噪声的影响而上下波动时，只要根据干扰或噪声电平适当调整滞回比较器两个两个阈值 U_{TH1} 和 U_{TH2} 的值，就可以避免比较器的输出电压在高、低电乎之间反复跳变。

思考与练习

7-3-1　集成运放应用于信号运算时工作在什么区域？

7-3-2　作为电压比较器时，集成运放工作在什么区域？

7-3-3　什么是回差电压？

操作训练　基本运算放大电路功能测试

1. 训练目的

1）练习集成运算放大器的电路连接。

2）研究基本运算放大电路的运算关系。

2. 仿真测试

1）同相比例运算放大电路

（1）创建仿真电路

打开 Multisim 10 仿真软件，在电路工作区创建如图 4-22 所示的同相比例运算放大电路，参照图中数据设置电路元器件的参数。

（2）打开仿真开关，双击万用表图标，将万用表设置为电压表，读出万用表指示的输入、输出电压数值，如图 4-23 所示。双击示波器图标，示波器面板上显示的电路输入、输出波形如图 4-24 所示。

（3）将测试数据与理论数据比较。

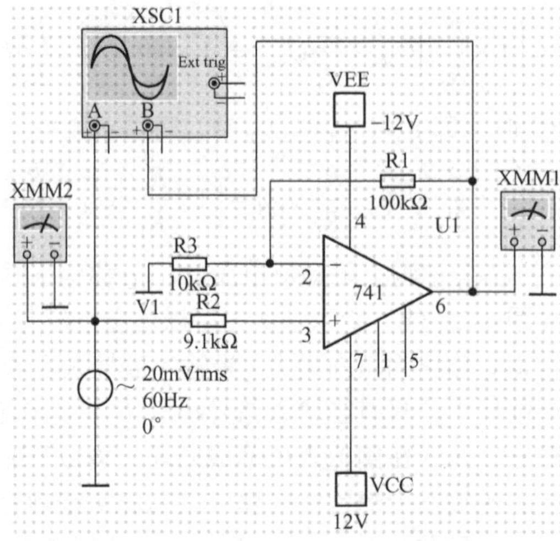

图 4-22　同相比例运算放大电路

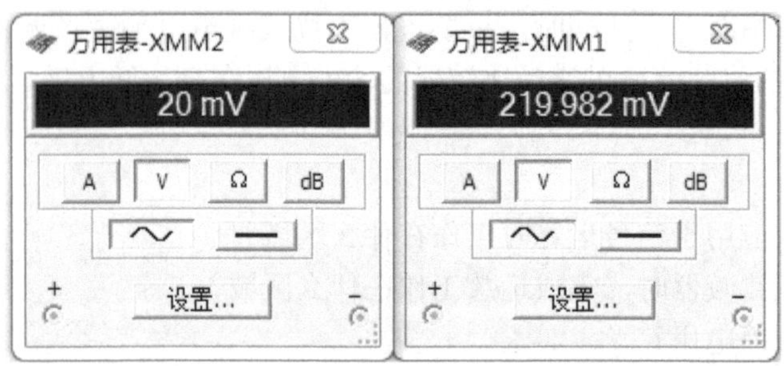

图 4-23　同相比例运算放大电路的输入、输出电压

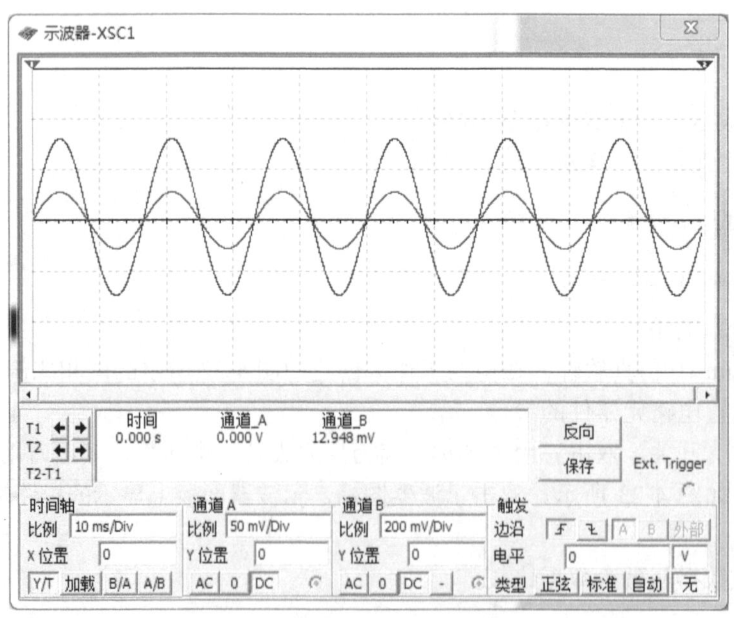

图 4-24　同相比例运算放大电路的输入、输出波形

2）反相比例运算放大电路

（1）创建仿真电路

打开 Multisim 10 仿真软件，在电路工作区创建如图 4-25 所示的反相比例运算放大电路，参照图中数据设置电路元器件的参数。

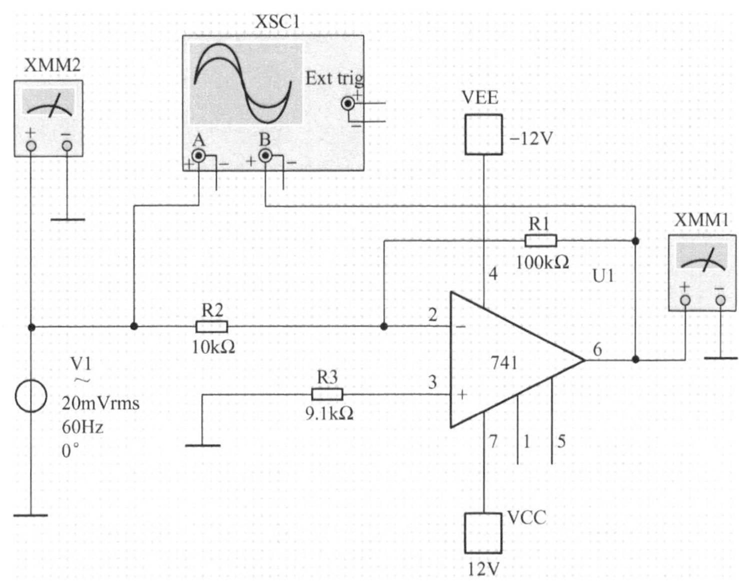

图 4-25　反相比例运算放大电路

（2）打开仿真开关，双击万用表图标，将万用表设置为电压表，读出万用表指示的输入、输出电压数值，如图 4-26 所示。双击示波器图标，示波器面板上显示的电路输入、输出波形如图 4-27 所示。

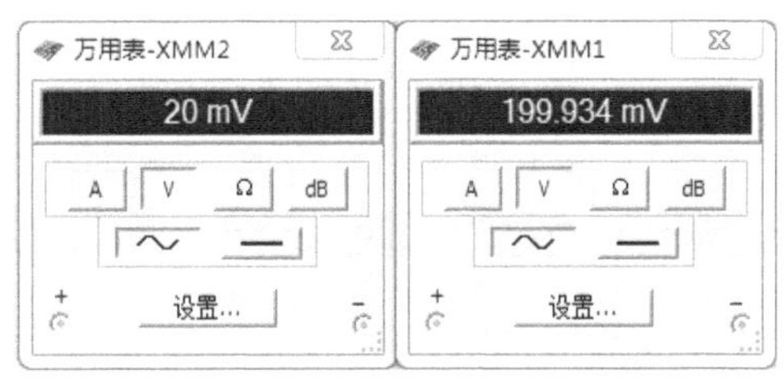

图 4-26　反相比例运算放大电路的输入、输出电压

（3）将测试数据与理论数据比较并计算电压放大倍数。

3）反相加法运算电路

（1）创建仿真电路

打开 Multisim 10 仿真软件，在电路工作区创建如图 4-28 所示的反相加法运算放大电路，参照图中数据设置电路元器件的参数。

（2）打开仿真开关，双击万用表图标，将万用表设置为电压表，读出万用表指示的输入、输出电压数值，如图 4-29 所示。

（3）将测试数据与理论数据比较。

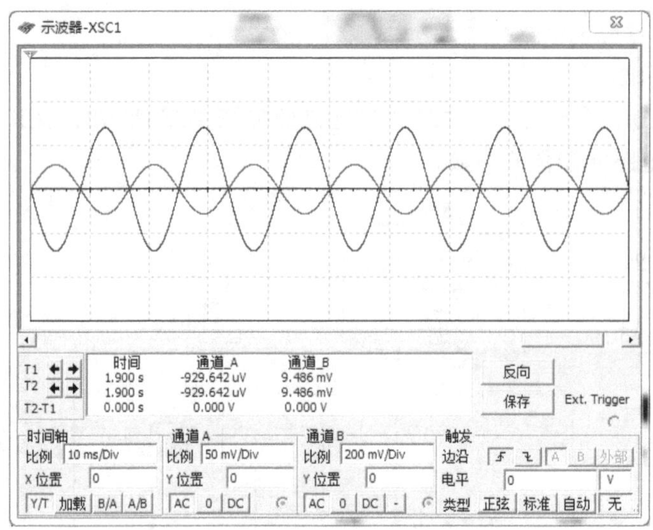

图 4-27　反相比例运算放大电路的输入、输出波形

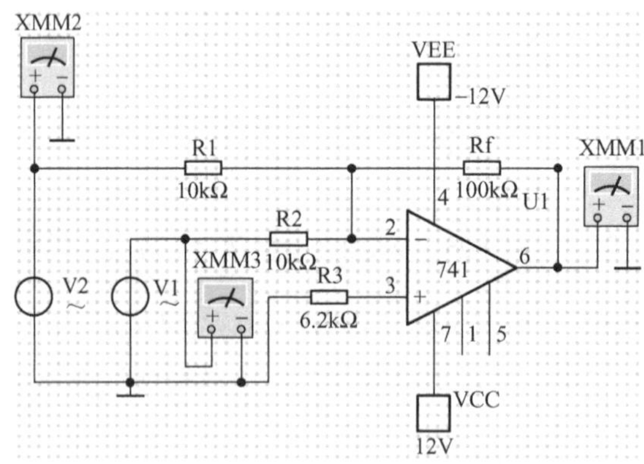

图 4-28　反相加法运算放大电路

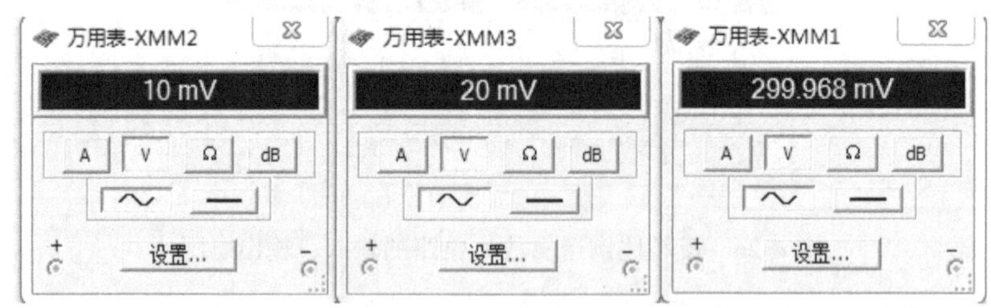

图 4-29　反相加法运算电路的输入、输出电压

3. 实验测试

运算放大电路在实验测试时，需要进行调零，测试电路中接入调零装置。

1）反相、同相比例运算电路

（1）调零。

按图 4-30、图 4-31 所示电路接线并接通+12V 电源，输入端对地短路，用万用表直流挡（量

程要小）测量输出端的电压 u_o，并调节电位器 R_W 使 $u_o≈0$ 为止（万用表的量程要逐渐减至最小）。至此，准备工作已告完毕。

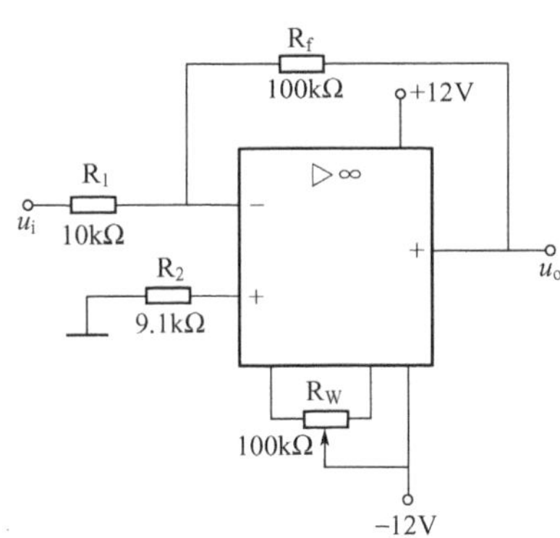

图 4-30　反相比例运算电路

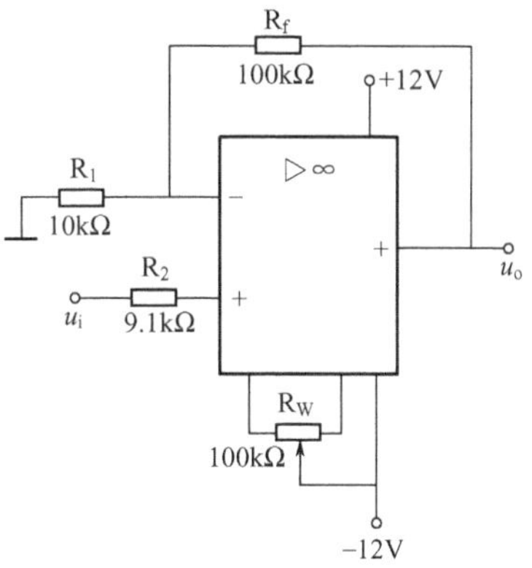

图 4-31　同相比例运算电路

（2）输入 f =1000Hz，u_i=0.5V 的正弦交流信号，测量相应的 u_o，用双踪示波器同时观察 u_i、u_o 波形并计算电压放大倍数，与理想值比较。

2）反相加法运算电路

（1）按图 4-32 连接实验电路，进行调零。

（2）输入信号采用直流信号，如图 4-33 所示电路为简易直流信号源，由实验者自行完成。实验时要注意选择合适的直流信号幅度以确保集成运放工作在线性区。用直流电压表测量输入电压 U_{I1}、U_{I2} 及输出电压 U_O，并计算电压放大倍数，与理想值比较。

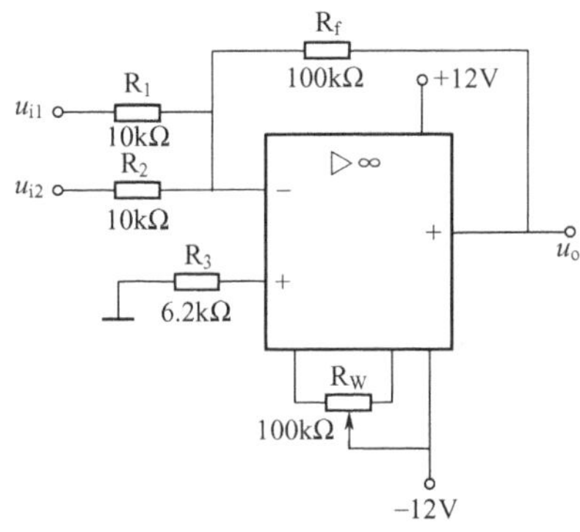

图 4-32　反向加法运算电路

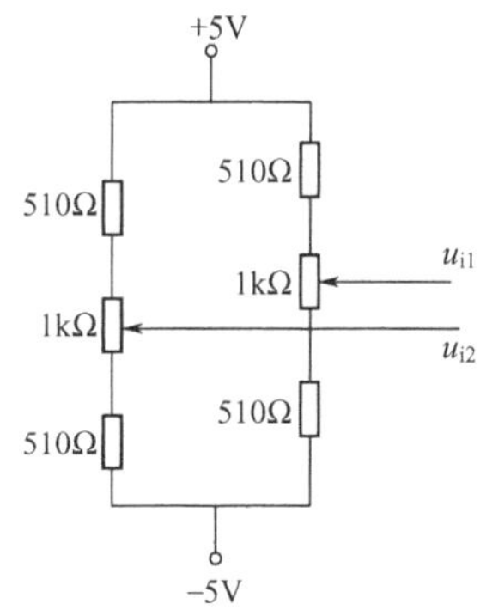

图 4-33　简易直流信号源

习题 4

1. 填空

（1）集成运放的内部主要电路可分为________、________、________和________四个基本组成部分。

（2）克服零漂的措施通常采用的方法有________、________、________三种。

（3）开环差模电压增益（A_{ud}）是指________，它体现了集成运放的电压放大能力。

（4）在电路中，集成运放的工作状态只有两种，即________和________。

（5）集成运放的传输特性是指________，集成运放的传输特性可分为________。

（6）比例运算是指电路的________成正比例关系。它分为________和________运算电路。

（7）电压比较器的功能是将________进行比较，并将比较结果在输出端用________表示出来。

（8）回差电压是指________，回差电压________，滞回比较器的________越强。

2．在图 4-34 所示的反相比例运算电路中，设 R_1=10kΩ，R_f=500kΩ。试求闭环电压放大倍数 A_{uf} 和平衡电阻 R_2。若 u_i=10mV，则 u_o 为多少？

3．在图 4-35 所示的同相比例运算电路中，已知 R_1=2kΩ，R_f=10kΩ，R_2=2kΩ，R_3=18kΩ，u_i=1V，求 u_o。

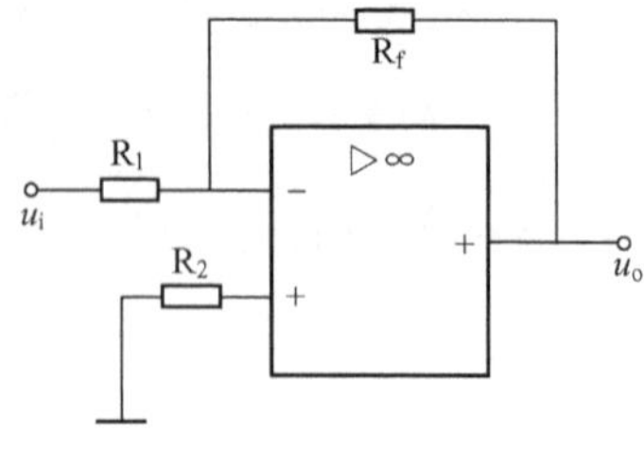

图 4-34　第 2 题图

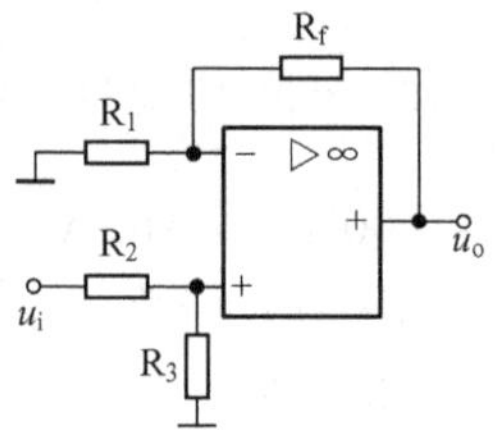

图 4-35　第 3 题图

4．在图 4-36 所示电路中，已知 R_f=$2R_1$，u_i=-2V，试求输出电压 u_o。

5．如图 7-37 所示，已知 u_{i1}=−0.1V，u_{i2}=−0.8V，u_{i3}=0.2V，R_{11}=60kΩ，R_{12}=30kΩ，R_{13}=20kΩ，R_f=200kΩ，试计算电路的输出电压 u_o 及平衡电阻 R_2。

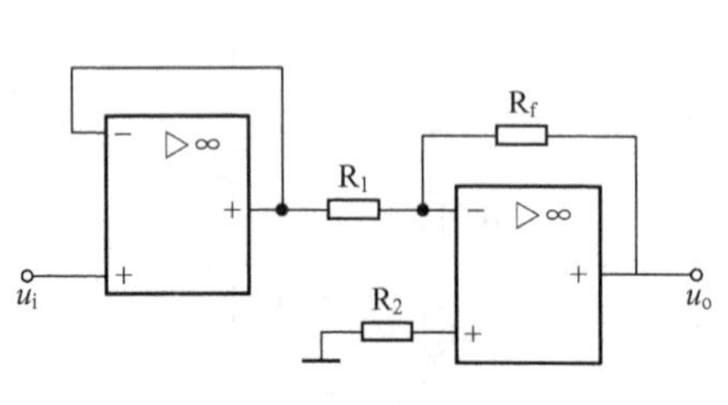

图 4-36　第 4 题图

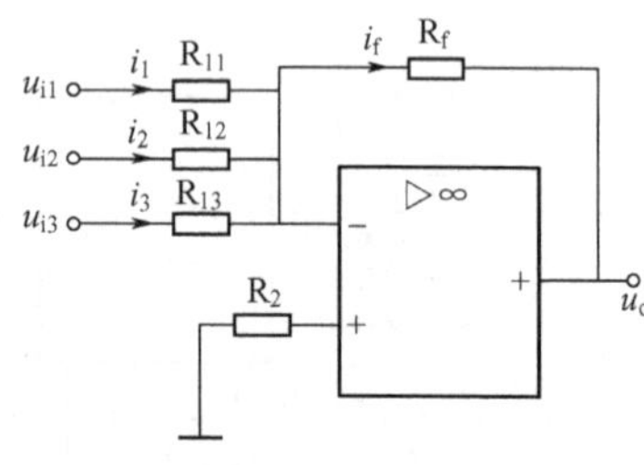

图 4-37　第 5 题图

6．在如图 4-38 所示的电路中，求 u_o 与各输入电压的运算关系式。

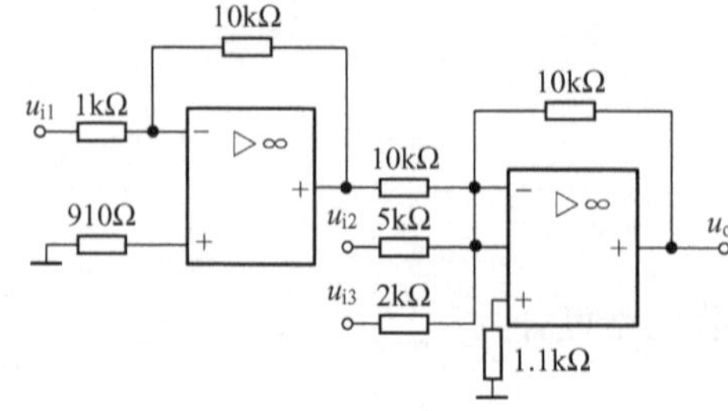

图 4-38　第 6 题图

7．理想运算放大器组成如图 4-39 所示，试写出 u_o-u_i 的表达式。

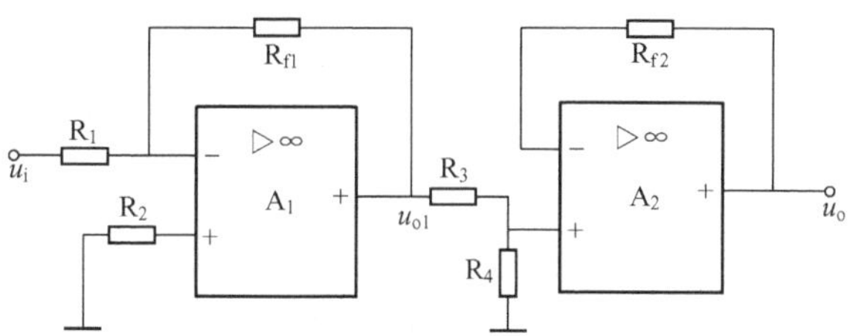

图 4-39　第 7 题图

8．写出图 4-40 所示电路中 u_o-u_i 的关系式。

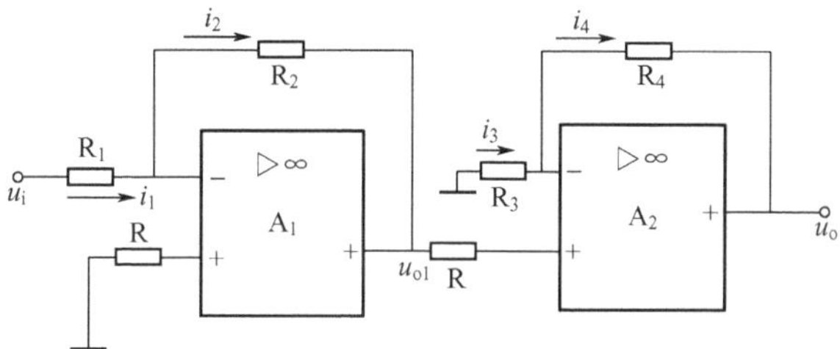

图 4-40　第 8 题图

9．在图 4-41 所示是三种比较器，画出 u_o 随 u_i 变化的输出—输入特性曲线。

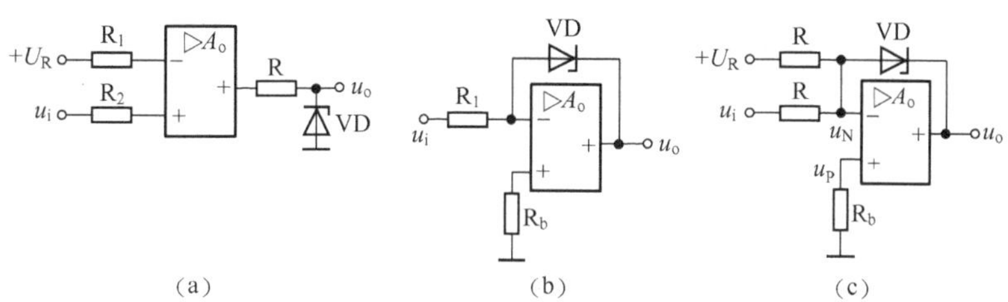

图 4-41　第 9 题图

项目5

负反馈放大电路的分析及应用

知识目标

① 理解反馈的概念。
② 熟悉负反馈的四种基本组态。
③ 掌握各种基本组态自反馈对放大电路性能的影响。

技能目标

①掌握各种反馈类型的判别方法。
②熟悉负反馈放大电路的分析和估算。
③掌握负反馈电路的测试方法。

5.1 任务1 放大电路中反馈的分析

在前面内容中，学习了基本放大电路的原理和分析方法，从中可知晶体管参数随温度的变化将导致放大电路产生非线性失真，放大电路的放大倍数或输出电压的幅度也将随着负载电阻的不同而改变，这些现象不同程度地影响了放大电路的性能。为此，往往在实际的电子电路中，引入“反馈”环节来改善放大电路的性能。反馈不仅是提高放大电路性能的重要手段，也是电子技术和自动控制原理中的一个基本概念。本任务学习反馈的基本概念及分析判断方法。

5.1.1 反馈的概念及类型

反馈技术在放大电路中应用十分广泛。在放大电路中应用负反馈，可以改善放大电路的工作性能，在自动调节系统中，也可以通过负反馈来实行自动调节。运放的各种运算功能，也与反馈系统的特性密切相关。

1. 反馈的概念

反馈是将放大电路输出信号（电压或电流）的一部分或全部，通过某种电路（反馈电路）送回到输入回路，从而影响（增强或削弱）输入信号的过程。输出回路反馈到输入回路的信号称为反馈信号。

为实现反馈，必须有一个连接输出回路和输入回路的中间环节，称为反馈网络，一般由

电阻、电容元件组成。引入反馈的放大器称为反馈放大器，也叫闭环放大器；而没有引入反馈的放大器称为开环放大器，也叫基本放大器。

反馈放大器的原理框图如图 5-1 所示，反馈放大器通常由基本放大器和反馈网络构成。图中 X_i、X_o、X_f 分别表示放大器的输入信号、输出信号和反馈信号，X_d 则是 X_i 与 X_f 叠加后得到的净输入信号，可以是电压，也可以是电流。A 为开环放大器的放大倍数，F 为反馈网络的反馈系数，由图 5-1 可得各信号量之间的基本关系式如下：

净输入信号

$$X_{id} = X_i - X_f \tag{5-1}$$

开环放大倍数

$$A = \frac{X_o}{X_{id}} \tag{5-2}$$

反馈系数

$$F = \frac{X_f}{X_o'} \tag{5-3}$$

闭环放大倍数（或闭环增益）

$$A_f = \frac{X_o}{X_i} = \frac{X_o}{X_{id} + X_f} = \frac{A}{1 + FA} \tag{5-4}$$

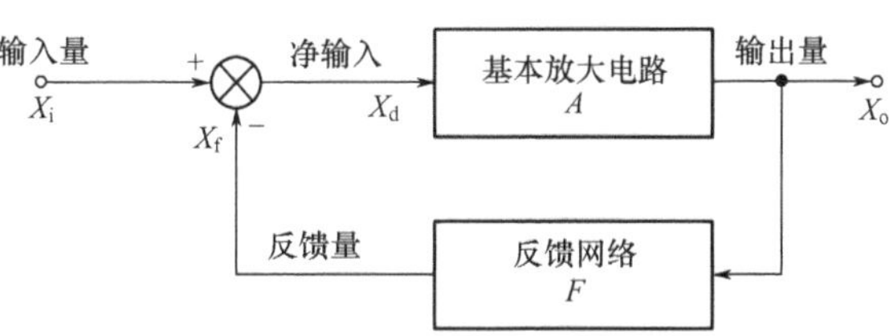

图 5-1　反馈放大器的原理框图

2. 反馈的类型

反馈的类型较多，按照反馈的极性不同，可分为正反馈和负反馈；根据信号的交流、直流属性，分为交流反馈和直流反馈；根据反馈信号在输出端的取样不同，分为电压反馈和电流反馈；根据信号在放大器输入回路的连接方式不同分为串联反馈和并联反馈。

（1）正反馈和负反馈

在放大电路中，如果引入反馈信号，使放大器的净输入信号加强，从而增大了放大器增益，这种反馈称为正反馈；反之，如果引入反馈信号后，使放大器的净输入信号减弱，从而降低了放大器增益，这种反馈称为负反馈。

这里，放大器增益的增加或降低是指在保持输入信号不变的条件下，由反馈信号引起的输出信号增大或减小。而无论放大电路引入哪种极性的反馈，基本放大器（开环）的增益不会发生变化。

（2）交流反馈和直流反馈

在放大电路中各电压和电流都是交流分量和直流分量叠加而成，如果反馈信号中只存在直流分量，则称为直流反馈；如果反馈信号中只存在交流分量，则称为交流反馈。

（3）电压反馈和电流反馈

在反馈电路中，如果反馈信号取样于输出电压，则称为电压反馈；如果反馈信号取样于输出电流，则称为电流反馈。

5.1.2 反馈类型的分析与判断

1. 判断有无反馈

实际电路的形式是多种多样的，在分析电路的反馈时，首先要判断电路有无反馈。判断方法是看放大电路中输入回路和输出问路之间有无相互联系的元件——反馈元件或反馈网络，如果存在反馈元件或反馈网络，并由此影响了放大电路的净输入信号，则表明电路引入了反馈；否则电路中就没有引入反馈。

【例 5-1】 分别判断图 5-2 所示的各电路是否引入了反馈。

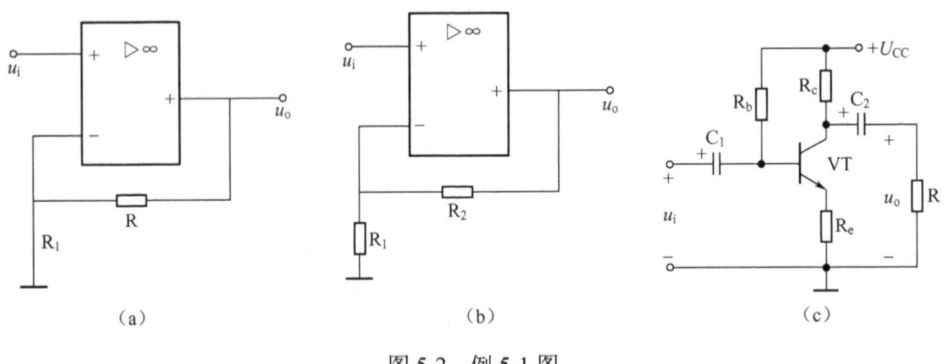

图 5-2　例 5-1 图

解： 通常，可以通过观察电路输出回路和输入回路有无直接的“联系”来判断电路中有无反馈。

在图 5-2（a）所示电路中，电阻 R 的一端接地，另一端接输出，是电路的负载，输出与输入回路间不存在反馈网络，故该电路没有引入反馈。

在图 5-2（b）所示电路中，电阻 R_2 将集成运放的输出端（也是整个电路输出端）和反相输入端“联系”起来，构成反馈通路，使输出电压影响集成运放的输入电压，故引入了反馈。

在图 5-2（c）所示电路中，电阻 R_e 既在输入回路，又在输出回路，将输出回路的电流变化转换成电压的变化来影响晶体管 b—e 间电压，故引入了反馈。

2. 正反馈和负反馈及其判别

根据反馈信号对输入信号作用的不同，反馈可分为正反馈和负反馈两种类型。反馈信号加强了输入信号的，称为正反馈；相反，反馈信号削弱了输入信号的，称为负反馈。

判别正负反馈常用的方法是瞬时极性法，即假设在输入端加上一个瞬时极性为正的输入电压，然后沿闭环系统，逐步推出放大电路其他有关各点的瞬时极性，最后将反馈到输入端信号的瞬时极性和原假定的输入信号的极性相比较：若反馈量的引入使净输入量增加，则为正反馈；反之，为负反馈。在利用瞬时极性法时，通常用符号⊕、⊖来表示各有关点的瞬时极性的正或负，⊕表示该点瞬时信号的变化趋势为增大，⊖表示该点瞬时候号的变

化趋势为减小。根据上面的表述，并结合具体的放大电路，可得出以下两条实用的判断法则：

（1）如果输入和反馈两个信号，接到输入回路的同一电极上，则两者极性相反者为负反馈，相同者为正反馈。

（2）如果输入和反馈两个信号，接到输入回路的两个不同的电极上，则两者极性相向者为负反馈，相反者为正反馈。

晶体管、场效应管及集成运放的瞬时极性如图 5-3 所示。晶体管的基极（或栅极）和发射极（或源极）瞬时极性相同，而与集电极（或漏极）瞬时极性相反。集成运算放大器的同相输入端与输出端瞬时极性相同，而反相输入端与输出端瞬时极性相反。

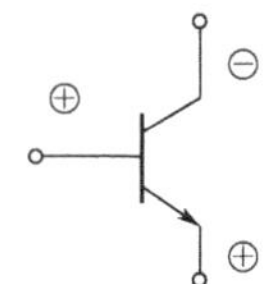

（a）晶体管瞬时极性

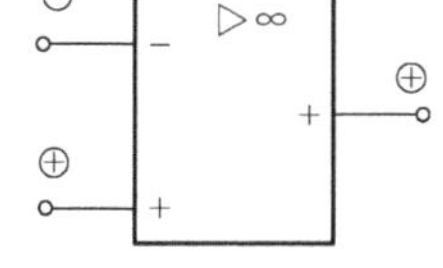

（b）集成运放瞬时极性

图 5-3 瞬时极性

【例 5-2】 断图 5-4 所示电路的反馈的极性。

解：设基极输入信号 u_i 的瞬时极性为正，则发射极反馈信号的瞬时极性也为正，发射结上实际得到的信号 $u_{be} = u_i - u_f$（净输入信号）与没有反馈时相比减小了，即反馈信号削弱了输入信号的作用，故可确定为负反馈。

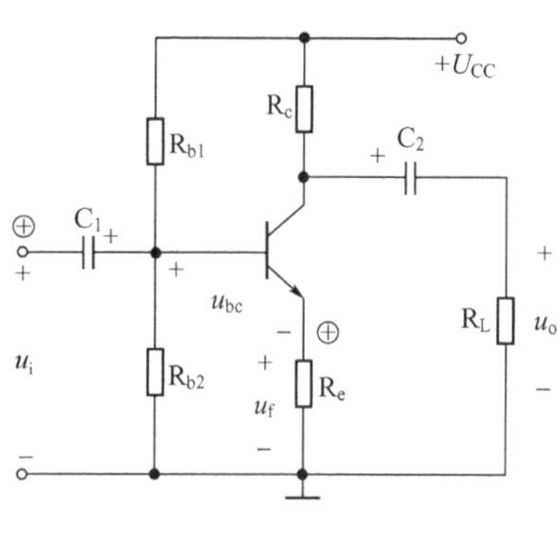

图 5-4 例 5-2 图

【例 5-3】 判断图 5-5 所示电路的反馈极性。

解：设输入信号 u_i 瞬时极性为正，则输出信号 u_o 的瞬时极性为负，经 R_f 返回同相输入端，反馈信号 u_f 的瞬时极件为负，净输入信号 u_d 与没有反馈时相比增大了，即反馈信号加强了输入信号的作用，故可确定为正反馈。

【例 5-4】 判断图 5-6 所示电路的反馈极性。

解：设输入信号 u_i 瞬时极性为正，则输出信号 u_o 的瞬时极性为正，经 R_f 返回反相输入端，反馈信号 u_f 的瞬时极性为正，净输入信号 u_d 与没有反馈时相比减小了，即反馈信号削弱了输入信号的作用，故可确定为负反馈。

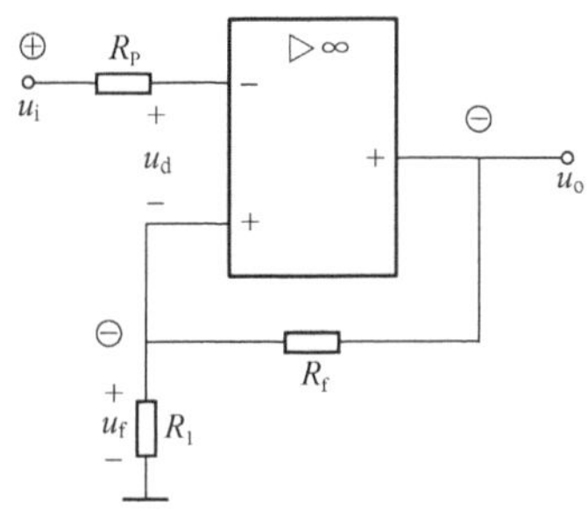

图 5-5 例 5-3 图

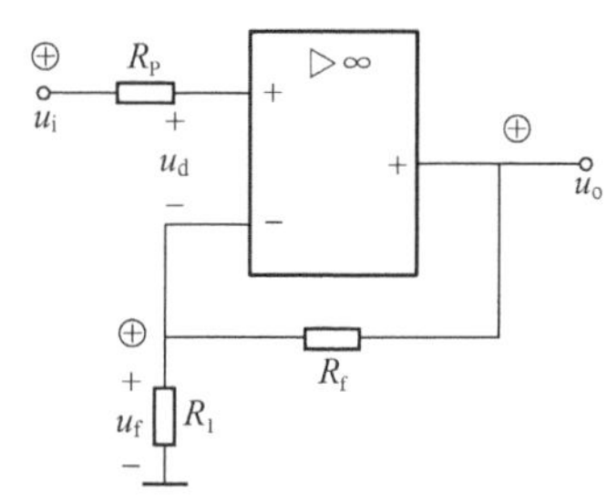

图 5-6 例 5-4 图

3. 直流反馈和交流反馈及其判别

根据反馈信号的交、直流性质，可分为直流反馈和交流反馈。可以通过判别反馈元件出现在哪种电流通路中，来确定是直流反馈还是交流反馈；若出现在交流通路中，则为交流反馈，若出现在直流通路中，则为直流反馈。直流负反馈常用于稳定静态工作点，而交流负反馈主要用于改善放大电路的性能。

例如，如图 5-7（a）所示共射放大电路的直流通路如图 5-7（b）所示。图中，R_e将集电极静态电流 I_{CQ} 的变化转换为电压的变化来影响晶体管 b—e 间的电压，使基极静态电流 I_{BQ} 与 I_{CQ} 变化方向相反，稳定了静态工作点，因而起直流负反馈作用。交流通路如图 5-7（c）所示。图中，电阻 R_e 被旁路电容 C_e 短路，因而没有反馈作用。

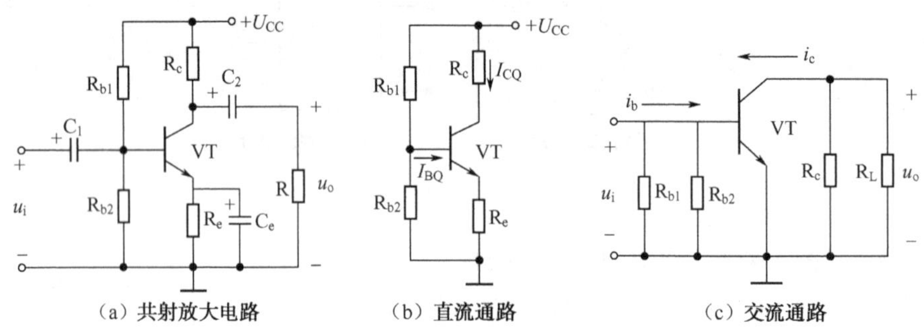

图 5-7　放大电路中的直流反馈和交流反馈

由以上分析可知，在分析电路的反馈时，要特别注意耦合电容和旁路电容等大容量电容对直流通路和交流通路的影响。本章重点研究交流反馈，因此，不管是否画出交流通路，所研究的均为反馈对动态参数的影响。

4. 电压反馈和电流反馈及其判别

根据输出端取样对象的不同，可分为电压反馈和电流反馈，如图 5-8 所示。如果反馈信号取自输出电压，称为电压反馈，反馈信号正比于输出电压，它取样的输出电路为并联连接；如果反馈信号取自输出电流，称为电流反馈，反馈信号正比于输出电流，它取样的输出电路为串联连接。

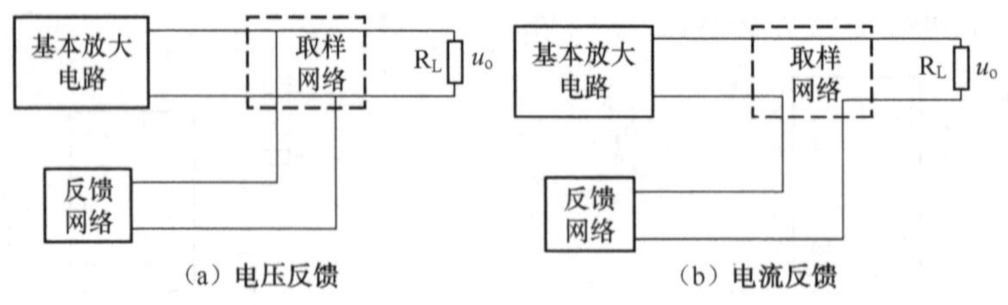

图 5-8　电压反馈和电流反馈

通常采用负载电阻 R_L 短路法来进行判别。假设将负载电阻 R_L 短路，则输出电压为零，即 U_O=0，而 I_O≠0，此时若反馈信号也随之为 0，则说明反馈是与输出电压成正比，为电压反馈；若反馈仍然存在，则说明反馈不与输出电压成正比，为电流反馈，图 5-4 所示电路为电流

反馈，图 5-5 和图 5-6 所示电路均为电压反馈。

5. 串联反馈和并联反馈及其判别

根据反馈网络与基本放大电路在输入端的连接方式，可分为串联反馈和并联反馈，如图 5-9 所示。串联反馈的反馈信号和输入信号以电压串联方式叠加，即基本放大电路的输入电压 $u_d=u_i-u_f$。并联反馈的反馈信号和输入信号以电流并联方式叠加，即基本放大电路的输入电流 $i_d=i_i-i_f$ 。

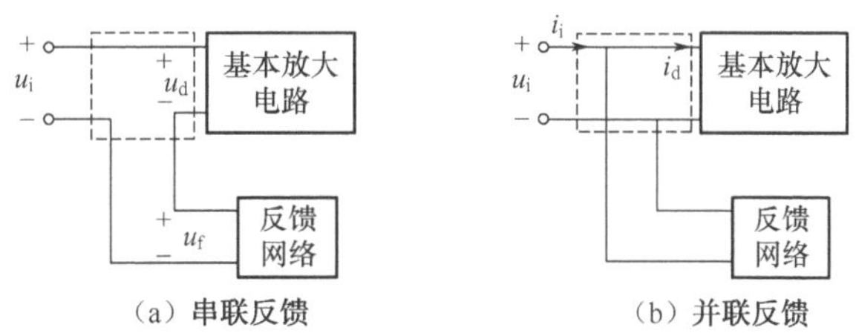

图 5-9　串联反馈和并联反馈

串联反馈和并联反馈可以根据电路结构判别。当反馈信号和输入信号接在放大电路的同一点（另一点往往是接地点）时，一般可判定为并联反馈；而接在放大电路的不同点时，一般可判定为串联反馈。图 5-4、图 5-5 和图 5-6 所示电路均为串联反馈。

思考与练习

5-1-1　试述电路反馈的定义。

5-1-2　电路反馈的分类有哪些？

5-1-3　如何区分电路正反馈和负反馈？具体用什么方法判别？

5-1-4　如何判断反馈电路是电压反馈还是电流反馈？

5-1-5　如何判断反馈电路是串联反馈还是并联反馈？

5.2　任务 2　负反馈的应用

5.2.1　负反馈的四种组态

负反馈放大电路按上面的分类，可构成电压串联、电压并联、电流串联和电流并联四种不同的组态。

1. 电压串联负反馈

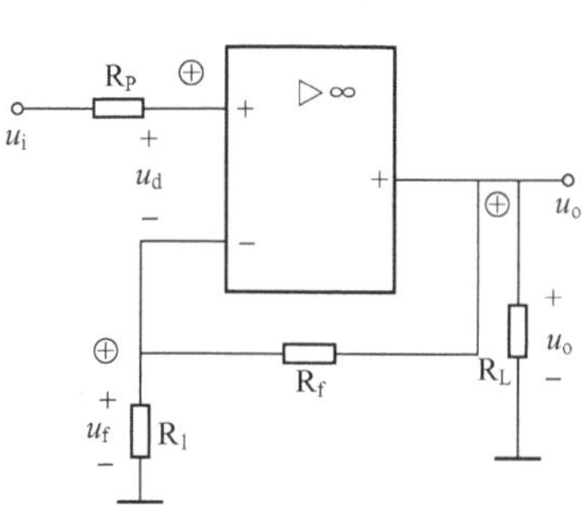

图 5-10　电压串联负反馈

图 5-10 是由集成运放构成的反馈放大电路。集成运放就是基本放大器，R_f 是连接输出回路和输入回路的反馈元件，R_1 和 R_f 组成反馈网络。

设输入电压 u_i 瞬时极性为正，则输出电压 u_o 的瞬时极性为正，经 R_f 返回反相输入端，反馈电压 u_f 的瞬时极性为正，

净输入电压 u_d 与有反馈时相比减小了，即反馈信号削弱了输入信号，故为负反馈。

将输出端交流短路，R_f 直接接地，反馈电压 u_f=0，即反馈信号消失，故为电压反馈。

输入电压 u_i 加在集成运放的同相输入端和地之间，而 u_f 加在集成运放的反相输入端和地之间，不在同一点。因此，输入电压 u_i 与反馈网络的输出电压 u_f 以电压的形式串联叠加，$u_d=u_i-u_f$，故为串联反馈。

综上所述，这个电路的反馈组态是电压串联负反馈。

2. 电压并联负反馈

如图 5-11 所示，设 u_i（i_i）瞬时极性为正，则 u_o 的瞬时极性为负，i_f 的方向与图示参考方向相同，即 i_f 瞬时极性为正，i_d 与没有反馈时相比减小了，即反馈信号削弱了输入信号的作用，故为负反馈。

将输出端交流短路，R_f 直接接地，反馈电流 i_f=0，即反馈信号消失，故为电压反馈。

i_i 加在集成运放的反相输入端和地之间，而 i_f 也加在集成运放的反相输入端和地之间，在同一点，$i_d=i_i-i_f$，故为并联反馈。

综上所述，这个电路的反馈组态是电压并联负反馈。

3. 电流串联负反馈

如图 5-12 所示，设 u_i 瞬时极性为正，则 u_o 的瞬时极性为正，经 R_f 返回反相输入端，u_f 的瞬时极性为正，u_d 与没有反馈时相比减小了，即反馈信号削弱了输入信号的作用，故为负反馈。

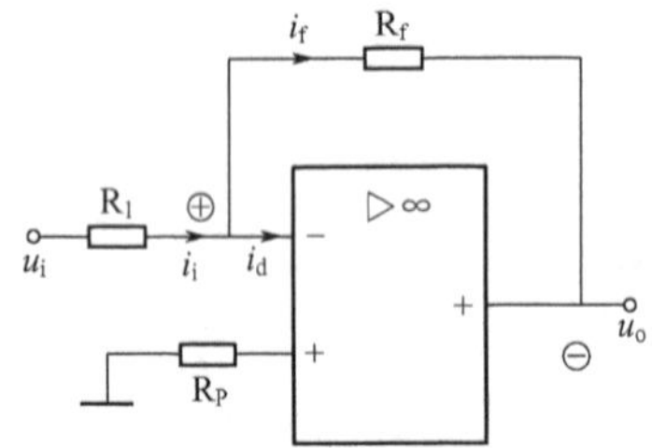

图 5-11　电压并联负反馈

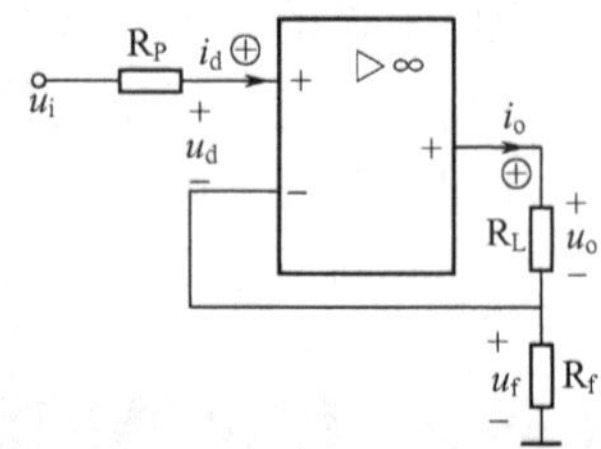

图 5-12　电流串联负反馈

将输出端交流短路，尽管 u_o=0，但 i_o 仍随输入信号而改变，在 R_f 上仍有反馈电压 u_f 产生，故可判定不是电压反馈，而是电流反馈。

u_i 加在集成运放的同相输入端和地之间，而 u_f 加在集成运放的反相输入端和地之间，不在同一点，故为串联反馈。

综上所述，这个电路的反馈组态是电流串联负反馈。

4. 电流并联负反馈

如图 5-13 所示，设 u_i（i_i）瞬时极性为正，则 u_o 的瞬时极性为负，i_f 的方向与图示参考方向相同，即 i_f 瞬时极性为正，i_d 与没有反馈时相比减小了，即反馈信号削弱了输入信号的作用，故为负反馈，

将输出端交流短路，尽管 u_o=0，但 i_o 仍随输入信号而改变，在 R 上仍有反馈电压 u_i 产生，

故可判定不是电压反馈．而是电流反馈。

i_i加在集成运放的反相输入端和地之间，而 i_f也加在集成运放的反相输入端和地之间，在同一点，故为并联反馈，

综上所述．这个电路的反馈组态是电流并联负反馈。

【例 5-5】 判断图 5-14 所示电路引入了哪种组态的交流负反馈。

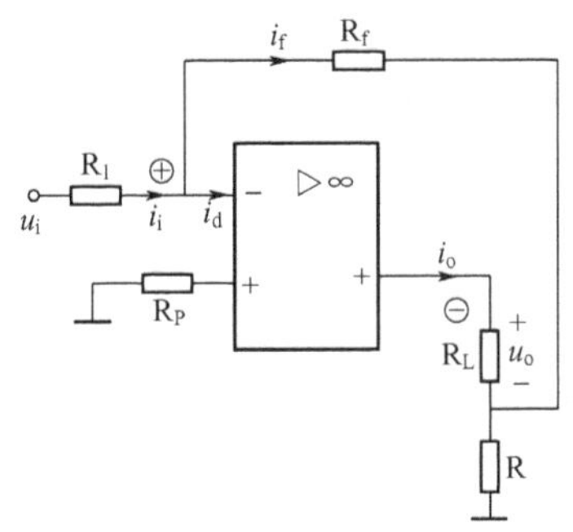

图 5-13　电流并联负反馈

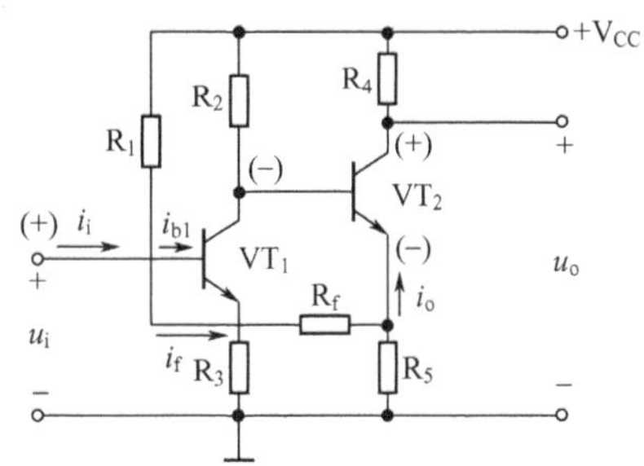

图 5-14　例 5-5 的电路图

解：在图 5-14 所示电路中，反馈电阻 R_f从输出级的射极将部分输出信号反馈到输入级的基极，因反馈信号和输入信号都从 VT_1 的基极接入，以电流相叠加，所以为并联反馈。若将输出端短路，使输出电压 $u_o=0$，但 $i_o\neq0$ ，　$i_f\neq0$，因此为电流反馈。

综上所述，图 5-14 所示电路引入了电流并联负反馈。

5.2.2　负反馈对放大电路的影响

在放大器中引入负反馈，其主要目的是使放大器的工作稳定，在输入量不变的条件下使输出量保持不变。放大器工作的稳定是通过降低放大倍数换来的。

1．降低了放大电路的放大倍数，提高了放大倍数的稳定性

没有加反馈时的放大倍数为 A（开环增益），引入负反馈后的放大倍数为 A_f（闭环增益），由

$$A_f=\frac{A}{1+FA}$$

$$dA_f=\frac{(1+AF)\cdot dA-AF\cdot dA}{(1+AF)^2}=\frac{dA}{(1+AF)^2}$$

$$\frac{dA_f}{A_f}=\frac{1}{(1+AF)}\cdot\frac{dA}{A}$$

由此可见，引入负反馈后，闭环放大倍数降低了（$1+AF$）倍，但闭环放大倍数的相对变化率为开环放大倍数相对变化率的 $1/(1+AF)$，因 $1+AF>1$，所以，闭环放大倍数的稳定性优于开环放大倍数。

负反馈越深．放大倍数越稳定。在深度负反馈条件下，即 $1+AF>>1$ 时，有

$$A_f=\frac{A}{1+FA}\approx\frac{1}{F}\tag{5-5}$$

表明深度负反馈时的闭环放大倍数仅取决于反馈系数 F，而与开环放大倍数 A 无关。通常反馈网络仅由电阻构成，反馈系数 F 十分稳定。所以，闭环放大倍数必然是相当稳定的，诸如温度变化、参数改变、电源电压波动等明显影响开环放大倍数的因素，都不会对闭环放大倍数产生太大影响。

2. 减小非线性失真

由于晶体管输入和输出特性曲线的非线性，放大电路的输出波形不可避免地存在一些非线性失真，这种现象称为放大电路的非线性失真。

假设在一个开环放大电路中输入一正弦信号，因电路中元件的非线性，输出信号产生了失真，且失真的波形是正半周幅值大、负半周幅值小，如图 5-15（a）所示。

引入负反馈后，如图 5-15（b）所示，失真了的信号经反馈网络又送回到输入端，与输入信号反相叠加，得到的净输入信号为正半周小而负半周大。这样正好弥补了放大器的缺陷，使输出信号比较接近于正弦波。

从本质上讲，负反馈只能减小失真，不能完全消除失真，并且对输入信号本身的失真也不能减小。

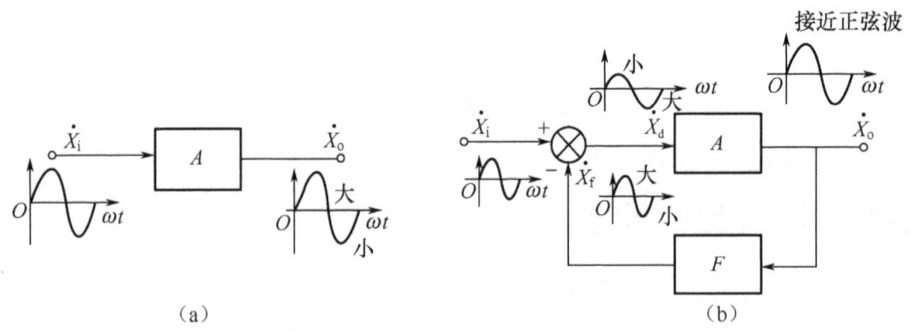

图 5-15　负反馈减小非线性失真

3. 展宽通频带

如图 5-16 所示，因为放大电路在中频段的开环放大倍数 A 较高，反馈信号也较大，因而净输入信号降低得较多，闭环放大倍数 A_f 也随之降低较多；而在低频段和高频段开环放大倍数 A 较低，反馈信号较小，因而净输入信号降低得较少，闭环放大倍数 A_f 也降低较少。这样使放大倍数在比较宽的频段上趋于稳定，即展宽了通频带。

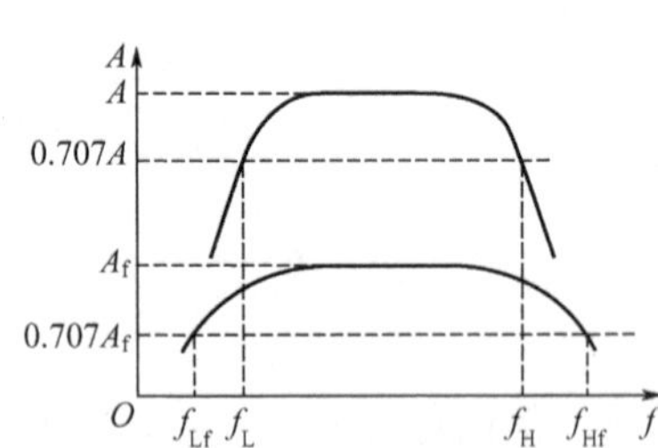

图 5-16　负反馈展宽通频带

4. 改变输入电阻

对于串联负反馈，由于反馈网络和输入回路串联，总输入电阻为基本放大电路本身的输入电阻与反馈网络的等效电阻两部分串联相加，故可增大放大电路的输入电阻。

对于并联负反馈，由于反馈网络和输入回路并联，总输入电阻为基本放大电路本身的输

入电阻与反馈网络的等效电阻两部分并联，故可减小放大电路的输入电阻。

5. 改变输出电阻

对于电压负反馈，由于反馈信号正比于输出电压，反馈的作用是使输出电压趋于稳定，使其受负载变动的影响减小，即使放大电路的输出特性接近理想电压源特性，故而可减小输出电阻。

对于电流负反馈，由于反馈信号正比于输出电流，反馈的作用是使输出电流趋于稳定，使其受负载变动的影响减小，即，使放大电路的输出特性接近理想电流源特性，故而可增大输出电阻。

负反馈对放大电路性能的改善程度都与反馈深度（$1+AF$）有关，反馈深度越大，对放大电路放大性能的改善程度越大。

实用放大电路引入负反馈的目的是为了稳定静态工作点和改善动态性能。不同组态的负反馈，将对放大电路的性能产生不同的影响。因此，在不同的需求下，应引入不同的反馈。放大电路引入负反馈的一般原则如下：

（1）要稳定放大电路中的某个量，就采用某个量的负反馈方式。例如，要稳定静态工作点，就应引入直流负反馈；若要改善动态性能，则应引入交流负反馈。要想稳定输出电压，则应引入电压负反馈：若要稳定输出电流，则应引入电流负反馈。

（2）根据对输入、输出电阻的要求来选择反馈类型。若要提高输入电阻，则应引入串联负反馈；若要减小输入电阻，则应引入并联负反馈。串联负反馈和并联负反馈的效果均与信号源电阻 R_s 的大小有关。对于串联负反馈，R_s 越小，负反馈效果越明显；对于并联负反馈，则是 R_s 越大，负反馈效果越明显。换言之，信号源为近似恒压源的，应引入串联反馈；信号源为近似恒流源的，应引入并联反馈。同理，若要求高内阻输出，则应引入电流负反馈；若要求低内阻输出，则应引入电压负反馈。

（3）根据输入信号对输出信号的控制关系引入交流负反馈，若用输入电压控制输出电压，则应引入电压串联负反馈；若用输入电流控制输出电压，则应引入电压并联负反馈；若用输入电压控制输出电流，则应引入电流串联负反馈；若用输入电流控制输出电压，则应引入电流并联负反馈。

思考与练习

5-2-1　什么是负反馈？什么是正反馈？

5-2-2　负反馈放大器有哪几种类型?

5-2-3　引入负反馈对放大器的性能有哪几个方面的影响?

5-2-4　放大电路中引入负反馈的一般原则是什么？

操作训练　负反馈对放大电路性能影响测试

1. 训练目的

1）掌握负反馈放大电路的测试方法。

2）加深对负反馈放大电路性能的理解。

2. 仿真测试

1）负反馈对放大电路输出波形的影响

以并联电压负反馈放大电路为例，测试负反馈对放大电路性能的影响。电路如图 5-17 所示，该电路由电阻 R_5 构成电压并联负反馈。

（1）编辑测试电路

打开 Multisim10 仿真软件，按图 5-17 所示测试电路，选择元器件，连接电路。

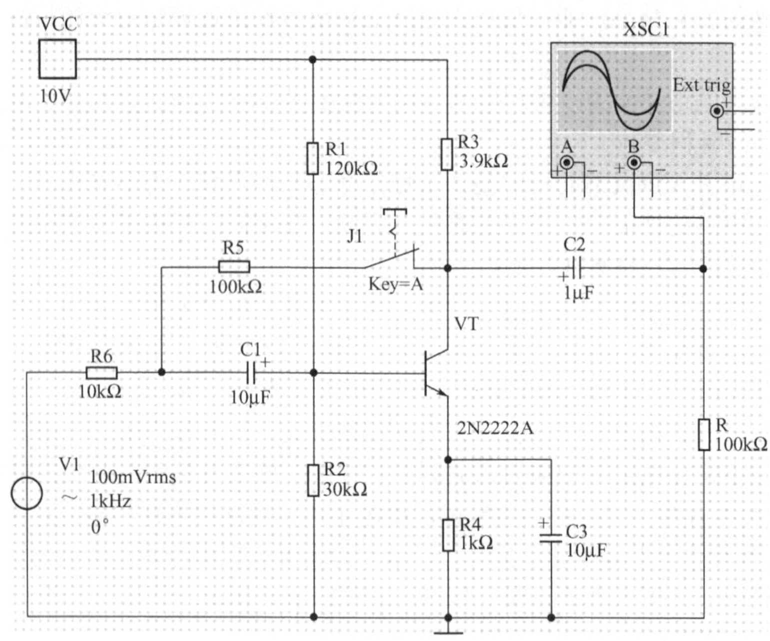

图 5-17　并联电压负反馈放大电路

（2）将输入正弦信号 V1 设置参数为：频率 1kHz，幅值 100mV；在输出负载 R 两端接入一个示波器，开关 S 闭合表示 R_5 接入电路，此时电路为电压并联负反馈；开关 S 断开表示 R_5 处于开路状态，此时电路无反馈，适当设置面板上的参数，测得无反馈时的输出波形如图 5-18（a）所示，有负反馈时的输出波形如图 5-18（b）所示。

由输出波形可以看出，没有反馈时的输出波形幅度较大，但出现了明显的失真；而引入负反馈后，输出没有了失真，但幅度却减小了。

2）负反馈对放大倍数的影响

（1）把波特图仪接入电路中，如图 5-19 所示。

（2）打开开关 S，按下仿真开关，双击波特图仪图标，显示波特图仪的面板，调整参数设置，观察没有反馈时的放大电路的幅频特性曲线，如图 5-20（a）所示。

（3）按下开关 S，将 R_5 接入电路，测出有电压反馈时放大电路的幅频特性曲线如图 5-20（b）所示。

可以看到，加入反馈后，电路的频带宽度明显增加，所以负反馈对频带的展宽有明显的改善作用。

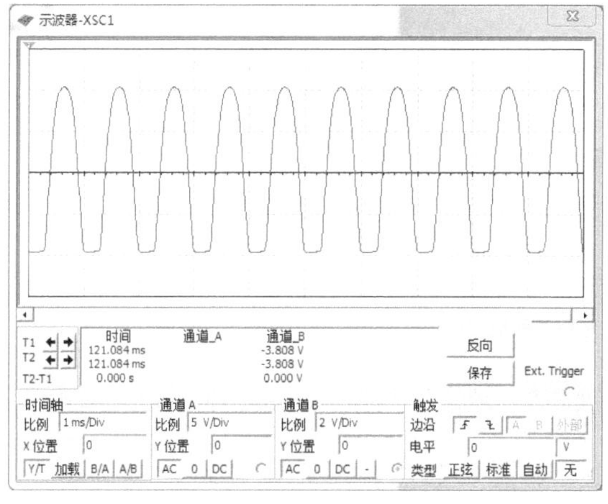

（a）无反馈时的输出波形

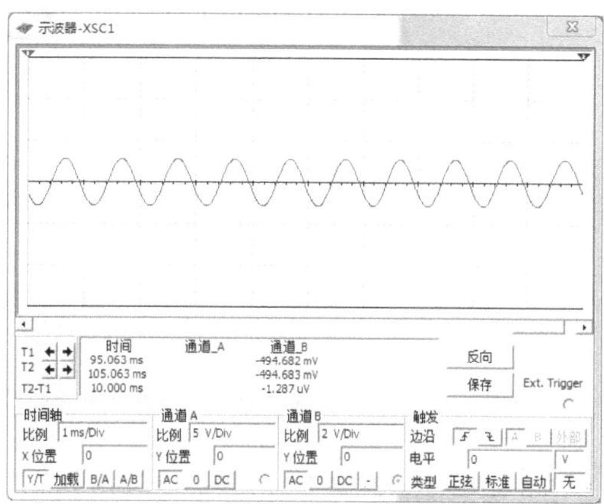

（b）有负反馈时的输出波形

图 5-18 负反馈对放大电路输出波形的影响

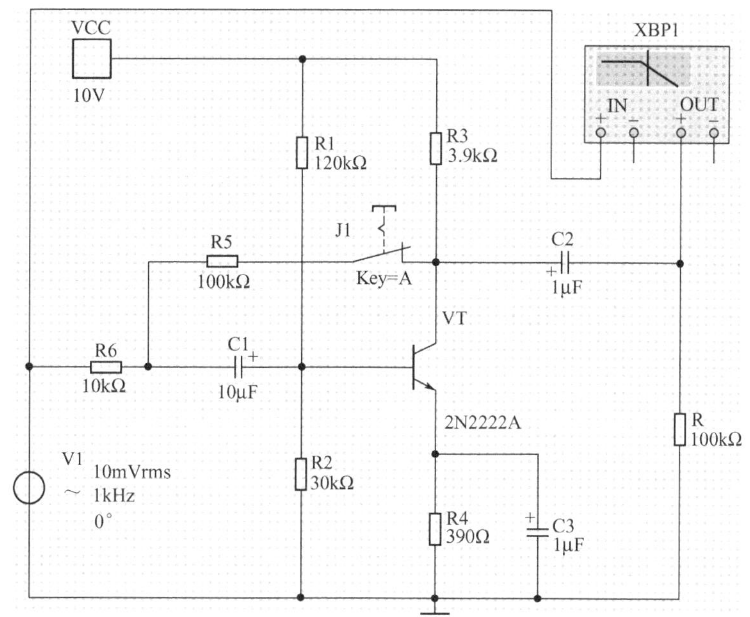

图 5-19 负反馈对放大倍数的影响测试电路

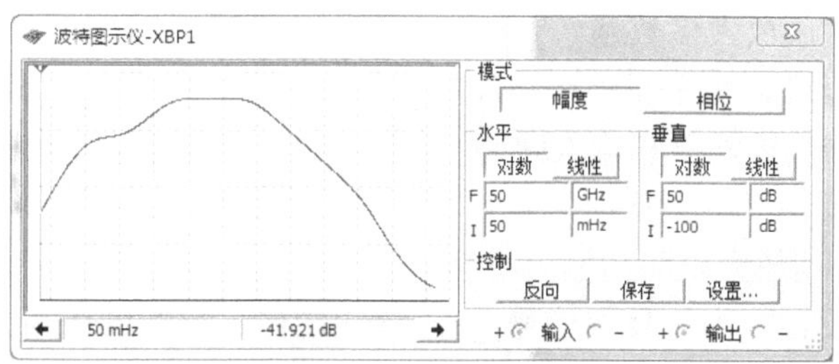

（a）没有反馈时的放大电路的幅频特性曲线

图 5-20 负反馈对放大电路的幅频特性曲线的影响

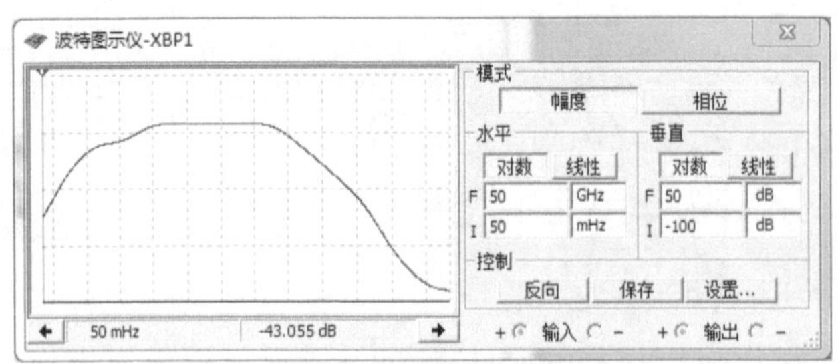

（b）有电压反馈时放大电路的幅频特性曲线

图 5-20　负反馈对放大电路的幅频特性曲线的影响（续）

3. 实验测试

（1）在实验室中，参照图 5-17 连接电路，经检查无误后接通电源，测试负反馈对放大电路输出波形的影响。

（2）参照图 5-19 连接电路，经检查无误后接通电源，测试负反馈对放大电路的幅频特性曲线的影响。

习题 5

1．填空

（1）反馈是将放大电路________的一部分或全部，通过某种电路（反馈电路）送回到________，从而影响（增强或削弱）输入信号的过程。

（2）在放大电路中，如果引入反馈信号使放大器的净输入信号_____，从而____了放大器增益，这种反馈称为正反馈。反之，如果引入反馈信号后，使放大器的净输入信号_______，从而______了放大器增益，这种反馈称为负反馈。

（3）负反馈放大电路有四种不同类型的组态，分别是______________、______________、_________和_________。

（4）在放大器中引入负反馈，其主要目的是_______，在输入量不变的条件下使_______保持不变。

（5）放大电路引入负反馈后，闭环放大倍数降低了______倍，但闭环放大倍数的相对变化率为开环放大倍数相对变化率的_________，闭环放大倍数的稳定性_____________优于开环放大倍数。负反馈越深，放大倍数越______。

（6）对于串联负反馈，由于反馈网络和输入回路_____，故可____放大电路的输入电阻。对于并联负反馈，由于反馈网络和输入回路_____，可_____放大电路的输入电阻。

（7）对于电压负反馈，由于反馈信号_______输出电压，反馈的作用是______，使其受负载变动的影响____，即使放大电路的输出特性接近理想电压源特性，故而可_______输出电阻。

（8）对于电流负反馈，由于反馈信号_____输出电流，反馈的作用是使_________趋于稳定，使其受负载变动的影响______，即使放大电路的输出特性接近理想电流源特性，故而可输出电阻。

（9）负反馈对放大电路性能的改善程度都与反馈深度（$1+AF$）有关，反馈深度____，对

放大电路放大性能的改善程度______。

2．判断图 5-21 所示电路中是否有反馈，是哪种反馈（直流还是交流）？是正反馈还是负反馈？

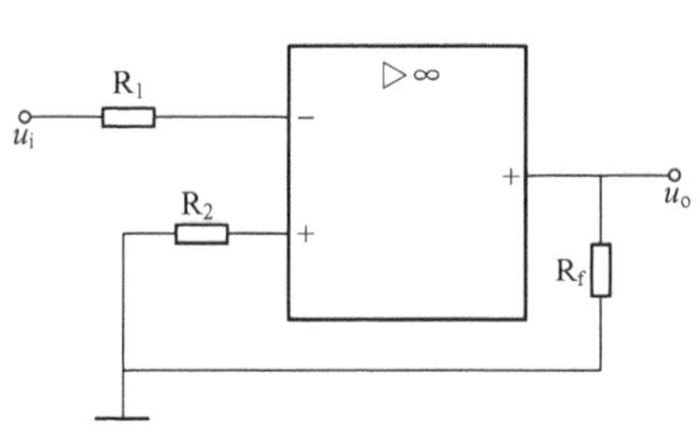

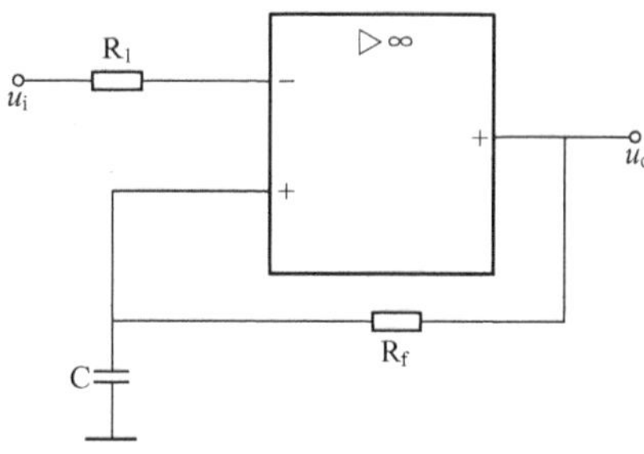

图 5-21　第 2 题图

3．试分析图 5-22 所示放大电路中具有什么类型反馈，它们对放大器的主要影响有哪些？

4．试分析图 5-23 所示运算放大器电路具有什么类型的反馈？

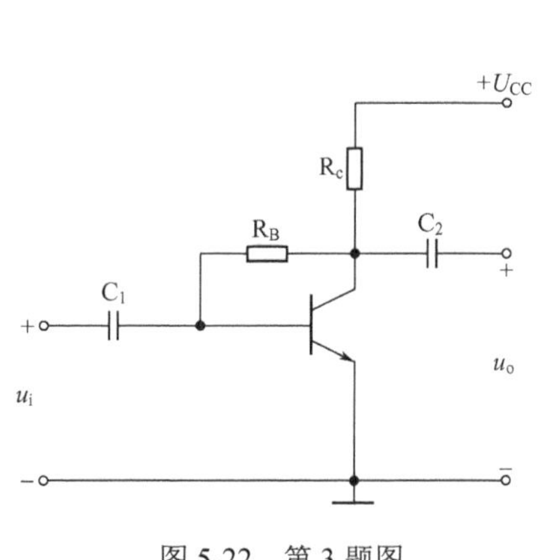

图 5-22　第 3 题图

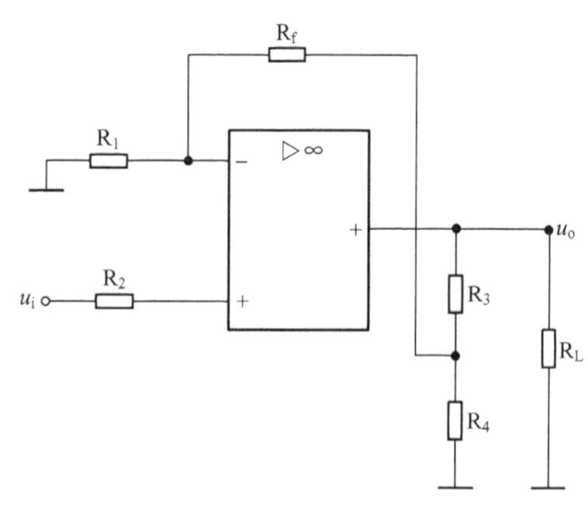

图 5-23　第 4 题图

5．已知电路如图 5-24 所示，试分别判别电路的反馈类型。

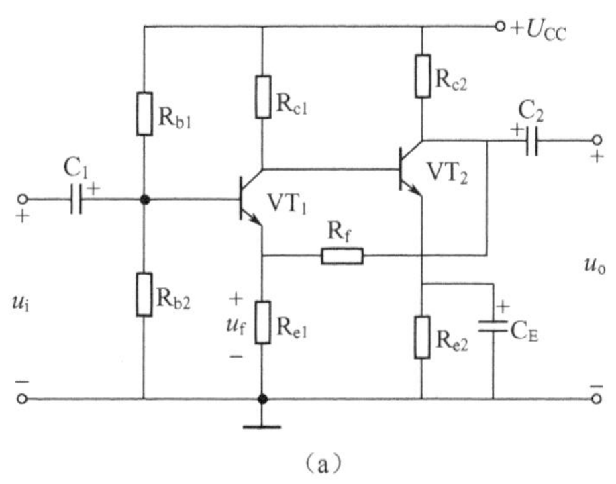

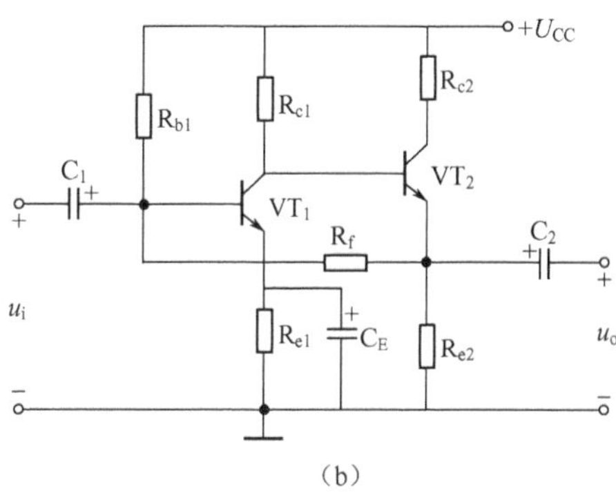

图 5-24　第 5 题图

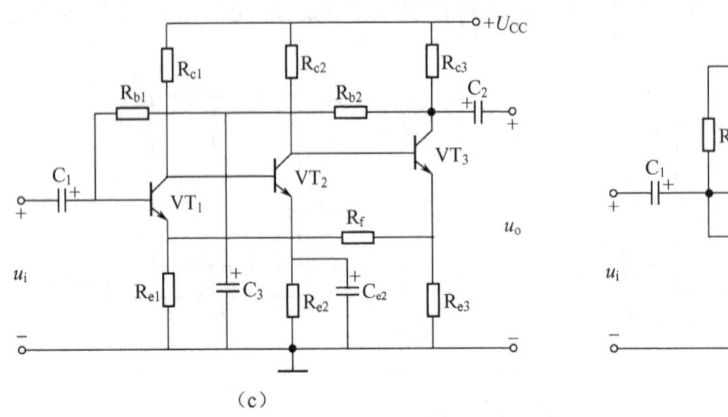

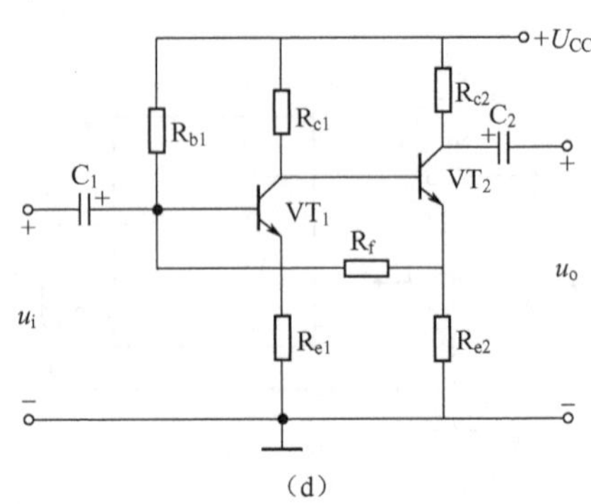

图 5-24　第 5 题图（续）

6．试分析图 5-25 所示运算放大器电路中具有哪些反馈，并说明反馈类型和性质。

7．试分析图 5-26 所示运算放大器电路，指出含有哪些反馈，并说明它们的反馈类型和性质。

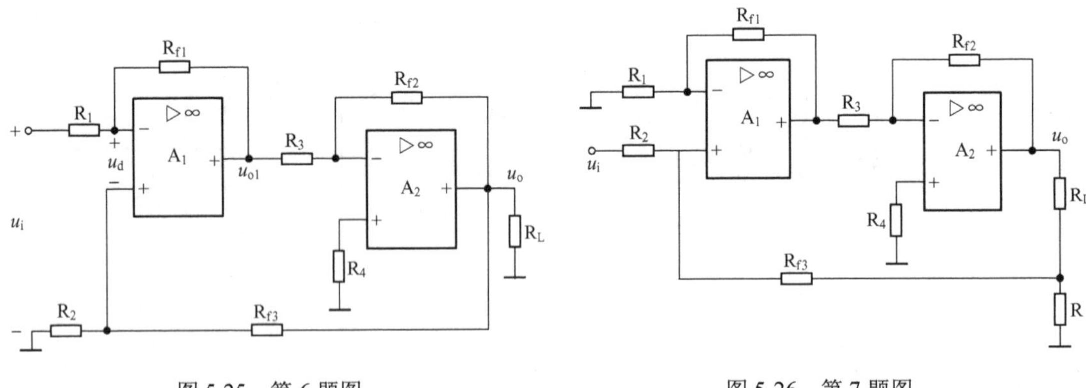

图 5-25　第 6 题图　　　　图 5-26　第 7 题图

8．有一同相比例运算电路，如图 5-27 所示。已知 A_{uo}=1000，F=+0.049。如果输出电压 u_o=2V，试计算输入电压 u_i、净输入电压 u_{io} 和反馈电压 u_f。

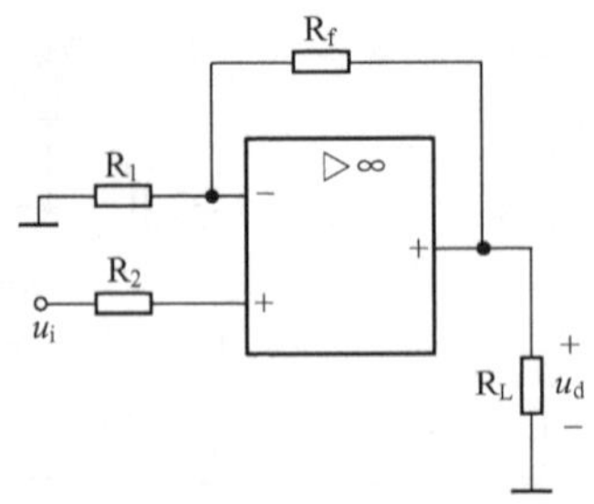

图 5-27　第 8 题图

项目6

波形发生电路的分析及应用

知识目标

① 了解正弦波振荡电路的基本组成、原理及分类。
② 掌握 RC 正弦波振荡器的结构与工作原理。
③ 掌握 LC 正弦波振荡器的结构与工作原理。
④ 熟悉石英晶体正弦波振荡电路的结构与工作原理。

技能目标

① 掌握正弦波振荡电路的分析方法。
② 掌握 RC 正弦波振荡器。
③ LC 正弦波振荡器。
④ 石英晶体正弦波振荡电路。

6.1 任务1 RC 正弦波振荡电路的分析

振荡电路是一种不需要外加输入信号就能将直流电源能量转换为具有一定频率、一定幅度和一定波形的交流能量输出的电路。按其产生的波形不同，振荡电路可分为正弦波振荡电路和非正弦波振荡电路。

正弦波振荡电路在电子测量、自动控制、通信和热处理等多种技术领域都有着广泛的应用。如电子技术实验中经常使用的低频信号发生器就是一种正弦波振荡电路；大功率的振荡电路还可以直接为工业生产提供能源，如高频加热炉的高频电源；此外，超声波探伤、无线电和广播电视信号的发送和接收等，都离不开正弦波振荡电路。

本任务首先介绍正弦波振荡电路的组成、自激振荡的条件，然后分析 RC 正弦波振荡电路。

6.1.1 正弦波振荡电路的组成与振荡条件

1. 正弦波振荡电路的组成

正弦波振荡电路是一种能产生并连续输出稳定正弦波信号的电路。由于波形产生电路没有外加激励信号，其初始信号来自于开机时冲击电流中的谐波分量这种谐波分量随时间衰减很快，要想振荡能够持续下去，必须有一个放大电路，把这些谐波分量加以放大，以保证正常起振和维持足够的输出幅度。它还要有一个正反馈电路，把放大后的信号送回到放大器的输入端，以维持持续的振荡输出。初始信号中谐波分量很多，如果要输出的是单一频率分量，这就要有一个选频电路，对自激信号进行频率选择，对被选择的信号进行反馈和输出，抑制其他频率的信号，输出信号的频率由选频电路决定。为得到幅值稳定的振荡信号，需要有一个稳定幅度的电路，使输出的振荡信号振幅保持恒定。正弦波振荡电路的框图如图 6-1 所示。

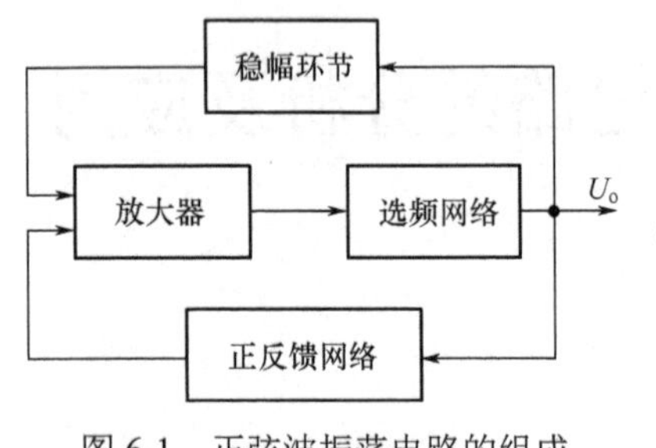

图 6-1　正弦波振荡电路的组成

正弦波振荡电路的组成及各部分的作用如下。

（1）基本放大电路

在正弦波振荡电路中，放大电路除了一定的放大作用外，还给电路提供能量，补充振荡中的能量损耗，使振荡电路维持等幅振荡。放大电路应当结构合理，静态工作点设置合适，以保证放大电路正常工作。

（2）反馈网络

反馈网络的主要作用是将放大电路的振荡信号进行正反馈，以维持持续的振荡。

（3）选频网络

选频网络的主要作用是产生单一频率的正弦波。选频网络所选定的频率就是正弦波振荡电的振荡频率。

在很多正弦波振荡电路中，选频网络与反馈网络合在一起，即同一个网络既有选频作用，又起反馈作用。

（4）稳幅环节

该环节用于建立振荡的稳定的振幅。它可以利用电路中有源器件的非线性来完成，也可以设计独立的稳幅电路。

2. 自激振荡的条件

（1）振荡条件

从结构上看，正弦波振荡电路可以看成一个没有输入信号的带选频网络的正反馈放大器。图 6-2 为接成正反馈时，放大电路在输入信号为 0 时的方框图。

由图 6-2 可知，若在放大器的输入端外接一定频率、一定幅度的正弦波信号，经过基本放大器和反馈网络构成的环路传输后，在反馈网络的输出端得到反馈信号，如果输入信号与反馈信号在大小和相位上都一致，即 $\dot{X}_f = \dot{X}_i$，则反馈电压就可以代替外加输入电压。那么就可以去除外接信号，输出电压保持不变，从而实现了自激振荡。由以上分析可知，要产生自激振荡必须满足

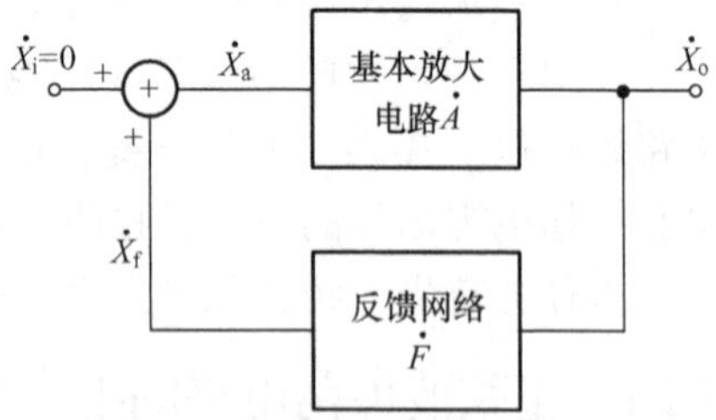

$$\dot{X}_f = \dot{X}_i$$

图 6-2　正弦波振荡电路的方框图

因为

$$\dot{X}_f = \dot{F}\dot{X}_o = \dot{F}\dot{A}\dot{X}_o = \dot{X}_i$$

所以可得振荡产生的条件

$$\dot{F}\dot{A} = 1$$

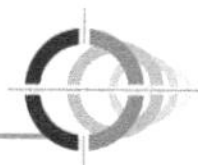

上式分别用幅度平衡条件和相位平衡条件表示

① 幅度平衡条件是放大倍数与反馈系数的乘积之模等于 1，即

$$|\dot{F}\dot{A}|=1 \tag{6-1}$$

② 相位平衡条件是放大电路的相移与反馈网络的相移之和等于±2nπ，即

$$\varphi_{\mathrm{u}}+\varphi_{\mathrm{f}}=\pm 2\mathrm{n}\pi \tag{6-2}$$

这里所说的幅值平衡条件，是指正弦波已经产生且电路已进入稳态而言的。如果设计一个正弦波振荡电路，使它的$|\dot{F}\dot{A}|$恒等于 1，则在刚接通电源开始工作时，放大电路的输入信号、输出信号和反馈信号都等于零。由于$|\dot{F}\dot{A}|=1$这个条件的限制，这种信号为零的状态将维持不变，因此必须有一个外加信号在输入端激励一下，电路才能正常振荡，这显然是不符合实用要求的。那么在没有外加倍号的条件下，电路怎样才能起振呢？

（2）起振和稳幅

通过前文的内容已知，放大电路中存在噪声或瞬态扰动，它的频谱很宽，其中必然包含振荡频率 f_0 的成分。可以用选频网络将频率为 f_0 的成分从噪声或瞬态扰动中“挑选”出来，并使 f_0 以外其他频率的成分衰减下去，只要$|\dot{F}\dot{A}|>1$，输出信号就会由小逐渐变大，即正弦波振荡电路就会自行起振，或者说能够自激。因此起振的幅值条件是$|\dot{F}\dot{A}|>1$，要想能自行起振，当然还必须满足相位条件，即 $\varphi_{\mathrm{u}}+\varphi_{\mathrm{f}}=\pm 2\mathrm{n}\pi$ 。

如果正弦波振荡电路满足起振条件，那么在接通电源后，它的输出信号将随时间逐渐增大。当它的幅值增大到一定程度后，正弦波振荡电路放大部分中的管子就会接近甚至进入饱和区或截止区，输出波形就会失真，显然这是应当设法避免的。因此一般还需要有稳幅环节，以达到$|\dot{F}\dot{A}|=1$，使输出幅度稳定，波形又基本上不失真的目的。

3. 正弦波振荡电路的分析方法

熟悉了正弦波振荡电路的基本组成部分和正弦波振荡的条件，就不难掌握正弦波振荡电路的分析方法。

首先，检查是否具有正弦波振荡电路的几个基本组成部分，即是否有放大电路、反馈网络和选频网络等。然后，分析放大电路的结构是否合理，静态工作点是否能保证放大电路正常工作。最后，分析放大电路是否满足振荡的相位平衡条件和幅值平衡条件。

利用幅值平衡条件检查正弦波振荡电路是否可以满足自激振荡条件。如果$|\dot{F}\dot{A}|<1$，电路不可能振荡。如果$|\dot{F}\dot{A}|>1$，电路能够振荡，但是会出现明显的非线性失真，需要加强稳幅环节的作用。如果$|\dot{F}\dot{A}|=1$，电路能够振荡。振荡电路在起振过程中，要求$|\dot{F}\dot{A}|>1$，这样才能保证振荡信号的幅度不断加大。而在起振过程完成后，必须使$|\dot{F}\dot{A}|=1$，电路才能够维持振荡。

分析是否满足相位条件，即分析是否存在一个频率 f_0，使放大电路的相移和反馈网络的相移相加等于±2nπ。即如果 $\varphi_{\mathrm{u}}+\varphi_{\mathrm{f}}=\pm 2\mathrm{n}\pi$ 。，则满足相位平衡条件，至于是否能产生振荡，还要检查幅值条件。如果在整个频域中本存在任何一个频率能满足相位平衡条件，则不必考虑幅值条件就可以断定不能产生正弦波振荡。

一股采用瞬时极性法，针对反馈环路判别反馈的性质，如果是正反馈，则满足相位条件，否则不满足相位条件。具体的判断步骤是：

① 确定振荡电路中的放大器和反馈网络两个部分。找到反馈网络的输出端和放大器输入

端的连线，将其断开。这时应把放大电路的输入阻抗作为反馈网络的负载看待。

② 在断开点处给放大电路加输入信号 $\dot{X}_i$，假设信号的瞬时极性为正；经放大电路和反馈支路逐级判定信号的瞬时极性，确定出反馈信号 $\dot{X}_f$ 的瞬时极性。根据放大电路和反馈网络的瞬时极性，确定 $\dot{X}_i$ 和 $\dot{X}_f$ 之间的相位关系。

③ 根据 $\varphi_u+\varphi_f$ 是否等于$\pm 2n\pi$，判断电路是否满足相位起振条件。

一般来说，振荡的幅度平衡条件比较容易满足，关键是检查相位平衡条件。

6.1.2 RC 正弦波振荡器

常用的正弦波振荡器主要有 RC 振荡器、LC 振荡器和石英晶体振荡器三种。RC 正弦波振荡电路用以产生较低频率的正弦波信号，常用的 RC 正弦波振荡电路有桥式、移相式和双 T 式三种振荡电路。本节重点讨论桥式振荡电路。

1. RC 串并联选频电路

RC 串并联选频电路如图 6-3 所示，将 R_1、C_1 的串联阻抗用 Z_1 表示，R_2 和 C_2 的并联阻抗用 Z_2 表示，输入电压 $\dot{U}_1$ 加在 Z_1、Z_2 串联网络的两端，输出电压 $\dot{U}_2$ 为 Z_2 两端电压。将输出电压 $\dot{U}_2$ 与输入电压 $\dot{U}_1$ 之比作为 RC 串并联选频网络的传输系数，记为 $\dot{F}$，则

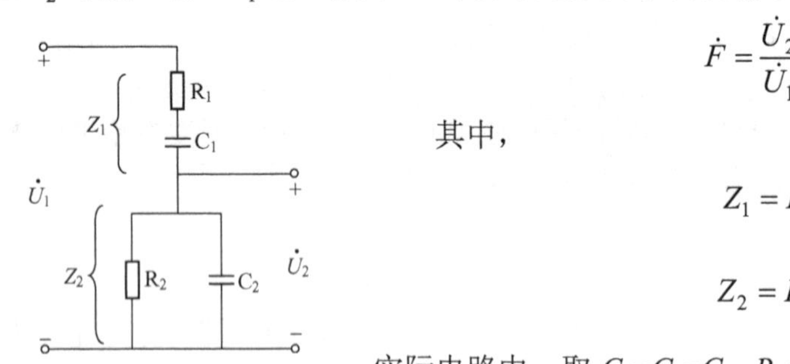

图 6-3　RC 串并联选频电路

$$\dot{F}=\frac{\dot{U}_2}{\dot{U}_1}=\frac{Z_2}{Z_1+Z_2} \tag{6-3}$$

其中，

$$Z_1=R_1+\frac{1}{\mathrm{j}\omega C_1}$$

$$Z_2=R_2+\frac{1}{\mathrm{j}\omega C_2}$$

实际电路中，取 $C_1=C_2=C$，$R_1=R_2=R$，则

$$\dot{F}=\frac{1}{3+\mathrm{j}\left(\omega RC-\dfrac{1}{\omega RC}\right)} \tag{6-4}$$

设输入电压 $\dot{U}_1$ 为振幅恒定、频率可调的正弦信号电压，由式（6-4）可知：

① 当ω=0 时，传输系数 $\dot{F}$ 的模值$|\dot{F}|=0$，相位角 $\varphi_f=+90°$ ；

② 当ω=∞时，传输系数 $\dot{F}$ 的模值$|\dot{F}|=0$，相位角 $\varphi_f=-90°$ ；

③ 当ω=1/RC 时，传输系数 $\dot{F}$ 的模值$|\dot{F}|=\dfrac{1}{3}$，且为最大值，相角 $\varphi_f=0°$ 。

由此看出，当ω由 0→∞时，F 的值先从 0 逐渐增加，然后又逐渐减少到 0。其相位角 φ_f 也从+90° →0° →−90° 变化，如图 6-4 所示。

通过以上分析可知，RC 串并联网络只在$\omega=\omega_0=1/RC$ 时，即

$$f=f_0=\frac{1}{2\pi RC} \tag{6-5}$$

时，输出幅度最大，而且输出电压与输入电压同相，即相位移为 0° 。所以 RC 串并联网络具有选频特性。

2. RC 桥式振荡电路

图 6-5 是 RC 桥式正弦波振荡器，它由两部分组成。放大电路和选频网络。放大电路是一个运放构成的同相比例放大电路。RC 串并联网络在电路中作为正反馈通道兼有选频作用。R_f 和 R 支路引入一个电压串联负反馈。由图 6-5 可见，串并联网络中的 RC 串联支路和 RC 并联支路以及负反馈支路中的 R_f 和 R 正好组成一个电桥的四个臂，因此这种电路又称为文氏电桥振荡电路。

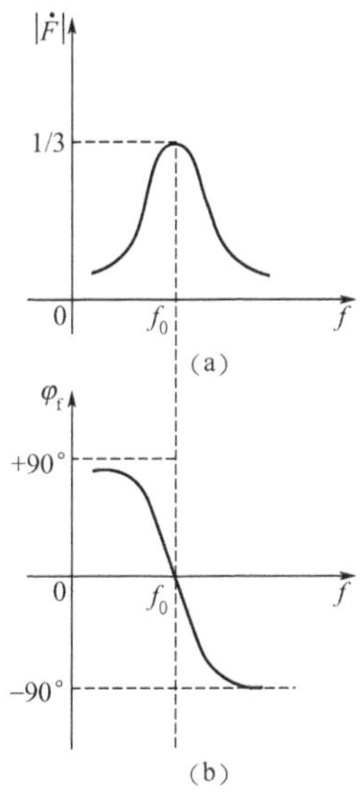

图 6-4 RC 串并联网络的频率特性

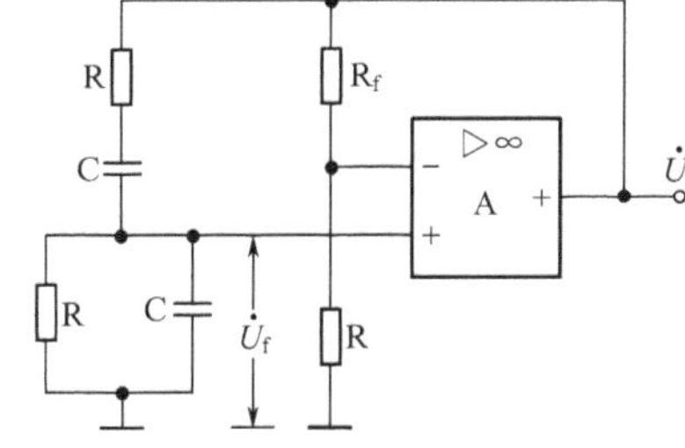

图 6-5 RC 桥式正弦波振荡器

电路工作时，放大器的输入信号 $\dot{U}_f$ 和输出信号 $\dot{U}_o$ 相位相同，$\varphi_f = 0°$。当振荡频率 $f = f_0 = \dfrac{1}{2\pi RC}$ 时，RC 串并联网络的输出信号 $\dot{U}_1$ 与其输入信号 $\dot{U}_o$ 同相，满足自激振荡的相位平衡条件，这时，RC 串并联网络的反馈系数为 1/3，为满足起振条件，应使 $|\dot{F}\dot{A}|>1$，即有

$$|\dot{A}| = A_f = 1 + \frac{R_f}{R} > 3 \tag{6-6}$$

这里，A_f 为同相放大电路的电压放大倍数。其值大于 3 很容易实现。另外，A_f 引入的是电压串联负反馈，它能够提高输入电阻，减小放大器对选频网络的影响。同时使输小电阻减小，提高输出端的借负载能力。电路的振荡频率

$$f_0 = \frac{1}{2\pi RC}$$

但是，这个电路并没有解决好振幅自动稳定的问题。刚开始起振时，环路增益大于 1，振荡器的输出幅度不断增大。当输出幅度受运放最大输出幅度的限制不再增大时，波形已产生了较为严重的非线性失真。因此，需要利用非线性器件来实现振荡幅度的自动稳定。

图 6-6 就是利用热敏电阻稳幅的 RC 桥式正弦波振荡器。

调节负反馈支路中 100kΩ电位器滑动头的位置，使负反馈支路上下两部分的阻值比略大

于 2∶1。热敏电阻 R_t 具有负温度系数。电路刚开始工作时，输出信号幅度很小，流过热敏电阻 R_t 的电流很小，R_t 阻值较大，A_F 大于 3，环路增益大于 1。输出幅度不断增大。达到一定程度时，流过热敏电阻 R_t 的电流变大，R_t 的阻值减小，A_F 等于 3，环路增益等于 1。这时，满足正弦波振荡的幅值平衡条件，输出幅度稳定下来，不再继续增大。

图 6-7 是一种利用二极管稳幅的 RC 桥式正弦波振荡器。与图 6-5 电路相比．不同之处在于反馈支路。在这个电路中，反馈电阻由 R_{f1} 和 R_{f2} 串联组成，同时在电阻 R_{f2} 上还并联了两个二极管 VD_1 和 VD_2。

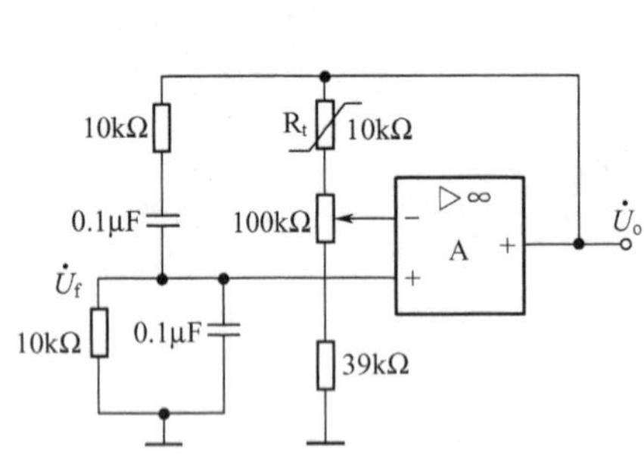

图 6-6　热敏电阻稳幅的 RC 桥式正弦波振荡器

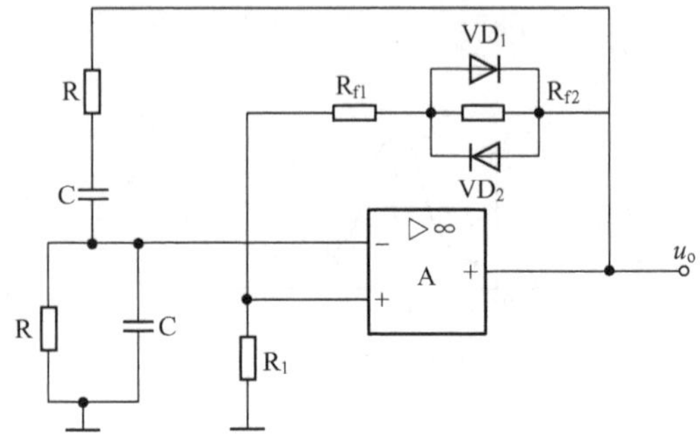

图 6-7　二极管稳幅的 RC 正弦波振荡器

开始起振时，放大器的电压放大倍数 $1+\dfrac{R_{f1}+R_{f2}}{R_1}$ 略大于 3，振荡输出信号 u_o 的幅度迅速增大。由于起振过程中电阻 R_{f2} 上的压降较小，所以，两个二极管都不导通。

当振荡信号足够大时，电阻 R_{f2} 上的压降也较大，两个二极管导通了。这时，反馈支路的等效电阻逐渐变小，电压放大倍数趋近于 3，振荡输出信号 u_o 的幅度稳定下来。起振过程结束，电路输出稳定的正弦信号。

思考与练习

6-1-1　正弦波振荡电路由哪几部分组成？各起什么作用？

6-1-2　产生自激振荡的条件是什么？

6-1-3　文氏电桥振荡电路有什么特点？

操作训练 1　RC 正弦波振荡器测试

1. 训练目的

① 掌握 RC 正弦波振荡器的组成及其振荡条件。

② 学会测量、调试振荡器电路。

2. 仿真训练

（1）创建仿真电路

按图 6-8 所示电路连接好仿真电路。元器件参数按电路标注设置。

（2）启动仿真按钮，双击示波器图标，观察示波器面板有无正弦波输出。若无输出，可

调节 RP 使电路产生振荡。观察输出波形的情况，如出现图 6-9 所示波形，说明输出产生失真。适当减小 RP，可以得到无明显失真的正弦波，如图 6-10 所示。

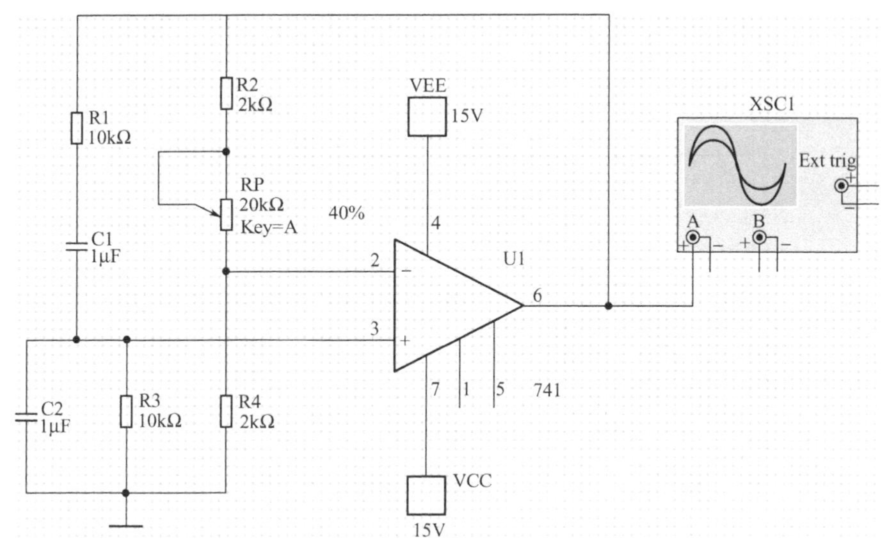

图 6-8　RC 正弦波振荡器仿真测试电路

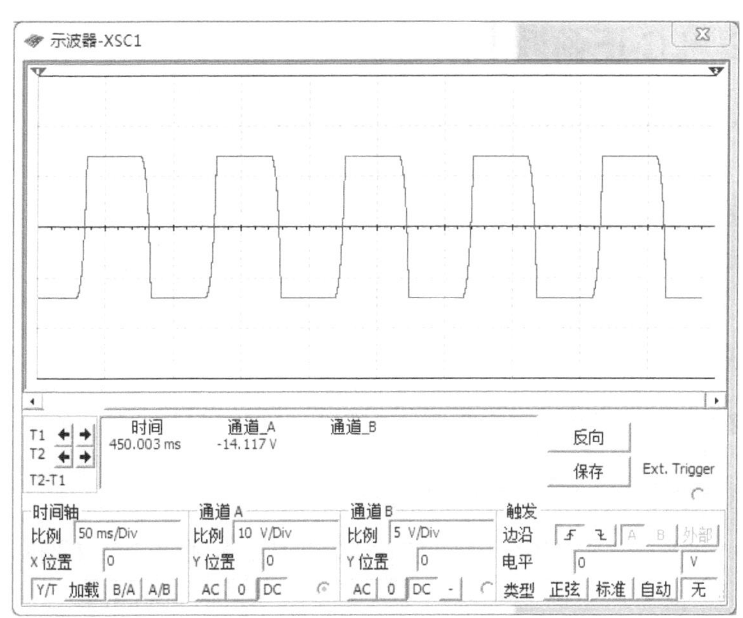

图 6-9　振荡器输出波形失真

（3）根据示波器测得的正弦波，读出其周期，计算振荡器的频率，与理论值比较。

3. 实验测试

（1）参考 RC 振荡器仿真电路，准备元器件连接电路，并仔细检查确保电路无误。

（2）接通电源用示波器观测有无正弦波输出。调节 RP，使输出波形从无到有直至不失真。

（3）根据示波器测得的正弦波，读出其周期，计算振荡器的频率，与理论值比较。

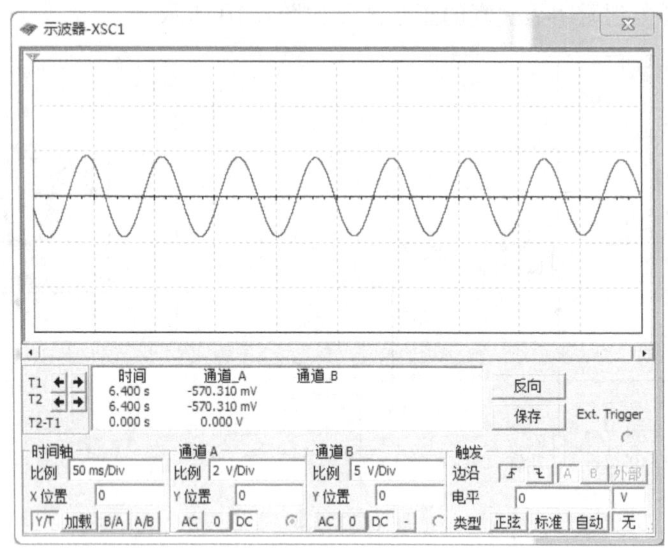

图 6-10　RC 正弦波振荡器输出波形

6.2　任务 2　LC 正弦波振荡电路

LC 正弦波振荡电路采用 LC 并联回路作为选频网络，主要用于产生高频正弦波信号，振荡频率通常都在 1MHz 以上。

LC 和 RC 振荡电路产生正弦振荡的原理基本相同，它们在电路组成方面的主要区别是，RC 振荡电路的选频网络由电阻和电容组成，而 LC 振荡电路的选频网络则由电感和电容组成。根据反馈形式的不同，LC 振荡电路可分为变压器反馈式、电感反馈式和电容反馈式三种。

6.2.1　LC 并联电路的频率特性

LC 并联电路如图 6-11 所示。图中 R 表示电感和回路其他损耗的等效电阻，其值一般很小。

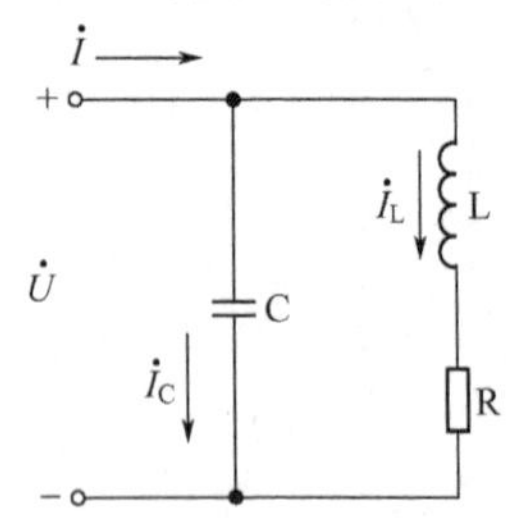

图 6-11　LC 并联谐振回路

1. 谐振频率

由图 6-11 可知，LC 并联谐振回路的等效阻抗为

$$Z=\frac{\dot{U}}{\dot{I}}=\frac{\frac{1}{\mathrm{j}\omega C}(R+\mathrm{j}\omega L)}{\frac{1}{\mathrm{j}\omega C}+R+\mathrm{j}\omega L}$$

通常 $\omega L \gg R$，上式可近似写为

$$Z=\frac{\frac{L}{C}}{R+\mathrm{j}\left(\omega L-\frac{1}{\omega C}\right)} \tag{6-7}$$

式中，由于 R 的值很小，通常忽略不计。由于谐振时，LC 回路呈电阻性，所以式（6-7）中分母虚部部分为 0，令谐振时角频率为ω_0可满足

$$\omega_0 L = \frac{1}{\omega_0 C}$$

所以

$$\omega_0 = \frac{1}{\sqrt{LC}}$$

此时，电路产生并联谐振，用f_0表示谐振频率，其值为

$$f_0 = \frac{1}{2\pi\sqrt{LC}} \tag{6-8}$$

谐振时，Z 呈纯电阻性质，且达到最大值，用 Z_0 表示。

$$Z_0 \approx \frac{L}{RC}$$

通常令

$$Q = \frac{\omega_0 L}{R} = \frac{1}{\omega_0 RC} \tag{6-9}$$

Q 为谐振回路的品质因数，是 LC 电路的一项重要指标，一般谐振电路的 Q 值约为几十到几百。谐振时，阻抗 Z_0 近似为感抗和容抗的 Q 倍，即

$$Z_0 = Q(\omega_0 L) = Q\frac{1}{\omega_0 C} \tag{6-10}$$

可见，当 LC 并联回路发生谐振时，阻抗呈现电阻性，而 Q 值越大，谐振时的阻抗 Z_0 越大。

2. 频率特性

在谐振频率附近，即当 $\omega = \omega_0$ 时，式（6-10）可近似表示为

$$Z \approx \frac{\frac{L}{R}}{1 + \mathrm{j}\frac{\omega L}{R}\left(1 - \frac{\omega_0^2}{\omega^2}\right)} = \frac{Z_0}{1 + \mathrm{j}Q\left(1 - \frac{\omega_0^2}{\omega^2}\right)} = \frac{Z_0}{1 + \mathrm{j}Q\left(1 - \frac{f_0^2}{f^2}\right)} \tag{6-11}$$

根据上式可以画出不同 Q 值时 LC 并联电路的幅频特性和相频特性，如图 6-12 所示。从图中可看出，LC 并联回路具有良好的选频特性，Q 值越高，则幅频特性越尖锐，相应角随频率变化的程度也越急剧，选频特性越好。

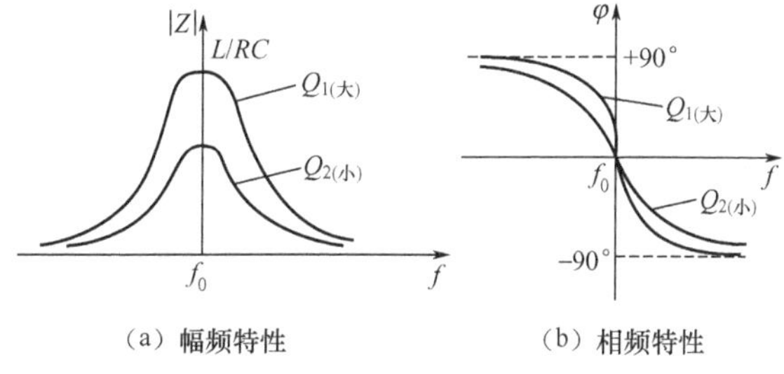

图 6-12　LC 并联回路的频率特性

6.2.2 变压器反馈式 LC 振荡电路

变压器反馈式 LC 振荡电路如图 6-13 所示，它由放大电路、变压器反馈电路和选频网络三部分组成。放大电路接成共发射极组态，线圈 L_1 与电容 C 组成选频网络，变压器二次绕组是反馈网络，通过耦合电容 C_b 将信号反馈回晶体管的基极。产生正弦波振荡时，线圈 L_1 与电容 C 组成的选频网络工作在并联谐振状态，相当于一个电阻，即晶体管的集电极负载电阻。

本书采用瞬时极性法分析电路的相位平衡条件。假如从耦合电容 C_b 左边断开，并从晶体管基极加入瞬时极性为正的信号。则当瞬时信号的频率使 L_1C 选频网络谐振时，晶体管的集电极电压 $\dot{U}_C$ 相位反相，瞬时极性为负．即 φ_A 为 180°。根据变压器绕组同名端的设置，二次绕组又引入 180° 的相位移，反馈电压 $\dot{U}_f$ 与集电极电压的相位相反，用（+）表示，即 φ_f 也为 180°。这样，对于整个电路，$\varphi_u + \varphi_f = 360°$，满足相位平衡条件，能够产生正弦波振荡。

变压器反馈式 LC 振荡电路利用了 LC 并联回路的谐振特性选频。电路正常工作时产生单一频率的正弦波。电路的振荡频率由并联回路决定，振荡频率为

$$f_0 = \frac{1}{2\pi\sqrt{LC}}$$

由于 LC 振荡电路的振荡频率很高，放大电路中有源器件的带宽会影响振荡频率。因此，很少使用单位增益带宽较低的运放，而多采用高频双极结式晶体管。考虑到共基极放大电路的特点是上限额率很高，因此，晶体管放大器的组态也多用共基极接法。图 6-14 即为共基极接法的振荡电路。

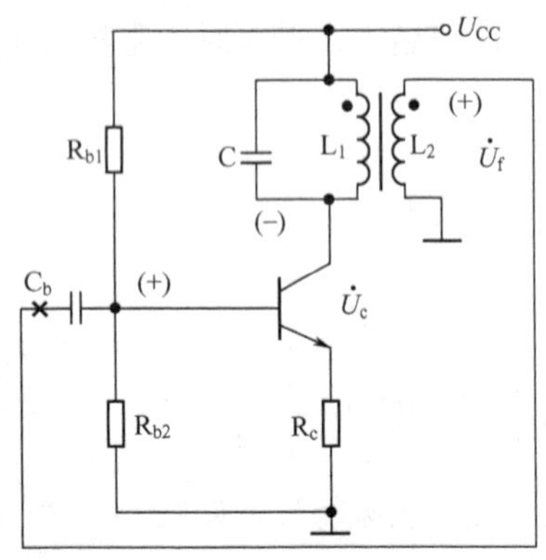

图 6-13　变压器反馈式 LC 振荡电路

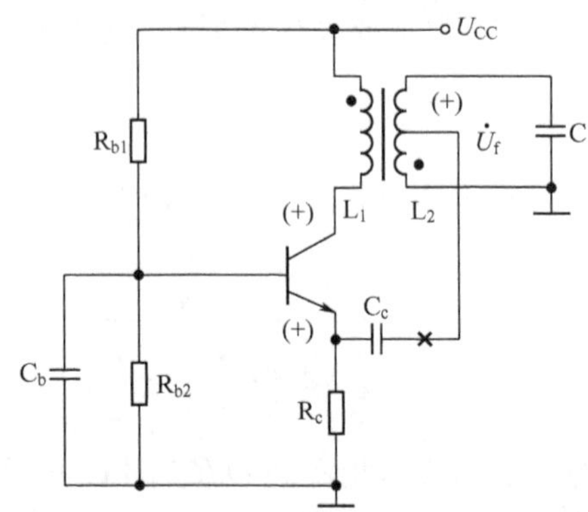

图 6-14　共基极接法的 LC 振荡电路

在这个电路中，放大器的输入信号从晶体管的发射极加入，输出信号从集电极送出。基极为公共瑞。这里同样采用瞬时极性法分析电路的相位平衡条件。假如从耦合电容 C_e 处断开，并从晶体管的发射极加入瞬时极性为正的信号，则当瞬时信号的频率使 L_2C 选频网络谐振时，晶体管的集电极电压 $\dot{U}_C$ 瞬时极性也为正，即 φ_A 为 0°。根据变压器绕组同名端的设置，二次绕组的抽头处瞬时极性也为正，所以，φ_f 也为 0°。这样，$\varphi_u + \varphi_f = 0°$，满足相位平衡条件，能够产生正弦波振荡。

变压器反馈式振荡电路的特点：

（1）易起振，输出电压较大。由于采用变压器耦合，易满足阻抗匹配的要求。

（2）调频方便。一般在 LC 回路中采用接入可变电容器的方法来实现，调频范围较宽，工作频率通常在几兆赫左右。

（3）输出波形不理想。由于反馈电压取自电感两端，它对高次谐波的阻抗大，反馈也强，因此在输出波形中含有较多高次谐波成分。

6.2.3 三点式 LC 振荡电路

变压器反馈式 LC 振荡电路要使用变压器，其体积和重量都比较大。而且，变压器的铁心容易产生电磁干扰。所以，使用更多的 LC 振荡器是三点式 LC 振荡电路，其主要有电感三点式 LC 振荡器和电容三点式 LC 振荡器两种。下面分别进行讨论。

1. 电感三点式 LC 振荡电路

图 6-15（a）所示是一种电感三点式 LC 振荡电路。电路中，LC 并联回路的电感是一个电感线圈，中间有抽头，分为 L_1 和 L_2 两个线圈。从交流通路上看，电感线圈的三个端点分别同晶体管的三个极相连，所以称为电感三点式 LC 振荡器。

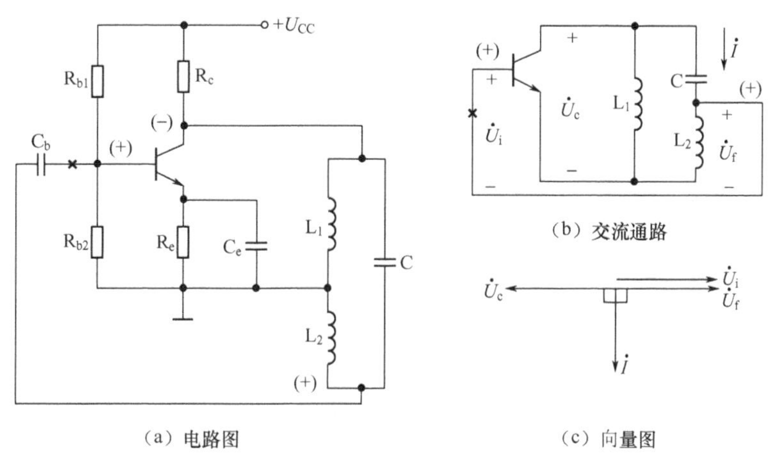

（a）电路图　（b）交流通路　（c）向量图

图 6-15 电感三点式振荡电路

电路中的放大器是共发射极放大电路，信号从晶体管的基极送入，从集电极输出。两者信号相位相反，即 $\varphi_A=180°$ 。

为了分析 LC 并联回路的相位关系，画出电路的交流通路，如图 6-15（b）所示，与相位分析无关的元器件省略未画。图中，以晶体管的集电极电位 $\dot{U}_C$ 为参考量，流过 C 和 L_1 支路的电流 $\dot{I}$ 比该电压超前 90° 。L_1 两端的电压 $\dot{U}_f$ 又比电流超前 90° 。所以，电压 $\dot{U}_C$ 与 $\dot{U}_f$ 相差 180° ，向量图如图 6-15（c）所示。

这样，$\varphi_u+\varphi_f=360°$ ，满足相位平衡条件，电路可以产生正弦振荡。

当谐振回路的 Q 值很高时，振荡频率基本上等于 LC 回路的谐振频率，考虑线圈 L_1 和 L_2 之间的互感 M，电感三点式振荡电路的振荡频率

$$f_0=\frac{1}{2\pi\sqrt{LC}}=\frac{1}{2\pi\sqrt{(L_1+L_2+2M)C}} \tag{6-12}$$

电感三点式 LC 振荡电路具有以下特点：

（1）L_1 和 L_2 两个线圈耦合紧密，很容易起振。改变电感抽头的位置，即改变 L_1 和 L_2 的比值，可以获得满意的正弦波，且振幅较大。通常反馈线圈选择为整个线圈的 1/8 到 1/4。

（2）并联谐振回路可以采用可变电容器，通过改变电容 C 来调节振荡频率，调节频率非常方便，易获得一个较宽的振荡频率调节范围。

（3）由于反馈电压取自电感 L_1，而电感对高次谐波的阻抗较大，在反馈信号中有较大的高次谐波分量，易导致输出波形变差。一般用于要求不高的场合，产生几十兆赫兹以下的正弦波。

2. 电容三点式 LC 振荡电路

电容三点式 LC 振荡电路如图 6-16 所示。晶体管的三个电极分别与电容 C_1 和 C_2 的三个端点相联，故称电容三点式 LC 振荡电路。这种电路的放大器是共射组态，其基极与集电极的相位相差 180°。

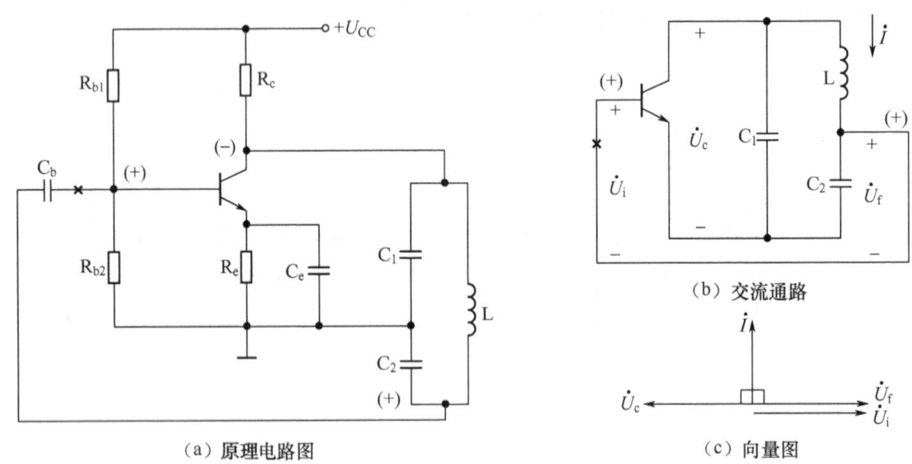

图 6-16　电容三点式 LC 振荡电路

为了分析 LC 并联回路的相位关系，画出电路的交流通路，如图 6-16（b）所示，将与相位分析无关的元器件略去未画。图 6-16（b）中，仍以晶体管的集电极电位 $\dot{U}_C$ 为参考量。流过 L 和 C_2 支路的电流 $\dot{I}$ 比该电压滞后 90°，C_2 两端的电压 $\dot{U}_f$ 又比电流滞后 90°。所以，电压 $\dot{U}_f$ 与 $\dot{U}_C$ 相差 180°。向量图如图 6-16（c）所示。也就是说，对于电容三点网络来讲，其输入信号与输出信号相差 180°。这样，$\varphi_u + \varphi_f = 360°$，满足相位平衡条件，电路可以产生正弦振荡。

在 LC 并联谐振回路中，电容 C 的大小由 C_1 和 C_2 的串联值决定。所以，电容三点式 LC 振荡电路的振荡频率为

$$f_0 = \frac{1}{2\pi\sqrt{LC}} = \frac{1}{2\pi\sqrt{L\dfrac{C_1C_2}{C_1+C_2}}} \tag{6-13}$$

电容三点式 LC 振荡电路具有以下特点：

1）电容三点式振荡电路的反馈电压取自 C_2，C_2 对高次谐波容抗小，反馈电压中含高次谐波分量小，因此输出波形好。

2）由于 C_1 和 C_2 的容量可以选得较小，故振荡频率一般可达 100MHz 以上。这种电路反馈电压取自电容 C_2 两端，而电容对高次谐波的阻抗较小，因此反馈电压中的谐波分量很小，输出波形较好。

3）该电路调节振荡频率不太方便。若通过调节电容来调节频率，反馈系数会随之变化，将影响振动器工作状态。因此，电容三点式振荡电路适用于频率固定的高频振动器。

与电感三点式 LC 振荡电路一样，电容三点式 LC 振荡电路也可与共基放大器配合使用。这时，由于放大器输入信号和输出信号之间相位相同，电容三点网络的输入信号和输出信号之间相位也必须相同。这样才能满足相位平衡条件的要求。

LC 振荡电路的振荡频率可以高达几百兆赫兹，在高频条件下，电容元件存在着的分布电感高频损耗以及电路中一些寄生参数都将产生副作用，影响电路的工作状况和振荡频率。因此，在 LC 振荡电路的设计和制作调试过程中，必须充分考虑这些因素。

思考与练习

6-2-1　LC 振荡电路和 RC 振荡电路的主要区别是什么？

6-2-2　简述变压器反馈式振荡电路的特点。

6-2-3　简述电感三点式 LC 振荡电路的特点。

6-2-4　简述电容三点式 LC 振荡电路的特点。

操作训练 2　LC 正弦波振荡电路测试

1. 训练目的

① 掌握 LC 正弦波振荡器的组成及其振荡条件。

② 学会测量、调试振荡器。

2. 仿真测试

1）创建仿真电路

LC 振荡的仿真电路如图 6-17 所示。

2）启动仿真按钮，双击示波器图标，观察示波器面板有振荡输出。逐渐增加基极偏置电阻，并在输出端产生振荡波形，如图 6-18 所示。

3. 实验测试

实验电路参照仿真测试电路图 6-17，图中晶体管用 3DG6 代替，连接电路并检查无误后再接通电源，仿照仿真测试步骤调试电路，用示波器观察振荡波形，并与仿真结果进行比较。

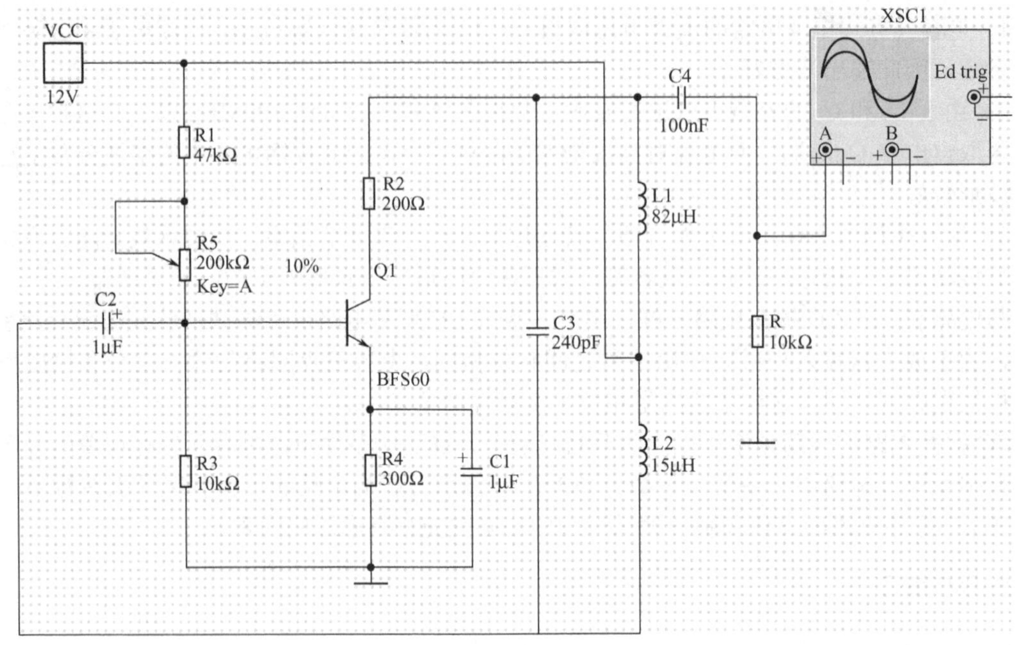

图 6-17　LC 振荡电路的仿真测试

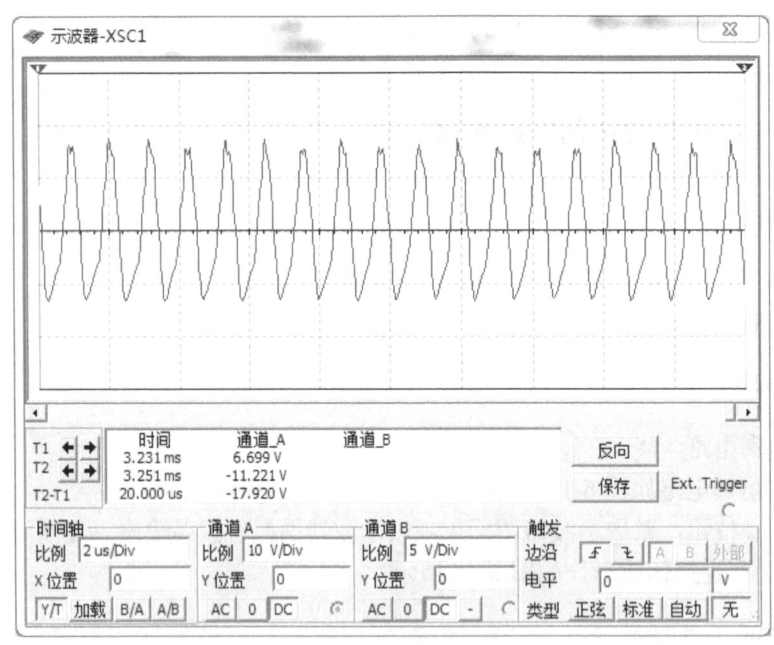

图 6-18　输出振荡波形

6.3　任务 3　石英晶体正弦波振荡电路

前面介绍的各种正弦波振荡电路振荡频率的稳定度，有时还不够高。如果对振荡频率的稳定度有要求，则应采用石英晶体（石英晶体谐振器）作为选频元件构成正弦波振荡电路。

为了了解这种石英晶体正弦波振荡电路的工作原理，本节先介绍石英晶体的基本知识。

6.3.1 石英晶体的基本特性与等效电路

1. 石英晶体的基本特性

（1）石英晶体谐振器的结构

石英晶体是一种各向异性的结晶体，其化学成分是二氧化硅。石英晶体谐振器是利用石英晶体（二氧化硅的结晶体）的压电效应制成的一种谐振器件，它的基本构成大致是：从一块石英晶体上按一定方位角切下薄片（简称为晶片，它可以是正方形、矩形或圆形等），在它的两个对应表面上涂敷银层作为电极，在每个电极上各焊一根引线接到引脚上，再加上封装外壳就构成了石英晶体谐振器，简称为石英晶体或晶体。其产品一般用金属外壳封装，也有用玻璃壳封装的。石英晶体的外形、结构和符号如图 6-19 所示。

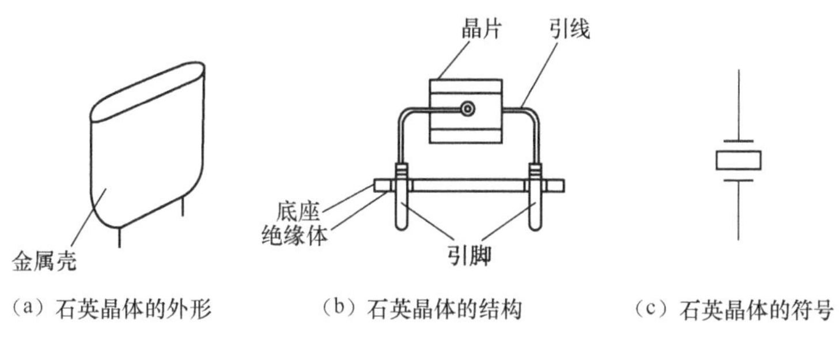

（a）石英晶体的外形　（b）石英晶体的结构　（c）石英晶体的符号

图 6-19　石英晶体谐振器

（2）压电效应

石英晶体之所以能作为选频元件，是利用了它所特有的压电效应。所谓压电效应，就是当晶体受外力作用而变形时，就在它的表面产生正、负电荷，呈现出电压，这称为正压电效应；当在晶片两面施加电压时，晶体又会发生形变，这称为反压电效应。因此若在晶体两端加交变电压时，晶体就会发生周期性的振动，同时由于电荷的周期性变化，又会有交流电流流过晶体。由于晶体是有弹性的固体，对于某一种振动方式，有一个机械的自然谐振频率。当外加电信号频率在此自然频率附近时，就会发生谐振现象。它既表现为晶片的机械共振，又在电路上表现出电谐振，有很大的电流流过，产生电能和机械能的转换。晶片的谐振频率与晶片的切割方式、几何形状、尺寸等有关。

2. 等效电路

石英晶体谐振器的等效电路如图 6-20 所示。

图中 C_0 称为静电电容，电感 L 和电容 C 分别表示晶片的惯性和弹性，晶片振动时的摩擦损耗则由电阻 R 来等效。

由石英晶体的等效电路可以看出，它是一个串、并联的振荡电路，它有两个谐振频率，即 L、C，R 支路串联谐振频率 f_s 和整个等效电路并联谐振频率 f_p，它们分别为

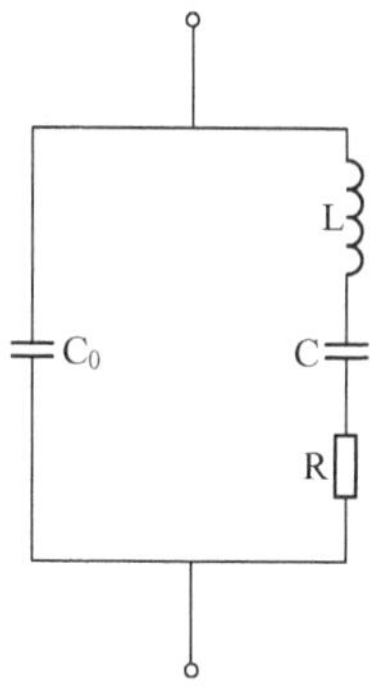

图 6-20　石英晶体的等效电路

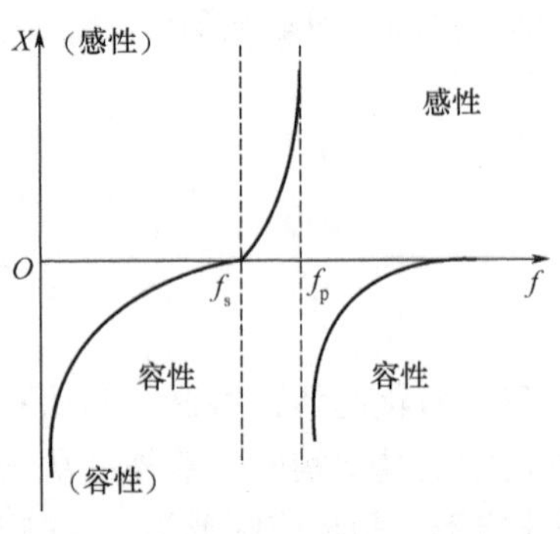

图 6-21　石英晶片的电抗—频率特性

$$f_s = \frac{1}{2\pi\sqrt{LC}} \tag{6-14}$$

$$f_p = \frac{1}{2\pi\sqrt{L\dfrac{CC_0}{C+C_0}}} = f_s\sqrt{1+\frac{C}{C_0}} \tag{6-15}$$

由于 $C \ll C_0$，因此 f_s 和 f_p 非常接近，且 $f_p > f_s$。

根据石英晶体的等效电路，可定性画出它的电抗—频率特性曲线，如图 6-21 所示，可见，仅在 $f_s < f < f_p$ 的极窄的范围时，石英晶体呈感性，相当于一个电感元件。当 $f = f_s$ 时，石英晶体呈纯电阻性，其阻值等于 R 为最小；频率低于串联谐振频率 f_s 或者频率高于并联谐振频率 f_p 时，石英晶体都呈容性，相当于一个电容元件。

由式（5-16）可知，增大的容量可使并联谐振频率 f_p 更接近串联谐振频率 f_s，因此可在石英晶体两端并联一个电容器 C_L，通过调节 C_L 的大小实现频率微调。但 C_L 的容量不宜过大，否则 Q 值过小。石英晶体产品外壳上所示的频率一般是指并联负载电容（如 C_L=30pF）时的并联谐振频率。

6.3.2　石英晶体振荡电路

用石英晶体谐振器构成的晶体振荡器的电路类型有很多，从晶体谐振器所起的作用来看，主要分为并联型晶体振荡器和串联型振荡器两大类。即：

（1）当石英晶体发生串联谐振时，它呈纯阻性，相移是零。若把石英晶体作为放大电路的反馈网络，并起选频作用，只要放大电路的相移也是零，则满足相位条件。这种电路称为串联型石英晶体振荡电路。

（2）当频率在 f_p 与 f_s 之间时，石英晶体的阻抗呈电感性，可将它与两个外接电容器构成电容三点式正弦波振荡电路，这种电路称为并联型石英晶体振荡电路。

1. 并联型石英晶体振荡电路

电路图 6-22 是一个并联型石英晶体振荡电路，石英晶体在电路中起到电感的作用，它与 C_1 和 C_2 组成 LC 选频电路，构成了振荡频率高度稳定的电容三点式 LC 振荡电路。石英晶片做电感用。电路的振荡频率为

$$f_0 = \frac{1}{2\pi\sqrt{L\dfrac{C(C_0+C')}{C+C_0+C'}}} \tag{6-16}$$

式中，$C' = \dfrac{C_1C_2}{C_1+C_2}$，由于 $C \ll (C_0+C')$，则

$$f_0 \approx \frac{1}{2\pi\sqrt{LC}} = f_s \tag{6-17}$$

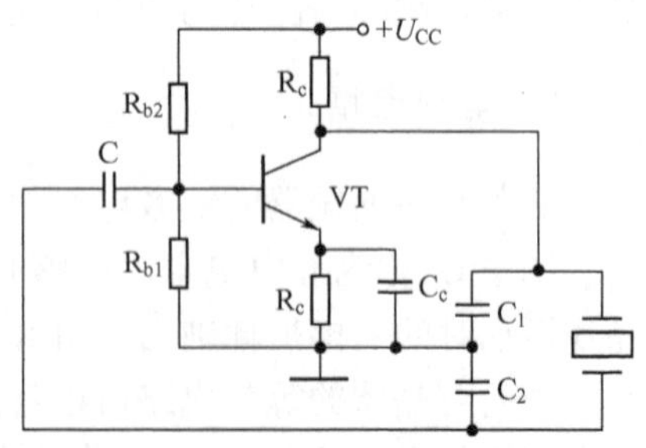

图 6-22　并联型正弦波振荡电路

由式（6-17）可知，振荡频率基本上由晶片的固有频率 f_s 所决定，而与电容 C_1、C_2 的关系很小。也就是说，由电容 C_1、C_2 不稳定而引起的频率漂移很小，因此振荡频率的稳定度很高。

2. 串联型石英晶体振荡电路

图 6-23 是一个串联型石英晶体振荡电路。图中 C_1 为旁路电容，对交流信号可视为短路。若断开反馈，给放大电路加输入电压，极性上“+”下“−”，则 VT_1 管集电极动态电位为“+”，VT_2 管的发射极动态电位也为“+”。只有在石英晶体呈纯阻性，即产生串联谐振时，反馈电压才与输入电压同相，电路才满足正弦波振荡的相位平衡条件。所以电路的振荡频率为石英晶体的联谐振频率 f_s。调整 R_f 的阻值，可使电路满足正弦波振荡的幅值平衡条件。

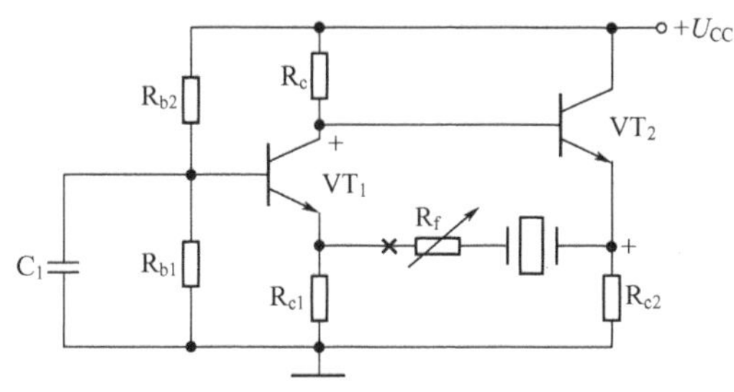

图 6-23 串联型正弦波振荡电路

若 R_f 的阻值过大，则因反馈量太小不能振荡；若 R_f 的阻值过小，则因反馈量太大输出波形会失真。

石英晶体振荡电路的主要优点是频率稳定度很高，由于石英晶体特性好，而且仅有两根引线，安装简单、调试方便，适应了制作标准频率信号源。所以石英晶体在正弦波振荡电路和方波发生电路中获得广泛的应用。但石英晶体结构脆弱，负载能力差，因此多用于对频率稳定性要求高的场合。石英晶体振荡器的一个缺点是，一块晶体只能稳定一个频率，当要求在波段中得到可选择的许多频率时，就要采取别的电路措施。

思考与练习

6-3-1 什么是压电效应？

6-3-2 石英晶体振荡频率的稳定度高的原因是什么？

6-3-3 石英晶体有几个谐振频率？有何关系？

6.4 任务 4 非正弦波形发生电路的分析

常用的非正弦波发生器有矩形波发生器、三角波发生器及锯齿波发生器等。它的电路组成、工作原理、分析方法和前面介绍的正弦波振荡器完全不同，它们常用于数字系统中做信号源。非正弦波发生器主要由具有开关特性的器件（如电压比较器等）、反馈网络以及延时环节等部分组成。开关器件主要用于产生高、低电平；反馈网络主要将输出电压适当地反馈给开关器件使之改变输出状态；延时电路实现延时，以获得所需要的振荡频率。

6.4.1 方波发生器

方波发生电路常作为数字电路的信号源或模拟电子开关的控制信号，它也是其他非正弦波发生电路的基础。由于方波包含丰富的高次谐波，所以方波发生器也称为多谐振荡器。

方波发生电路只有两个暂态，即输出不是高电平就是低电平，而且两个暂态自动地相互转换，从而产生自激振荡。因此，电压比较器就成为方波发生电路的重要组成部分。为了使输出的高、低电平产生周期性变化，在电路中用延迟环节来确定暂态的维持时间，并引入反馈来实现“自控”。

1. 方波发生电路

方波发生电路如图 6-24 所示，它是在迟滞比较器的基础上，把输出电压经 R、C 反馈到集成运放的反相端，在运放的输出端引入限流电阻 R_3 和两个稳压管而组成的双向限幅电路。

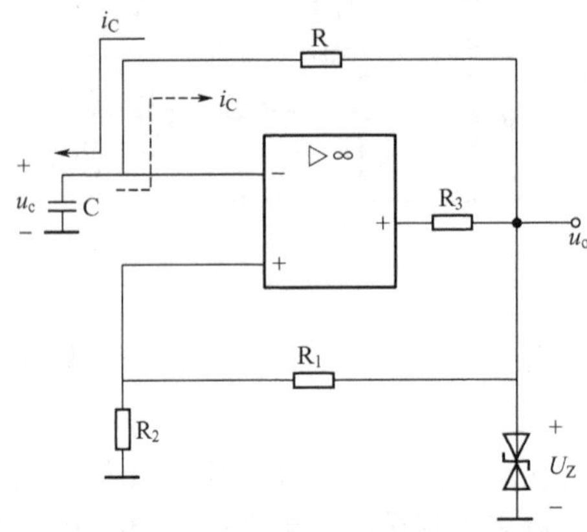

图 6-24　方波发生电路

设初始时电容上没电荷，即 $u_c(0)=0$，比较器的输出为高电平 $u_o=+U_Z$，则运放同相端的电压为

$$U_+ = \frac{R_2}{R_1 + R_2} U_Z \tag{6-18}$$

由于 $u_- = u_c = 0 < u_+$，输出端维持高电平 $u_o=+U_Z$，这时，输出 u_o 通过 R 向电容 C 充电，电容电压按指数规律上升。只要 $u_c<U_+$，电容将继续被充电。但当电容充电到 $u_c=U_+$时，比较器的输出翻转，$u_o=-U_Z$，同时运放同相端的电压也改变为

$$U'_+ = -\frac{R_2}{R_1 + R_2} U_Z \tag{6-19}$$

这时，电容通过 R 放电，电容电压将按指数规律下降。当电容电压下降到 $u_c=U'_+$时，比较器输出再度跳转到 $u_o=+U_Z$，输出电压再度向电容充电，当电容充电到 $u_c=U_+$时，输出又翻转……如此反复，最后在输出端就得到了如图 6-25 所示的方波发生电路的输出电压波形。

由以上分析可知，方波的频率与 RC 充放电时间常数有关，RC 的乘积越大，充放电时间越长，方波的频率就越低。图 6-25 画出了在 t_1～t_3 时的方波一个周期内输出端及电容 C 上的电压波形，其周期可用下式估算。即

$$T \approx 2RC \ln\left(1 + \frac{2R_2}{R_1}\right) \tag{6-20}$$

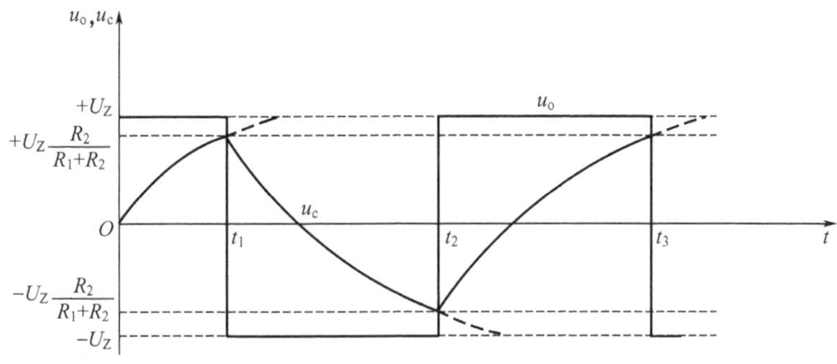

图 6-25　方波发生电路的输出电压波形图

2. 占空比可调的矩形波发生电路

矩形波与方波相比，区别是高低电平所占时间不等，通常把方波高电平的时间 T_H 与周期 T 之比称为占空比。方波的占空比为 50%。如需产生占空比小于或大于 50%的矩形波，只需适当改变电容 C 的正、反向充电时间常数即可。因此只需对图 6-23 稍加改造即可，其改造后的电路如图 6-26 所示，对应的波形如图 6-27 所示。

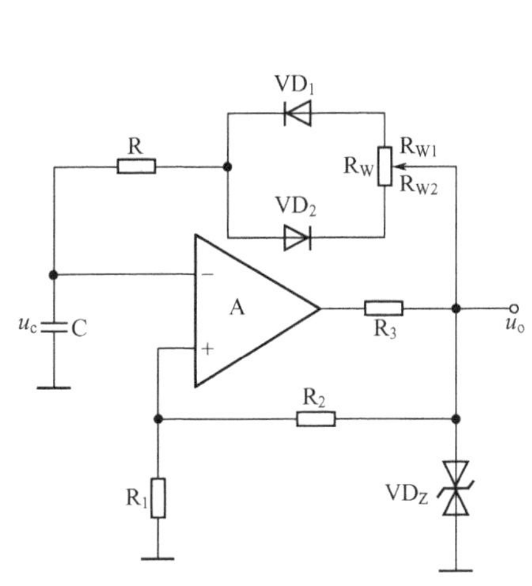

图 6-26　占空比可调的矩形波发生电路

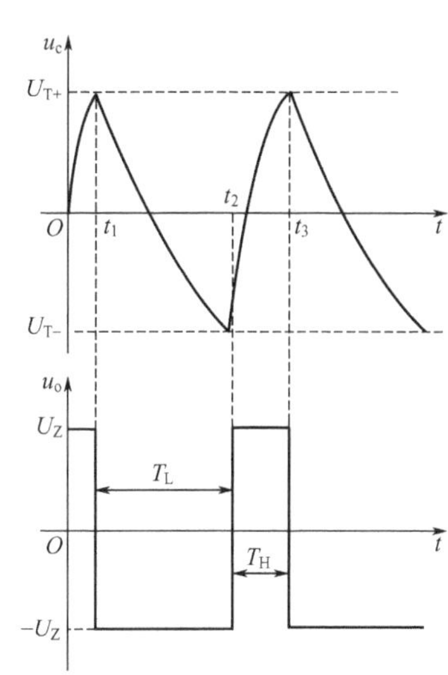

图 6-27　占空比可调的矩形波发生电路波形

从电路图可知，电容充电时，通过 R_{W1}、VD_1、R；电容放电时，通过 R_{W2}、VD_2、R。如果忽略二极管的导通电阻，则充电和放电的时间常数分别为

$$\tau_H = (R_{W1} + R)C \tag{6-21}$$

$$\tau_L = (R_{W2} + R)C \tag{6-22}$$

若改变 R_W 滑动触头位置，就可改变充电和放电的时间常数。如滑动端往下移，R_{W1} 增大，R_{W2} 减小，则充电时间常数增大，放电时间常数减小。

矩形波高电平和低电平的时间分别为

$$T_H = \tau_H \ln\frac{U_Z - U_{T-}}{U_Z - U_{T+}} = (R_{W1} + R)C\ln\left(1 + 2\frac{R_1}{R_2}\right) \tag{6-23}$$

$$T_L = \tau_L \ln\frac{-U_Z - U_{T+}}{-U_Z - U_{T-}} = (R_{W2} + R)C\ln\left(1 + 2\frac{R_1}{R_2}\right) \tag{6-24}$$

矩形波的周期为

$$T = T_H + T_L = (2R + R_W)C\ln\left(1 + 2\frac{R_1}{R_2}\right) \tag{6-25}$$

式中，$R_W = R_{W1} + R_{W2}$

占空比为

$$q = \frac{T_H}{T} = \frac{R_{W1} + R}{R_{W1} + 2R} \tag{6-26}$$

从式（6-26）可见，改变 R_W 滑动端的位置，就可以改变占空比，但矩形波的振荡周期不受影响，即振荡频率不受影响。

6.4.2 三角波发生电路

三角波发生电路一般可用方波发生电路后加一级积分电路组成，将矩形波积分后即可得到三角波。图 6-28 所示为方波—三角波发生器。

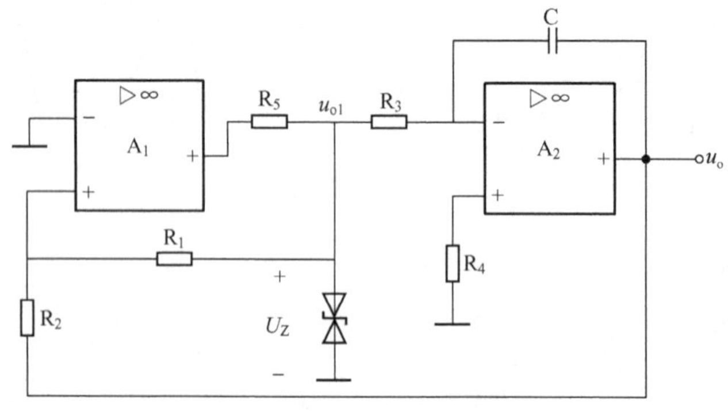

图 6-28　三角波发生电路

图中第一级运放构成滞回比较器，第二级运放构成积分电路，第二级的输出又反馈到第一级的同相输入端。

假定刚开始（t=0）时，滞回比较器输出为高电平，即 $u_{o1}=+U_Z$，且积分电容上的初始电压为零，有 $u_o=-u_c=0$。由叠加定理可得滞回比较器的同相端的电压为

$$u_{+1} = \frac{R_1}{R_1 + R_2}u_{o1} + \frac{R_2}{R_1 + R_2}u_o \tag{6-27}$$

当 $u_{+1}>0$ 时，$u_{o1}=+U_Z$；当 $u_{+1}<0$ 时，$u_{o1}=-U_Z$。

在电源刚接通时，假设电容器初始电压为零，集成运放 A_1 输出电压为 $+U_Z$，即积分器输入为 $+U_Z$，通过 R_3 给电容 C 开始正向充电，输出电压 u_o 开始减小，u_{+1} 值也随之减小，当 u_o 减小到 $-\frac{R_2}{R_1}U_Z$ 时，u_{+1} 由正值变为零，滞回比较器 A_1 翻转，输出 u_{o1} 变为 $-U_Z$。

当 u_{o1}=$-U_Z$ 时，积分器输入负电压，电容器 C 开始反向充电，输出电压开始 u_o 增大，u_{+1} 值也随之增大，当 u_o 减小到 $\frac{R_2}{R_1}U_Z$ 时，u_{+1} 由负值变为零，滞回比较器 A_1 翻转，输出 u_{o1} 变为 $+U_Z$。

此后，前述过程不断重复，便在 A_1 的输出端得到幅值为 U_Z 的矩形波，在 A_2 得到三角波，三角波发生电路的波形如图 6-29 所示，矩形波和三角波的振荡频率相同，可以证明其频率为

$$f = \frac{R_1}{4R_2R_3C} \tag{6-28}$$

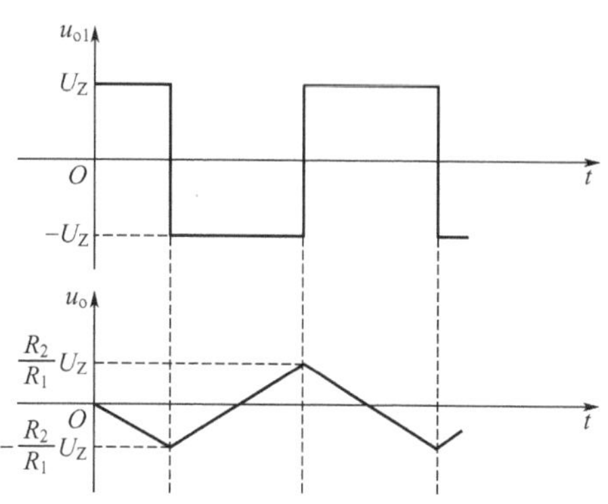

图 6-29 三角波发生电路的波形图

由以上分析可知，三角波的输出幅度与滞回比较器中电阻值之比及滞回比较器的输出电压 U_Z 成正比；而三角波的振荡周期不仅与滞回比较器的电阻值之比成正比，而且还与积分电路的时间常数成正比。在实际调整三角波的输出幅度与振荡周期时，应该先调整电阻 R_1、R_2 的值，使其输出达到规定值，然后再调整 R_3、C 的值，以使振荡周期满足要求。

6.4.3 锯齿波发生电路

锯齿波发生电路能够提供一个与时间成线性关系的电压或电流波形，这种信号在示波器和电视机的扫描电路以及许多数字仪表中得到了广泛应用。锯齿波与三角波的不同之处是上升和下降的波形不对称。因此，只要在三角波发生电路基础上，使积分电路中的积分电容充、放电路径不同，就可以让波形上升和下降的斜率不同，从而输出锯齿波，简单的锯齿波发生电路如图 6-30 所示。

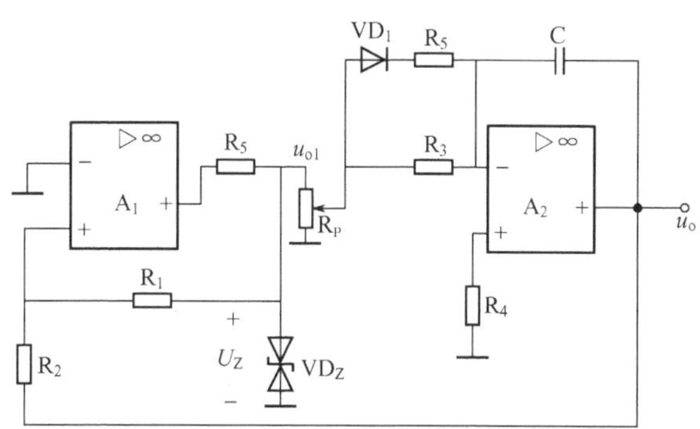

图 6-30 锯齿波发生电路

锯齿波发生电路的工作原理与三角波发生电路基本相同，只是在集成运放 A_2 的反向输入电阻 R_3 上并联了二极管 VD_1 和电阻 R_5 组成支路，使积分器正向积分和反向积分的速度明显不同。当 u_{o1}= $-U_Z$ 时，VD_1 反偏截止，正向积分的时间常数为 R_3C；当 u_{o1}=$+U_Z$ 时，VD_1 正偏导通，正向积分的时间常数为（$R_3//R_5$）C。若取 $R_5 \ll R_3$，则反向积分时间小于正向积分时间，就形成了如图 6-31 所示的锯齿波。

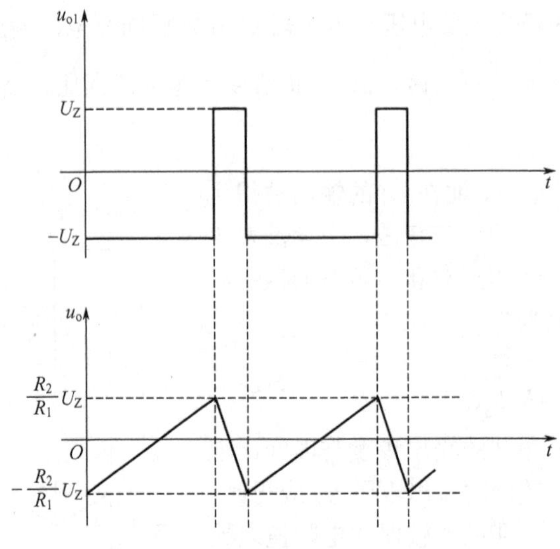

图 6-31　锯齿波发生电路的波形图

6.4.4　8038 集成函数发生器

8038 集成函数发生器是一种多用途的波形发生器，它可以产生正弦波、方波、三角波和锯齿波，其频率可以通过外加的直流电压进行调节，使用方便，性能可靠。

1. 8038 的工作原理

8038 是大规模集成电路，它的内部主要有矩形波、三角波、锯齿波发生电路以及三角波变正弦波电路，其内部原理框图如图 6-32 所示。

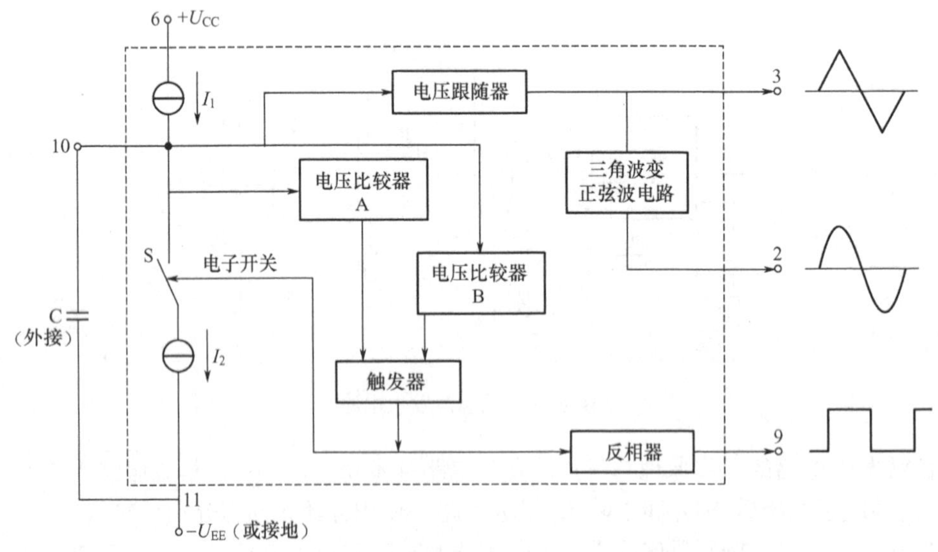

图 6-32　8038 的内部原理框图

在图 6-32 中，电压比较器 A、B 的门限电压分别为两个电源电压的和（U_{CC}+U_{EE}）的 1/2

和 1/3，两个电流源 I_1 和 I_2 的大小可通过外接电阻调节，且 I_2 必须大于 I_1。

当触发器的输出端为低电平时，它控制开关 S 使电流源 I_2 断开。而电流源 I_1 则向外接电容 C 充电，使电容两端电压随时间线性上升，当 u_c 上升到 $u_c=\frac{2}{3}(U_{CC}+U_{EE})$ 时，比较器 A 输出电压发生跳变，使触发器输出端由低电平变为高电平，控制开关 S 接通电流源 I_2。由于 $I_2>I_1$，因此电容 C 放电，u_c 随时间线性下降。

当 u_c 下降到 $\frac{1}{3}(U_{CC}+U_{EE})$ 时，比较器 B 输出发生跳变，使触发器输出端又由高电平变为低电平，它再次断开控制开关 S，I_1 再次向 C 充电，u_c 又随时间线性上升。如此周而复始，产生振荡。

外接电容 C 交替地从一个电流源充电后向另一个电流源放电，就会在电容 C 两端产生三角波并输出到 3 脚。该三角波经电压跟随缓冲后，一路经正弦波变换器变换成正弦波后由 2 脚输出，另一路通过电压比较器和触发器，并经过反向缓冲器，由 9 脚输出方波。图 6-33 为 8038 的外部引脚排列图。

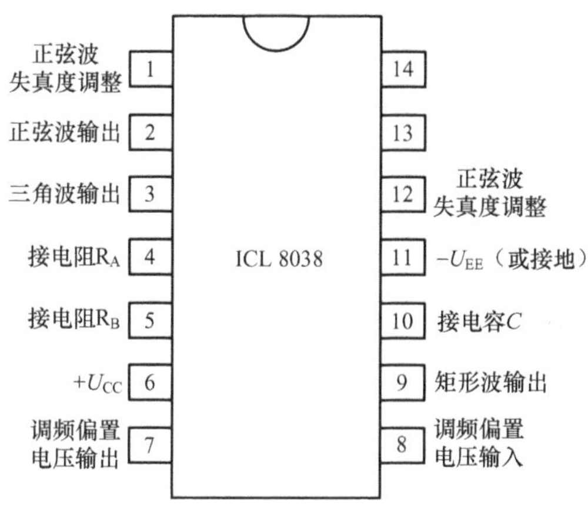

图 6-33 8038 的外部引脚排列图

2. 8038 的典型应用

利用 8038 构成的函数发生器如图 6-34 所示，其振荡频率由电位器 RP_1 滑动触点的位置、C 的容量、R_A 和 R_B 的阻值决定，图中 C_1 为高频旁路电容，用以消除 8 脚的寄生交流电压，R_{P_2} 为方波占空比和正弦波失真度调节电位器，当 R_{P_2} 位于中间时，可输出方波。

思考与练习

6-4-1 简述方波发生器的工作原理。

6-4-2 如何将方波发生器改为矩形波发生器？

6-4-3 如何将方波发生器改为三角波发生器？

6-4-4 如何将三角波发生器改为锯齿波发生器？

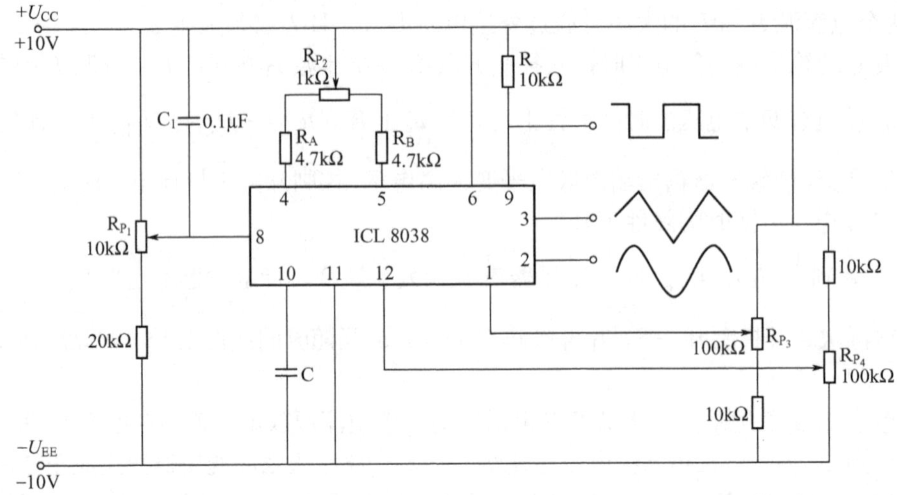

图 6-34　8038 的典型应用

操作训练 3　非正弦波形发生电路测试

1. 训练目的

① 掌握非正弦波发生电路的基本结构。

② 掌握非正弦波发生电路的基本设计、分析和调试方法。

③ 理解非正弦波发生电路的基本性能特点。

2. 仿真测试

1）矩形波发生电路

（1）创建仿真电路

矩形波发生仿真测试电路如图 6-35 所示。

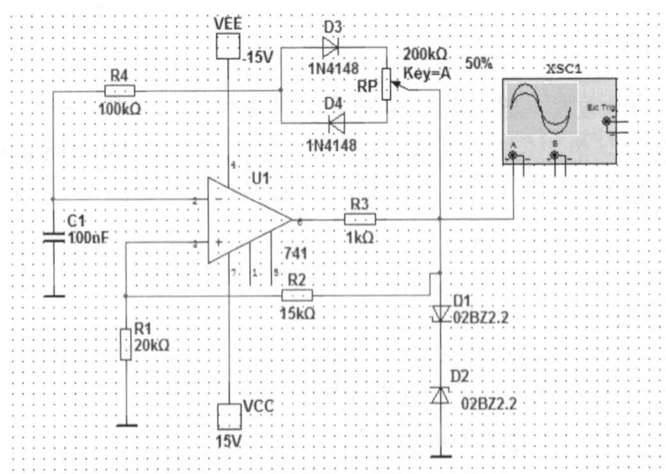

图 6-35　矩形波发生仿真测试电路

（2）启动仿真按钮，双击示波器图标，观察示波器面板有振荡输出。

（3）当电位器 R_P 的滑动端调整在中间位置，输出波形为正负半周对称的矩形波，如图 6-36 所示。可以根据波形读出矩形波的幅度和周期。

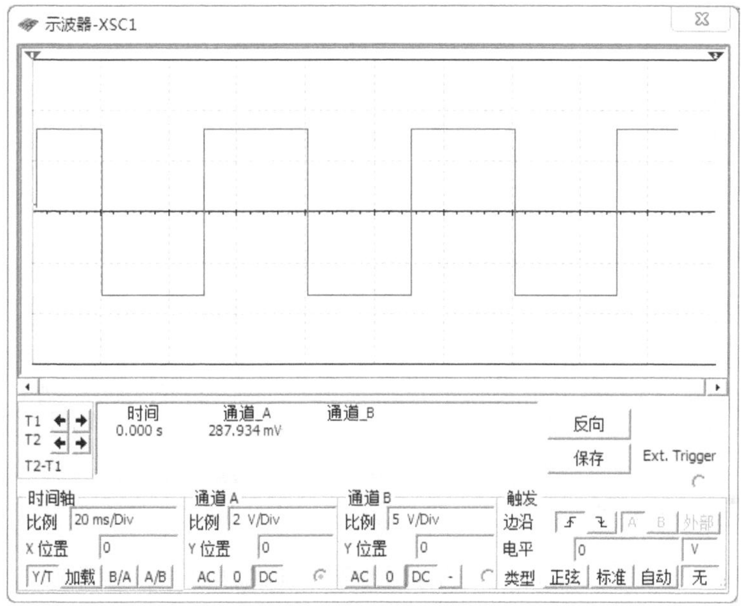

图 6-36　T1=T2

（4）将 R_P 的滑动端向上移动，矩形波的正半周 T1 增大，负半周 T2 减小，如图 6-37 所示，相反，如果 R_P 的滑动端向下移动，矩形波的正半周 T1 减小，负半周 T2 增大。

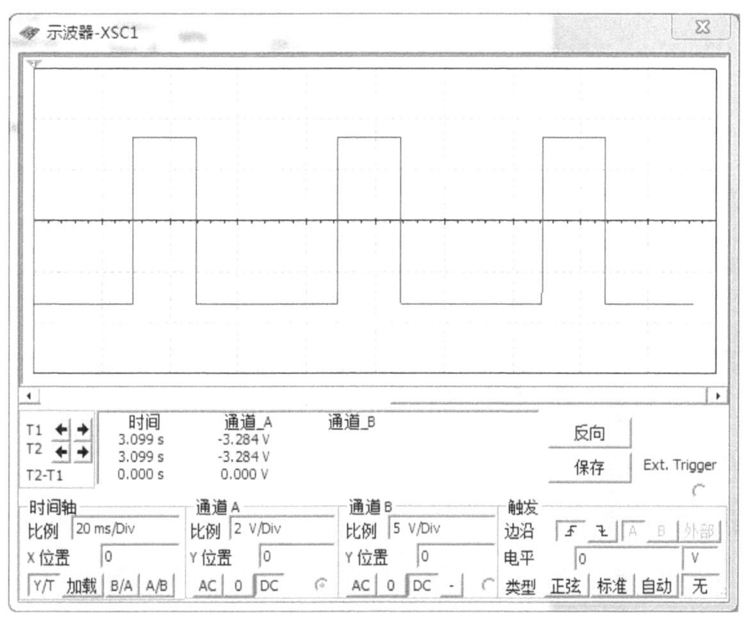

图 6-37　T1<T2

（5）当 R_P 滑动到最下端时，波形如图 6-38 所示，可以根据波形读出矩形波的幅度和周期。

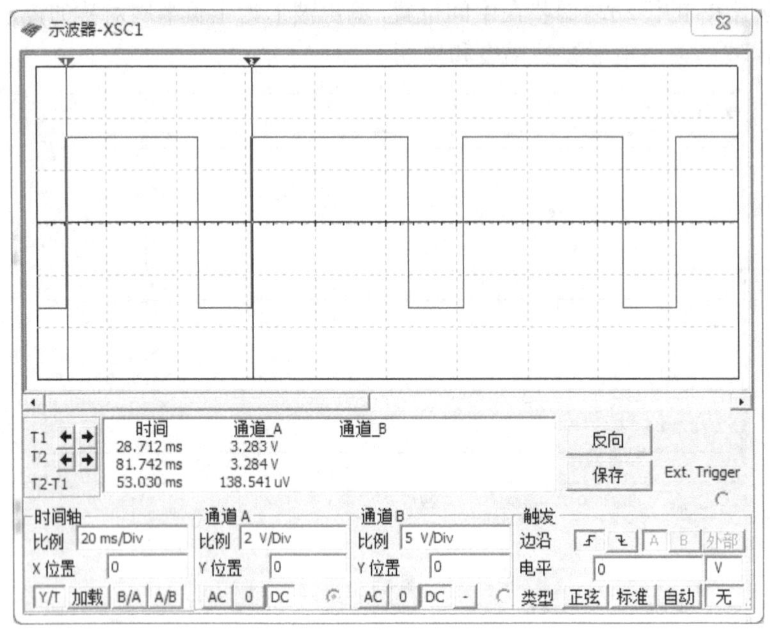

图 6-38　R_P 滑动到最下端时的波形

2）三角波发生电路仿真

（1）创建仿真电路

三角波发生仿真测试电路如图 6-39 所示。

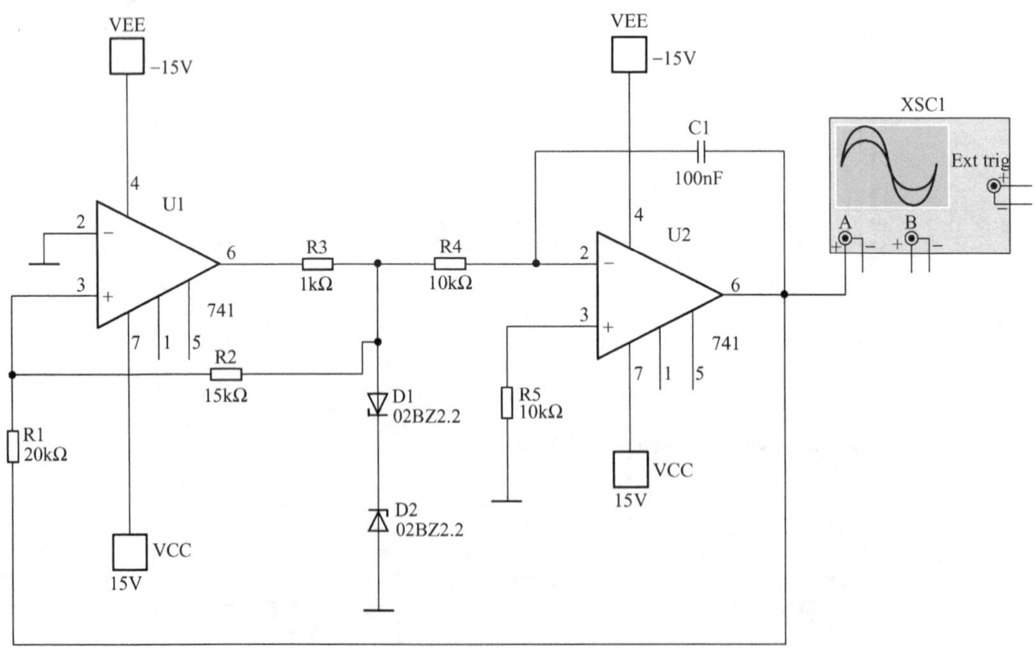

图 6-39　三角波发生仿真测试电路

（2）启动仿真按钮，双击示波器图标，观察示波器面板输出波形如图 6-40 所示。可以根据波形读出三角波的幅度和周期。

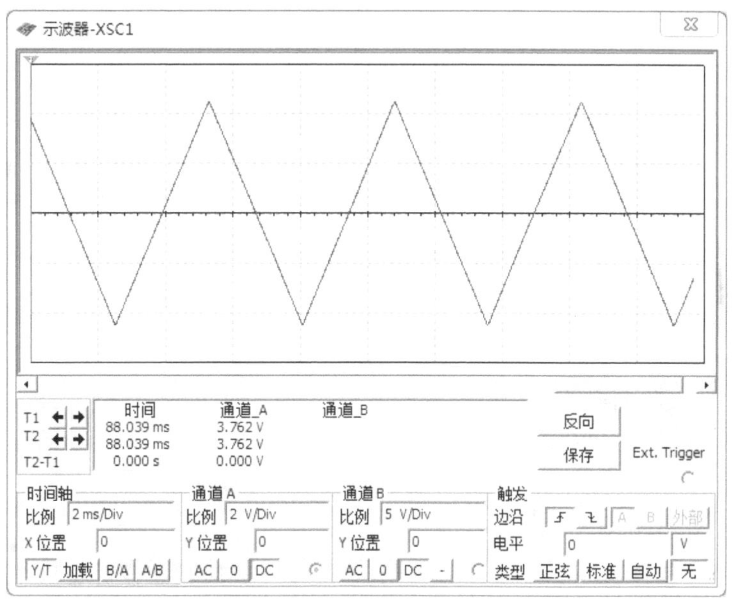

图 6-40 输出三角波的波形

3）锯齿波发生电路仿真

（1）创建仿真电路

锯齿波发生仿真测试电路如图 6-41 所示。

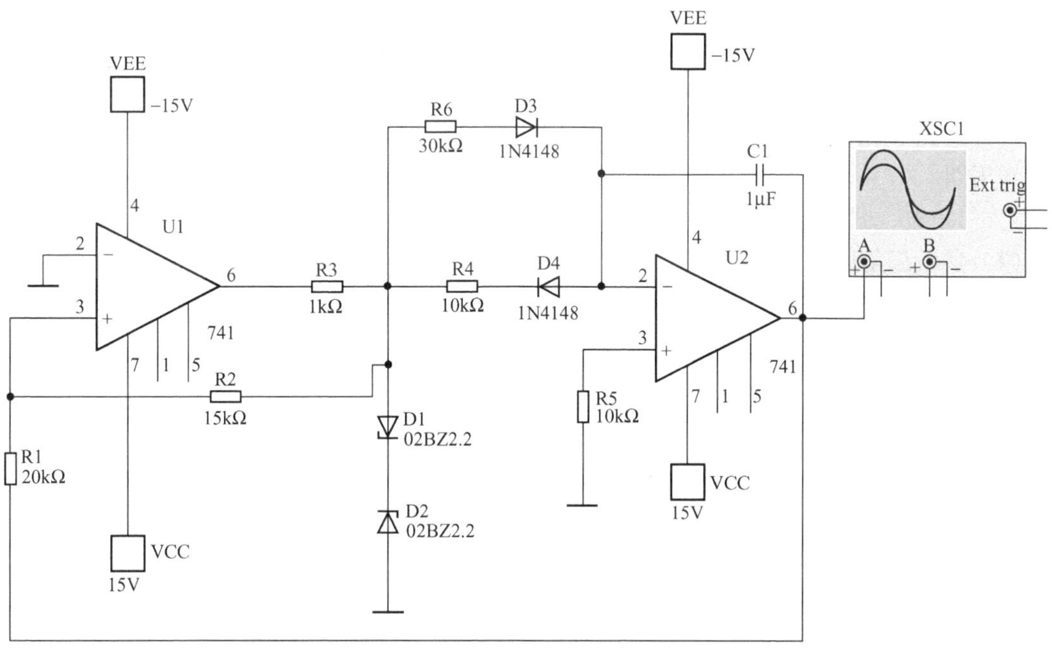

图 6-41 锯齿波发生仿真测试电路

（2）启动仿真按钮，双击示波器图标，观察示波器面板输出波形如图 6-42 所示。

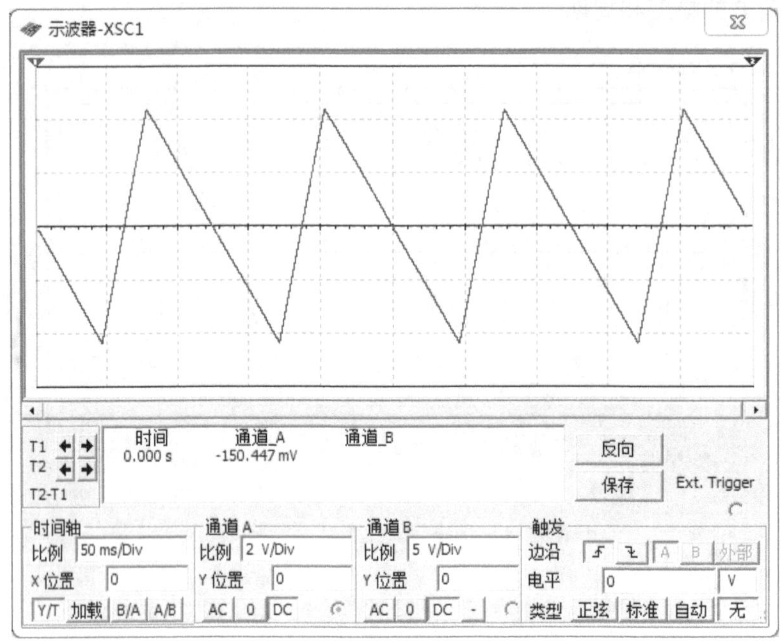

图 6-42　输出锯齿波的波形

3. 实验测试

1）矩形波发生器电路测试

（1）参考矩形波发生仿真测试电路，准备元器件连接电路，并仔细检查确保电路无误。

（2）接通电源用示波器观测矩形波的输出。当电位器 R_P 的滑动端调整在中间位置，输出波形为正负半周对称的矩形波。

（3）将 R_P 的滑动端向上移动，观察矩形波的变化，把 R_P 滑动到最下端时，读出矩形波的幅度和周期。

2）三角波、锯齿波发生电路测试

（1）参考三角波、锯齿波发生仿真测试电路，准备元器件连接电路，并仔细检查确保电路无误。

（2）接通电源用示波器，观测三角波、锯齿波的输出波形。

习题 6

1．填空

（1）正弦波振荡电路由________、________、________和________四部分组成。

（2）要产生自激振荡必须满足________，它又可以分解为幅度平衡条件________，相位平衡条件________。

（3）常用的正弦波振荡器主要有________、________和________三种。

（4）RC 正弦波振荡电路用以产生________的正弦波信号，常用的 RC 正弦波振荡电路有________、________和________三种振荡电路。

（5）LC 正弦波振荡电路采用________作为选频网络，主要用于产生________，振荡频率通常都在 1MHz 以上。

（6）LC 和 RC 振荡电路产生正弦振荡的原理基本相同，它们在电路组成方面的主要区别是________。

（7）根据反馈形式的不同，LC 振荡电路可分为________、________和________三种。

（8）在电感三点式 LC 振荡器电路中，LC 并联回路的电感线圈中间有________抽头，分为________。从交流通路上看，电感线圈的________分别与晶体管的三个极相连。

（9）在电容三点式 LC 振荡电路中，晶体管的三个电极分别与________相联。这种电路的放大器是________共射组态，其基极与集电极的相位相差________。

（10）石英晶体谐振器是利用石英晶体的________制成的一种谐振器件。晶片的谐振频率与晶片的________等有关。

（11）由石英晶体的等效电路可以看出，它是一个________振荡电路，它有两个谐振频率，分别是________和________。

（12）常用的非正弦波发生器有________、________和________等。

（13）矩形波发生电路有两个暂态，而且两个暂态________，从而产生________。因此，________成为方波发生电路的重要组成部分。

（14）三角波发生电路一般可用矩形波发生电路后加________组成，将矩形波积分后即可得到三角波。

（15）只要在三角波发生电路基础上，使积分电路中的积分电容________，就可以让波形________，从而输出锯齿波。

2．桥式 RC 振荡电路，当接通电源后，出现下列两种情况时，试分析其原因，并提出消除的方法：（1）静态工作点正常，但电路不产生振荡，输出为零；（2）u_o 的波形上下同时削波。

3．桥式 RC 振荡电路的参数如图 6-43 所示，试：（1）分析正、负反馈电路的作用；（2）估算输出信号 u_o 的频率；（3）R_P 的数值应如何确定。

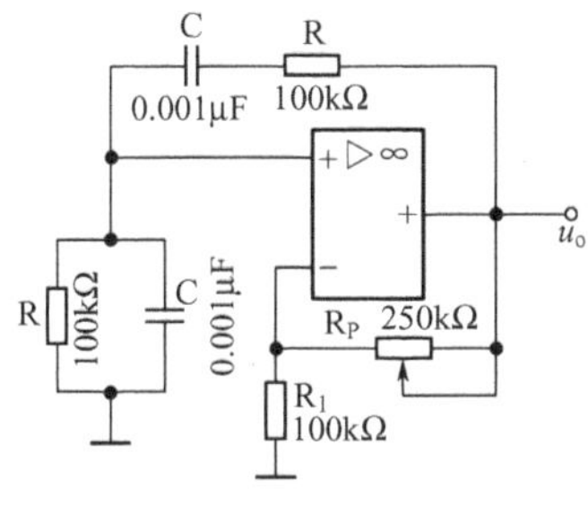

图 6-43　第 3 题图

4．分析图 6-44 所示电路：

（1）这是一个什么电路？

（2）电阻 R 增大时输出电压 u_o 的频率会有什么变化？

（3）二极管 VD_1，VD_2 起什么作用？

（4）为使电路能正常工作，电阻（R_P+R_2）的大小与 R_1 相比，应满足什么样的关系？

（5）在正常工作的条件下改变 R_P 的大小，对 u_o 的幅值是否有影响？

5．电路如图 6-45 所示，稳压管 VD_z 起稳幅作用，其稳定电压$\pm U_Z$=6V。试估算：（1）输出电压不失真情况下的有效值；（2）振荡频率。

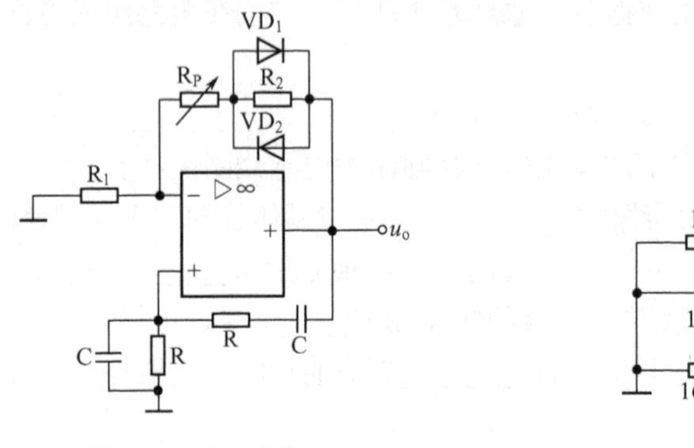

图 6-44　第 4 题图　　图 6-45　第 5 题图

6．用相位条件判断图 6-46 所示各电路能否产生自激振荡。

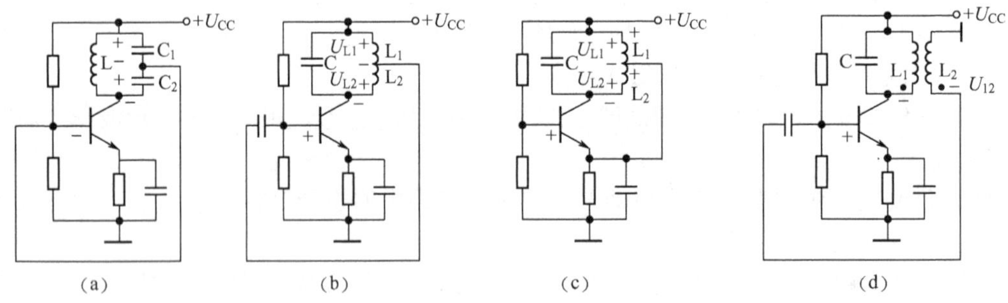

图 6-46　第 6 题图

7．在图 6-47 所示振荡电路的交流通路中，根据产生自激振荡所需要的相位条件，判断其是否能振荡，或是在某种条件下能振荡。

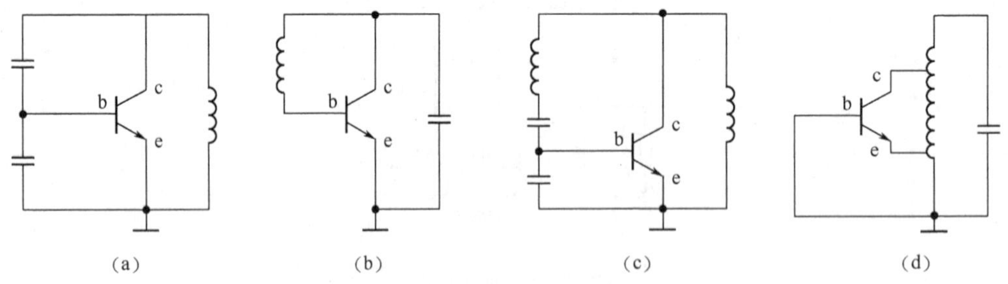

图 6-47　第 7 题图

8．试说明图 6-48 所示振荡电路的名称，以及石英晶体在电路中的作用。

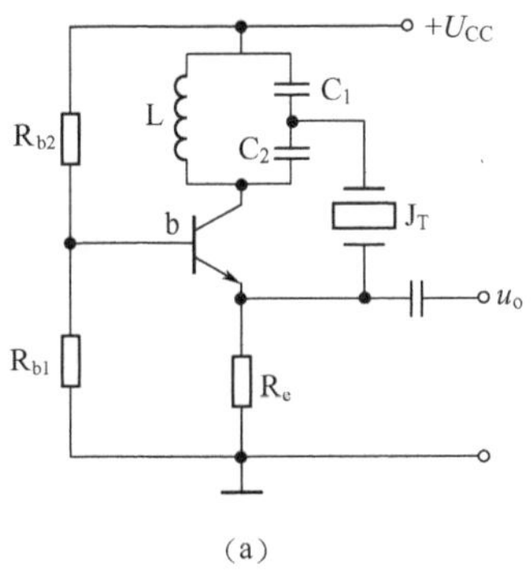

（a）

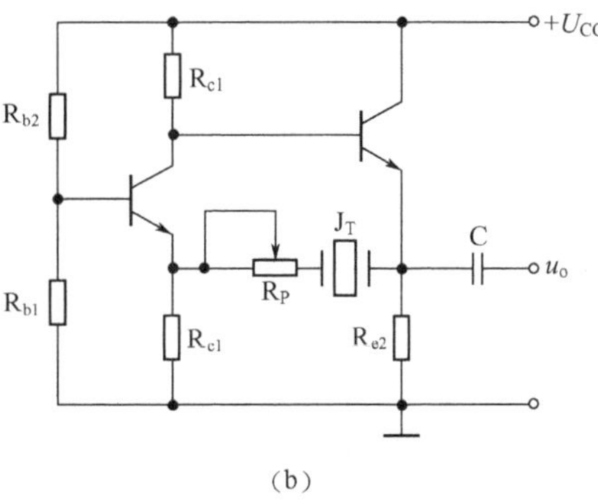

（b）

图 6-48 第 8 题图

项目7

功率放大电路的分析及应用

知识目标

① 熟悉功率放大电路的基本要求。
② 掌握功率放大器的分类及各种放大器的特点。
③ 理解各种功率放大器的工作原理。

技能目标

① 会分析功率放大器的失真原因及消除方法。
② 掌握功率放大器的最大不失真输出功率、效率等的估算方法。
③ 会用 Multisim 10 仿真软件对功放电路进行仿真测试。

7.1 任务1 互补对称式功率放大电路分析

一个实用的放大电路要求能够对所要放大的信号源信号进行不失真的放大和输出，并能向所驱动的负载提供足够大的功率。因此，它通常由输入级、中间级和输出级三个部分组成。这三个部分的任务和作用各不相同。输入级与待放大的信号源相连，因此，要求输入电阻大，电路噪声低，共模抑制能力强，阻抗匹配等。中间级主要完成对信号的电压放大任务，以保证有足够大的输出电压。输出级则主要负责向负载（如扬声器、电动机等）提供足够大功率，以便有效地驱动负载。一般来说，输出级就是一个功率放大电路，又称为功率输出级。显而易见，功率放大电路的主要任务就是放大信号功率。

7.1.1 功率放大电路的基本要求

功率放大器与电压放大器相比较，电压放大器主要是放大信号电压，因而主要指标是电压放大倍数及输入/输出阻抗、频率特性等。而功率放大器主要是不失真地放大信号功率，即不但要向负载提供大的信号电压，而且要向负载提供大的电流，因此，一个性能良好的功率放大电路应满足以下几点基本要求：

（1）输出功率足够大

输出功率是指负载得到的信号功率，与输出的交流电压和电流的乘积成正比。要得到足够大的输出功率，则输出电压和电流都要足够大，这就要求功率放大器中的功率放大管有很大的电压和电流变化范围，它们往往在接近极限状态下工作，但不得超过晶体管的极限参数

I_{CM}、P_{CM}。

（2）效率要高

功放电路的效率是指输出功率 P_O 与电源提供的功率 P_U 之比，用 η 表示，即

$$\eta = \frac{P_O}{P_U} \times 100\% \tag{7-1}$$

大功率输出要求功率放大器的能量转换效率要高，即负载得到的信号功率与直流电源提供的功率之比要大，否则浪费电能，元件发热严重，功率管的潜力得不到充分发挥。

（3）非线性失真要小

由于功率放大器是在大信号状态下工作，电压和电流摆动的幅度很大，很容易超出晶体管特性曲线的线性范围而产生失真。因此，要采取措施，减小失真，使之满足负载要求。

（4）晶体管散热要好

功放电路有一部分电能以热能的形式消耗在晶体管上，使晶体管温度升高，从而影响功放的性能，严重时还可能使晶体管烧毁。为了避免上述情况发生，要求晶体管散热要好，必要时需给晶体管安装散热片和采取过载保护措施。

7.1.2 功率放大电路的分类

根据功率放大电路静态工作点 Q 的位置不同，功率放大电路可分为甲类、乙类、甲乙类和丙类等。

甲类功率放大电路的静态工作点设置在交流负载线的中点。在整个工作过程中，晶体管始终处在导通状态。这种电路失真小，但功率损耗较大，效率较低，最高只能达 50%，如图 7-1（a）所示。

乙类功率放大电路的静态工作点设置在交流负载线的截止点，晶体管仅在输入信号的半个周期导通。这种电路功率损耗减到最少，输出功率大，效率大大提高，可达到 78.5%，但失真较大，如图 7-1（b）所示。

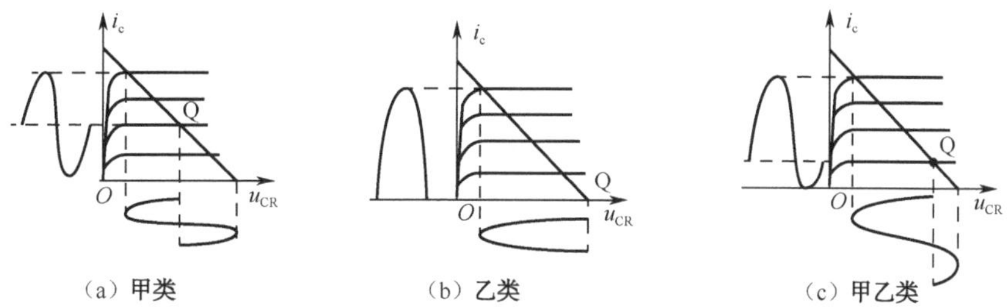

图 7-1 功率放大器的工作状态

甲乙类功率放大电路的静态工作点介于甲类和乙类之间，晶体管的导通时间大于半个周期而小于一个周期。晶体管有不大的静态偏流，其失真情况和效率介于甲类和乙类之间，如图 7-1（c）所示。

若在一个周期内，管子的导通时间小于半个周期，则称为丙类放大电路。

7.1.3 OCL 互补对称功率放大电路

甲类功率放大电路在整个工作过程中，晶体管始终处在导通状态，这种电路失真小，但功率损耗较大，效率较低，主要原因在于静态功耗太大。因此，可以设想，为了提高功率输出级的效率，可以将晶体管的静态工作点降低，使集电极静态电流 I_{CQ}=0，这样电路的静态功耗将降为零，但集电极电流的波形中将出现半个周期的截止。若再用一个极性相补的晶体管构成另一个同样的电路，使得在前一电路中的晶体管截止时，后一电路中的晶体管导通，则负载电阻 R_L 上仍可得到完整的正弦波。这样构成的电路称为乙类互补对称功率放大器。

1. 电路组成

图 7-2 为双电源互补对称功率放大电路，VT_1 是 NPN 型晶体管，VT_2 是 PNP 型晶体管，要求两管的特性一致，采用正、负两组电源供电。由图可见，两管的基极和发射极分别接在一起，信号由基极输入，发射极输出，负载接在公共发射极上，因此，它是由两个射极输出器组合而成的。尽管射极输出器不具有电压放大作用，但有电流放大作用，所以，仍具有功率放大作用，并可使负载电阻和放大电路输出电阻之间较好地匹配。

2. 工作原理

静态 u_i=0 时，U_B=0 偏置电压为零，VT_1、VT_2 均处于截止状态，负载中没有电流，电路工作在乙类状态。

$u_i \neq 0$ 时，在 u_i 的正半周，VT_1 导通，VT_2 截止，电流 i_{c1} 通过负载 R_L；在 u_i 的负半周，VT_2 导通，VT_1 截止，电流 i_{c2} 通过负载 R_L，如图 7-2 所示。可见在输入信号 u_i 的整个周期内，VT_1、VT_2 两管轮流交替地工作，互相补充。这样，两个管子在正、负半周期交替工作，在负载上会形成一个完整的、略有交越失真的正弦电流和电压信号，如图 7-3 所示。由于这种电路管子对称，工作时性能对称，互相补充对方的不足，工作性能对称，所以这种电路常称互补对称电路，由于无输出耦合电容，故又称为无输出电容电路，简称 OCL 功率放大电路。

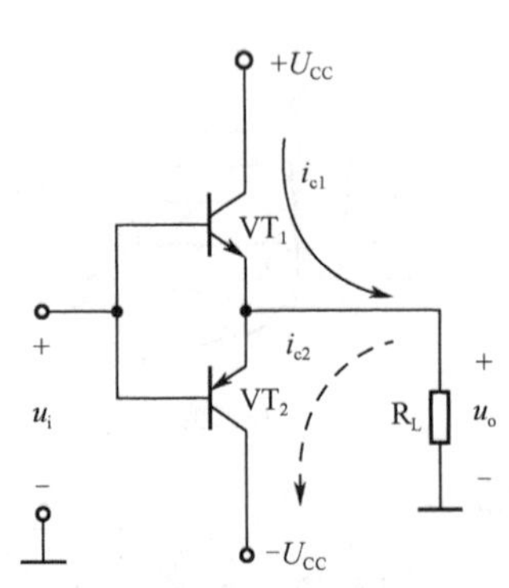

图 7-2　双电源互补对称功率放大电路

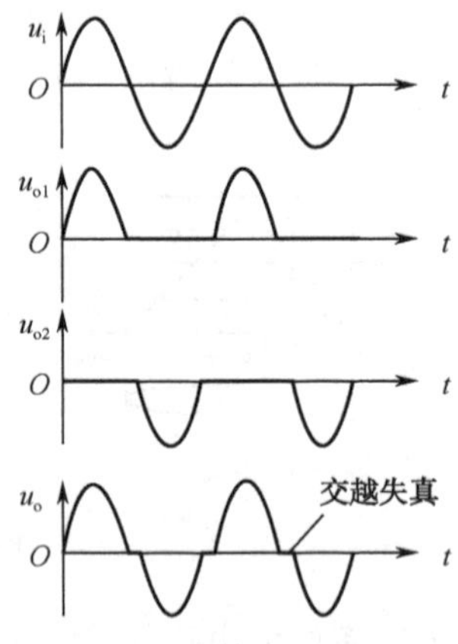

图 7-3　波形及交越失真

3. 图解分析

采用图解分析法分析 VT_1、VT_2 的工作情况，由图 7-2 可知，只要 $U_{BE}>0$，VT_1 就开始导电，则在一周内 VT_1 通电时间约为半周期，VT_2 的工作情况与 VT_1 相似，只是在负半周导电。为了便于分析，将 VT_2 的特性曲线倒置在 VT_1 的右下方，并令两者在 Q 点，即 $U_{CE}=U_{CC}$ 处重

合，形成 VT_1 和 VT_2 的所谓合成曲线，如图 7-4 所示。i_c 的最大变化范围为 $2I_{cm}$，u_{CE} 的变化范围为 $2I_{cm}R_L$。如果忽略管子的饱和压降，则 $U_{CEM}=I_{cm}R_L\approx U_{CC}$。

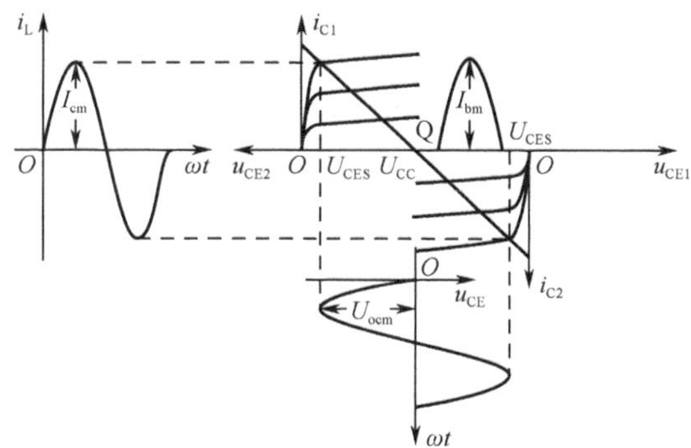

图 7-4　OCL 互补对称电路的合成特性曲线

4. 分析计算

不难求出工作在乙类互补对称电路的输出功率、管耗、直流电源供给的功率和效率。

（1）输出功率

输出功率是输出电压有效值 U_o 和输出电流有效值 I_o 的乘积（也常用管子中变化电压、变化电流有效值的乘积表示）。设输出电压的幅值为 U_{om} 则

$$P_o=U_oI_o=\frac{U_{om}}{\sqrt{2}}\frac{U_{om}}{\sqrt{2}R_L}=\frac{U_{om}^2}{2R_L} \tag{7-2}$$

（2）最大的输出功率

当输入信号足够大，使 $U_{om}=U_{cem}=U_{CC}-U_{CES}\approx U_{CC}$ 和 $I_{om}=I_{cm}$ 时，可获得最大的输出功率。

$$P_{omax}=\frac{U_{om}^2}{2R_L}=\frac{(U_{CC}-U_{CES})^2}{2R_L}\approx\frac{V_{CC}^2}{2R_L} \tag{7-3}$$

（3）管耗 P_T

考虑到 VT_1 和 VT_2 在一个信号周期内各导电半个周期，且通过两管的电流和两管两端的电压 U_{CE} 在数值上都分别相等（只是在时间上错开了半个周期）。因此，为求出总管耗，只需先求出单管的损耗就行了。设输出电压为 $u_o=U_{om}\sin\omega t$，则 VT_1 的管耗为

$$\begin{aligned}P_{T1}&=\frac{1}{2\pi}\int_0^{\pi}(U_{CC}-u_o)\frac{u_o}{R_L}d(\omega t)\\&=\frac{1}{2\pi}\int_0^{\pi}(U_{CC}-U_{om}\sin\omega t)\frac{U_{om}\sin\omega t}{R_L}d(\omega t)\\&=\frac{1}{2\pi}\int_0^{\pi}\left[\frac{U_{CC}U_{om}\sin\omega t}{R_L}-\frac{U_{om}^2\sin^2\omega t}{R_L}\right]d(\omega t)\\&=\frac{1}{R_L}\left(\frac{U_{CC}U_{om}}{\pi}-\frac{U_{om}^2}{4}\right)\end{aligned}$$

而两管的管耗为

$$P_T=P_{T1}+P_{T2}=\frac{2}{R_L}\left(\frac{U_{CC}U_{om}}{\pi}-\frac{U_{om}^2}{4}\right) \tag{7-4}$$

通过数学分析推导，可得每只功率管的最大功耗为

$$P_{T(max)} \approx 0.2P_{om}$$

（4）直流电源供给的功率 P_U

直流电源供给的功率 P_U，它包括负载得到的信号功率和 VT_1、VT_2 消耗的功率两部分。当 u_i=0，P_U=0；当 $u_i \neq 0$ 时，有

$$P_U = P_o + P_T = \frac{U_{om}^2}{2R_L} + \frac{2}{R_L}\left(\frac{U_{CC}U_{om}}{\pi} - \frac{U_{om}^2}{4}\right) = \frac{2U_{CC}U_{om}}{\pi R_L} \tag{7-5}$$

当输出电压幅值达到最大，即 $U_{om} \approx U_{CC}$ 时，则得电源供给的最大功率为

$$P_{Umax} = \frac{2}{\pi}\frac{U_{CC}^2}{R_L} \tag{7-6}$$

（5）效率

一般情况下效率为

$$\eta = \frac{P_o}{P_U} = \frac{\pi}{4}\cdot\frac{U_{om}}{U_{CC}} \tag{7-7}$$

当 $U_{om} \approx U_{CC}$ 时，则功率放大电路在最大输出功率时的效率

$$\eta_m = \frac{\pi}{4} \approx 78.5\ \%$$

这个结论是在假定互补对称电路工作乙类、负载电阻为理想值，忽略管子的饱和压降 U_{CES} 和输入信号足够大情况下得到的，实际效率比这个值要低一些。

5. 存在的问题与改进

1）存在的问题

由于互补对称功率放大电路中 VT_1、VT_2 三极管输出特性中存在死区电压，对于硅管，即当 u_i 在-0.7～0.7V 时，u_o=0，从工作波形可以看到，在波形过零的一个小区域内输出波形产生了失真，这种失真称为交越失真。

产生交越失真的原因是由于 VT_1、VT_2 发射结静态偏压为放大电路工作在乙类状态。当输入信号 u_i 小于晶体管的发射结死区电压时，两个晶体管都截止，在这一区域内输出电压为零使波形失真。

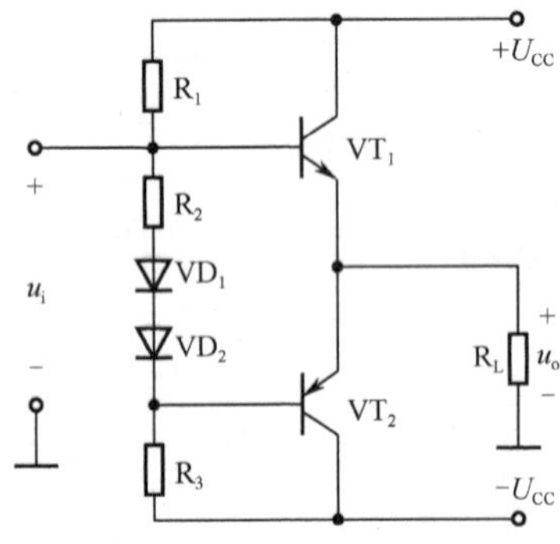

图 7-5　甲乙类互补对称功率放大电路

2）改进方法

克服交越失真的方法，就是要避开晶体管的死区电压，即恰当地给晶体管正向偏置，一旦加入输入信号，晶体管立即进入线性放大区，即晶体管处于甲乙工作状态。

为减小交越失真，可给 VT_1、VT_2 发射结增加适当的正向偏压，以便产生一个不大的静态偏流，使 VT_1、VT_2 导通时间稍微超过半个周期，即工作在甲乙类状态，如图 7-5 所示。图中二极管 VD_1、VD_2 用来提供偏置电压。静态时晶体管 VT_1、VT_2 虽然都已基本导通，但是由于它们对称，U_E 仍为零，负载中仍

无电流流过。

6. 功率晶体管的选择

在功率放大电路中，为了输出较大的信号功率，管子承受的电压要高，通过的电流要大，功率管损坏的可能性也就比较大，所以功率管的参数选择不容忽视。选择时一般应考虑晶体管的三个极限参数，即集电极最大允许功率损耗 P_{CM} ，集电极最大允许电流 I_{CM} 和集—射极间的反向击穿电压 $U_{(BR)CEO}$。

由前面知识点的分析可知，若想得到最大输出功率，又要使功率晶体管安全工作，晶体管的参数必须满足下列条件：

（1）每只晶体管的最大管耗 $P_{CM} \geqslant P_{T(max)} \approx 0.2P_{om}$ 。

（2）通过晶体管的最大集电极电流为 $I_{CM}>I_{Cmax}\approx U_{cc}/R_L$

（3）考虑到当 VT_2 导通时，$-U_{CE2}=U_{CES}\approx 0$ ，此时 U_{CE1} 具有最大值，且等于 $2U_{CC}$ ，因此，应选用反向击穿电压$|U_{(BR)CEO}|>2U_{CC}$的管子。

注意，在实际选择管子时，其极限参数还要留有充分的余地。

【例 7-1】 功率放大电路如图 7-2 所示。管子在输入信号 u_i 作用下，在一周期内 VT_1 和 VT_2 轮流导电，各工作半个周期。已知 U_{CC}=20V，负载电阻 R_L=8Ω，设两管特性一致，死区影响及 U_{CES} 均可忽略。

求：① 当输入信号 u_i 的有效值为 10V 时，求电路的输出功率、管耗、直流电源供给的功率和效率。

② 输入信号增加到使管子工作在最大输出功率（基本不失真）的情况下，求电路的输出功率、管耗、电源供给的功率和效率。

解：1）在 U_i=10V 时，输入信号电压的最大值为

$$U_{im}=\sqrt{2}U_i=\sqrt{2}\times 10\approx 14V$$

该电路是互补对称射极输出器，则 A_u=1，即 U_{om}=14V

$$P_o=\frac{U_{om}^2}{2R_L}=\frac{12^2}{2\times 8}=12.5(W)$$

$$P_U=\frac{2U_{CC}U_{om}}{\pi R_L}=\frac{2\times 20\times 14}{\pi\times 8}=22.5(W)$$

$$\eta=\frac{P_o}{P_U}=\frac{12.5}{22.5}\approx 55.6\%$$

$$P_T=\frac{1}{2}\times(P_U-P_o)=\frac{1}{2}\times(22.5-12.5)=5(W)$$

2）输入信号增加到使管子工作在最大输出功率。输出电压的幅值 $U_{om}\approx U_{CC}$=20V，也就是说，这时要求输入信号的幅值 $U_{im}=U_{om}$=20V，此时

$$P_{om}=\frac{U_{om}^2}{2R_L}=\frac{20^2}{2\times 8}=25(W)$$

$$P_U=\frac{2U_{CC}U_{om}}{\pi R_L}=\frac{2\times 20\times 20}{\pi\times 8}=31.83(W)$$

$$\eta_{om}=\frac{P_{om}}{P_U}=\frac{25}{31.83}\approx 78.5\%$$

$$P_T=\frac{1}{2}\times(P_U-P_o)=\frac{1}{2}\times(31.83-25)\approx 3.4(\text{W})$$

7.1.4 OTL 互补对称功率放大电路

OCL 功率放大电路采用双电源供电，给使用和维修带来不便，因此，可在放大电路输出端接入一个大电容 C，利用这个大电容 C 的充、放电来代替负电源，称为单电源互补对称功率放大电路或无输出变压器功率放大器，简称 OTL 电路，

1. 电路的工作原理

OTL 功率放大电路如图 7-6 所示，在静态时，输入信号 u_i=0，因电路对称，静态时两个二极管发射极连接点电位为电源电压的一半，这样 VT_1 管的 $U_{CE1}=\frac{1}{2}U_{CC}$，$VT_2$ 管的 $U_{CE2}=-\frac{1}{2}U_{CC}$。电容 C 被充电到 $\frac{1}{2}U_{CC}$，这时两只管子处于截止状态。而负载中没有电流。

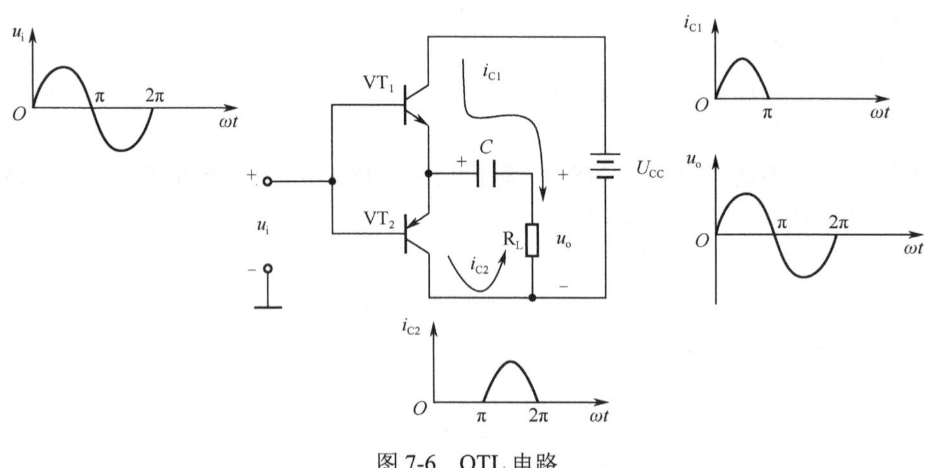

图 7-6 OTL 电路

在输入信号 u_i 的正半周，VT_1 导通，VT_2 截止，VT_1 以射极输出器的形式将正半周信号输出给负载，同时对电容 C 充电，R_L 上得到正半周输出电压。

在输入信号 u_i 的负半周，VT_2 导通，VT_1 截止，电容 C 通过 VT_2、R_L 放电，VT_2 以射极输出器的形式将负半周信号输出给负载，电容 C 在这时起到负电源的作用。R_L 上得到正半周输出电压。

这样，在一个周期内，两个管子轮流导通，在负载上得到完整的波形，如图 7-6 所示。

为了使输出波形对称，必须保持电容 C 上的电压基本维持在 $U_{CC}/2$ 不变，因此，电容 C 的容量必须足够大。

2. 功率、效率的计算

由于单电源互补对称电路的工作原理与正、负双电源互补对称电路的工作原理相同，只

是输出电压的幅值减少了一半，因此，前面导出的正、负电源互补对称电路计算的公式，将其中的 U_{CC} 改为 $U_{CC}/2$ 后，即可用于单电源互补对称功率放大器。即

（1）最大的输出功率

$$P_{omax}=\frac{\left(\frac{U_{CC}}{2}\right)^2}{2R_L}=\frac{1}{8}\frac{U_{CC}^2}{R_L} \tag{7-8}$$

（2）电源供给的最大功率为

$$P_{Umax}=\frac{1}{2\pi}\frac{U_{CC}^2}{R_L} \tag{7-9}$$

（3）效率 η

$$\eta_m=\frac{\pi}{4}\approx 78.5\ \%$$

（4）管耗 P_T

$$P_T=P_{T1}+P_{T2}=\frac{2}{R_L}\left(\frac{U_{CC}U_{om}}{2\pi}-\frac{U_{om}^2}{4}\right)=\frac{1}{R_L}\left(\frac{U_{CC}U_{om}}{\pi}-\frac{U_{om}^2}{2}\right) \tag{7-10}$$

每只功率管的最大功耗为

$$P_{T(max)}\approx 0.2P_{om}$$

7.1.5　带前置放大级的功率放大器

互补对称功率放大器本身并没有电压放大能力，在实际使用时，前面往往要接上放大电路，称为带前置放大级的功率放大器。

1. 带晶体管前置放大级的单电源功率放大电路

图 7-7 为带晶体管前置放大级功率放大电路，电路是只使用了一组正电源的甲乙类功率放大电路。

在图 7-7 电路中，电阻 R_1、R_2 和 VT_3 代替了图 7-5 电路中的两只二极管，同样也起到克服交越失真的作用。VT_1 和 VT_2 基极之间的电压

$$U_{12}=\frac{R_1+R_2}{R_2}U_{BE3}$$

这几个元件组成的电路称为 U_{BE} 扩大电路。电阻 R_3 和 R_4 接到了 VT_1 和 VT_2 的发射极。利用电流负反馈的作用，使两个管子的电流不致太大。

在静态时，调节电位器 R_W 的大小，可以改变电路的静态工作点。例如，将电位器滑动头向下移动，就会使 VT_1 的基极电位 U_{B4} 升高，集电极电位 U_{C4} 降低，并使得 U_P 电位降低。反之亦然。这样，调节电位器 R_w，总能使 U_P 的静态电位保持为 $U_{CC}/2$。输出端的电容 C 起到隔直作用，使输出电压

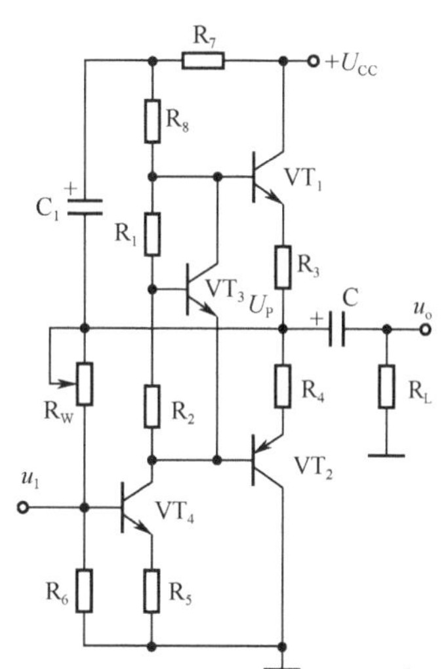

图 7-7　带前置放大级的单电源功率放大器

u_o为 0。电容 C 两端保持有 $U_{CC}/2$ 的电位差。

加入正弦输入信号 u_i 后，前置放大级倒相放大。在输入信号 u_i 的负半周，VT_1 导通，VT_2 截止，电流从正电源，经 VT_1、R_3 和电容 C，流入负载电阻 R_L，输出信号是正弦波的正半周。电流对电容 C 充电，电容 C 上电荷的极性左正右负。在输入信号 u_i 的正半周，VT_2 导通，VT_1 截止，电流从负载电阻 R_L 流经电容 C、R_4 和 VT_2，然后流到地，输出的信号是正弦波的负半周。在负半周工作时，电容 C 提供电流，电容 C 起到了负电源的作用。由于 R_LC 的时间常数比信号的周期大得多，可以认为在交流工作时，电容 C 上的电荷量改变不大，电容 C 两端的电压变化也不大，电容 C 对交流信号相当于短路。

在图 7-7 电路中，当输入信号 u_i 为正弦波的负半周时，信号经 VT_4 倒相后，送到 VT_1 的基极。由于电阻 R_8 上存在较大的压降，使得晶体管的基极电位无法上升到正电源电位。这样，输出电压向正方向变化的幅度受到较大的限制。为了解决这一问题，在电路中加上了隔离电阻 R_7 和自举电容 C_1。静态时，$U_P=U_{CC}/2$。电阻 R_7 上的静态压降很小。可以认为自举电容 C_1 两端的电压也为 $U_{CC}/2$。当正弦信号加到 VT_1 的基极时，输出电压 u_o 向正方向大幅度上升。由于自举电容 C_1 很大，其两端的压降可以认为是不变的。因此，R_8 上端的交流电位也大幅度上升。这就是所谓的自举效应。在自举效应的作用下，输出电压幅度可以达到 $U_{CC}/2$，保证了最大输出功率。

2. 复合管

在功率放大器中，最后功放级的输出管输出电流往往很大，可以达到几安培以上。如果驱动电流在几毫安以下时，输出管的电流放大系数就要达到几百甚至几千以上，单个管子一般不能满足要求。因此，常常将两只三极管复合在一起，当作一个晶体管使用，以提高电流放大能力。

复合管又称为达林顿管，它是把两个或两个以上三极管适当连接起来成为一个管子，常用复合管的形式如图 7-8 所示。

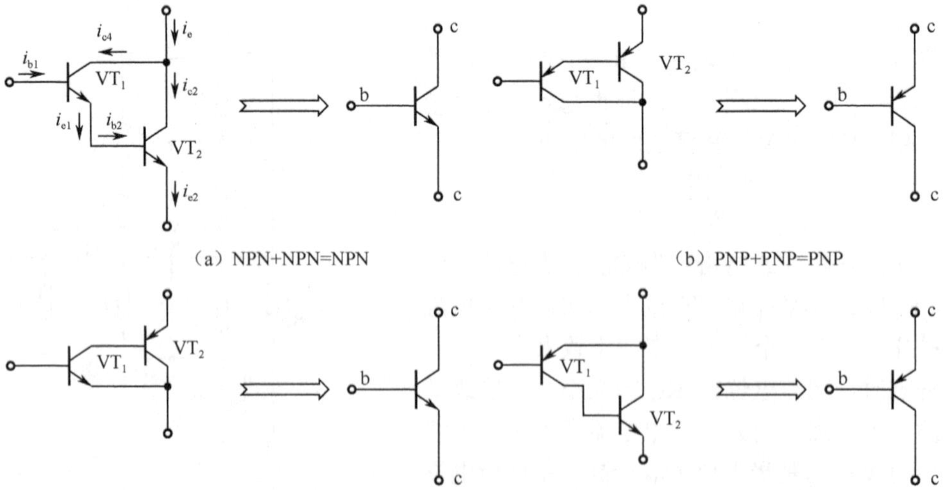

（a）NPN+NPN=NPN （b）PNP+PNP=PNP

（c）NPN+PNP=NPN （d）PNP+NPN=PNP

图 7-8　典型复合管电路

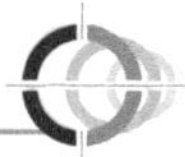

复合管的主要特点是：电流放大倍数大大提高，总的电流放大倍数是单管电流放大倍数的乘积，即 $\beta=\beta_1\beta_2$；复合管的输入电阻大大提高，同时增强乙类功率放大射极输出器的电流放大能力，复合管的类型主要取决于第一个管子的类型，复合管的缺点是穿透电流较大，温度的稳定性变差。

采用复合管的 OTL 功率放大电路如图 7-9 所示，图中复合管 VT_1、VT_4 构成了一个 NPN 管，复合管 VT_2、VT_5 构成了一个 PNP 管。采用复合管后，由于复合管具有电流放大系数大、输入电阻高、输出电阻低的优点。驱动级 VT_2 提供给后级基极的电流可减小，对 VT_3 驱动能力的要求降低；由于输出电阻低，整个功放电路带负载能力增强。

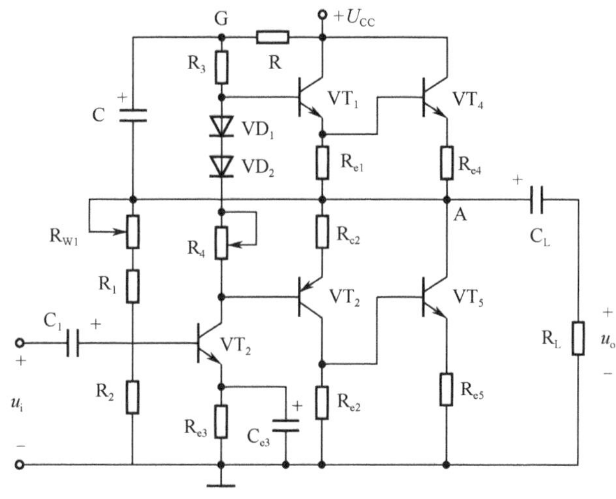

图 7-9 采用复合管的 OTL 功放电路

另外，还增加了由 R、C 组成的自举电路以提高输出电压幅度。静态（u_i=0）时，$U_A=U_{CC}/2$，$U_G=U_{CC}-I_{C3}R$，电容 C 两端的电压被充到 $U_C=U_G-U_A=U_{CC}/2-I_{C3}R$。当时间常数 RC 足够大时，基本为常数，不随基本为常数，不随输入 u_i 而变化。这样，当 u_i 为负时，VT_1、VT_4 导通，U_A 将由 $U_{CC}/2$ 向更高电位方向变化。特别是当输出达到最大幅值 $U_{om(max)}=U_{CC}/2$ 时，如果没有自举电路 RC，U_A 最高电位接近电源电压 U_{CC}，这样很难保证 VT_1、VT_4 工作在正常放大状态，将使输出波形的最大幅度受限制。但由于自举电路的存在，当 U_A 电位升高时，由于 U_C 保持基本不变，则使 $U_G=U_A+U_C$ 电位也自动上升（即自举），确保了 VT_1、VT_4 工作在正常放大状态。

思考与练习

7-1-1 功率放大电路的要求是什么？

7-1-2 功率放大电路分哪几类？它们工作时的静态工作点如何设置？

7-1-3 简述 OCL 功率放大电路的特点及工作原理。

7-1-4 简述 OTL 功率放大电路的特点及工作原理。

操作训练　功率放大电路测试

1. 训练目的

1）掌握功率放大器工作原理。

2）观察乙类推挽放大器输出波形产生交越失真。

3）依据功率放大器输入/输出波形测试值，计算电压增益和最大平均输出功率。

2. 训练内容

1）乙类功率放大电路

（1）创建仿真电路

在 Multisim 10 仿真软件的电路工作区编辑如图 7-10 所示电路，其中 $R_1=R_2=150\Omega$，信号源参数设置为 u_i=2V，f=1kHz，其他元器件参数按照电路图设置。

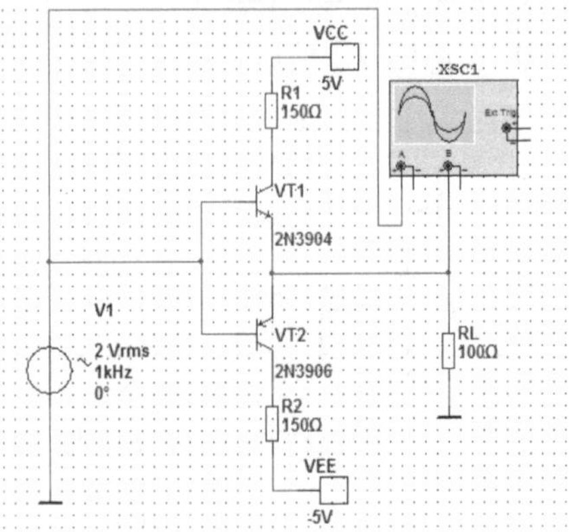

图 7-10　乙类功率放大电路测试图

（2）电路仿真

电路连接好后单击运行，用鼠标双击示波器图标，在打开的示波器面板上可以看到有交越失真了的输出波形，如图 7-11 所示。

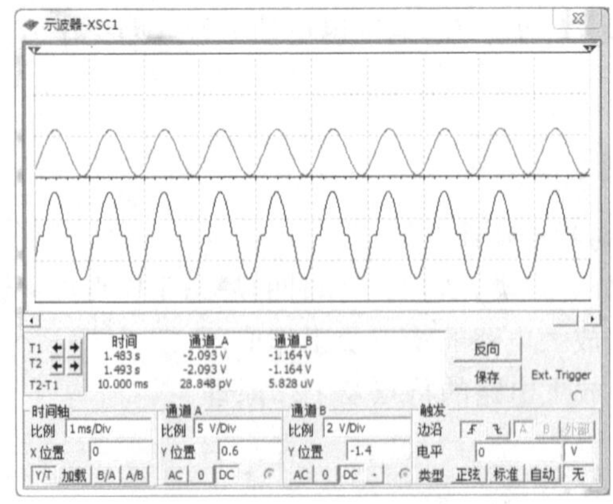

图 7-11　交越失真

2）甲乙类功率放大电路

（1）创建仿真电路

为减小交越失真，可给 VT_1、VT_2 发射结增加适当的正向偏压，以便产生一个不大的静态偏流，使 VT_1、VT_2 导通时间稍微超过半个周期，即工作在甲乙类状态，创建仿真电路如图 7-12 所示。图中二极管 VD_1、VD_2 用来提供偏置电压。电路元器件参数按照电路图设置。

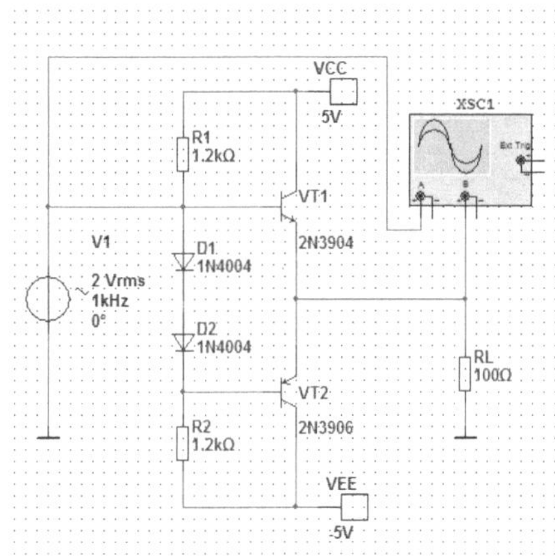

图 7-12　甲乙类功率放大电路

（2）电路仿真

电路连接好后单击运行，用鼠标双击示波器图标，在打开的示波器面板上可以看到输出波形，交越失真消失，如图 7-13 所示。

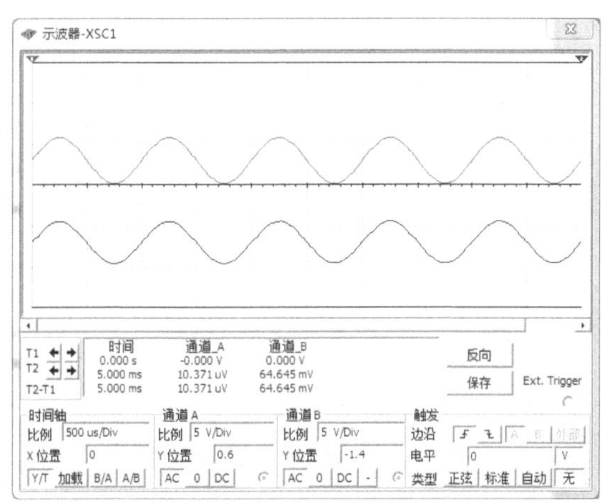

图 7-13　甲乙类功率放大电路输入输出波形

3. 实验操作

仿造仿真电路图 7-11 和图 7-12 连接电路，分别测试乙类功率放大电路和甲乙类功率放大电路输入、输出波形，观察输出的交越失真情况。

7.2 任务 2 集成功率放大器分析

随着微电子技术的不断发展，集成功率放大器的品种和型号越来越多，形成了模拟集成电路的一个重要分支。使用较多的是音频功率放大器，其输出功率从几百毫瓦到几百瓦不等。

集成功率放大器是把大部分电路及包括功放管在内的元器件集成制作在一块芯片上。它们内部的电路构成大同小异，都是由输入级、中间级和输出级组成，输入级是复合管的差动放大电路，有同相和反相两个输入端，它的单端输出信号传送到中间共发射极放大级，以提高电压放大倍数。输出级是甲乙类互补对称的功率放大电路。为了保证器件在大功率状态下安全、可靠地工作。通常设有过流、过压及过热保护等电路。

目前已生产出多种不同型号、可输出不同功率的集成功率放大器，如 LM380、LM384、LM386 等。集成功率放大器都具有外接元件少，工作稳定，易于安装和调试等优点。只要了解其外部特性和正确的连接方法即可。

7.2.1 LM386 集成功率放大电路

LM386 是目前应用较广的一种音频小功率集成放大器，其特点是电源电压范围宽（4～16V）、功耗低（常温下是 660mW）、频带宽（300kHz）。此外，电路的外接元件少，应用时不必加散热片，广泛应用于收音机、对讲机、双电源转换、方波和正弦波发生器等。

图 7-14 为 LM386 内部电路图，由图可见，集成功放内部包括三个放大级，即输入级、中间级和功率输出级。

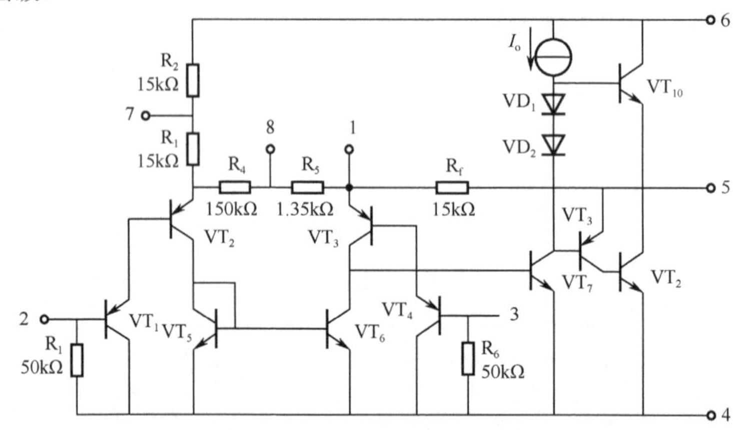

图 7-14 LM386 内部电路图

输入级为双端输入、单端输出差分放大电路。其中 PNP 三极管 VT_1 与 VT_2 以及 VT_3 与 VT_4 分别组成两个复合管，作为差分放大管。NPN 三极管 VT_5 和 VT_6 组成镜像电流源，分别作为两个差分放大管的有源负载。放大后的信号由 VT_3 的集电极输出，传送到中间级。

中间级由 VT_7 组成共射极放大电路，其集电极负载由一个恒流源充当，可获得很高的电压放大倍数。

在输出级，VT_8 和 VT_9 组成 PNP 型复合管，与 NPN 型三极管 VT_{10} 组成准互补对称电路。二极管 VD_1 和 VD_2 的作用是在两个功率放大管的基极之间提供一个偏置电压，使功率放大管

在静态时已经存在一个较小的集电极电流，以防止产生明显的交越失真。

从输出端 5 到 VT_3 的发射极 1 端之间通过电阻 R_6 引入一个电压串联负反馈，它的作用是减小输出波形的非线性失真，提高带负载能力，以及展宽通频带等。

图 7-15 为 LM386 的外形及引脚排列。其额定工作电压 4～16V，当电源电压为 6V 时，静态工作电流为 4mA，因而极适合用电池供电。1 脚和 8 脚间外接电阻、电容元件以调整电路的电压增益。电路的频响范围可达到数百千赫兹，最大允许功耗为 660mW（25℃），使用时不需散热片，工作电压为 6V，负载阻抗为 8Ω 时，输出功率约为 325mW；工作电压为 9V，负载阻抗为 8Ω 时，输出功率可达 1.3W。LM386 两个输入端的输入阻抗都为 50kΩ，而且输入端对地的直流电位接近于 0，即使与地短路，输出直流电平也不会产生大的偏离。

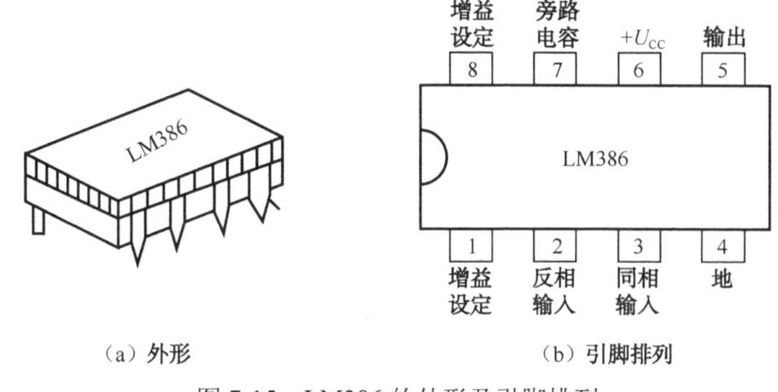

（a）外形　　（b）引脚排列

图 7-15　LM386 的外形及引脚排列

图 7-16 为 LM386 组成的 OTL 电路。图中 1、8 脚外接的 R_1、C_1 用来调节电压放大倍数，7 脚接耦合电容 C_2，其容量通过调试确定，防止电路产生自激振荡。R_2、C_4 组成容性负载，抵消扬声器部分感性负载，以防止在信号突变时，因扬声器上出现较高的瞬时电压而导致损坏，且可改变音质，C_3 为功放输出电容。

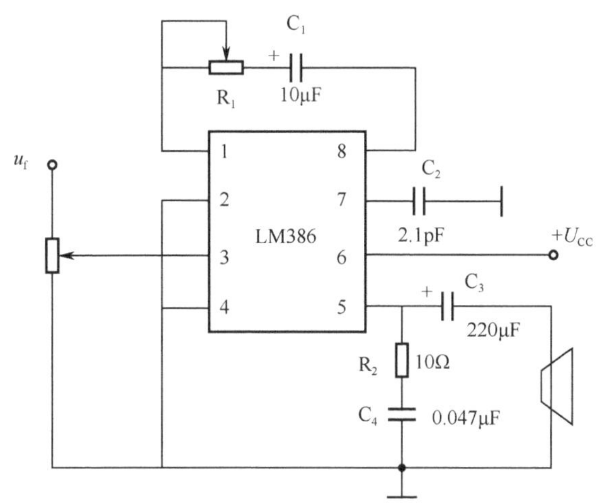

图 7-16　LM386 组成的 OTL 电路

7.2.2　TDA2030A 音频功率放大电路

TDA2030A 是当前音质较好、使用较为广泛的一种音频集成电路，能适应长时间连续工

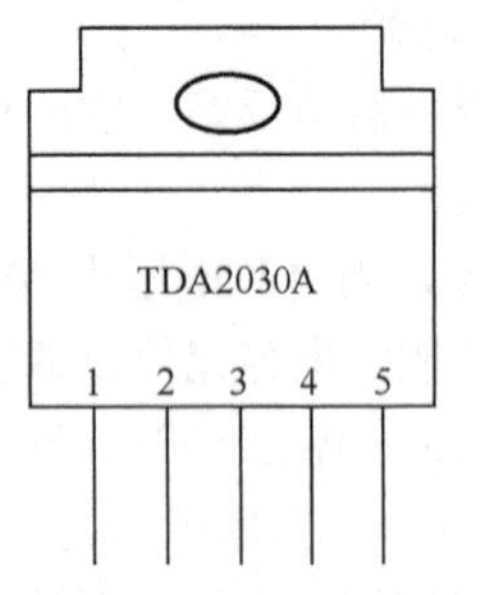

图 7-17　TDA2030A 的引脚排列图

作，而且集成电路内部有过载保护和热切断保护。适用于在收录机及高保真立体声装置中作为音频功率放大器。其外形如图 7-17 所示，引脚排列为：1 脚为同相输入端，2 脚为反向输入端，4 脚为输出端，3 脚接负电源，5 脚接正电源。

图 7-18 所示为利用 TDA2030A 组成的 OCL 功放电路。其中 R_1、R_2 和 C_2 组成电压串联负反馈，可以稳定输出端的直流电位、改善输出电压的非线性失真；C_4、C_5 为电源耦合滤波电容；VD_1、VD_2 作为保护二极管，防止电源接反时损坏集成块；R_4、C_7 用于高频补偿，改善输出的负载特性。

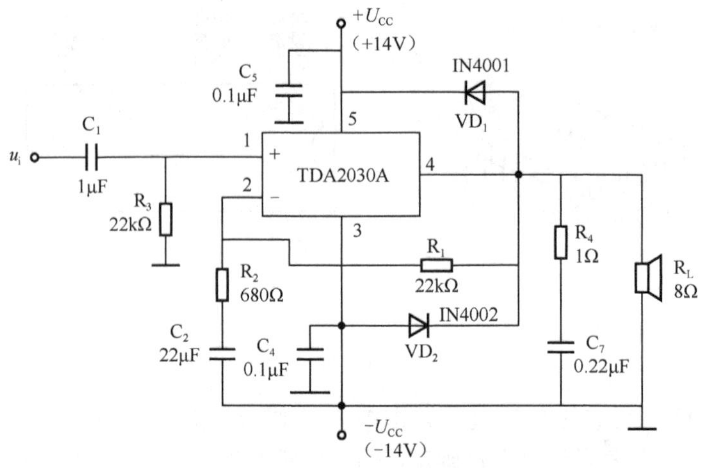

图 7-18　由 TDA2030A 组成的 OCL 功放电路

图 7-19 所示为由 TDA2030A 组成的 OTL 功放电路，由于采用单电源供电，常用于中小型录音机等家用音响设备。同时输入端采用两个阻值相同的 R_1、R_2 分压来提供直流偏置，经 R_3 使得同相输入端的点位为 $U_{CC}/2$。静态时，TDA2030A 的同相输入端、反相输入端和输出端的电位均为 $U_{CC}/2$。其他元件的作用与上述 OCL 电路相同。

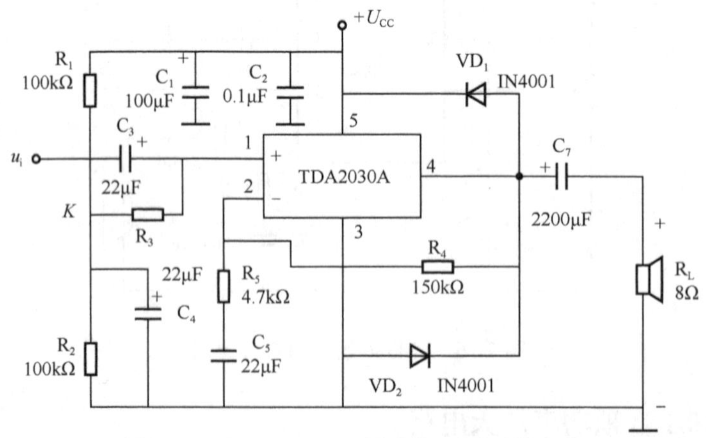

图 7-19　由 TDA2030A 组成的 OTL 功放电路

思考与练习

7-2-1 简述集成功率放大器内部电路结构。它有何优点？

7-2-2 试画出 LM386 集成音频功率放大电路的引脚排列图，并说明各引脚的作用。

7-2-3 试画出 TDA2030A 集成音频功率放大电路的引脚排列图，并说明各引脚的作用。

习题 7

1．填空

（1）功率放大器与电压放大器相比较，电压放大器主要是放大__________，主要指标是______等。而功率放大器主要是不失真地___________。

（2）根据功率放大电路静态工作点的位置不同、功率放大电路可分为______、_____、_______和_____________四种。

（3）甲类功率放大电路的静态工作点设置在交流负载线的_____。在整个工作过程中，晶体管始终处在_______导通状态。这种电路失真_____，但功率损耗______，效率最高只能达_______。

（4）乙类功率放大电路的静态工作点设置在交流负载线的_____，晶体管仅在输入信号的_____导通。这种电路功率损耗_____，输出功率____，效率可达到______，但失真_____。

（5）甲乙类功率放大电路的静态工作点__________，晶体管的导通时间______。晶体管有不大的静态偏流，其失真情况和效率介于______之间。若在一个周期内，管子的导通时间______，则称为丙类放大电路。

（6）克服交越失真的方法，就是要避开晶体管的_____，即恰当地给晶体管_______，一旦加入输入信号，晶体管立即进入______，即晶体管处于甲乙工作状态。

（7）复合管总的电流放大倍数是_______；复合管的输入电阻________，同时增强乙类功率放大射极输出器的________。

（8）集成功放内部包括三个放大级，即________、________和_________。

2．双电源互补对称电路如图 7-20 所示，已知电源电压 $U_{CC}=\pm12V$，负载电阻 $R_L=10\Omega$，输入信号为正弦波，求：（1）在晶体管 U_{CES} 忽略不计的情况下，负载上可以得到的最大输出功率；（2）每只功放管上允许的管耗是多少。

3．互补对称功放电路如图 7-21 所示。图中 $U_{CC}=-U_{EE}=20V$，负载 $R_L=8\Omega$，VT_1 和 VT_2 的 $U_{CES}=2V$。求该电路不失真的最大输出功率、效率。

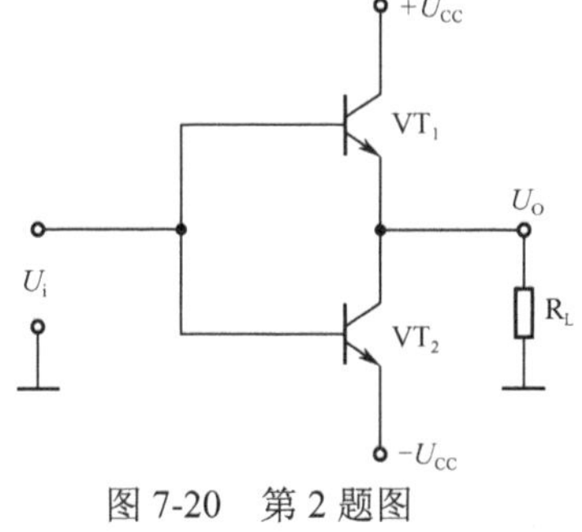

图 7-20 第 2 题图

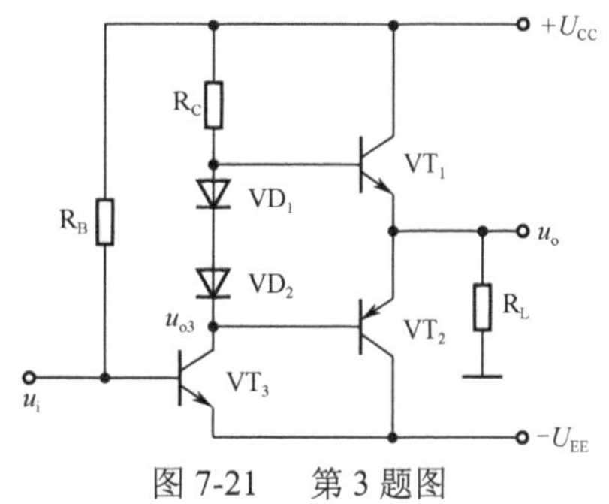

图 7-21 第 3 题图

4．图 7-22 所示是什么电路？图中二极管 VD_1 和 VD_2 的作用是什么?有人说：“输入信号 u_i 接在两只二极管之间，正半周 VD_1 截止，负半周 VD_2 截止，所以信号无法送入晶体管”对吗?为什么?已知 U_{CC}=±15V，R_L=8Ω，u_i=8sinωt V，试求输出电压 u_o，输出功率 P_o，最大输出功率 P_{omax}。

5．在图 7-23 所示单电源互补对称电路中，已知 U_{CC}=35V，R_L=35Ω，流过负载电阻的电流为 i_o=0.45sinωt（A）。求：（1）负载上所能得到的功率 P_o；（2）电源供给的功率 P_V。

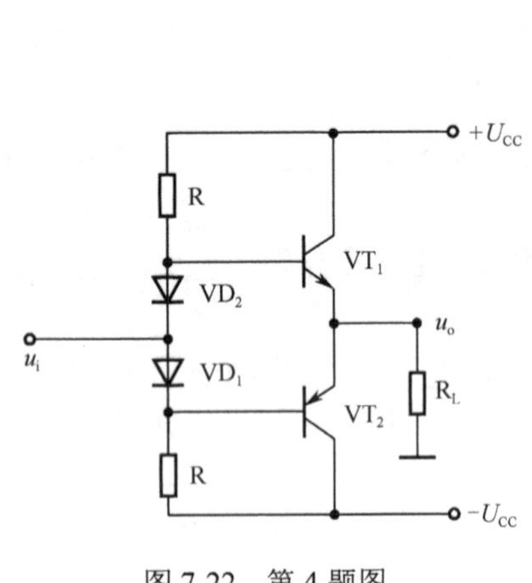

图 7-22　第 4 题图

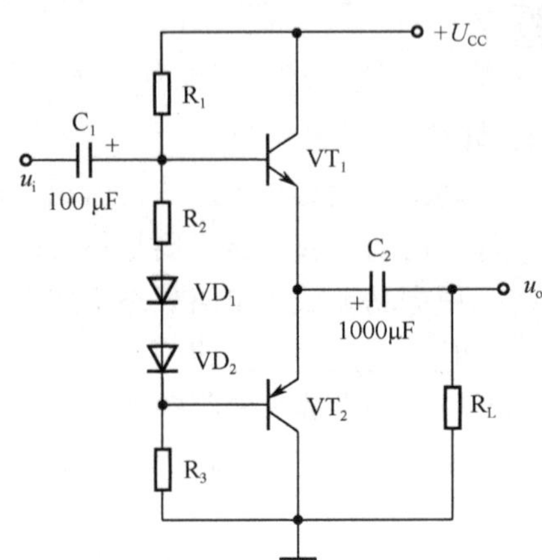

图 7-23　第 5 题图

6．图 7-24 所示是一个 OTL 互补对称功率放大电路，试问：（1）如果静态工作时，A 点的电压 U_A 不等于 $U_{CC}/2$，应如何调整?

（2）如果发现输出电压 u_o 波形产生交越失真，应如何调整?

（3）如果 R_{c2} 短接，试在图 7-24（b）中画出此时输出电压 u_o 的波形，并说明对放大电路工作有何影响?

（4）如果 C_2 断开，试在图 7-24（b）中画出此时输出电压 u_o 的波形，并说明对放大电路工作有何影响。

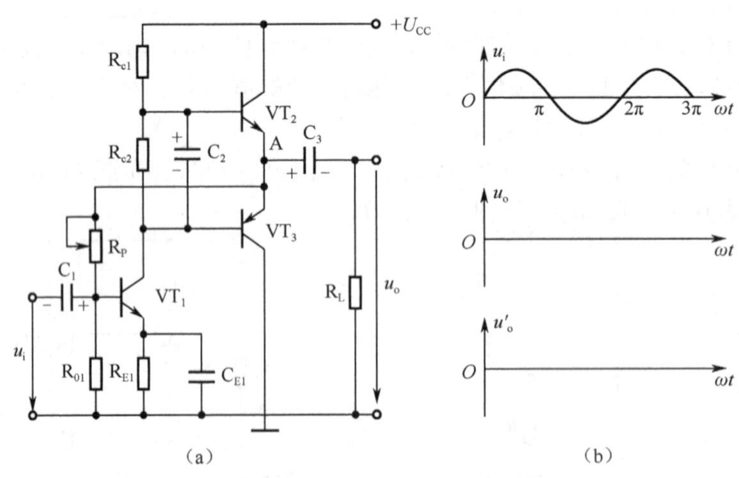

图 7-24　第 6 题图

项目8

直流稳压电源的分析及应用

知识目标

① 熟悉单相整流电路的组成、工作原理。
② 熟悉滤波电路的组成、工作原理。
③ 掌握稳压电路的组成、工作原理。
④ 了解集成稳压器的组成、结构。

技能目标

① 掌握单相整流电路参数计算。
② 掌握三端集成稳压器的应用。
③ 直流稳压电路性能测试。

在各种电子设备和装置中，都需要直流电源来供电，而电网能提供的电源却是交流的，这就需要有一个转换电路把交流电压变成比较稳定的直流电压，能实现这种功能的电路就称为直流稳压电源。

直流稳压电源一般是由电源变压器、整流电路、滤波电路和稳压电路等四部分组成的，电源变压器将较高的交流电网电压变换为较低的适用的交流电压；整流电路将交流电压变换成单方向脉动的直流电；滤波电路再将单方向脉动的直流电中所含的大部分交流成分滤掉，得到一个较平滑的直流电；稳压电路用来消除由于电网电压波动、负载改变对其产生的影响，从而使输出电压稳定。

本项目将对直流稳压电源各组成部分的结构、原理和有关参数进行分析。

8.1 任务1 整流与滤波电路分析

能将正、负交替变化的交流电压变成单方向的脉动电压的过程称为整流，能实现整流的电路称为整流电路。整流电路通常是利用二极管的单向导电性来实现整流的。整流电路的种类很多，下面我们首先来分析单相整流电路。

8.1.1 单相半波整流电路

1. 电路组成与工作原理

图 8-1 所示电路为单相半波整流电路。图中电路由电源变压器、整流二极管和负载电阻组成。

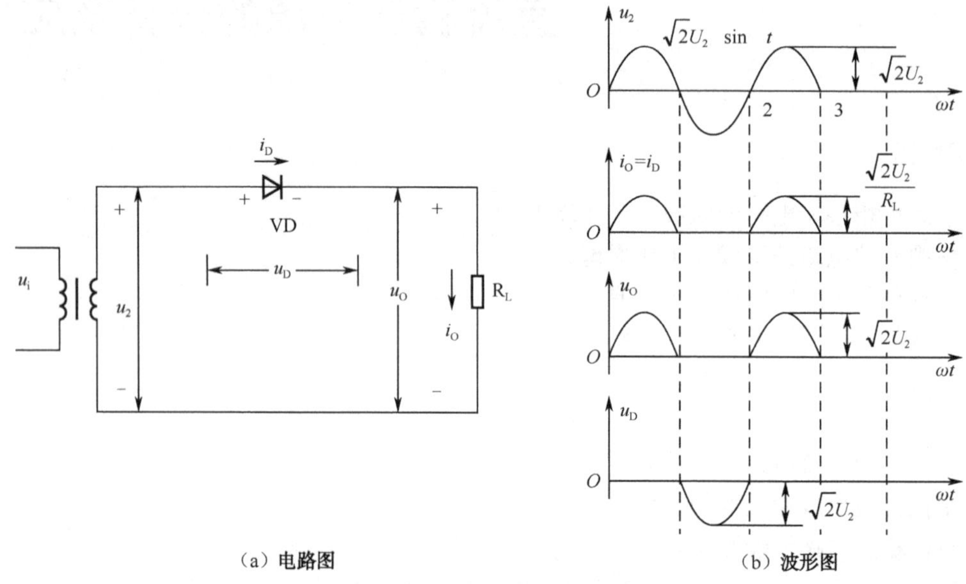

（a）电路图　　（b）波形图

图 8-1　单相半波整流电路

将整流二极管视作理想二极管，正向电阻为 0，反向电阻为无穷大。u_2 为变压器二次侧交流电压，设 $u_2=\sqrt{2}U_2\sin\omega t$，当输入电压 u_2 正半周时，极性上正下负，二极管承受正向电压导通，此时负载上的电压为 u_o；当输入电压 u_2 负半周时，极性上负下正，二极管承受反向电压截止，输出电压为 0。即 u_2 正半周，二极管 VD 导通；u_2 负半周，二极管 VD 截止；在一个周期内 R_L 上输出波形如图 8-2（b）所示，i_D 电流和负载电压波形相似，二极管的电压和输出电压刚好相反。

由于流过负载的电流和加在负载两端的电压只有半个周期的正弦波，故称为半波整流。

2. 参数计算

1）输出电压的平均值 U_O

输出电压的平均值 U_O 是指一个周期内脉动电压的平均值，其式为

$$U_O=\frac{1}{2\pi}\int_0^{\pi}\sqrt{2}U_2\sin\omega t\mathrm{d}（\omega t）=\frac{\sqrt{2}U_2}{\pi}=0.45U_2 \tag{8-1}$$

上式表示了半波整流电路的直流分量是交流电压有效值的 0.45 倍。

2）流过负载上 R_L 上的电流平均值 I_O 为

$$I_O=I_D=\frac{U_O}{R_L}=0.45\frac{U_2}{R_L} \tag{8-2}$$

3）二极管的正向平均电流 I_D

由图可知，流过二极管的平均电流与流过负载的电流相等，即

$$I_D = I_O = 0.45\frac{U_2}{R_L} \tag{8-3}$$

4）二极管承受的最大反向电压 U_{RM}

在半波整流电路中，当二极管反向截止时，电压 u_2 负半周将全部加在二极管两端，且为反向电压。因此，这时二极管承受的反向峰值电压 U_{RM} 就是变压器二次侧电压的最大值，即

$$U_{RM} = \sqrt{2}U_2 \tag{8-4}$$

3. 二极管的选择

选择二极管一般应根据整流电路中通过二极管的电流平均值 I_D 和所承受的最高反向电压 U_{RM} 来选择，即必须满足条件

$$I_F \geqslant I_D = 0.45\frac{U_2}{R_L}$$

$$U_{RM} = \sqrt{2}U_2$$

由以上分析可知，单相半波整流电路结构简单，所用二极管少，但其缺点是转换效率低，输出电压的平均值小，脉动大。

8.1.2 单相桥式整流电路

1. 电路组成及工作原理

单相桥式整流电路由变压器和四个同型号的二极管组成，二极管接成电桥形式故称桥式整流，如图 8-2 所示。为计算方便，把二极管作为理想元件，即正向导通电阻为零，反向截止电阻为无穷大，图 8-2（b）是桥式整流电路的简化画法。

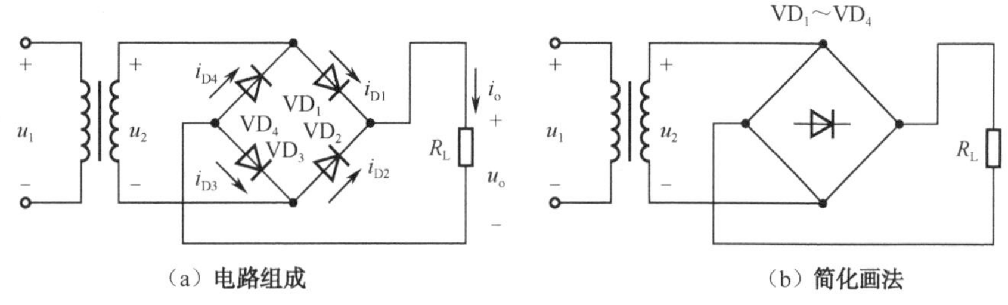

图 8-2 单相桥式整流电路

单相桥式整流电路的波形图如图 8-3 所示。当变压器二次侧电压设 $u_2=\sqrt{2}U_2\sin\omega t$ 为正半周期（即上正下负）时，二极管 VD_1 和 VD_3 导通，VD_2 和 VD_4 截止，电流的通路为 $u_{2+}\rightarrow VD_1\rightarrow R_L\rightarrow VD_3\rightarrow u_{2-}$，这时在负载电阻 R_L 上得到一个正弦半波电压。当变压器二次侧电压 u_2 为负半周期（即上负下正）时，二极管 VD_1 和 VD_3 反向截止，VD_2 和 VD_4 导通，电流的通路为 $u_{2-}\rightarrow VD_2\rightarrow R_L\rightarrow VD_4\rightarrow u_{2+}$，同样，在负载电阻上得到一个正弦半波电压，输出波形。显然，它是单方向全波脉动的直流波形。

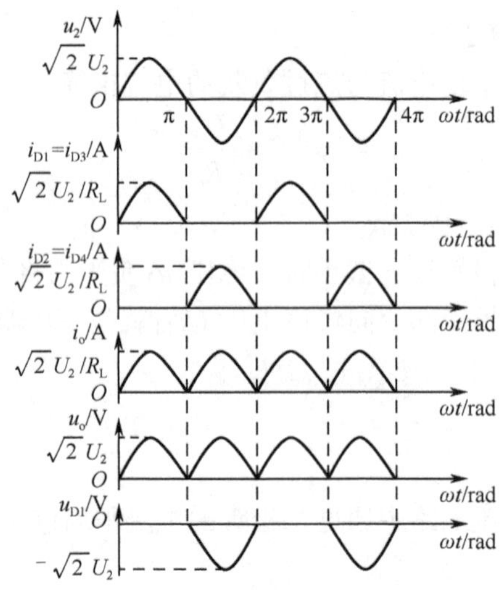

图 8-3　单相桥式整流电路波形图

2. 参数计算

（1）整流电压平均值 U_O

从上面分析得知，桥式整流中负载所获得的直流电压比半波电路提高了一倍，即

$$U_O=2\times0.45U_2=0.9U \tag{8-5}$$

上式表示了桥式整流电路的直流分量是交流电压有效值的 0.9 倍。

（2）负载电流平均值

流过负载上的电流平均值为

$$I_O=0.9\frac{U_2}{R_L} \tag{8-6}$$

（3）二极管的正向平均电流

在桥式整流电路中，二极管 VD_1、VD_3 和 VD_2、VD_4 轮流导通，分别与负载串联，因此流过每个二极管的平均电流为 I_O 的一半，即

$$I_D=\frac{1}{2}I_O=0.45\frac{U_2}{R_L} \tag{8-7}$$

（4）二极管承受的最大反向电压 U_{RM}

二极管承受的最大反向电压 U_{RM} 从图中可以看出，在 u_2 的正半周时，VD_1、VD_3 导通，这时 u_2 直接加在 VD_1、VD_3 上，因此 VD_2、VD_4 所承受的最大反向电压 U_{RM} 为 u_2 的峰值，即

$$U_{RM}=\sqrt{2}U_2$$

8.1.3　滤波电路

整流电路的输出电压是单向脉动的直流电压，其中含有较大的脉动成分。当负载需要脉动很小的比较平滑的直流电压时，就必须在整流电路之后再加滤波电路，以减少输出电压中的脉动成分。

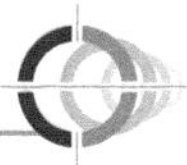

1. 电容滤波电路

电容滤波电路如图 8-4 所示，它在整流电路输出端与负载之间并联了一个大容量的电容。

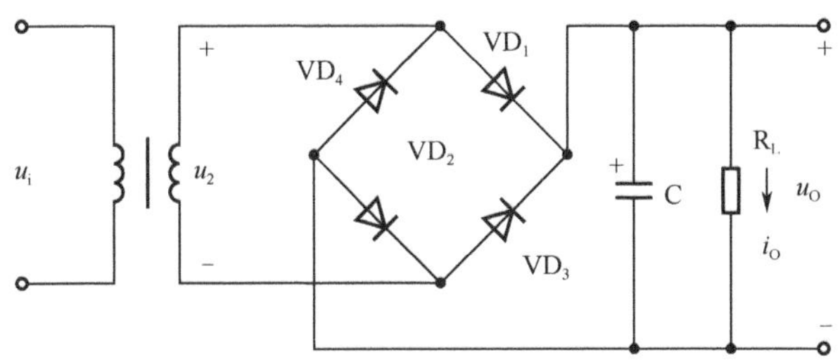

图 8-4 电容滤波电路

图 8-5 所示波形为电容滤波电路的输入、输出波形。设电容器事先未充电，在 u_2 的正半周时，二极管 VD_1、VD_3 导通，忽略二极管正向压降，则 $u_o=u_2$，这个电压一方面给电容充电，一方面产生负载电流 I_o，电容 C 上的电压与 u_2 同步增长，当 u_2 达到峰值后开始下降，而 $u_c=u_{2max}>u_2$，故二极管截止。如图 8-5 所示的峰值 A 点之后，电容 C 以指数规律经 R_L 放电，u_C 逐渐下降。当放电到 B 点时，u_2 经负半周后又开始上升，当 $u_2>u_C$ 时，电容再次被充电并逐步跟随 u_2 达到峰值 C 点，然后又因 $u_C>u_2$，二极管截止，电容 C 再次经 R_L 放电。这样，在输入正弦电压的一个周期内，电容器充电两次，放电两次，反复循环。通过这种周期性充放电，以达到滤波效果。

由于电容的不断充、放电，使得输出电压的脉动性减小，而且输出电压的平均值有所提高。输出电压平均值 u_o 的大小，显然与 R_L、C 的大小有关，R_L 越大，C 越大，电容放电越慢，u_o 越高。在极限情况下，当 $R_L=\infty$时，$u_o=u_C=u_{2max}$，不再放电，输出电压稳定在一个很高的值。当 R_L 很小时，C 放电很快，甚至与 u_2 同步下降，则 $u_o=0.9u_2$，即 R_LC 对输出电压的影响很大，由此可见电容滤波电路适用于负载较小的场合。

在工程实际应用中，当满足 $R_LC\geqslant$（3～5）$T/2$ 时，可按下式估算带电容滤波器的桥式整流电路的输出直流电压

$$U_O=1.2U_2 \tag{8-8}$$

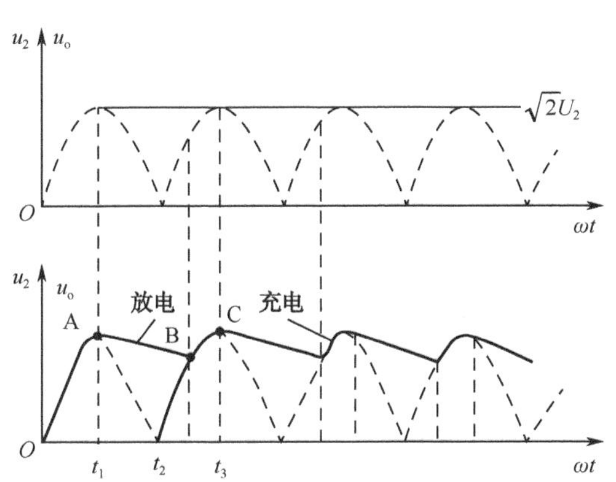

图 8-5 滤波电路输入、输出波形

电容滤波电路简单，滤波效果较好，缺点是外电路特性较差，负载电流不能过大，否则会影响滤波效果，所以电容滤波适用于负载变动不大、电流较小的场合。另外，由于输出直流电压较高，整流二极管截止时间长，导通角小，故整流二极管冲击电流较大，所以在选择管子时要注意选整流电流 I_F 较大的二极管。

2. 电感滤波电路

电感滤波电路如图 8-6 所示，电感 L 起着阻止负载电流变化使之趋于平缓的作用。在电路中，当负载电流 i_o 增加时，自感电动势将阻碍电流增加，同时把一部分能量存储于线圈的磁场中；当电流减小时，反电动势将阻止电流的减小，同时把存储的能量释放出来，从而使输出电压和电流的脉动成分减少，达到滤波的目的。

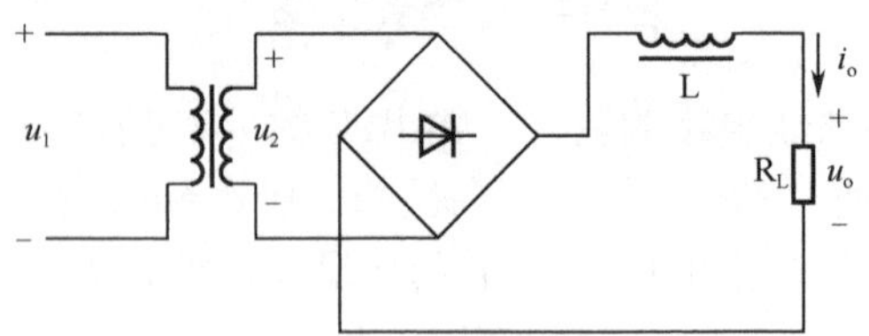

图 8-6　电感滤波电路

在整流电路输出的电压中，其直流分量由于电感 L 近似于短路而全部加到负载 R_L 的两端，即 $U_O=0.9U_2$。交流分量由于电感 L 的感抗远大于负载电阻从而大部分降落在电感上，负载 R_L 上只有很小的交流电压。这种电路一般只用于大电流低电压的场合。

3. 复式滤波电路

复式滤波电路是将电容滤波与电感滤波组合，可进一步减少脉动成分，提高滤波效果。常用的有 LC 滤波器、π型 LC 滤波器、π型 RC 滤波器等，如图 8-7 所示。

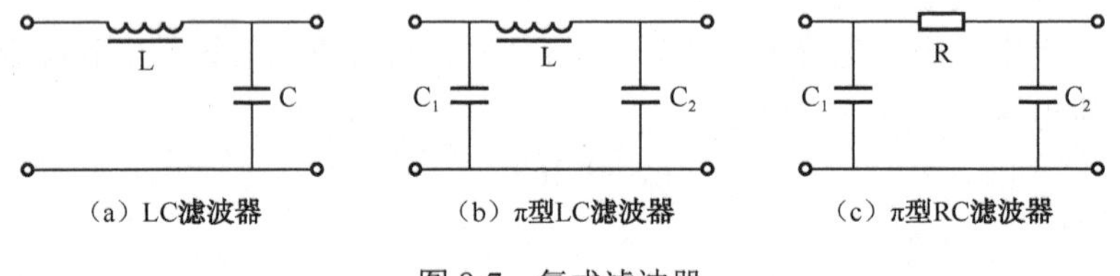

图 8-7　复式滤波器

1）LC 滤波器

图 8-7（a）所示的 LC 滤波器是在经电感滤波的基础上又接了一级电容滤波，这样的双重滤波，使得输出的电压更加平缓。

2）π型滤波器

图 8-7（b）所示的π 型 LC 滤波器是在电容滤波的基础上又接了一级 LC 滤波，由于电容 C_1、C_2 对交流的容抗很小，电感对交流的感抗很大，所以 π 型 LC 滤波电路的输出电压比 LC 滤波电路的输出电压更加平滑。若负载 R_L 上的电流较小时，也可用电阻 R 代替电感 L，组成 π 型 RC 滤波电路，如图 8-7（c）所示。

思考与练习

8-1-1　直流稳压电源一般由哪几部分组成？各部分的作用是什么？

8-1-2　在半波整流电路中二极管承受的最大反向电压是多少？

8-1-3　在单相桥式整流电路中。若有一只整流管接反会出现什么情况？

8-1-4　在单相桥式整流电路中。若有一只二极管接一个断开或击穿短路会出现什么情况？

8-1-5　电容滤波和电感滤波各有何特点？

8-1-6　常用的复式滤波电路有哪些？

操作训练 1　桥式整流滤波仿真实验

1. 训练目的

① 学会桥式整流电路输出电压值和输入交流电压值的仿真测试。

② 测试滤波电容接与不接对输出电压波形的影响，了解滤波电容的作用。

2. 仿真测试

1）桥式整电路测试

（1）搭建图 8-8 所示的桥式整流仿真电路。

（2）单击仿真开关，激活电路，双击示波器图标，弹出示波器 XSC1 面板，设置面板参数，观察屏幕上的波形，如图 8-9 所示。

（3）双击万用表图标，弹出万用表面板，设置为电压表，面板显示数字为负载两端电压，如图 8-10 所示。

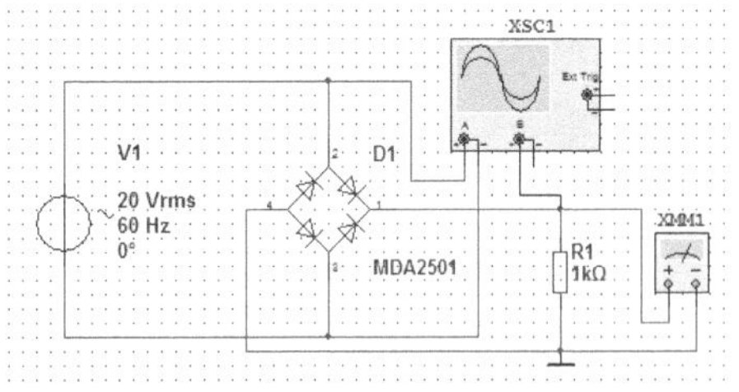

图 8-8　桥式整流仿真电路

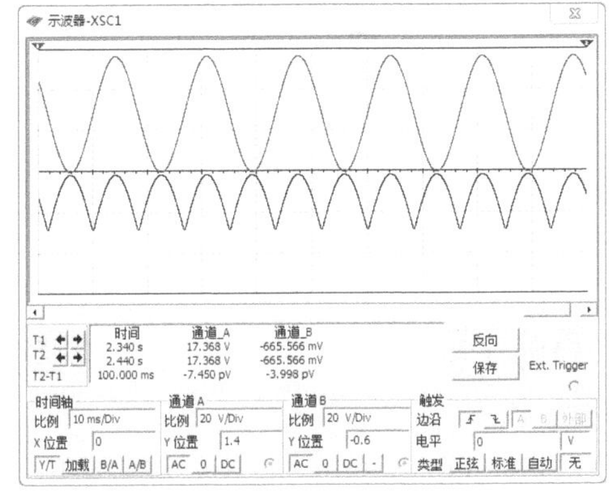

图 8-9　桥式整流的波形

图 8-10　整流后负载两端电压

2）桥式整流电容滤波电路测试

（1）在图 8-8 桥式整流电路上，添加滤波电容 C_1，形成桥式整流电容滤波电路，如图 8-11

所示。

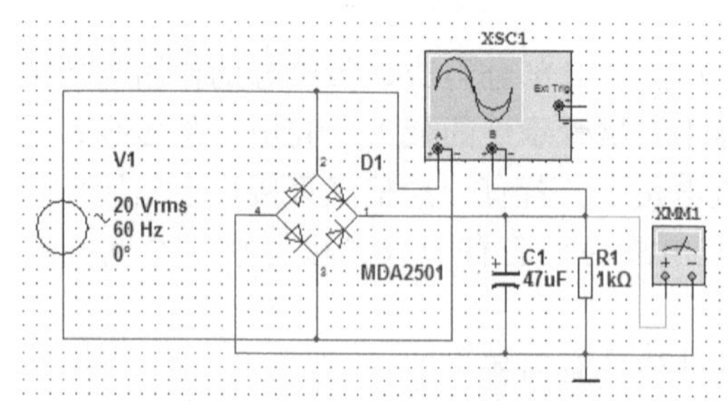

图 8-11　桥式整流电容滤波仿真测试电路

（2）单击仿真开关，激活电路，双击示波器图标，弹出示波器 XSC1 面板，设置面板参数，观察屏幕上的波形，如图 8-12 所示。

（3）双击万用表图标，弹出万用表面板，设置为电压表，面板显示数字为负载两端电压，如图 8-13 所示。

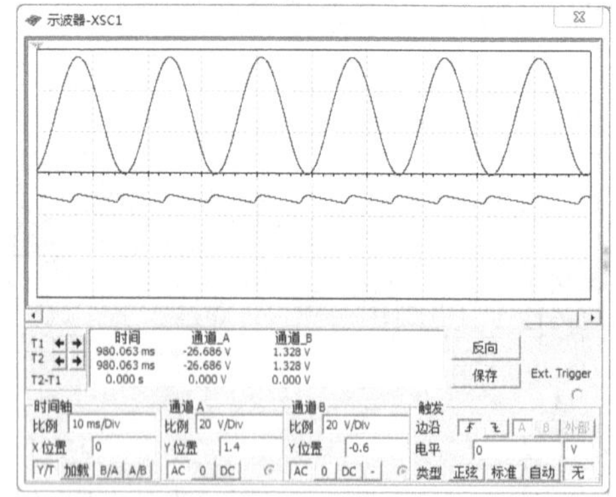

图 8-12　桥式整流电容滤波后的波形

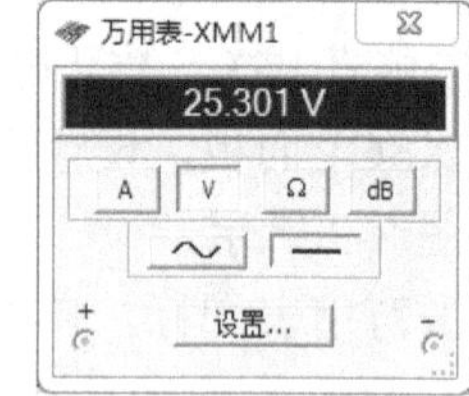

图 8-13　桥式整流电容滤波后负载电压

3. 实验测试

（1）桥式整电路测试

参照仿真电路图 8-8 连接电路，注意连接电路时应切断电源，严禁将二极管的极性接反或短路，电路检查无误后方可再次通电测试。

（2）桥式整流电容滤波电路测试

参照仿真电路图 8-11 连接电路，注意连接电路时应切断电源，整流二极管和滤波电容的极性不得接反。电路检查无误后方可再次通电测试。

8.2　任务 2　稳压电路分析

经过整流和滤波后的电压往往会随交流电源电压的波动和负载的变化而改变，因此必须采取稳压措施，在整流滤波电路后加上稳压电路。

8.2.1 稳压管稳压电路

1. 电路组成

稳压管是利用二极管的反向击穿特性，并用特殊工艺制造的面接触型硅半导体二极管，发生低压击穿时，由于工艺上的特殊处理，只要反向电流小于它的最大允许值，管子仅发生电击穿而不会损坏。图 8-14 所示波形为硅稳压管的伏安特性曲线。它和普通硅二极管的伏安特性基本相似，在反向击穿区，反向电流的变化很大，管子两端电压变化却很小，这就是稳压管的稳压特性。稳压管的典型应用电路如图 8-15 所示。

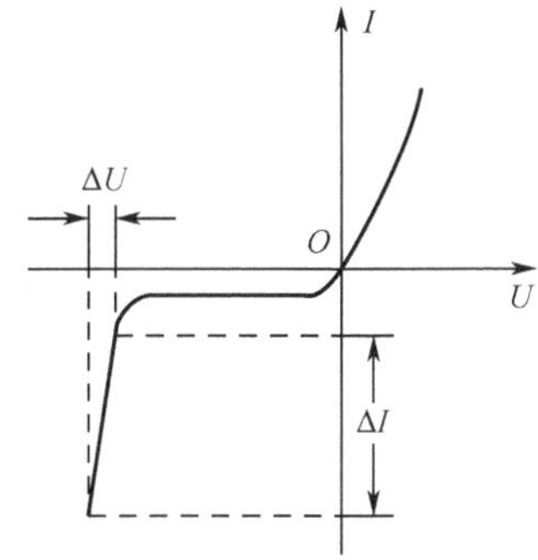

图 8-14 稳压管的伏安特性曲线

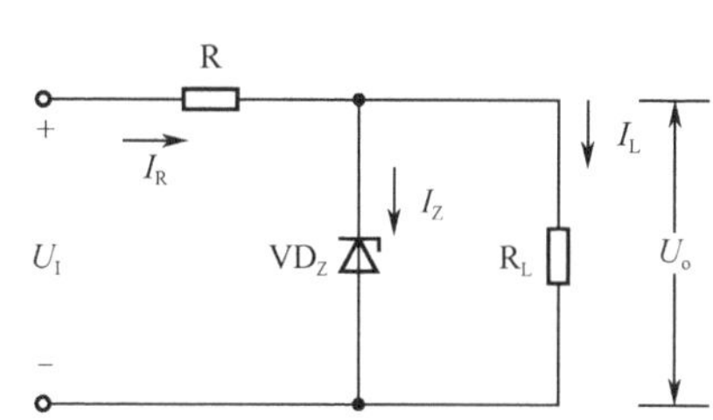

图 8-15 稳压管的典型应用电路

电路由稳压二极管 VD_Z 和限流电阻 R 组成，稳压二极管在电路中应为反向连接，它与负载电阻 R_L 并联后，再与限流电阻串联。由于 VD_Z 与 R_L 并联，所以也称并联型稳压电路。

2. 稳压电路的工作原理

对于直流电源而言，引起输出电压不稳定的主要原因是交流电源电压的波动及负载电流的变化。为此，需分别从以下两种情况分析稳压原理。

（1）负载电流变化

假设交流电源电压不变，负载电阻 R_L 减小，则负载电阻 R_L 上的端电压 U_O 下降，由稳压二极管的伏安特性曲线 8-15 可知，当 U_O 稍有下降时，稳压二极管的电流 I_Z 就会显著减小，结果通过限流电阻 R 的电流 I_R 减小，则 R 上的压降 U_R 减少，从而使已经降低的 U_O 回升，使 U_O 基本保持不变。这一稳压过程可表示为：$R_L\downarrow\rightarrow U_O\downarrow\rightarrow I_Z\downarrow\rightarrow I_R\downarrow\rightarrow U_R\downarrow\rightarrow U_O\uparrow$。

（2）交流电源电压波动

假设负载电阻 R_L 不变，交流电源电压 u 增加时，则负载电阻 R_L 上的端电压 U_O 增加，由稳压二极管的伏安特性可知，当 U_O 稍有增加时，稳压二极管的电流 I_Z 就会显著增加，结果通过限流电阻 R 的电流 I_R 增加，则 R 上的压降 U_R 增加，从而使已经增加的 U_O 降低，使 U_O 基本保持不变。这一稳压过程可表示为：$u\uparrow\rightarrow U_O\uparrow\rightarrow I_Z\uparrow\rightarrow I_R\uparrow\rightarrow U_R\uparrow\rightarrow U_O\downarrow$。

由此可见，硅稳压管电路利用稳压管的稳压特性可以使输出电压保持稳定。电阻 R 在稳压电路中起到了限流和调节的双重作用。这种稳压电路的优点是元件少，电路简单，常用于小型电子设备和局部电路中。但它还存在两个缺点：一是受稳压管最大稳定电流的限制，负载电流不能太大；二是输出电压不能调节，并且电压的稳定度也不够高。因此，它适用于负载电流较小，稳定度要求不高的场合。当电网电压或负载电流变化太大或要求输出电压 U_O 大小可调节时，一般采用串联型晶体管稳压电路。

3. 限流电阻的选择

由图 8-14 可看出，所需稳定的输出电压 U_O 实际上就是稳压管的稳定电压 U_Z，因此，要使输出电压 U_O 稳定不变，则必须确保在容许的输入电压和负载电阻变化范围内，稳压管的工作电流 I_Z 满足：$I_Z\text{min}<I_Z<I_{Zmax}$

限流电阻 R 的主要作用是：当输入电压波动和负载电阻 R_L 变化时，将稳压管的电流限制在 I_{Zmin}～I_{Zmax} 范围内。若输入电压的最大值为 U_{INmax}，最小值为 U_{INmin}，负载电阻的最大值为 R_{Lmax}、最小值为 R_{Lmin}，则负载电流的最小值和最大值分别为

$$I_{Lmin}=\frac{U_Z}{R_{Lmax}},\quad I_{Lmax}=\frac{U_Z}{R_{Lmin}} \tag{8-9}$$

（1）当输入电压最大、负载电流最小时、I_Z 最大，但不能超过 I_{Zmax}，即

$$\frac{U_{Imax}-U_Z}{R}-I_{Lmin}\leqslant I_{Zmax}$$

$$R\geqslant\frac{U_{Imax}-U_Z}{I_{Lmin}+I_{Zmax}}=R_{min} \tag{8-10}$$

（2）当输入电压最小、负载电流最大时，I_z 最小，但不得小于 I_{Zmin}，同样可得

$$\frac{U_{Imin}-U_Z}{R}-I_{Lmax}\geqslant I_{Zmin}$$

$$R\leqslant\frac{U_{Imin}-U_Z}{I_{Lmax}+I_{Zmin}}=R_{max} \tag{8-11}$$

由式 8-10 和式 8-11 可得到 R 的范围为

$$R_{min}\leqslant R\leqslant R_{max}$$

$$\frac{U_{Imax}-U_Z}{I_{Lmin}+I_{Zmax}}\leqslant R\leqslant\frac{U_{Imin}-U_Z}{I_{Lmax}+I_{Zmin}} \tag{8-12}$$

【例 8-1】 在图 8-14 所示的电路中，稳压管的参数为 U_Z=8V，正常工作电流为 2mA，I_{Zmax}=20mA，输入电压 U_I=18V±2V，负载电阻由开路变到 1kΩ，应如何选择限流电阻？

解：一般把正常工作电流视为稳压管的 I_{Zmin}，即 I_{Zmin}=2mA。

由题意知：$R_{Lmax}=\infty$，R_{Lmin}=1kΩ，则

$$I_{Lmax}=\frac{U_Z}{R_{Lmin}}=8\text{mA},\ I_{Lmin}=0\quad 而\ I_{Zmax}=20\text{mA}$$

所以

$$R_{min}=\frac{U_{Imax}-U_Z}{I_{Lmin}+I_{Zmax}}=\frac{18+2-6}{0+20}=700\Omega$$

$$R_{max}\frac{U_{Imin}-U_Z}{I_{Lmax}+I_{Zmin}}=\frac{18-2-6}{6+2}=1.25\text{k}\Omega$$

则 700Ω≤R≤1.25kΩ，选择 R=1kΩ

8.2.2 串联稳压电路

1. 电路组成

串联型晶体管稳压电路如图 8-16 所示，它由取样环节、基准电压环节、比较放大环节及调整环节四部分组成。

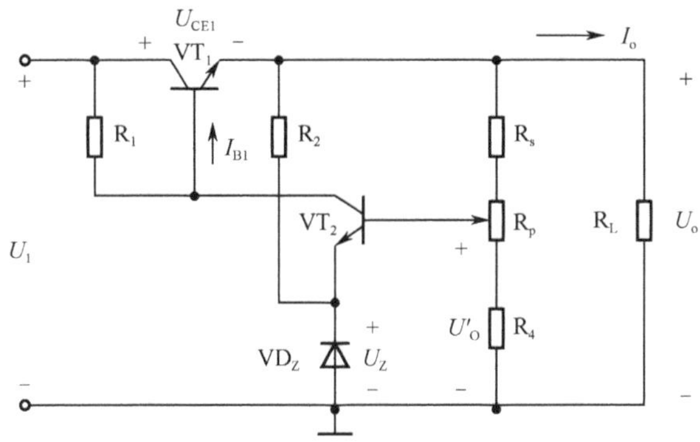

图 8-16 串联型晶体管稳压电路

1）取样环节

取样环节由 R$_3$、R$_4$、Rp 组成的分压电路构成。取样电路取出输出电压 U_O 的一部分 U'_O 送至比较放大环节与基准电压 U_Z 比较，调节电位器 Rp 滑动端的位置则可改变 U'_O 的大小。

2）基准电压环节

基准电压环节由稳压管 U_Z 和限流电阻 R$_2$ 组成。它提供稳定的基准电压 U_Z，使 VT$_2$ 的发射极电位固定不变。

3）比较放大环节

晶体管 VT$_2$ 和电阻 R$_1$ 组成的直流放大电路构成比较放大环节。晶体管 VT$_2$ 的基—射极电压 U_{BE2} 是取样电压 U'_O 与基准电压 U_Z 之差，这个电压差值经放大后去控制调整管 VT$_1$。R$_1$ 既是调整管 VT$_1$ 的基极偏置电阻，又是 VT$_2$ 的集电极负载电阻。

4）调整环节

调整环节由工作在线性放大区的功率管 VT$_1$ 组成。它的基极电流 I_{B1} 受比较放大电路输出信号的控制，I_{B1} 的变化将使其 VT$_1$ 管的压降 U_{CE1} 作相应的变化，从而使输出电压 U_O 接近变化前的数值。由于调整管 VT$_1$ 和负载 R_L 是串联的，所以这种电路被称为串联型晶体管稳压电路。

2. 工作原理

当输入电压 U_L 或负载电阻 R_L 增大引起输出电压 U_O 增加时，取样电压 U'_O 相应增加，与固定不变的基准电压 U_z 比较后，使 VT$_2$ 的基—射极电压 U_{BE2} 增大，基极电流 I_{B2} 增大，集电极电流 I_{C2} 上升，集—射极电压 U_{CE2} 下降，于是调整管 VT$_1$ 的 U_{BE1} 降低，则 I_{B1}、I_{C1} 随之下降，而管压降 U_{CE1} 升高，下降，最终使 U_O 保持基本不变。电路自动调整过程如下：

$$U_L\uparrow（或 R_L\uparrow）\rightarrow U_O\uparrow\rightarrow U_O'\uparrow\rightarrow U_{BE2}\rightarrow I_{B2}\uparrow\rightarrow I_{C2}\uparrow\rightarrow U_{CE2}\downarrow$$

$$U_O\downarrow\leftarrow U_{CE1}\uparrow\leftarrow I_{C1}\downarrow\leftarrow I_{B1}\downarrow\leftarrow U_{BE1}\downarrow\leftarrow$$

同理，当 U_L 或 R_L 减小而使输出电压 U_O 降低时，调整过程相反，最后仍使 U_O 近似不变。从上述调整过程可看出，该电路实质上是通过电压串联负反馈来稳定输出电压的。

3. 输出电压的调节范围

由图 8-16 所示电路可知，改变电位器 R_P 滑动端的位置，输出电压 U_O 可以在一定范围内变化。其输出电压的调节范围确定如下：当 R_P 的滑动端移到最上端时，则取样电压 U_O' 为

$$U_O'=\frac{U_O}{R_3+R_P+R_4}(R_P+R_4)$$

又 $U_O'=U_Z+U_{BE2}$

$$\frac{U_O}{R_3+R_P+R_4}(R_P+R_4)=U_Z+U_{BE2}$$

求得

$$U_O=U_{Omin}=\frac{U_Z+U_{BE2}}{R_P+R_4}(R_3+R_P+R_4) \tag{8-13}$$

因此，输出电压 U_O 的变化范围

$$\frac{U_Z+U_{BE2}}{R_P+R_4}(R_3+R_P+R_4)\leqslant U_O\leqslant\frac{U_Z+U_{BE2}}{R_4}(R_3+R_P+R_4) \tag{8-14}$$

在实际应用中，由于调整管与负载近似为串联关系，流过调整管的电流 I_{E1} 与负载电流 I_O 近似相等，当负载过载或短路时，流过调整管的电流很大，容易损坏调整管，所以在电路中还加有过流保护等电路。另外，为了进一步提高稳压电路的稳压性能，使比较放大电路有尽可能小的零点漂移和足够的放大倍数，比较放大环节常采用差动放大电路或集成运算放大电路，这里就不再详述。

8.2.3 集成稳压电路

随着集成技术的发展，集成稳压电源的应用越来越广泛。集成稳压电源（也称为集成稳压器）是把稳压电路中的大部分元件或全部元件制作在一片硅片上，变成单片式稳压器。它具有体积小、重量轻、可靠性高、温度特性好、使用灵活、价格低廉等优点。

目前，大多数集成稳压电路都是采用串联型稳压电路，其框图如图 8-17 所示，除基本的稳压电路外，还包含有启动电路及各种保护电路。

启动电路能保证集成稳压电路中的各个环节在开机时正常工作，各种保护电路能使集成稳压电路在过载（如输出电流过大，工作电压过高）时免于损坏。正常工作时，启动电路及各种保护电路都会自动断开或不影响稳压器的工作。

集成稳压器的种类很多。按工作方式可分为线性串联型和开关串联型；按输出电压方式可分为固定式和可调式；按输出电压的正负极性可分为正稳压器和负稳压器；按引出端子的个数可分为三端和多端稳压器。下面主要介绍三端集成稳压电源。

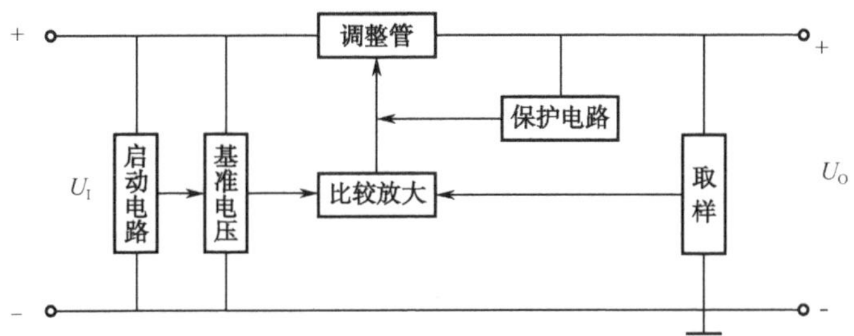

图 8-17 集成稳压电路框图

所谓三端是指电压输入、电压输出和公共接地三端。三端集成稳压器分为固定输出和可调输出两种不同的类型。固定式三端集成稳压器可分为 W7800 正稳压和 W7900 负稳压两个系列。W7800 系列的型号有 7802、7808、7812、7815、7818 和 7824，型号的最后两位数字表示输出电压值。其额定电流以 78（79）后面的字母来区分。L 表示 0.1A，M 表示 0.5A，无字母表示 1.5A。如 CW7805 表示稳定电压为 5V、额定输出电流为 1.5A。

1. 固定式三端稳压器

1）输出固定电压时的电路

（1）输出正电压：采用 W78××集成稳压器组成输出正电压的电路，如图 8-18 所示。图中的电容器 C_1 和 C_2 用来减少输入和输出电压的脉动．并改善负载的瞬态响应。

（2）输出负电压：采用 W79××集成稳压器，按图 8-19 接线，即可得到负的输出电压。

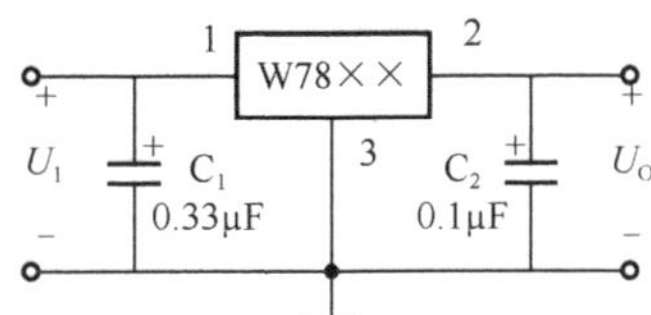

图 8-18 输出正电压稳压电路

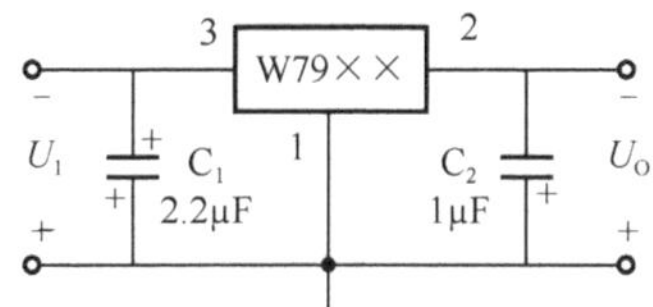

图 8-19 输出负电压稳压电路

（3）输出正、负电压，在同时需要稳定的正、负直流输出电压的场合，可同时选用 W78××和 W79××集成稳压器，然后按图 8-20 接线。

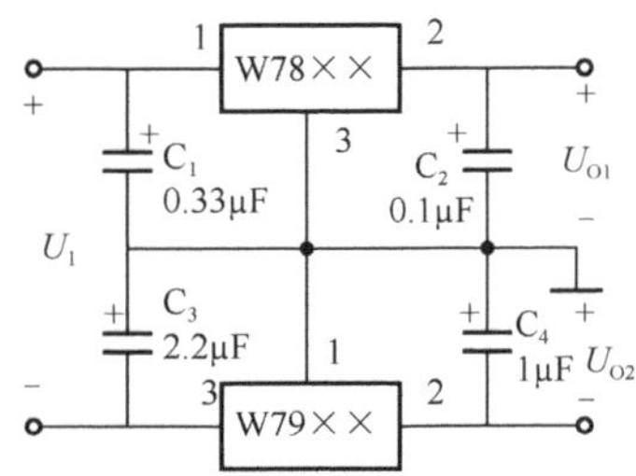

图 8-20 同时输出正、负电压的稳压电源

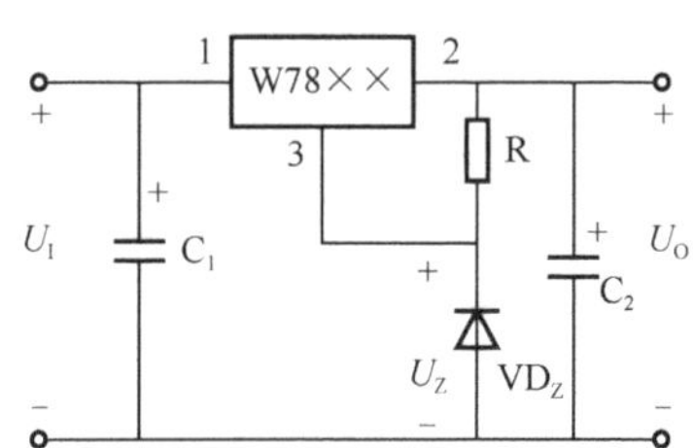

图 8-21 提高输出电压的电路

2）提高输出电压的电路

W7800 系列集成稳压器的最大输出电压为 24V。当需要更大的输出电压时，可采用图 8-15

所示的电路。其输出电压比高于 W78××稳压器的固定输出电压 U_{xx}，显然，$U_O=U_{xx}+U_z$。

2. 三端可调集成稳压器

三端可调集成稳压器有正电压稳压器 W317（117、217）[图 8-22（a）] 系列和负电压稳压器 W337（137、237）[图 8-22（b）] 系列。三端可调集成稳压器的输出电压 1.25～37V，输出电流可达 1.5A。使用这种稳压器非常方便，只要在输出端接两个电阻，就可得到所要求的输出电压值，它的应用电路如图 8-23 所示，是可调输出稳压源标准电路。

采用 W317 集成稳压器组成的输出电压连续可调的稳压电源如图 8-23 所示。它的三个端子除了输入端和输出端以外，第三个端子不是公共端（接地端），而是电压调整端，通过调整端外接电阻 R_1 和电位器 Rp 组成调压电路，只需调节电位器 Rp 就能使输出电压在 1.2～37V 范围内连续可调。

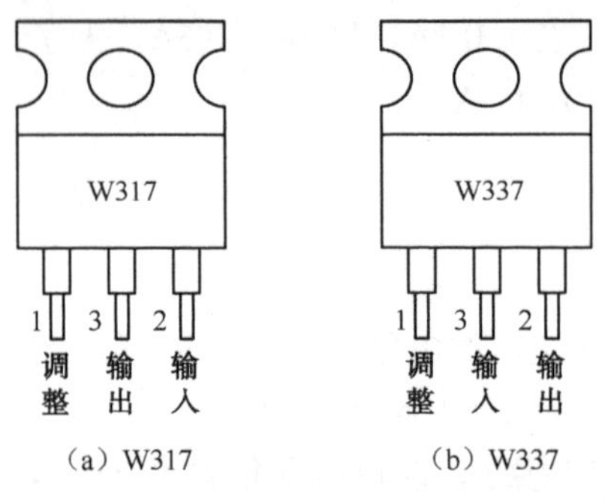

图 8-22　三端可调集成稳压器示意图

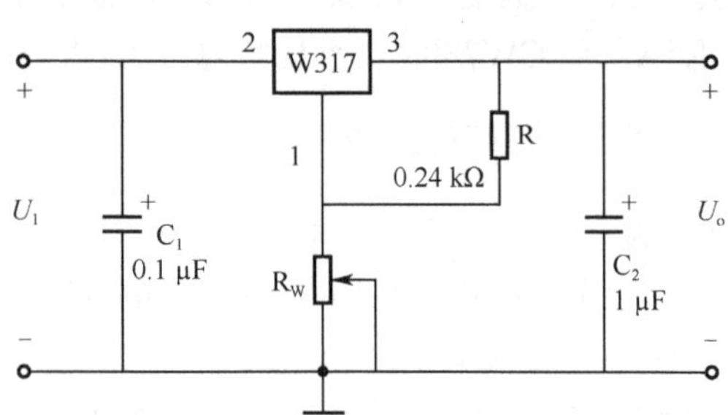

图 8-23　可调式稳压器电路

思考与练习

8-3-1　稳压管在稳压电路中应如何连接？它是如何实现稳压的？

8-3-2　串联型稳压电路由哪几部分组成？

8-3-3　直流电源中的调整管工作在放大状态还是工作在开关状态?

操作训练 2　直流稳压电路性能测试

1. 训练目的

1）研究稳压管在稳压电路中的作用。

2）掌握稳压管电路的测试方法。

2. 仿真测试

1）稳压管稳压电路

（1）创建测试电路

启动 Multisim 10 仿真软件，创建如图 8-24 所示电路，按图中所示选择元器件参数，示波器 A 通道接稳压前，B 通道接稳压后。

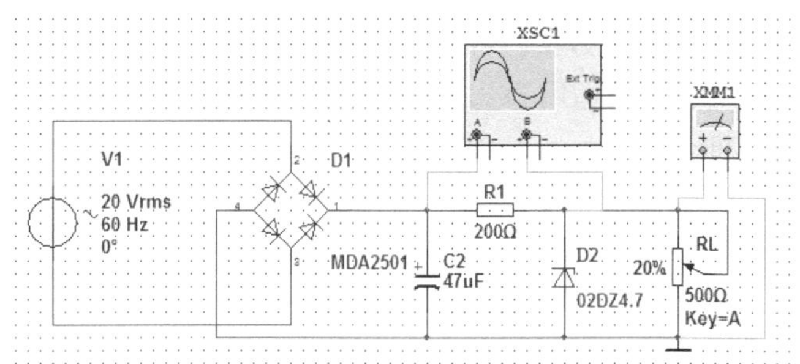

图 8-24　稳压管稳压测试电路

（2）电路连接好后，打开仿真开关，运行电路，用鼠标双击示波器，弹出的面板可以观察到如图 8-25 所示波形，其中，锯齿波为稳压前的波形，水平波为稳压后的波形。可见，稳压后的输出是十分稳定的直流电压。

（3）双击万用表图标，设置万用表面板显示为电压表，观察电压表显示数据，如图 8-26 所示。

（4）按下键盘按键 A，改变 RL 的数值，观察示波器面板显示波形及万用表面板显示数值。

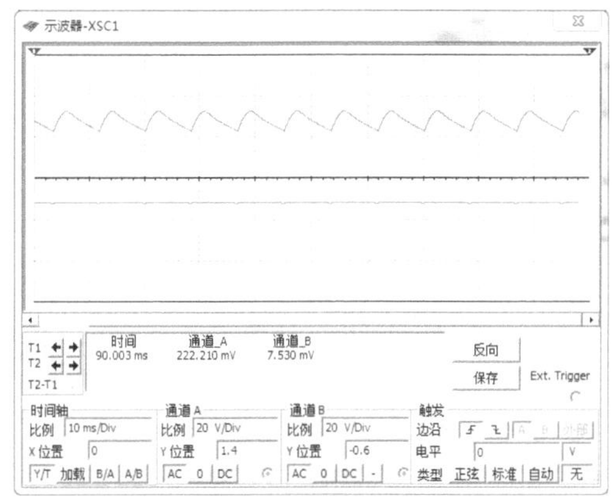

图 8-25　稳压管稳压电路测试波形

图 8-26　万用表测试电压

3. 实验测试

参照图 8-24 连接稳压管稳压电路，仿照仿真测试步骤，分别用示波器测试稳压波形，万用表测试稳压数值。

习题 8

1．填空

（1）直流稳压电源一般由______、________、_______和_________四部分组成。

（2）能将正负交替变化的交流电压变成_______________的过程称为整流，整流电路通常是利用__________来实现整流的。

（3）单相桥式整流电路由______和_______组成，二极管接成______形式故称桥式整流。

（4）电容滤波电路简单，滤波效果较好，缺点是________，负载电流不能_______，否则会影响滤波效果，所以电容滤波适用于____________的场合。

（5）复式滤波电路是将____________组合，可进一步减少脉动成分，提高滤波效果。常用的有_______、________、______等。

（6）并联型稳压电路由稳压二极管和_________组成，稳压二极管在电路中应为________，它与负载电阻 R_L__________后，再与限流电阻_________。

（7）串联型晶体管稳压电路由_______、________、_______和________四部分组成。

（8）集成稳压器的种类很多。按工作方式可分为_______和________；按输出电压方式可分为________和_______；按输出电压的正、负极性可分为_________和______；按引出端子的个数可分为_________和___________。

2．半波整流电路的变压器二次侧电压为 10V，负载电阻 R_L=500Ω，求流过二极管的电流平均值。

3．单相桥式整流电路变压器二次侧电压为 20V，每个二极管承受的最高反向电压为多少？

4．如图 8-27 所示电路中，已知 R_L=80Ω，直流电压表Ⓥ的读数为 110V，试求（1）直流电流表的Ⓐ读数；（2）整流电流的最大值；（3）交流电压表Ⓥ1的读数，变压器二次侧电流的有效值。

5．在图 8-28 所示的单相半波整流电路中，已知变压器二次侧电压的有效值 U=30V。负载电阻 R_L=100Ω。试问：（1）输出电压和输出电流的平均值 U_o 和 I_o 各为多少？（2）若电源电压波动±10%，二极管承受的最高反向电压为多少？

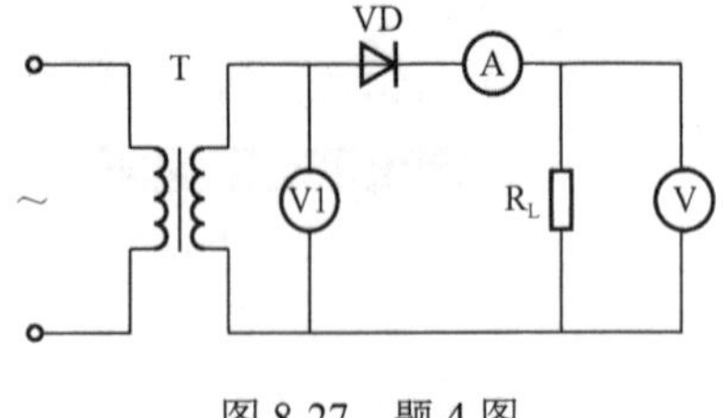

图 8-27　题 4 图

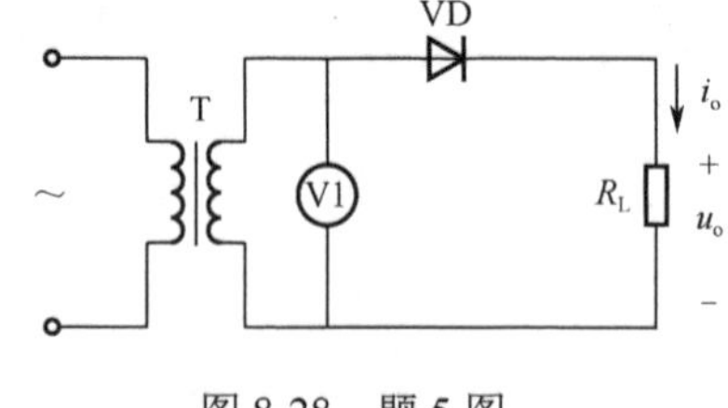

图 8-28　题 5 图

6．若采用桥式整流电路，试计算上题。

7．单相桥式整流电路中的一只二极管的正、负极接反，会出现什么现象？

8．单相桥式整流电路中，一只整流管坏了，会对电路产生什么影响？

9．在图 8-29 所示电路中，变压器二次侧电压 U_2=20V，当电路出现下列故障之一时，用万用表直流挡测量输出电压 U_O 的值分别为多少？（1）二极管 VD_1 烧断；（2）电容 C 开路；（3）负载 R_L 开路。

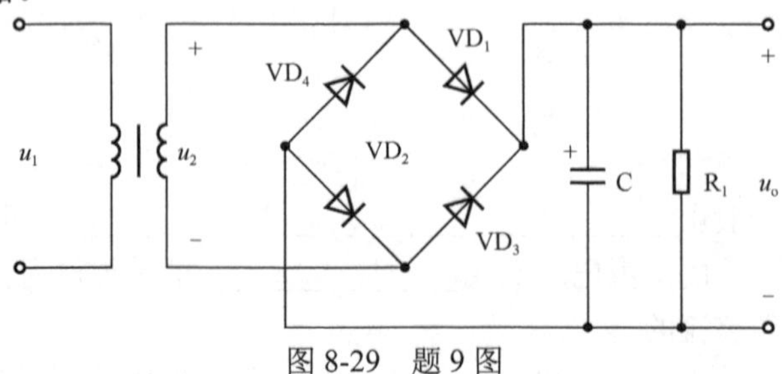

图 8-29　题 9 图

项目9

综合训练　晶体管收音机的安装调试

9.1　训练1　晶体管收音机电路分析

1. 训练目的

① 熟悉晶体管收音机的组成。

② 掌握晶体管收音机工作原理。

2. 收音机电路的组成

调幅收音机按电路形式可分为直接放大式和超外差式收音机两种。超外差式收音机具有灵敏度高、选择性好、工作稳定等特点。其电路原理图框图如图9-1所示。从图中可以看出它由输入电路、变频器（混频器+本机振荡器）、中频放大器、检波器、前置低频放大器、功率放大器及扬声器组成。

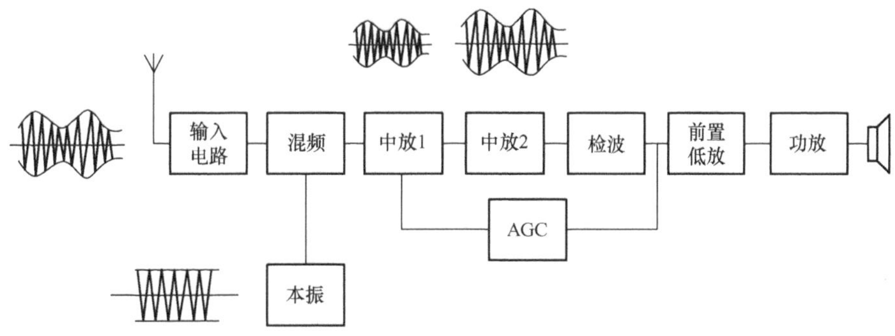

图9-1　收音机电路原理图框图

3. 收音机电路分析

下面以六管超外差式收音机为例介绍各部分电路的原理，收音机电路如图9-2所示。

1）输入电路

输入电路是指收音机从天线到变频管基极之间的电路。它的作用是从天线接收到的众多的无线电台信号中，经调谐回路调谐选出所需要的信号，同时把不需要的信号抑制掉，并且要能够覆盖住规定频率范围内的所有电台信号。

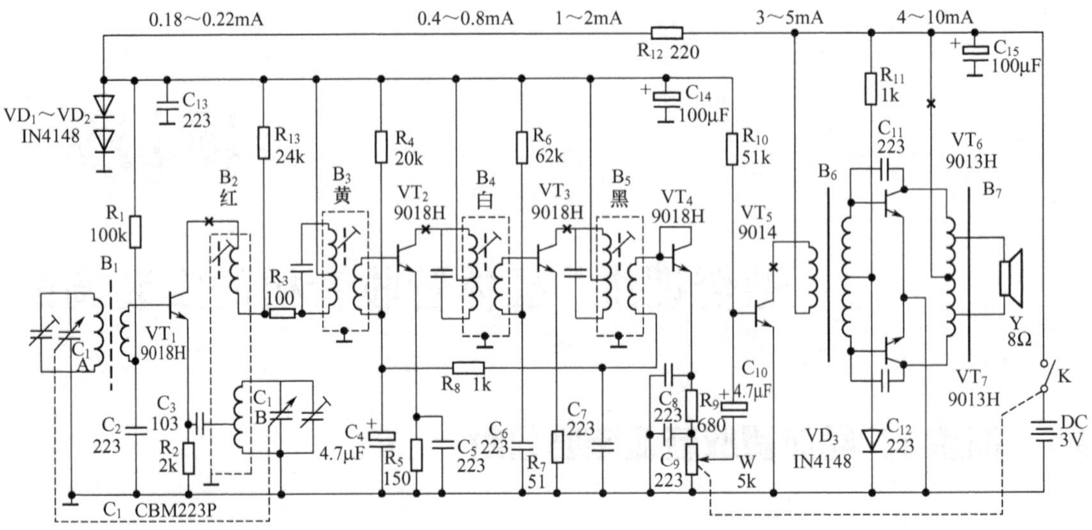

“×”为集电极电流测试点，电流参考值见图上方

图 9-2　六管超外差式收音机电路图

在图 9-2 中，由 C_1-A、B_1 的一次绕组等元件组成输入回路，中波段调谐变压器 B_1 的一二次绕组同绕在中波磁棒上。当 C_1-A 的容量从最大调到最小时，可使谐振频率从最低的 525kHz 到最高的 1605kHz 范围内连续变化。当空中的高频电台信号的某一频率与回路的调谐频率一致时，在 B_1 的一次绕组两端这一电台频率的信号感应最强，这个电台信号再经 B_1 的二次绕组耦合到本振电路，就可达到选台目的。

2）变频器

（1）变频原理

变频器的作用是将输入回路送来的高频调幅载波转变为一个固定的中频（465kHz）信号，要求这个固定的中频信号仍为调幅波。在混频时，有两个信号输入，一个信号是由输入回路选出的电台高频信号；另一个是本机振荡产生的高频等幅信号，且本机振荡信号总是比输入电台信号高出一个中频频率，即 465kHz。由于晶体管的非线性作用，混频管输出端会产生有一定规律的新的频率成分，称为混频。混频器后面紧跟着的是中频变压器。中频变压器实际上是一个选频器，只有 465kHz 中频信号才能通过，其他的选频信号均被抑制掉。

本机振荡信号的频率应该和所要接收的电台信号频率始终保持 465kHz 的差异。

（2）变频电路分析

在电路中，本机振荡频率和混频分别用两只晶体管承担，这种电路称混频电路。若本机振荡和混频由同一只晶体管承担，这种电路称为变频电路。图 9-2 中 VT_1 是变频管，担当振荡与混频双重任务。R_1 为 VT_1 直流偏置电阻，决定了 VT_1 的静态工作点。C_2 为高频旁路电容，C_3 是本机振荡信号的耦合电容。C_1-A、C_1-B 各为双联可变电容中的一联，改变它的容量可改变振荡频率，是为了使频率能覆盖高端而设立的微调电容。B_2 为本机振荡线圈，调整 B_2 可使谐振在中频（465kHz）上，从而从混频的产生物中选出中频。

对变频管的要求，应选择截止频率高、噪声小的晶体管，调整时，集电极电流不宜过大，一般应为 0.35～0.8mA。

3）中频放大器

由于变频级的增益有限，因此在检波之前还需对变频后的中频信号进行放大，超外差式电路的增益主要由中放级提供。一般收音机的中放电路由多级组成，这样一方面是为了提高增益，同时由于层层地选频，有效地抑制了邻近信号的干扰，提高了选择性。除了考虑灵敏度和选择性外，中频放大器还要保证信号的边频得以通过。因此，各级中放所要求的侧重面也不尽相同。一般说来，第一级中放带宽尽量窄些，以提高选择性和抑制干扰，而后几级带宽可适当宽些，以保证足够的通频带。

在图 9-2 中，收音机采用两级中频放大器，由三只中周作级间耦合，VT_2、VT_3是中放管，R_4、R_5、R_6、R_7分别为 VT_2、VT_3的直流偏置电阻，调整 R_4、R_6可改变两管的直流工作点。C_4、C_6是中频信号的旁路电容。

4）检波器

通常把从高频调幅波中取出音频信号的过程称为检波。检波器的作用是把所需要的音频信号从高频调幅波中“检出来”，送入低频放大器中进行放大，而把已完成运载信号任务的载波信号滤掉。在图 9-2 中，VT 是检波管，由 C_8、R_9、C_9组成“Π”型低通滤波器。

中放级输出的 465kHz 中频信号耦合到 VT_4后，由于 VT_4的发射结具有单向导电性和非线性，经 VT_4后由双向交流信号变为单向脉动信号。由频谱分析可知，该信号含有三种分量：音频信号、中频等幅信号和直流信号。由于 C_8、C_9很小，对音频信号来说容抗很大，从而使音频信号电流只能经 R_9流过 R_P建立音频电压，再经 C_{10}耦合到低放级去。由于 C_{10}隔直作用，直流分量没有送到下一级，而送到自动增益控制电路 AGC 中。

5）自动增益控制

自动增益控制电路（AGC）的作用是：当接收到的信号较弱时，能自动地将收音机的增益提高，使音量变大；反之，当接收到的信号较强时，又自动降低增益使音量变小，提高了整机的稳定性。AGC 电路通常利用控制第一中放管的基极电流来实现，这是因为第一中放的信号比较弱，受 AGC 控制后不会产生信号失真。控制信号一般取自检波器输出信号中的直流成分，这是因为检波输出直流电压正比于接收信号的载波振幅。

在图 9-2 电路中，R_8、C_4构成 AGC 电路，当接收天线感应的信号较小时，经变频、中放的信号较小，检波后在 C_4的压降较小，所需 AGC 电压较小，不致使第一中放管（NPN）饱和而使音量较小。反之接收强信号时，则第一中放管饱和，使音量变低。由此可见电路实际上是一个负反馈的工作过程。

6）音频放大器

音频放大器包括前置放大器和功率放大器。

前置放大器一般在收音机的检波器与功率放大器之间，它的作用是把从检波器送来的低频信号进行放大，以便推动功率放大器，使收音机获得足够的功率输出。一般六管以上的收音机其前置放大器分有两级：末前级（与功率放大器相连）和前置级（与检波器相连）。六管及六管以下的收音机只有末前级而无前置级。

功率放大器是收音机最后一级，它的作用是将前置放大器送来的低频信号作进一步放大，以提供足够的功率推动扬声器发声。目前最常用的是推挽功率放大器和 OTL 功率放大器。本机电路中由 VT_5、VT_6构成低放电路，由 VT_7、VT_8构成功放电路。

9.2 训练 2 收音机元器件的识别与检测

1. 训练目的

① 熟悉收音机电路元器件。

② 掌握各类元器件的检测方法。

2. 收音机元器件介绍

本项目制作的收音机有六类元件，分别为电阻类、电容类、电感类、二极管、三极管和电声器件（扬声器）。按照收音机套件列出的元器件、结构件的清单，对元器件和结构进行分类与识别：

元器件分类与识别：电阻器类→13 只；电容器类→15 只；电感器类→7 只；二极管类→4 只；三极管类→7 只；扬声器→1 只。

结构件分类与识别：PCB→1 块；调谐盘、电位器→各 1 只；前框、后盖→各 1 个；正极片、负极弹簧→各 1 只；频率标牌→1 片；磁棒支架→1 个；螺钉→5 颗；绝缘导线→4 根。

为提高整机产品的质量和可靠性，在整机装配前，所有的元件都必须经过检验，检验内容包括静态检验和动态检验。

所谓静态检验就是检验元器件表面有无损伤、变形，几何尺寸是否符合要求，型号规格是否与工艺文件要求相符。动态检测就是通过仪器仪表检测元器件本身的电气性能是否符合规定的技术条件。用万用表进行元器件的检测。二极管、晶体管的检测参考项目 1、项目 2 的有关内容。

3. 电阻器的检测

电阻器的阻值一般用万用表进行检测，万用表有指针式万用表和数字式万用表，检测方法有开路测试法和在线测试法。开路测试法就是对单独电阻器的检测，电阻器的在线测试就是对在印制电路板上的电阻器进行检测。

1）电阻器的开路测试

（1）指针式万用表对电阻器的测试

指针式万用表测量电阻的过程如图 9-3 所示。

（a）选择量程。测量电阻前，首先选择适当的量程。电阻量程分为×1Ω、×10Ω、×100Ω、×1kΩ、×10kΩ。将量程开关旋至合适的量程，为了提高测量准确度，应使指针尽可能靠近标度尺的中心位置。

（b）欧姆调零。选择好量程后，对表针进行欧姆调零，方法是将两表笔棒搭接，调节欧姆调零旋钮，使指针在第一条欧姆刻度的零位上。如调不到零，说明万用表的电池电量不足，需更换电池。注意每次变换量程之后都要进行一次欧姆调零操作。

（c）测量电阻。两表笔接入待测电阻，按第一条刻度读数，并乘以量程所指的倍数，即为待测电阻值。如用 R×100 量程进行测量，指针指示为 18，则被测电阻 $R_X=18\times100=1800\Omega$。

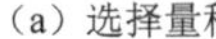
（a）选择量程

（b）欧姆调零

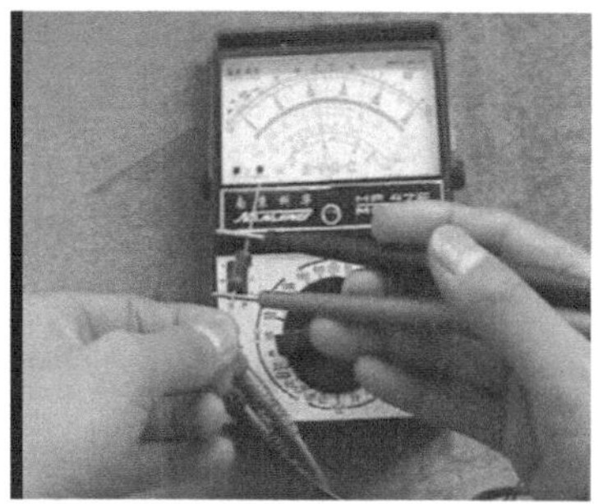
（c）测量电阻

图 9-3　指针式万用表测量电阻

测量电阻注意事项：

① 测量时，将万用表两表笔分别与被测电阻两端相连，不要用双手捏住表笔的金属部分和被测电阻，否则人体本身电阻会影响测量结果。

② 严禁在被测电路带电情况下测量电阻，如果电路中有电容，应先将其放电后再进行测量。

③ 若改变量程需重新调零。

（2）数字式万用表对电阻器的测试

用数字式万用表测试电阻器时无需凋零，根据电阻器的标称值将数字万用表挡位置于适当的“Ω”挡位，测量时，黑表笔插在“COM”插孔，红表笔插在“VΩ”插孔，两表笔分别接被测电阻器的两端，显示屏显示被测电阻器的阻值。如果显示“000”，则表示电阻器已经短路，如果仅最高位显示“1”，则说明电阻器开路。如果显示值与电阻器标称值相差很大，超过允许误差，这说明该电阻器质量不合格，如图 9-4 所示。

（a）选合适量程

（b）黑表笔插在“COM”插孔，红表笔插在“VΩ”插孔

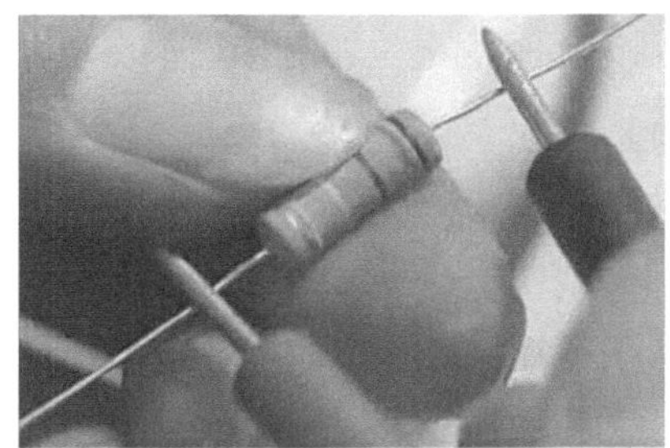
（c）两表笔分别接被测电阻器的两端

（d）阻值数据显示

图 9-4　用数字式万用表测试电阻器

2）电阻器的在线测试

在线测试印制电路板上电阻器的阻值时，印制电路板不得带电（称为断电测试），而且还需对电容器等储能元件进行放电。通常，需对电路进行详细分析，估计某一电阻器有可能损坏时，才能进行测试。此方法常用于维修中。

例如，怀疑印制电路板上的某一只阻值为 10kΩ的电阻器烧坏时，用万用表红、黑表笔并联在 10kΩ的电阻器的两个焊接点上，如指针指示值接近（由于电路存在总的等效电阻，通常是略低一点）10kΩ时，则可排除该电阻器出现故障的可能性；若测试后的阻值与 10kΩ相差较大时，则该电阻器可能已经损坏。进一步确定，可将这个电阻器的一个引脚从焊盘上脱焊，再进行开路测试，以判断其好坏。

4．电位器的检测

1）检测电位器的标称阻值

根据电位器标称阻值的大小，将万用表置于适当的“Ω”挡位，用红、黑表笔与电位器的两固定引脚相接触，观察万用表指示的阻值是否与电位器外壳上的标称值一致，如图 9-5 所示。

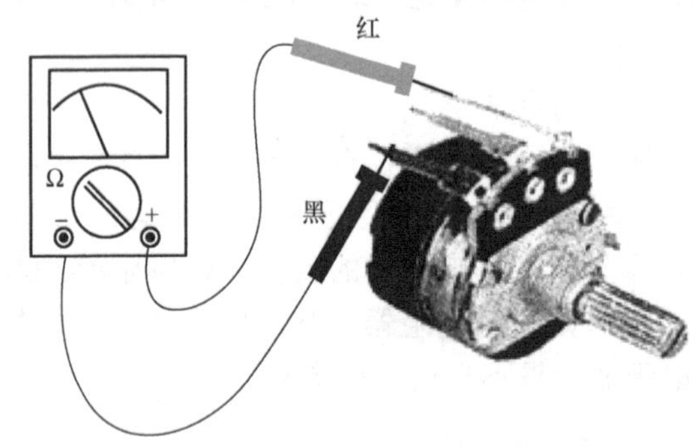

图 9-5　电位器标称阻值的测量

2）检测电位器的动端与电阻体接触是否良好

将万用表的一个表笔与电位器的动端相接，另一表笔与任一个定端相接，然后，慢慢地将转轴从一个极端位置旋转至另一个极端位置，被测电位器的阻值应从零（或标称值）连续变化到标称值（或零），如图 9-6 所示。

在旋转转柄的过程中，若指针式万用表的指针平稳移动，或用数字式万用表测量的数字连续变化，则说明被测电位器是正常的；若指针万用表的指针抖动（左右跳动），或数字式万用表的显示数值中间有不变或显示“1”的情况，则说明被测电位器有接触不良现象。

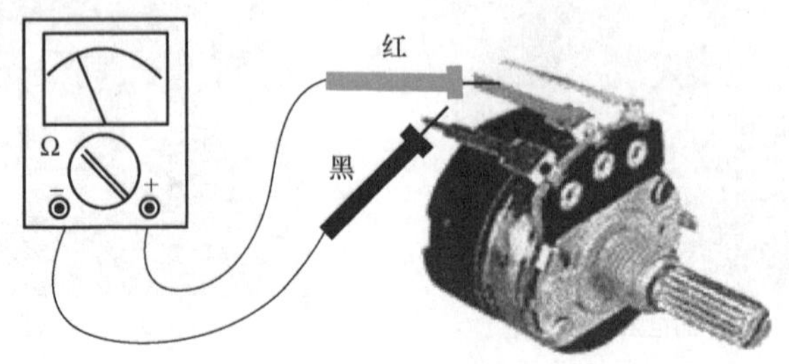

图 9-6　电位器滑动端的检测

5. 固定电容器的检测

1）5000pF 以上无极性电容器的检测

用指针万用表电阻挡 R×10k 挡或 R×1k 挡，测量电容器两端。表头指针应先摆动一定角度后返回∞。若指针没有任何变动，则说明电容器已开路；若指针最后不能返回∞，则说明电容漏电较严重；若为 0Ω，则说明电容器已击穿。电容器容量越大，指针摆动幅度就越大。可以根据指针摆动最大幅度值来判断电容器容量的大小，以确定电容器容量是否减小了。这就要求记录好测量不同容量的电容器时万用表指针摆动的最大幅度，以便比较。若因容量太小看不清指针的摆动，则可对调表笔再测量电容器的两极一次，这次指针摆动幅度会更大。

2）5000pF 以下无极性电容器的检测

用指针式万用表 R×10k 挡测量，指针应一直指到∞。指针指向无穷大，说明电容器没有漏电，但不能确定其容量是否正常。可利用数字万用表电容挡测量其容量。

6. 电解电容器的检测

1）电解电容器极性的判别

（1）外观判别

通过电容器引脚和电容体的白色色带来判别，带“–”号的白色色带对应的脚为负极。长脚是正极，短脚是负极，如图 9-7 所示。

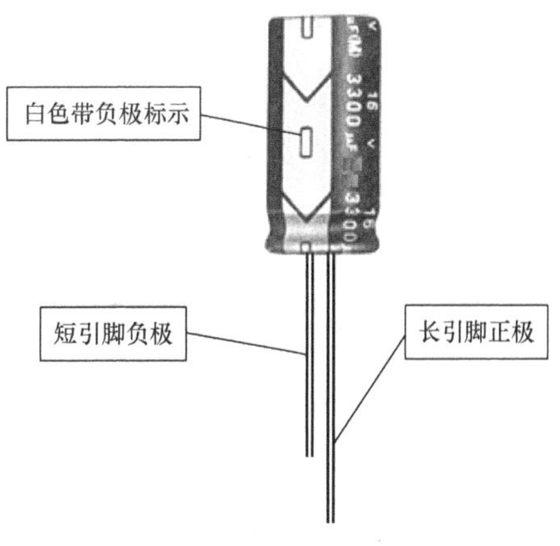

图 9-7 电解电容器极性外观判别

（2）万用表识别

用指针式万用表的R×10k挡测量电容器两端的正、反向电阻值，在两次测量中，漏电阻小的一次，黑表笔所接为负极。

2）电解电容漏电阻的测量

指针万用表的红表笔接电容器的负极，黑表笔接正极。在接触的瞬间，万用表指针即向右偏转较大幅度（对于同一电阻挡，容量越大，摆幅越大），然后逐渐向左回转，直到停在某一位置。此指示电阻值即为电容器的正向漏电阻。

再将红黑表笔对调，万用表指针将重复上述摆动现象。此时所测阻值为电容器的反向漏电阻，此值应略小于正向漏电阻。若测量电容器的正、反向电阻值均为 0，则该电容器已击穿损坏，如图 9-8 所示。

经验表明，电解电容的漏电阻一般应在 500kΩ以上性能较好，在 200～500kΩ时性能一般，小于 200kΩ时漏电较为严重。

注意事项：

电解电容的容量较一般固定电容大得多，所以，测量时，应针对不同容量选用合适的量程。一般情况下选用 R×10k 挡或 R×1k 挡，但 47μF 以上的电容器不再选用 R×10k 挡；容量大于 470μF 的电容器时，测量时，可先用 R×1 挡测量对电容充满电后（指针指向无穷大）再调至 R×1k 挡，待指针稳定后，就可以读出其漏电电阻。

从电路中拆下的电容器（尤其是大容量和高压电容器），应对电容器放电后，再用万用表进行测量，否则会造成仪表损坏。

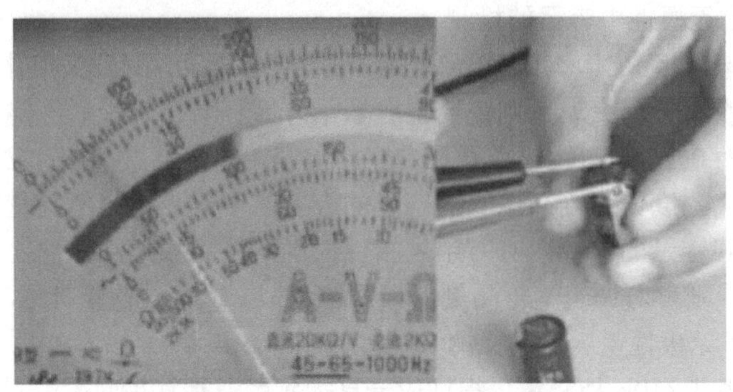

图 9-8　电解电容漏电阻的测量

7. 可变电容器的检测

1）检查转轴机械性能

用手轻轻旋动转轴，应感觉十分平滑，不应感觉时松时紧甚至有卡滞现象。将转轴向前、后、上、下、左、右等各个方向推动时．转轴不应有松动的现象，如图 9-9 所示。

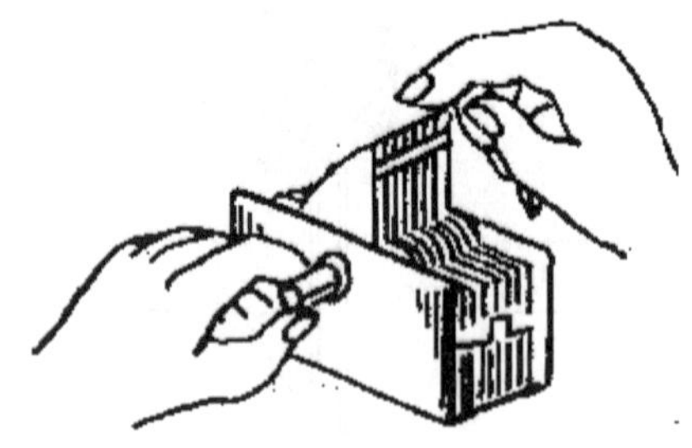

图 9-9　检查转轴机械性能

2）检查动片与定片间有无碰片短路或漏电

将万用表置于 R×10k 挡，一只手将两个表笔分别接可变电容器的动片和定片的引出端，另一只手将转轴缓缓旋动几个来回，如图 9-10 所示。万用表指针都应在无穷大位置不动。在旋动转轴的过程中，如果指针有时指向零，说明动片和定片之间存在碰片短路点，如果旋到某一角度，万用表读数不为无穷大而是出现一定阻值，说明可变电容器动片与定片之间存在漏电现象。

对于双连或多连可变电容器，可用上述同样的方法检测其他组的动片与定片之间电阻，判断其有无碰片短路或漏电现象。

8. 电感器与变压器的检测

1）电感器的检测

用万用表测量电感器的阻值，可以大致判断电感器的好坏，如图 9-11 所示。将万用表置于 R×1 挡，测得的直流电阻为零或很小（零点几欧姆到几欧姆），说明电感器未断；当测量的线圈电阻为无穷大时，表明线圈内部或引出线已经断开。在测量时要将线圈与外电路断开，以免外电路对线圈的并联作用造成错误的判断。对于电感线圈的匝间短路问题，可用一只完好的线圈替换试验，故障消除则证明线圈匝间有短路，需要更换。如果用万用表测得线圈的阻值远小于标称阻值，也说明线圈内部有短路现象。

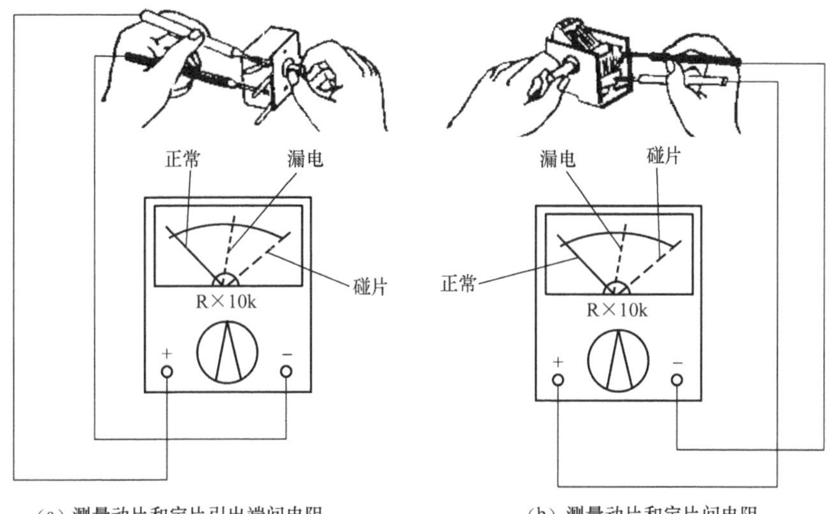

（a）测量动片和定片引出端间电阻　　（b）测量动片和定片间电阻

图 9-10　可变电容器的检测

用数字式万用表也可以对电感器进行通断测试。将数字式万用表的量程开关拨到“通断蜂鸣”符号处，用红、黑表笔接触电感器的两端，如果阻值较小，表内蜂鸣器就会鸣叫，表明该电感器可以正常使用。若想测出电感线圈的准确电感量，则必须使用万用电桥、高频 Q 表或数字式电感电容表。

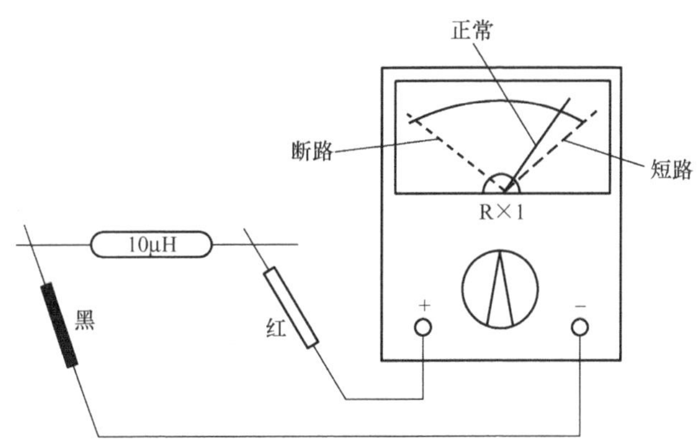

图 9-11　电感器的检测

2）变压器的检测

（1）一、二次绕组的通断检测

将万用表置于 R×1 挡，将两表笔分别碰接一次绕组的两引出线，阻值一般为几十欧姆至几百欧姆，若出现∞则为断路，若出现 0 阻值，则为短路，如图 9-12 所示。用同样方法测二次绕组的阻值，一般为几欧姆至十欧姆（降压变压器），如一次绕组有多个时，输出标称电压值越小，其阻值越小。

（2）绕组间、绕组与铁心间的绝缘电阻检测

将万用表置于 R×10k 挡，将一支表笔接一次绕组的一引出线，另一表笔分别接二次绕组的引出线，万用表所示阻值应为∞位置，若小于此值时，表明绝缘性能不良，尤其是阻值小

于几百欧姆时，表明绕组间有短路故障，如图 9-13 所示。

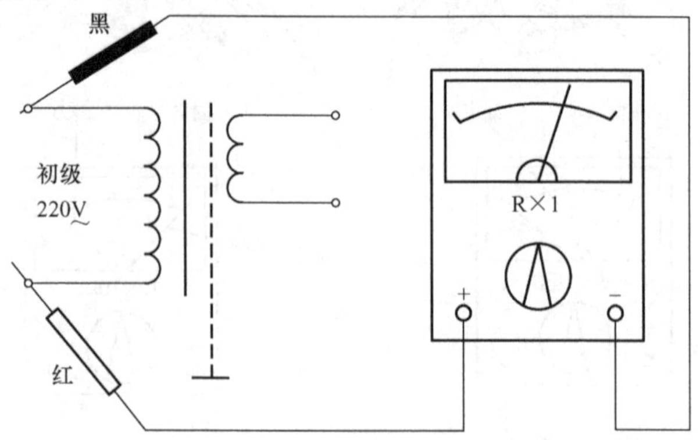

图 9-12　一、二次绕组的通断检测

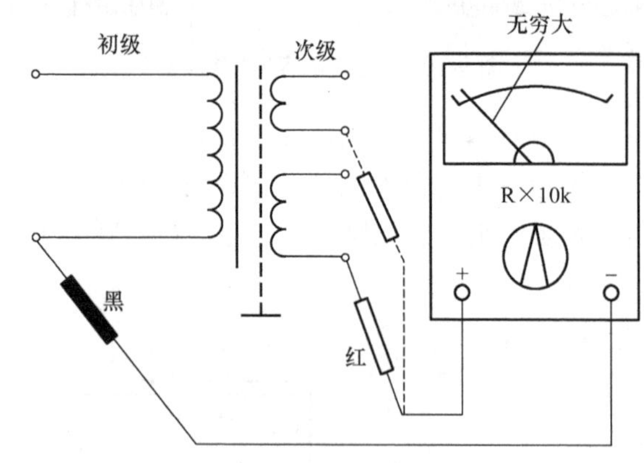

图 9-13　绝缘电阻检测

（3）变压器的二次绕组空载电压测试

将变压器一次绕组接入 220V 电源，将万用表置于交流电压挡，根据变压器二次的标称值，选好万用表的量程，依次测出二次绕组的空载电压，允许误差一般不应超出 5%～10%为正常（在一次电压为 220V 的情况下），如图 9-14 所示。

若出现二次绕组电压升高，表明一次绕组有局部短路故障，若二次绕组的某个线圈电压偏低，表明该线圈有短路之处。

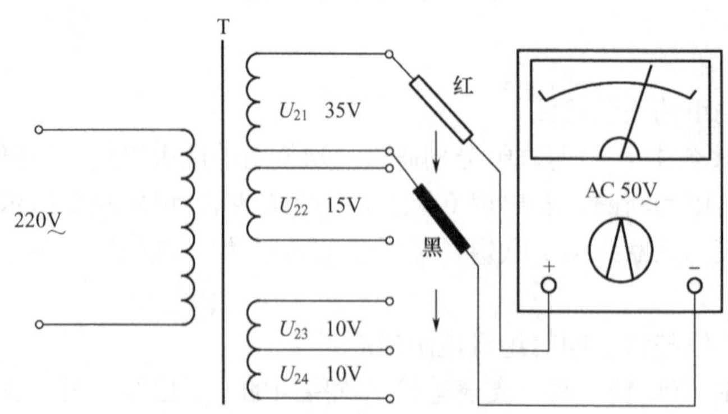

图 9-14　变压器的次级空载电压测试

9. 扬声器的检测

用万用表对扬声器进行检测，判断其好坏，方法是用万用表 R×1Ω挡，将红（或黑）表笔与扬声器的一个引出端相接，另一表笔断续碰触扬声器另一端，应听到“ 喀、喀”声，指针也相应的摆动，说明扬声器是好的，若接触扬声器时不发声，指针也不摆动，说明扬声器损坏。

用万用表判断扬声器引线的相位，方法是将万用表置于最低的直流电流挡，例如 50μA 或 100μA 挡，用一只手持红、黑表笔分别跨接在扬声器的两引出端，另一只手食指指尖快速地弹一下纸盆，观察指针的摆动方向。若指针向右摆动，说明红表笔所接的一端为正端，黑表笔所接的一端则为负端；若指针向左摆，则红表笔所接的为负端，而黑表笔所接的为正端。在测试时注意，弹纸盆时不要用力过猛，而使纸盆破裂或变形将扬声器损坏；而且不能弹音圈上面的防尘保护罩，以防使之凹陷影响美观。

9.3 训练 3 收音机元器件的焊接

1. 训练目的

① 熟悉手工焊接方法。

② 掌握焊点质量的判断。

2. 焊接训练

1）手工焊接的过程

锡焊作为一种操作技术，必须要通过实际训练才能掌握。实践中，常将手工焊接过程归纳成八个字：“一刮、二镀、三测、四焊”。

（1）“刮”就是处理焊接对象的表面。焊接前，应先进行被焊件表面的清洁工作，有氧化层的要刮去，有油污的要擦去。

（2）“镀”是指对被焊部位搪锡。

（3）“测”是指对搪过锡的元件进行检查，在电烙铁高温下是否变质。

（4）“焊”是指最后把测试合格的、已完成上述三个步骤的元器件焊到电路中去。

焊接完毕要进行清洁和涂保护层并根据对焊接件的不同要求进行焊接质量的检查。

2）五工步焊接法

“五工步焊接法”是手工焊接的基本方法。把焊接操作分为准备焊接、加热焊件、熔化焊料、移开焊料和移开电烙铁等五个步骤，也称为手工焊接“五步法”。焊接过程如图 9-15 所示。

（1）准备焊接。准备好被焊工件，将电烙铁加温到工作温度，烙铁头保持干净并吃锡，一手握好电烙铁，一手抓好焊料（通常是焊锡丝），电烙铁与焊料分别位居于被焊工件两侧。

（2）加热焊件。烙铁头接触被焊工件，包括工件端子和焊盘在内的整个焊件全体要均匀受热，一般烙铁头扁平部分（较大部分）接触热容量较大的焊件，烙铁头侧面或边缘部分接触热容量较小的焊件，以保持焊件均匀受热。不要施加压力或随意拖动烙铁。

（3）熔化焊料。当工件的被焊部位升温到焊接温度时，送上焊锡丝并与工件焊点部位接触，熔化并润湿焊点。焊锡应从电烙铁对面接触焊件。送焊锡要适量，一般以有均匀、薄薄的一层焊锡，能全面润湿整个焊点为佳。如果焊锡堆积过多，内部就可能掩盖着某种缺陷隐患，而且焊点的强度也不一定高；但焊锡如果填充得太少，就不能完全润湿整个焊点。

（4）移去焊料。溶入适量焊料（这时被焊件已充分吸收焊料并形成一层薄薄的焊料层）后，迅速移去焊锡丝。

（5）移开电烙铁。移去焊料后，在助焊剂（市场焊锡丝内一般含有助焊剂）还未挥发完之前，迅速移去电烙铁，否则将留下不良焊点。电烙铁撤离方向与焊锡留存量有关，一般以与轴向成 45° 的方向撤离。撤掉电烙铁时，应往回收，回收动作要迅速、熟练，以免形成拉尖；收电烙铁的同时，应轻轻旋转一下，这样可以吸除多余的焊料。

另外，焊接环境空气流动不宜过快。切忌在风扇下焊接，以免影响焊接温度。焊接过程中不能振动或移动工件，以免影响焊接质量。

对于热容量较小的焊点，可将（2）和（3）合为一步，（4）和（5）合为一步，概括为三步法操作。

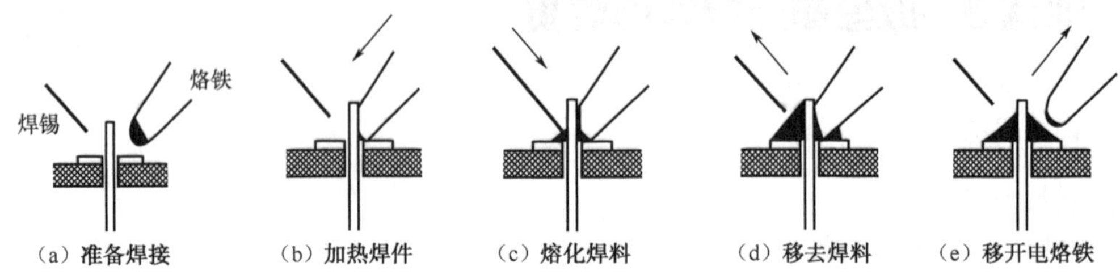

图 9-15　五工步焊接法

3）手工锡焊技术注意事项

（1）焊锡量要合适。

实际焊接时，控制合适的焊锡量，才能得到合适的焊点。过量的焊剂不仅增加了焊后清洁的工作量，延长了工作时间，而且当加热不足时，会造成“夹渣”现象。合适的焊剂是熔化时仅能浸湿将要形成的焊点。

图 9-16 示意了焊料使用过少、过多及焊料正常时焊点的形状，如果焊料过少，如图 9-16（a）所示，焊料未形成平滑过渡面，焊接面积小于焊盘的 80%，机械强度不足。当焊料过多时，焊料面呈凸形，如图 9-16（b）所示。合适的焊料，外形美观、焊点自然成圆锥状，导电良好，连接可靠，以焊接导线为中心，匀称、成裙形拉开，外观光洁、平滑，如图 9-16（c）所示。

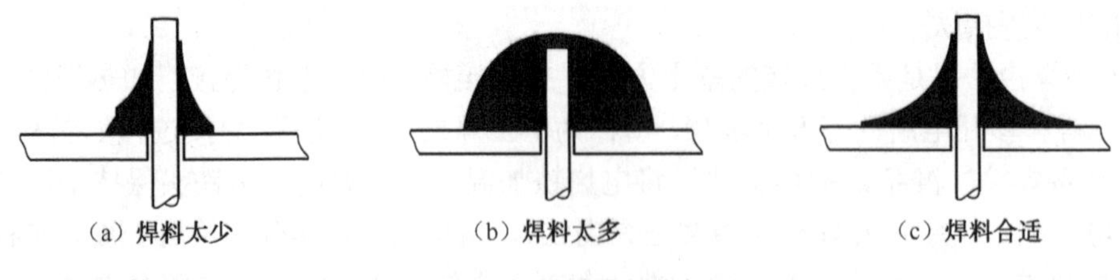

图 9-16　焊锡量的掌握

（2）正确的加热方法和合适的加热时间

加热时靠增加接触面积加快传热，不要用电烙铁对焊件加力，因为这样不但加速了烙铁头的损耗，还会对元器件造成损坏或产生不易察觉的隐患。所以要让烙铁头与焊件形成面接

触，使焊件上需要焊锡浸润的部分受热均匀。

加热时应根据操作要求选择合适的加热时间，一般一个焊点需加热 2～5s。焊接时间不能太短也不能太长。加热时间长，温度高，容易使元器件损坏，焊点发白，甚至造成印制电路板上铜箔脱落；而加热时间太短，则焊锡流动性差，容易凝固，使焊点成“豆腐渣”状。

（3）固定焊件，靠焊锡桥传热

在焊锡凝固之前不要使焊件移动或振动，否则会造成“冷焊”，使焊点内部结构疏松，强度降低，导电性差。实际操作时可以用各种适宜的方法将焊件固定。

如果焊接时，所需焊接的焊点形状很多，为了提高烙铁头的加热效率，需要形成热量传递的焊锡桥。所谓焊锡桥，就是靠电烙铁上保留少量焊锡作为加热时烙铁头与焊件之间传热的桥梁，如图 9-17 所示。由于金属液的导热效率远高于空气，而使焊件很快被加热到焊接温度，应注意，作为焊锡桥的焊锡保留量不可过多。

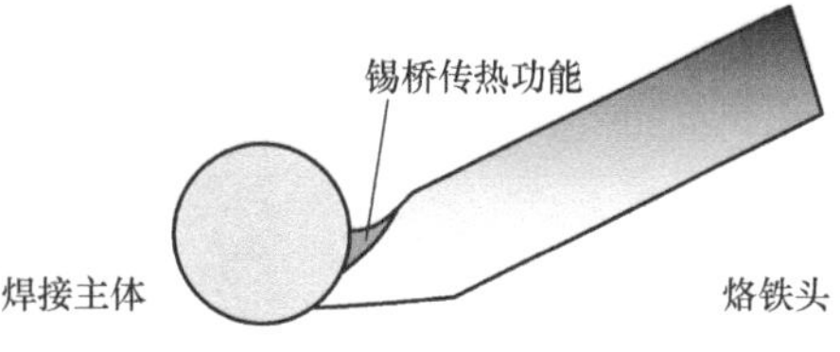

图 9-17　焊锡桥传热

（4）电烙铁撤离方式要正确

电烙铁撤离要及时，而且撤离时的角度和方向对焊点的形成有一定的关系。不同撤离方向对焊料的影响如图 9-18 所示。

因为烙铁头温度一般都在 300℃左右，焊锡丝使的焊剂在高温下容易分解失效，所以用烙铁头作为运载焊料的上具，很容易造成焊料的氧化、焊剂的挥发，在调试或维修工作时，不得已用烙铁头沾焊锡焊接时，动作要迅速敏捷，防止氧化造成劣质焊点。

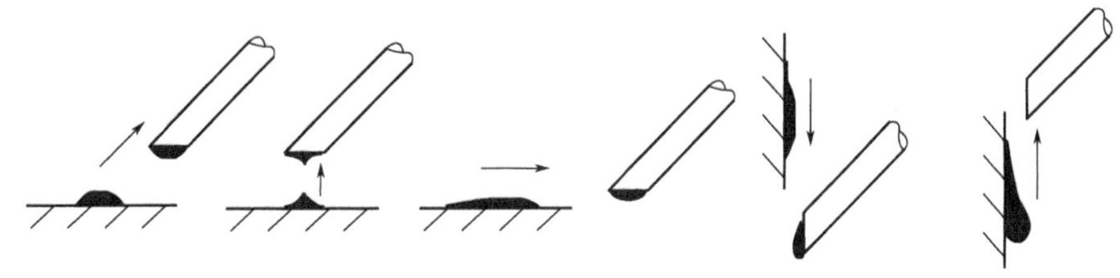

图 9-18　撤离方向对焊料的影响

4）收音机元器件的焊接

一般元器件的焊接步骤如图 9-19（a）～（e）所示。

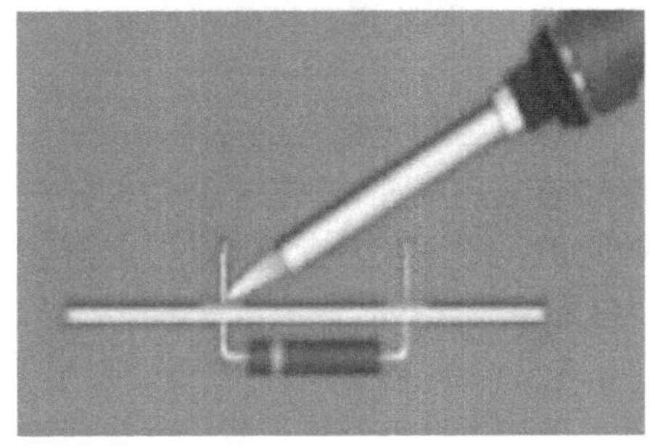

（a）加热焊盘及引线

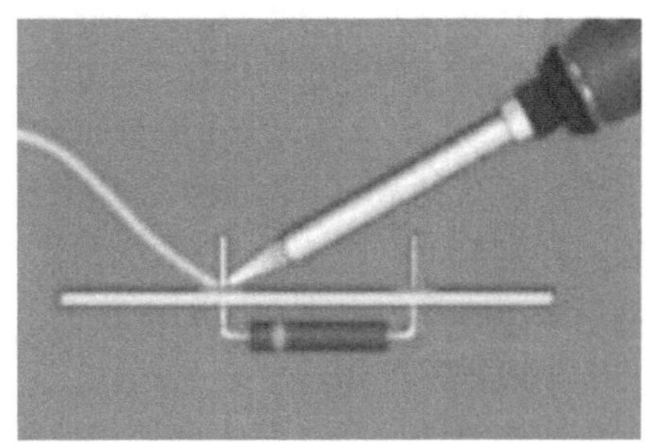

（b）送入焊锡丝

图 9-19　一般元器件的焊接方法

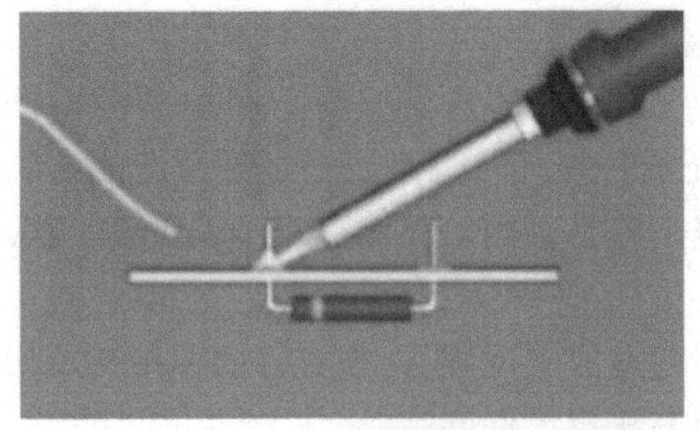
（c）移开焊锡丝

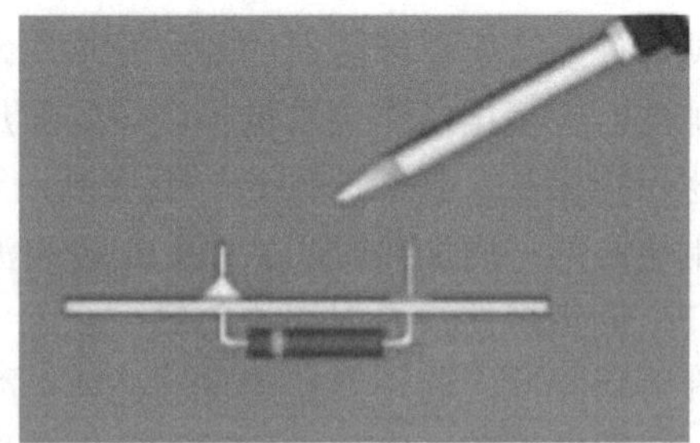
（d）移开电烙铁

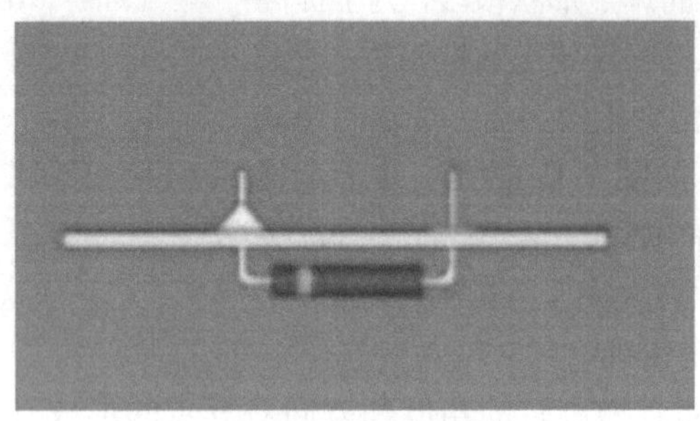
（e）形成合格的锥状焊点

图 9-19　一般元器件的焊接方法（续）

5）元件焊接注意事项

（1）电阻器的焊接

按图纸要求将电阻器插入规定位置，插入孔位时要注意，字符标注的电阻器的标称字符要向上（卧式）或向外（立式），色环电阻器的色环顺序应朝一个方向，以方便读取。插装时可按图纸标号顺序依次装入，也可按单元电路装入，然后就可对电阻器进行焊接。

（2）电容器的焊接

将电容器按图纸要求装入规定位置，并注意有极性电容器的正、负极不能接错，电容器上的标称值要容易看见。可先装玻璃釉电容器、金属膜电容器、瓷介电容器，最后装电解电容器。

（3）二极管的焊接

将二极管辨认正、负极后按要求装入规定位置，型号及标记要向上或朝外。对于立式安装二极管，其最短的引线焊接要注意焊接时间不要超过 2s，以避免温升过高而损坏二极管。

（4）三极管的焊接

按要求将 e、b、c　3 个引脚分别插入相应孔位，焊接时应尽量缩短焊接时间，可用镊子夹住引脚，以帮助散热。焊接大功率三极管，若需要加装散热片时，应将散热片的接触面加以平整，打磨光滑，涂上硅脂后再紧固，以加大接触面积。要注意，有的散热片与管壳间需要加垫绝缘薄膜片。引脚与印制电路板上的焊点需要进行导线连接时，应尽量采用绝缘导线。

（5）集成电路的焊接

将集成电路按照要求装入印制电路板的相应位置，并按图纸要求进一步检查集成电路的型号、引脚位置是否符合要求，确保无误后便可进行焊接。焊接时应先焊接 4 个角的引脚，使之固定，然后再依次逐个焊接。

6）焊接的质量检验

通过焊接把组成整机产品的各种元件可靠地连接在一起，它的质量与整机产品质量紧密相关。每个焊点的质量，都影响着整机的稳定性、可靠性及电气性能。一般焊接的质量要求如下：

（1）电气接触良好。良好的焊点应该具有可靠的电气连接性能，不允许出现虚焊、桥接等现象。

（2）机械强度可靠。保证在使用过程中，不会因正常的振动而导致焊点脱落。

（3）外形美观。一个良好的焊点其表面应该光洁、明亮，不得有拉尖、起皱、鼓气泡、夹渣、出现麻点等现象；其焊料到被焊金属的过渡处应呈现圆滑流畅的浸润状凹曲面，如图 3-22 所示。其 a=（1～1.2）b，c=（1～2）mm。

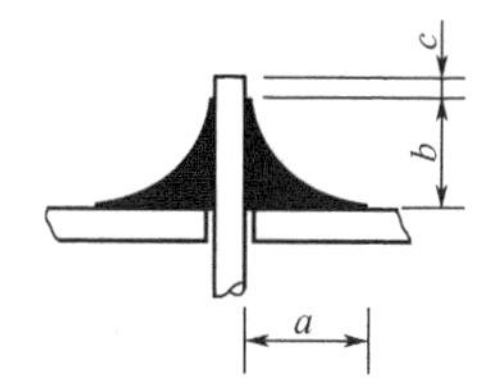

图 9-20 良好的焊点外形示意图

焊接的质量检查方法：

焊接的质量检查通常采用目视检查、手触检查和通电检查的方法。

（1）目视检查

目视检查是指从外观上检查焊接质量是否合格，焊点是否有缺陷。目视检查的主要内容有：是否有漏焊；焊点的光泽好不好，焊料足不足；是否有桥接、拉尖现象；焊点有没有裂纹；焊盘是否有起翘或脱落情况；焊点周围是否有残留的焊剂；导线是否有部分或全部断线、外皮烧焦、露出芯线的现象。

（2）手触检查

手触检查主要是用手指触摸元器件，看元器件的焊点有无松动、焊接不牢的现象。用镊子夹住元器件引线轻轻拉动，有无松动现象。

（3）通电检查

通电检查必须在目视检查和手触检查无错误的情况之后进行，这是检验电路性能的关键步骤。

7）焊点缺陷及质量分析

（1）桥接

桥接是指被焊料将印制电路板中相邻的印制导线及焊盘连接起来的现象。明显的桥接较易发现，但较小的桥接用目视法较难发现，往往要通过仪器的检测才能暴露出来。

明显的桥接是由于焊料过多或焊接技术不良造成的。当焊接的时间过长使焊料的温度过高时，会造成焊料流动而与相邻的印制导线相连，以及电烙铁离开焊点的角度过小都容易造成桥接，如图 9-21（a）所示。

对于毛细状的桥接，可能是由于印制电路板的印刷导线有毛刺或有残余的金属丝等，在焊接过程中起到了连接的作用而造成的，如图 9-21（b）所示。

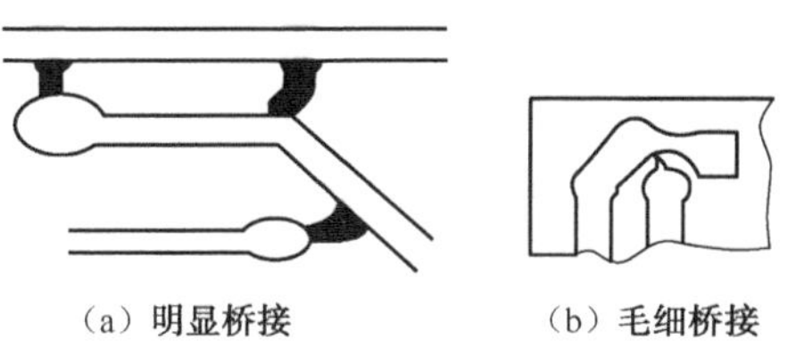

（a）明显桥接　（b）毛细桥接

图 9-21 桥接

处理桥接的方法是将电烙铁上的焊料抖掉，再将桥接的多余焊料带走，断开短路部分。

（2）拉尖

拉尖是指焊点上有焊料尖产生，如图 9-22 所示，焊接时间过长，焊剂分解挥发过多，使焊料黏性增加，当电烙铁离开焊点时，就容易产生拉尖现象，或是由于电烙铁撤离方向不当，也可产生焊料拉尖。避免产生拉尖现象的方法是提高焊接技能，控制焊接时间，对于已造成拉尖的焊点，应进行重焊。焊料拉尖如果超过了允许的引出长度，将造成绝缘距离变小，尤其是对高压电路，易造成打火现象。因此，对这种缺陷要加以修整。

（3）堆焊

堆焊是指焊点的焊料过多，外形轮廓不清，甚至根本看不出焊点的形状，而焊料又没有布满被焊物引线和焊盘，如图 9-23 所示。

造成堆焊的原因是焊料过多，或者是焊料的温度过低，焊料没有完全熔化，焊点加热不均匀，以及焊盘、引线不能润湿等。

避免堆焊形成的办法是彻底清洁焊盘和引线，适量控制焊料，增加助焊剂，或提高电烙铁的功率。

（4）空洞

空洞是由于焊盘的穿线孔太大、焊料不足，致使焊料没有完全填满印制电路板插件孔而形成的。除上述原因外，如印制电路板焊盘开孔位置偏离了焊盘中点，或孔径过大，或孔周围焊盘氧化、赃污、预处理不良，都将造成空洞现象，如图 9-24 所示。出现空洞后，应根据空洞出现的原因分别予以处理。

图 9-22　拉尖

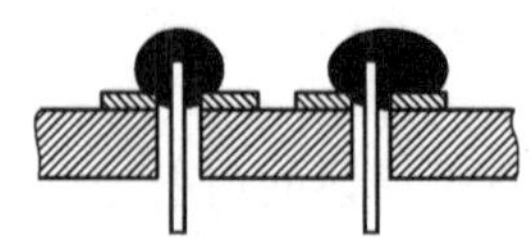

图 9-23　堆焊

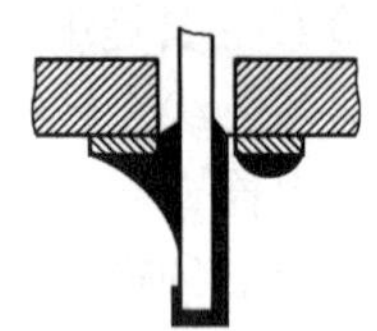

图 9-24　空洞

（5）浮焊

浮焊的焊点没有正常焊点光泽和圆滑，而是呈现白色细颗粒状，表面凹凸不平。造成原因是电烙铁温度不够，或焊接时间过短，或焊料中的杂质太多。浮焊的焊点机械强度较弱，焊料容易脱落。出现该焊点时，应进行重焊，重焊时应提高电烙铁温度，或延长电烙铁在焊点上的停留时间，也可更换熔点低的焊料重新焊接。

（6）虚焊

虚焊是指焊锡简单地依附在被焊物的表面上，没有与被焊接的金属紧密结合，形成金属合金层，如图 9-25 所示。从外形看，虚焊的焊点几乎是焊接良好，但实际上松动，或电阻很大，甚至没有连接。由于虚焊是较易出现的故障，且不易发现，因此要严格焊接程序，提高焊接技能，尽量减少虚焊的出现。

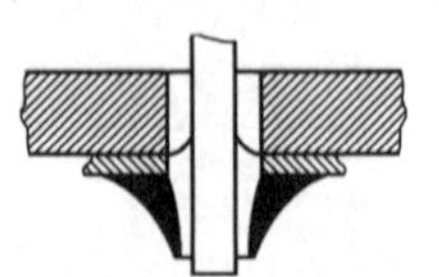

图 9-25　虚焊

造成虚焊的原因：一是焊盘、元器件引线上有氧化层、油污和污物，在焊接时没有被清洁或清洁不彻底而造成焊锡与被焊物的隔离，因而产生虚焊；二是由于在焊接时焊点上的温度较低，热量不够，使助焊剂未能充分发挥，致使被焊

面上形成一层松香薄膜，这样就造成了虚焊。

（7）焊料裂纹

焊点上产生裂纹，主要是由于在焊料凝固时，移动了元器件位置而造成的。

（8）铜箔翘起、焊盘脱落

铜箔从印制电路板上翘起，甚至脱落，主要原因是焊接温度过高，焊接时间过长，另外，维修过程中拆卸和重插元器件时，由于操作不当，也会造成焊盘脱落，有时元器件过重而没有固定好，不断晃动也会造成焊盘脱落。

从上面焊接缺陷产生原因的分析可知，焊接质量的提高要从以下两个方面着手：第一，要熟练掌握焊接技能，准确掌握焊接温度和焊接时间，使用适量的焊料和焊剂，认真对待焊接过程中的每一个步骤。第二，要保证被焊面的可焊性，必要时采取涂敷浸焊措施。

9.4 训练4 收音机元器件的安装

1. 训练目的

① 掌握元器件的引线成形工艺。

② 掌握收音机各种元器件的安装方法。

2. 元器件的引线成形加工

为了使元器件在印制电路板上装配排列整齐，便于安装和焊接，提高装配的质量和效率，在安装前，对元器件进行引线成形加工。

元器件引线成形加工，就是根据元器件安装位置的特点及技术方面的要求，预先把元件弯曲成一定的形状。它是针对小型元器件的，因为小型元器件可以跨接、立、卧等方法进行插装、焊接。而大型元器件不能悬浮跨接、单独立放，需要用支架、卡子等固定在安装位置上。

1）引线的预加工处理

元器件引线在成形前必须进行加工处理。主要原因是：长时间放置的元器件，在引线表面会产生氧化膜，若不加以处理，会使引线的可焊性严重下降。

引线的预加工处理主要包括引线的校直、表面清洁及上锡 3 个步骤，引线处理后，要求镀锡层均匀，表面光滑，无毛刺和残留物等。

2）引线成形的基本要求

引线成形加工要根据焊点之间的距离，做成需要的形状，目的是使它们能迅速而准确地插入孔内。

引线成形基本要求：

元件引线开始弯曲处，离元件端面的最小距离应不小于 2mm；弯曲半径不应小于引线直径的两倍；元件标称值应处于便于查看的位置；成形后不允许有机械损伤。

如图 9-26 所示，图中 $A \geqslant 2$mm；$R \geqslant 2d$；在图 9-26（a）中 h 为 0～2mm ，图 9-26（b）中 $h \geqslant 2$mm；$C=np$（p 为印制电路板坐标网格尺寸，n 为正整数）。

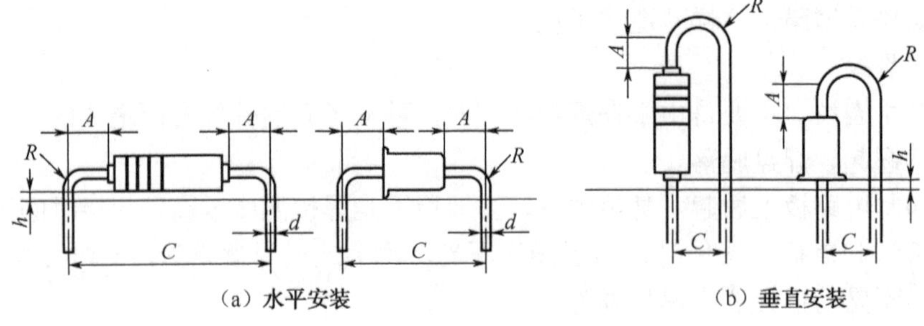

图 9-26　引线成形基本要求

对于手工插装和手工焊接的元器件，一般把引线加工成图 9-27 所示的形状。

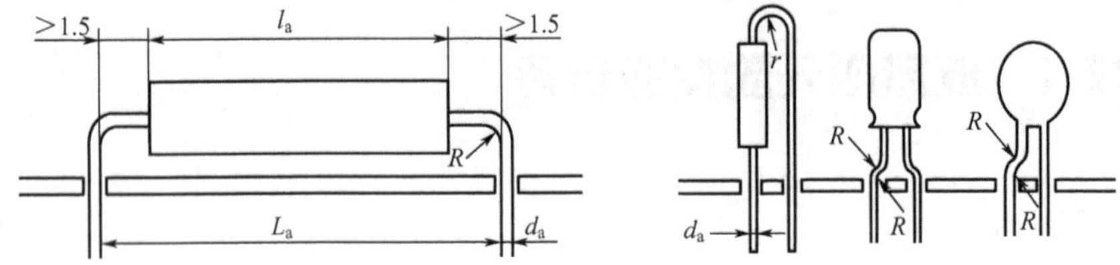

图 9-27　手工插装的元件引线成形

自动焊接元件引线的成形，如图 9-28 所示。

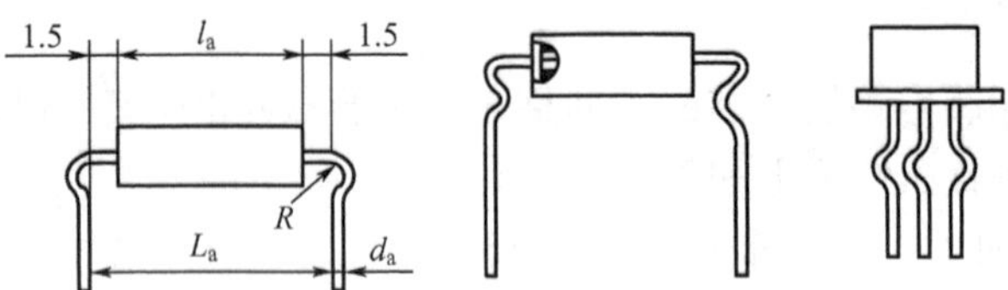

图 9-28　自动焊接元件引线的成形

怕热元件要求引线增长，成形时应绕环，怕热元件引线的成形如图 9-29 所示。

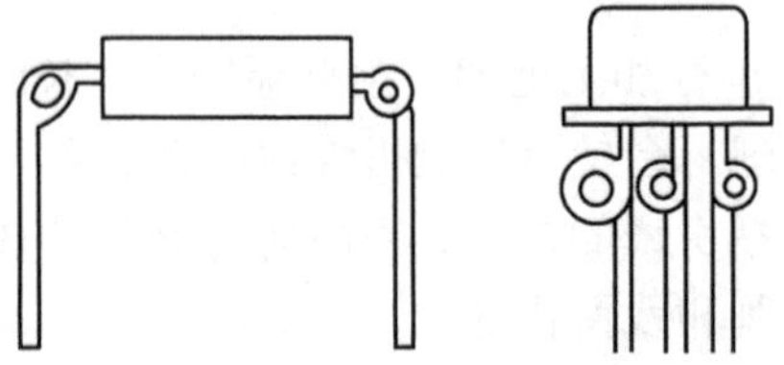

图 9-29　易受热损坏元件引线的成形

3）成形方法

目前，元器件引线的成形主要有专用模具成形、专用设备成形以及手工用尖嘴钳进行简单加工成形等方法。其中模具手工成形较为常用。图 9-30 为模具成形示意图。模具的垂直方向开有供插入元件引线的长条形孔，孔距等于格距。将元器件的引线从上方插入长条形孔后，再插入插杆，元件引线即可成形。用这种方法加工的引线成形的一致性比较好。

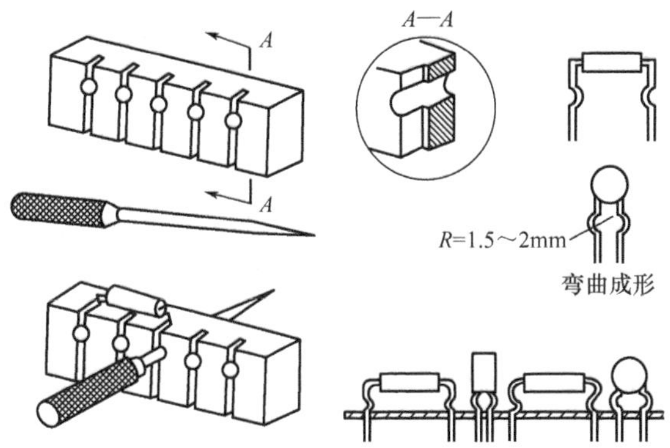

图 9-30 模具成形示意图

业余制作时，元器件引脚的“弯腿”可借助镊子（或尖嘴钳），方法是用镊子夹紧元器件引脚靠根部的部分，用手指去扳引脚，形成自然“拐”弯。图 9-31（a）是不正确的弯腿方法，即用镊子（或尖嘴钳）去把引腿“拐”弯。图 9-31（b）是正确的弯腿方法，即用镊子夹住引脚靠根部部分，起保护根部的作用，而用另一只手的手指把引脚扳（或压）弯。

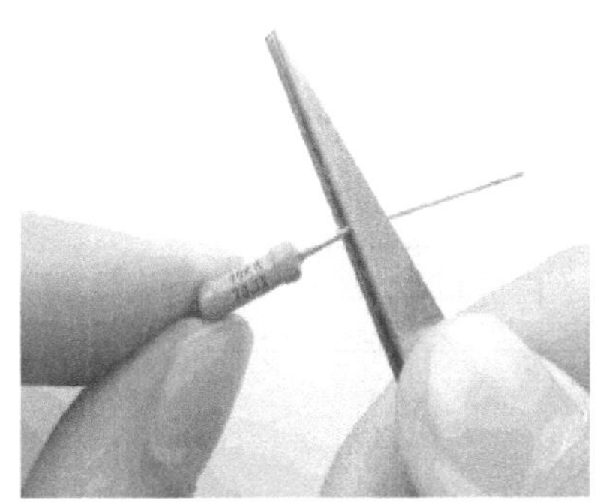

（a）不正确的引脚弯腿方法

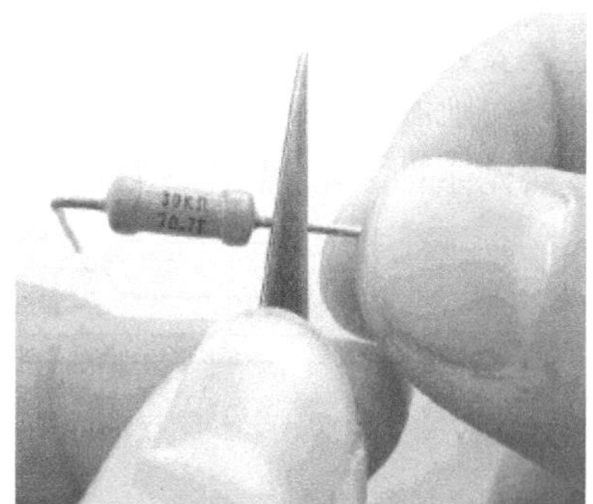

（b）正确的引脚弯腿方法

图 9-31 元器件引脚弯腿方法

3. 电子元器件的安装工艺

电子元器件的安装是指将加工成形后的元器件插入印制电路板的焊孔中。电子元器件安装时要遵循一些基本原则：

（1）元器件安装的顺序一般是：先低后高，先小后大，先轻后重；先分立元器件，后集成元器件。

（2）元器件安装的方向：电子元器件的标记、色码标志部位应朝上，以便于识别；水平安装元件的数值读法应从左至右，竖直安装元件的数值读法则应从下至上。

（3）元器件的间距：在印制板上的元器件之间的距离不能小于 1mm；引线间距大于 2mm 时，要给引线套上绝缘套管。水平安装的元器件，应使元器件贴在印制板上，元件离印制板的距离要保持在 0.5mm 左右；竖直安装的元件，元器件离印制板的距离应为 3～5mm 左右。

（4）元器件安装高度要符合规定要求，同一规格的元器件应尽量安装在同一高度上。

4. 电子元器件安装方法

电子元器件的安装方法有手工安装和机械安装两种，前者简单易行，但效率低，误装率高。而后者安装速度快，误装率低，但设备成本高，引线成形要求严格。电子元器件的安装方法应根据产品的结构特点、装配密度、产品的使用方法和要求来决定，一般有以下几种安装形式：

（1）贴板安装

元器件安装贴紧印制版基面上，安装间隙小于 1mm，如图 9-32（a）所示。当元器件为金属外壳，安装面又有印制导线时，应加绝缘衬垫或套绝缘套管，如图 9-32（b）所示。它适用于防振要求高的产品。

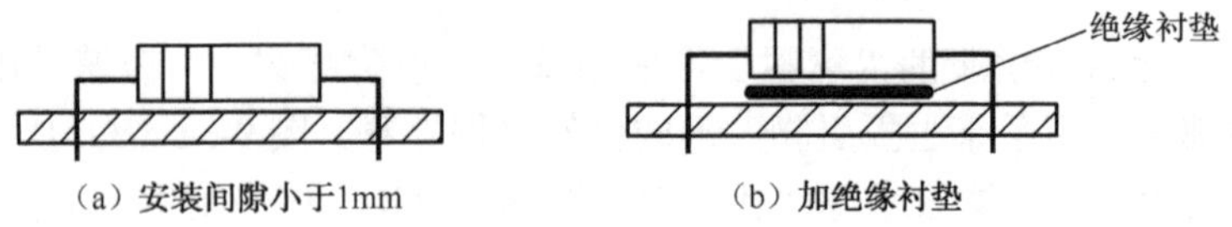

图 9-32　贴板安装形式

（2）悬空安装

元器件距印制板基面有一定高度，安装距离一般在 3～8mm 范围内，以利于对流散热。它适用于发热元件的安装。悬空安装形式如图 9-33 所示。

图 9-33　悬空安装

（3）垂直安装

元器件垂直于印制基板面，安装形式如图 9-34 所示，它适用于安装密度较高的场合。但对质量大、引线细的元器件不宜采用这种形式。

（4）埋头安装（倒装）

元器件的壳体埋于印制基板的嵌入孔内，因此又称为嵌入式安装。安装形式如图 9-35 所示。这种方式可提高元器件防振能力，降低安装高度。

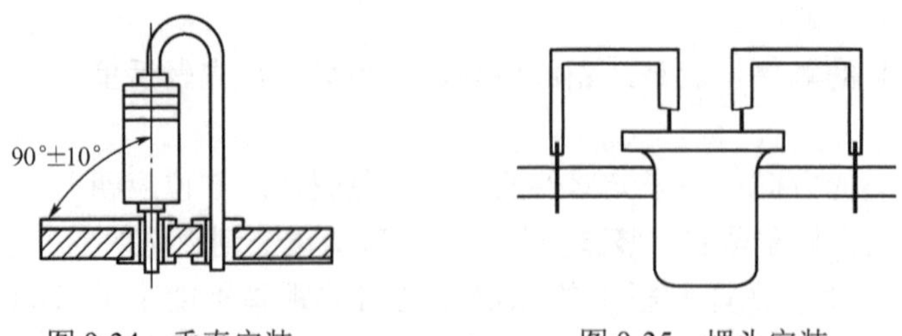

图 9-34　垂直安装　　图 9-35　埋头安装

（5）有高度限制时的安装

对高度有限制的元器件一般在图纸上是标明的。安装时，通常处理的方法是垂直插入后，

再朝水平方向弯曲。对大型元器件要特殊处理，以保证足够的机械强度，经得起振动和冲击。有高度限制的安装形式如图 9-36 所示。

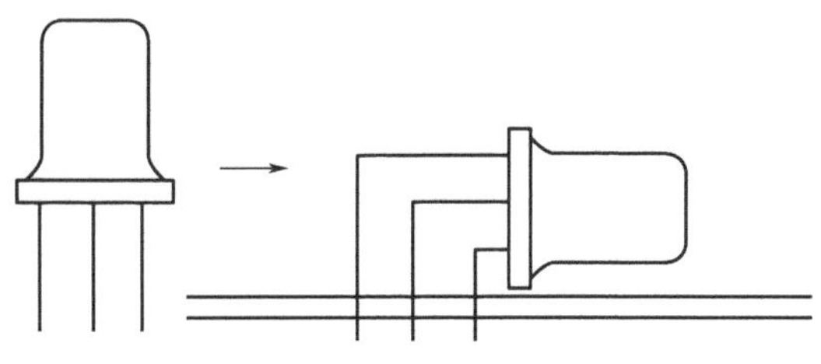

图 9-36　有高度限制的安装

（6）支架固定安装

用金属支架在印制电路板上将元器件固定的安装方法。这种方法适用于重量较大的元件，如小型继电器、变压器、扼流圈等。支架安装形式如图 9-37 所示。

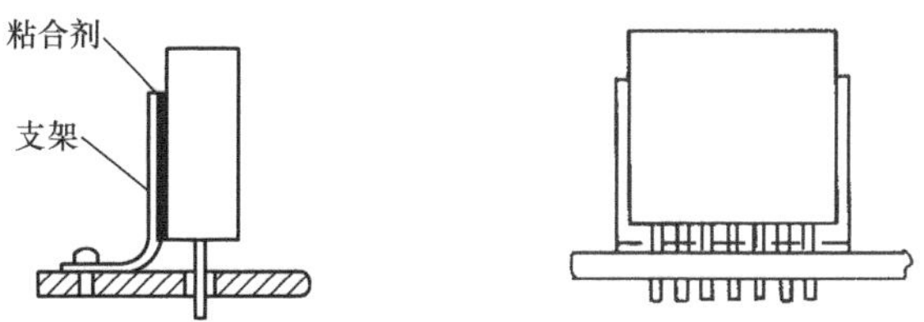

图 9-37　支架固定安装

（7）功率器件的安装

由于功率元器件的发热量高，在安装时需加散热器，如果器件自身能支持散热器的重量，可采用立式安装，如果不能，则采用卧式安装。功率器件的安装形式之一如图 9-38 所示。

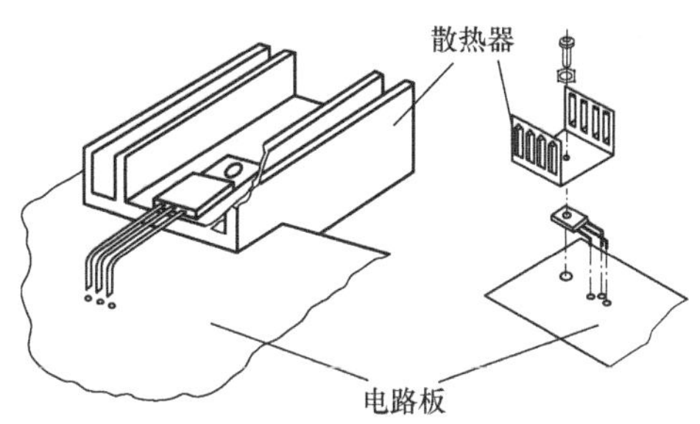

图 9-38　功率器件的安装形式

元器件安装注意事项：

（1）插装好元器件，其引脚的弯折方向都应与铜箔走线方向相同。

（2）安装二极管时，除注意极性外，还要注意外壳封装，特别是玻璃壳体易碎，引线弯曲时易爆裂，在安装时可将引线先绕 1～2 圈再装，对于大电流二极管，有的则将引线体当作散热器，故必须根据二极管规格中的要求决定引线的长度，也不宜把引线套上绝缘套管。

（3）为了区别晶体管的电极和电解电容的正负端，一般在安装时，加上带有颜色的套管以示区别。

（4）大功率三极管由于发热量大，一般不宜装在印制电路板上。因为它发热量大，易使印制板受热变形。

5. 收音机元器件安装

（1）元器件的清洁：清除元件表面的氧化层：左手捏住电阻或其他元件的本体，右手用锯条轻刮元件脚的表面，左手慢慢地转动，直到表面氧化层全部去除。

（2）电阻器、二极管的整形、安装与焊接要求

① 所有电阻器和二极管均采用立式安装，高度距离印制板为2mm。

② 在安装方面，首先应弄清各电阻器的参数值。然后再插装且识读方向应是从上往下；二极管要注意正、负极性。

③ 在焊接方面，由于二极管属于玻璃封装，则要求焊接要迅速，以免损坏。

（3）瓷介电容器的整形、安装与焊接

① 所有瓷介电容器均采用立式安装，高度距离印制板为2mm。

② 由于无极性，故标称值应处于便于识读的位置。

③ 在插装时，由于外形都一样，则参数值应选取正确。

④ 在焊接方面按平常焊接要求为准。

（4）三极管的整形、安装与焊接

① 所有三极管采用立式安装，高度距离印制板为2mm。

② 在型号选取方面要注意的是VT_5为9014、VT_6和VT_7为9013、其余为9018。

③ 三极管是有极性的，故在插装时，要与印制板上所标极性进行一一对应。由于引脚彼此较近，在焊接方面要防止桥连现象。

（5）电解电容器的整形、安装与焊接

① 电解电容器采用立式贴紧安装，在安装时要注意其极性。

② 在焊接方面按平常焊接要求为准。

（6）振荡线圈与中周的安装与焊接

① 由于振荡线圈与中周在外形上几乎一样，在安装时一定要认真选取。不同线圈是以磁帽不同的颜色来加以区分的。B_2→振荡线圈（红磁芯）、B_3→中周 1（黄磁芯）、B_4→中周 2（白磁芯）、B_5→中周 3（黑磁芯）。

所有中周里均有槽路电容，但振荡线圈中却没有。所谓“槽路电容”，就是与线圈构成的并联谐振时的电容器，由于放置在中周的槽路中，故称为“槽路电容”。

② 所有线圈均采用贴紧焊装，且焊接时间要尽量短，否则，所焊的线圈可能损坏。

（7）输入/输出变压器的安装与焊接

① 安装时一定要认真选取：B_6→输入变压器（兰或绿色）、B_7→输出变压器（黄或红色）。

② 均采用贴紧焊装，且焊接时间要尽量短，否则，变压器可能损坏。

（8）音量调节开关与双联的安装与焊接

① 两者均采用贴紧电路板安装，且双联电容的引脚弯折与焊盘紧贴。

② 焊装双联电容时焊接时间要尽量短，否则，该器件可能损坏。

收音机各类元器件安装示意图如图 9-39 所示。

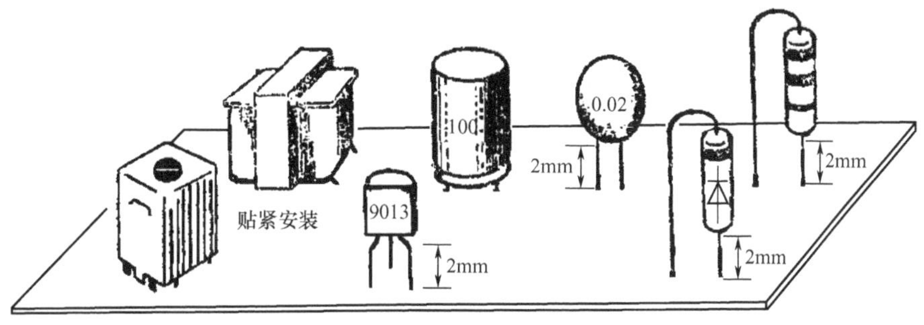

图 9-39 元器件安装示意图

6. 印制电路板的装配

（1）电路板元器件位置的熟悉

根据电路原理图和 PCB 元器件分布图，对各元器件在印制电路板上的位置进行熟悉。收音机主要元器件在 PCB 上的位置分布如图 9-40 所示。

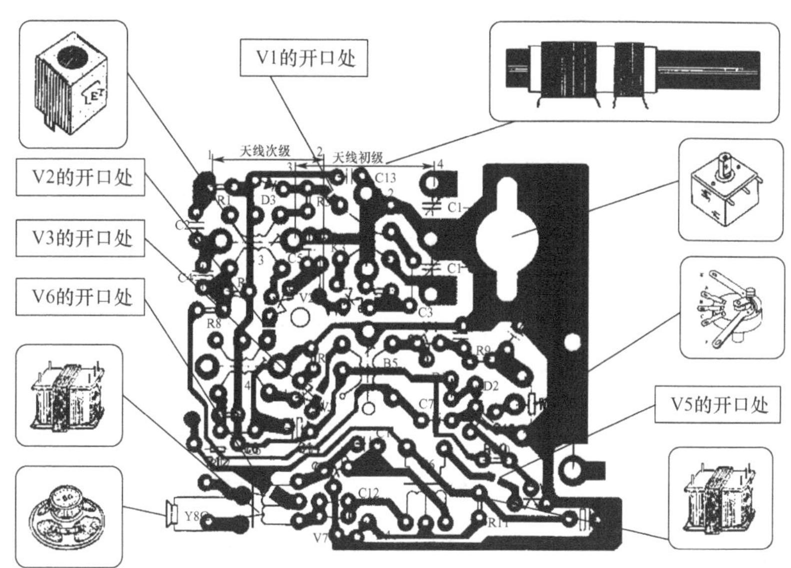

图 9-40 印制电路板的装配图

（2）元器件安装过程——元器件整形→元器件插装→元器件引线焊接。

（3）元器件安装顺序——按从小到大，从低到高的顺序进行装配。例如，电阻器→二极管→瓷介电容器→三极管→电解电容器→中频变压器→输入/输出变压器→双联电容器和音量开关电位器。

（4）导线加工。选用红、黑两种颜色导线，剪切合适的长度，制作电源连接线 2 根，扬声器连接线 2 根。

7. 收音机整机装配

（1）调谐盘的装配→音量调节盘的装配→磁棒支架及磁棒天线的装配→频率标牌的装配

→扬声器的装配→整机导线连接机壳组装。

整机装配注意：

① 调谐盘与音量调节盘分别放入双联可变电容器和音量电位器的转动轴上，然后用螺钉固定。

② 磁棒支架及磁棒天线的装配顺序：首先将磁棒天线 B1 插入磁棒支架中构成天线组合件。接着把天线组合件上的支架固定在电路板反面的双联电容器上，用 2 颗 M2.5×5 的螺钉连接。最后将天线线圈的各端与印制电路板上标注的顺序进行焊接。天线组件的安装如图 9-41 所示。

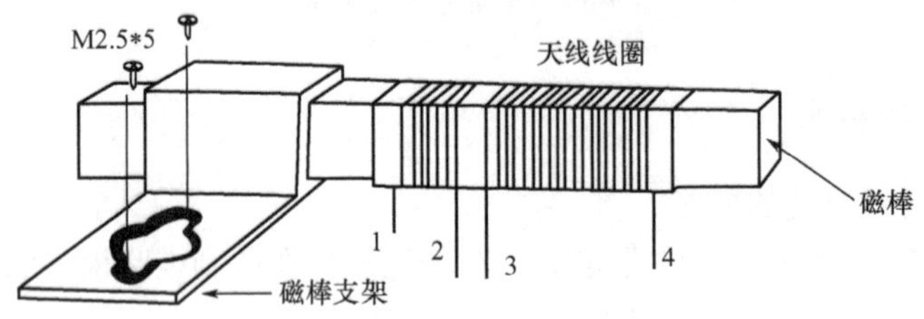

图 9-41　磁棒支架及磁棒天线的装配

（2）将扬声器防尘罩装入前盖扬声器位置处，且在机壳内进行弯折以示固定。然后将周率板反面的双面胶保护纸去掉，贴于前框，到位后撕去周率板正面的保护膜。

（3）扬声器与成品电路板的安装

① 将扬声器放于前框中，用“一”字小螺钉旋具前端紧靠带钩固定脚左侧。

② 利用突出的扬声器定位圆弧的内侧为支点，将其导入带钩内固定，再用电烙铁热铆三只固定脚。

③ 接着将组装完毕的电路机芯板有调谐盘的一端先放入机壳中，然后整个压下。扬声器与成品电路板的安装如图 9-42 所示。

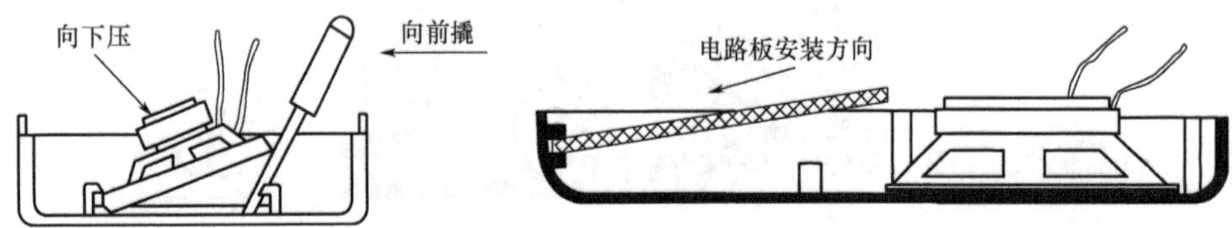

图 9-42　扬声器与成品电路板的安装

（4）成品电路板与附件的连接

将电源连接线、扬声器连接线与主机成品板进行连接。

8. 整机检查

（1）盖上收音机的后盖，检查扬声器防尘罩是否固定，周率板是否贴紧。

（2）检查调谐盘、音量调节盘转动是否灵活，拎带是否装牢，前框、后盖是否有烫伤或破损等。六晶体管超外差式收音机整机外形如图 9-43 所示。

（3）六晶体管超外差式收音机电路成品板整体检查。

① 首先检查电路成品板上焊接点是否有漏焊、假焊、虚焊、桥连等现象。

② 接着检查电路成品板上元器件是否有漏装，有极性的元器件是否装错引脚，尤其是二极管、三极管、电解电容器等元器件要仔细检查。

③ 最后检查 PCB 上印制条、焊盘是否有断线、脱落等现象。

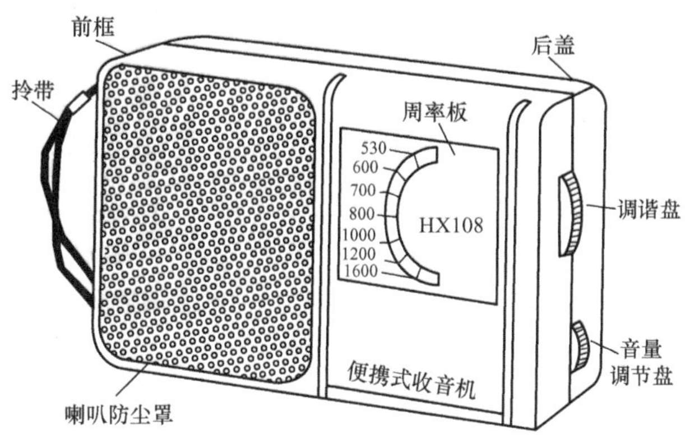

图 9-43 收音机整机外形

9.5 训练 5 收音机电路的调试与检修

1. 训练目的

① 掌握收音机电路的调试方法。
② 熟悉收音机电路的检修方法。

2. 收音机电路的调试

六管超外差式收音机中共有五个单元电路能够做直流测试，它们分别为：由 VT_1 构成的混频电路，由 VT_2 构成的第 1 中放电路，由 VT_3 构成的第 2 中放电路，由 VT_5 构成的低放电路，由 VT_6、VT_7 构成的功放电路。

1）直流电流测量与调试

将万用表置于直流电流挡（1mA 或 10mA）。对收音机各级电路的直流电流进行测量。具体测试点（以测量第 2 级中放的电流为例）如图 9-44 所示。如果测试的电流在规定的范围内，则应该将印制电路板与原理图 A、B 处相对应的开口连接起来。各单元电路都有一定的电流值，如该电流值不在规定的范围内，可改变相应的偏置电阻。

具体步骤如下：

（1）首先将被测支路断开。
（2）将万用表置于所需的直流电流挡，且串联在断开的支路中。
（3）测量时要注意万用表表笔的极性，否则，万用表的指针可能反偏。
（4）将所测电流值与参考值进行比较，相差较大时，可对相应的偏置做一定的调整。

2）直流电压测量与调试

将万用表置于直流电压（1V 或 10V）挡。对收音机各级电路的直流电压进行测量。具体测量点（以测量第 2 中放级的电压为例）如图 9-45 所示。

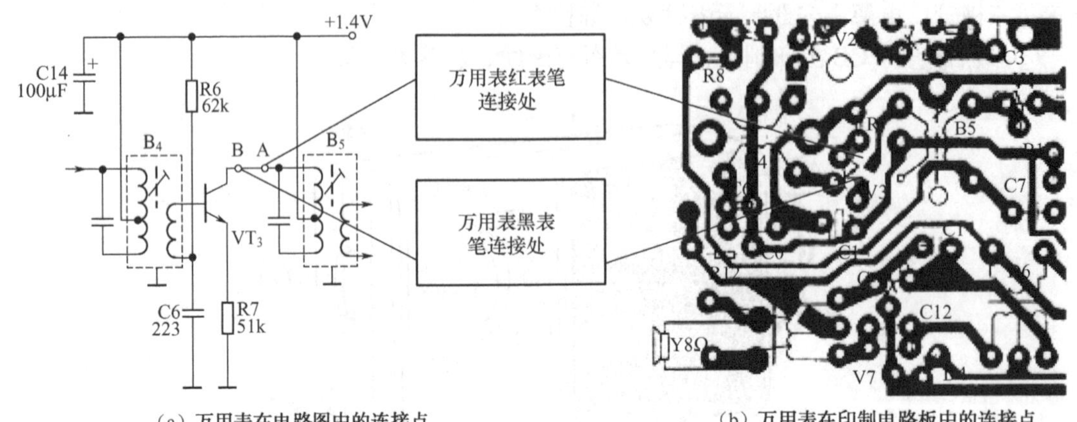

（a）万用表在电路图中的连接点　　（b）万用表在印制电路板中的连接点

图 9-44　测量第 2 级中放的电流

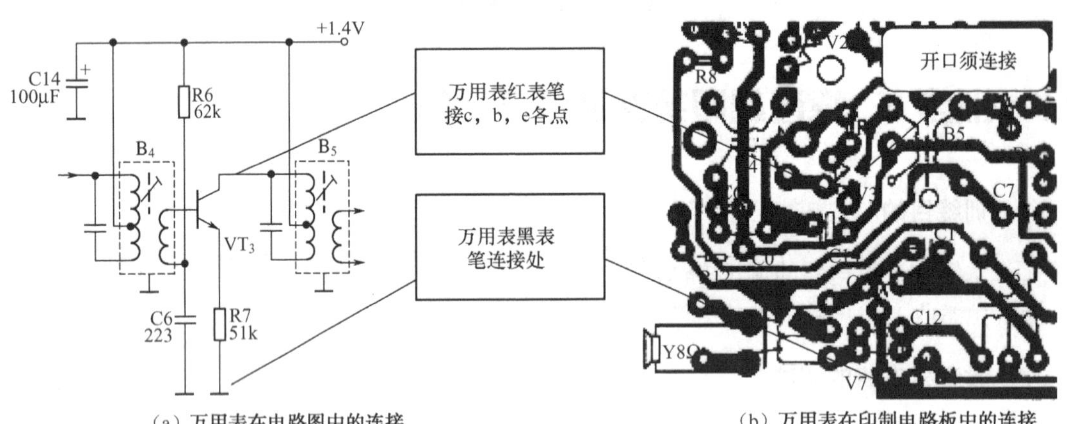

（a）万用表在电路图中的连接　　（b）万用表在印制电路板中的连接

图 9-45　第 2 级中放的电压测量

具体步骤如下：

（1）将万用表置于所需的直流电压挡。

（2）将万用表的表笔并联在被测电路的两端。

（3）测量时要注意万用表表笔的极性，否则，万用表的指针可能反偏。

（4）将所测电压值与参考值进行比较，相差较大时，可对相应的偏置做一定的调整。

3）中频频率调整

中频频率调整时，将示波器、晶体管毫伏表、函数信号发生器等设备如图 9-46 所示进行连接。将所连接的设备调节到相应的量程。把收音部分本振电路短路，使电路停振，避去干扰。也可以把双联可变电容器置于无电台广播又无其他干扰的位置上。使函数信号发生器输出频率为 465kHz、调制度为 30%的调幅信号。

具体步骤：

（1）将所连接的设备调节到相应的量程。

（2）把收音部分本振电路短路，使电路停振，避去干扰。也可把双连可变电容器置于无电台广播又无其他干扰的位置上。

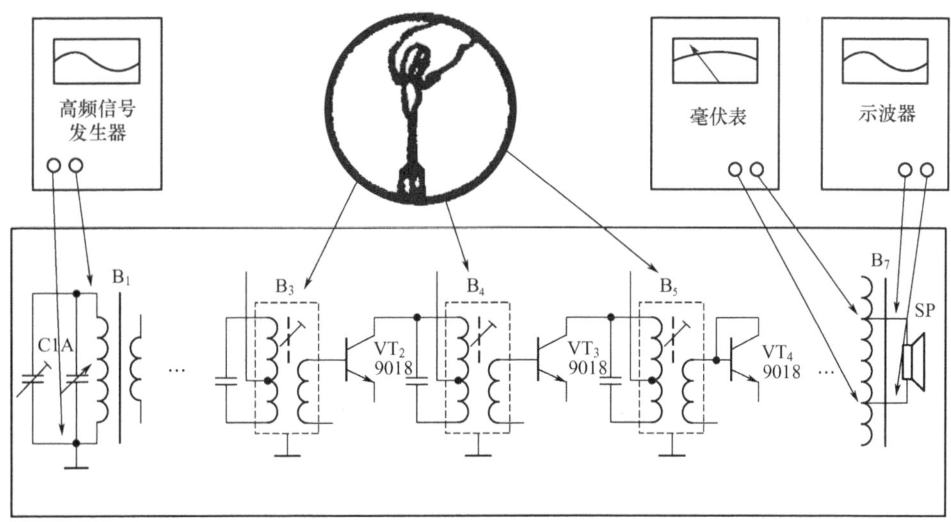

图 9-46 中频频率调整与设备连接示意图

（3）使函数信号发生器输出频率为 465kHz、调制度为 30%的调幅信号。

（4）由小到大缓慢地改变函数信号发生器的输出幅度，使扬声器里能刚好听到信号的声音即可。

（5）用无感起子首先调节中频变压器 B_5，使听到信号的声音最大，“晶体管毫伏表”中的信号指示最大。

（6）分别调节中频变压器 B_4、B_3，同样需使扬声器中发出的声音最大，“晶体管毫伏表“中的信号指示最大。

（7）中频频率调试完毕

若中频变压器谐振频率偏离较大，在 465kHz 的调幅信号输入后，扬声器里仍没有低频输出时可采取如下方法：

① 左右调偏信号发生器的频率，使扬声器出现低频输出。

② 找出谐振点后，再把函数信号发生器的频率逐步地向 465kHz 位置靠近。

③ 同时调整中频变压器的磁芯，直到其频率调准在 465kHz 位置上。这样调整后，还要减小输入信号，再细调一遍。

对于中频变压器已调乱的中频频率的调整方法如下：

① 将 465kHz 的调幅信号由第 2 中放管的基极输入，调节中频变压器 B_5，使扬声器中发出的声音最大，晶体管毫伏表中的信号指示最大。

② 将 465kHz 的调幅信号由第 1 中放管的基极输入，调节中频变压器 B_4，使声音和信号指示都最大。

③ 将 465kHz 的调幅信号由变频管的基极输入，调节中频变压器 B_3，同样使声音和信号指示都最大。

4）频率覆盖调整

（1）把函数信号发生器输出的调幅信号接入具有开缝屏蔽管的环形天线。

（2）天线与被测收音机部分的天线磁棒距离为 0.6m。仪器与收音机连接如图 9-47 所示。

（3）通电。

（4）将函数信号发生器调到 515kHz。

（5）用无感起子调整振荡线圈 T_2 的磁芯，使晶体管毫伏表的读数达到最大。

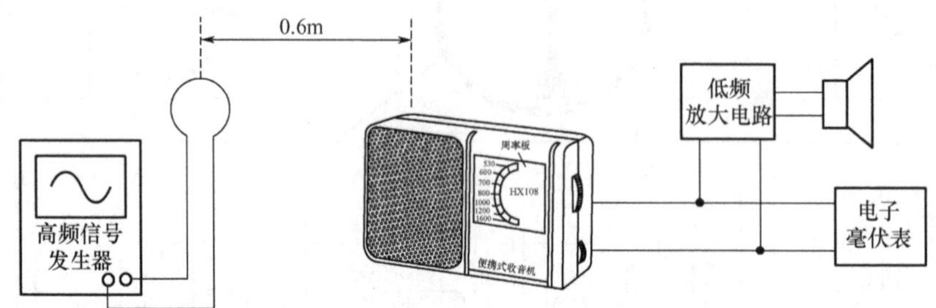

图 9-47　收音机频率覆盖调整示意图

（6）将函数信号发生器调到 1640kHz，把双联电容器全部旋出。

（7）用无感起子调整并联在振荡线圈 T_2 上的补偿电容，使“晶体管毫伏表”的读数达到最大。如果收音部分高频频率高于 1640kHz，可增大补偿电容容量；反之则降低。

（8）用上述方法由低端到高端反复调整几次，直到频率调准为止，如图 9-48 所示。

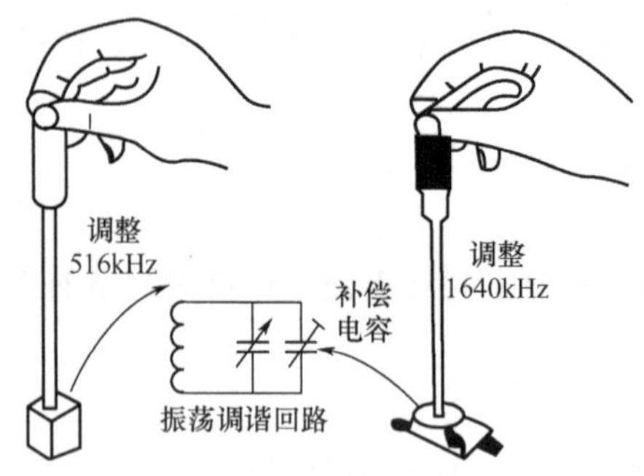

图 9-48　调谐回路调整

5）收音机统调

（1）调节函数信号发生器的频率，使环形天线送出 600kHz 的高频信号。

（2）将收音部分的双连调到使指针指在度盘 600kHz 的位置上。

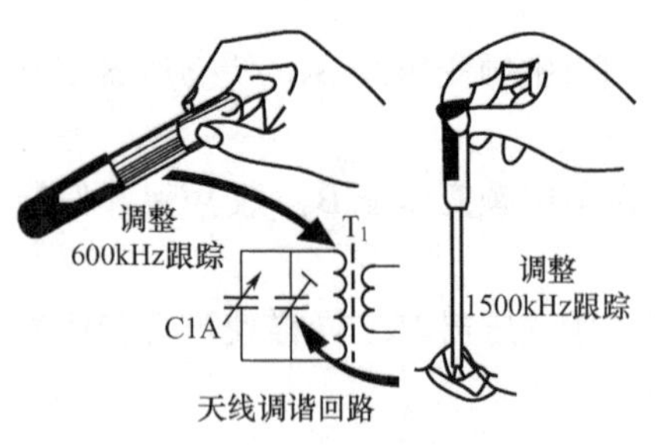

图 9-49　天线调谐回路

（3）改变磁捧上输入线圈的位置，使“晶体管毫伏表”读数最大。

（4）再将函数信号发生器频率调到 1500kHz。

（5）将双连调到使指针指在度盘 1500kHz 的位置上。

（6）调节天线回路中的补偿电容，使“晶体管毫伏表”读数最大。

（7）如此反复多次，直到两个统调点 600kHz、1500kHz 调准为止。

（8）统调方法示意图如图 9-49 所示。

3. 收音机电路故障的检修

1）电路故障原因

即使在组装前对元器件进行过认真地筛选与检测，但也难保在组装过程中不会出现故障。为此，电子产品的检修也成了调试的一部分，为提高检修速度，加快调试过程，将组装过程中常见的问题列举如下。

（1）焊接工艺不善，焊点有虚焊现象。

（2）有极性的元器件在插装时弄错了方向。

（3）由于空气潮湿，导致元器件受潮、发霉，或绝缘性能降低甚至损坏。

（4）元器件筛选检查不严格或由于使用不当、超负荷而失效。

（5）开关或接插件接触不良。

（6）可调元件的调整端接触不良，造成开路或噪声增加。

（7）连接导线接错、漏焊或由于机械损伤、化学腐蚀而断路。

（8）元器件引脚相碰，焊接连接导线时剥皮过多或因热后缩，与其他元器件或机壳相碰。

（9）因为某些原因造成产品原先调谐好的电路严重失调。

2）电路故障的检修方法

（1）电压、电流测量方法

收音机通常使用干电池供电，当电池电压不足时，会出现无声、音量低、失真、灵敏度低、啃叫以及台少等故障，因此，遇到这类故障时，首先检查电池电压，如果电池电压正常，再检查整机电流。

整机电流测量的方法：将万用表置为250mA直流电流挡，两表笔跨接于电源开关的两端，此时开关应置于断开位置，可测量整机的总电流。本机的正常总电流约为10±2mA。

用万用表测量各级放大管的工作电压以及测量各级放大管的集电极电流，是判断具体故障位置的基本方法。但测量放大管的集电极电流时需将电流表串联到集电极电路中，如电路板上没有集电极电路测量端口，就要在印制电路板铜箔或导线上断开，形成测量端口。可以用短路晶体管的基极到地看整机电流减小的数量来估算各集电极电流的方法。

（2）信号注入法

收音机是一个信号捕捉、处理、放大系统，通过注入信号可以判定故障位置。

用低频信号发生器来寻找低频部分故障，根据收音机测试条件中规定的频率，选择选低频信号发生器的震荡频率，一般在400～1000Hz之间。将低频信号注入到低频某一级回路时，扬声器输出异常，则可判定故障发生在该级电路中。用高频信号发生器注入465Hz信号检测中放、检波级电路故障，注入465～1640Hz信号可检测输入、变频级电路故障。

如没有信号发生器的，也可用以下方法，选万用表R×10电阻挡，红表笔接电池负极（地）黑表笔触碰放大器输入端（一般为三极管基极），此时扬声器可听到“咯咯”声。然后用手握螺钉旋具金属部分去碰放大器输入端，从扬声器听反应，此法简单易行，但相应信号微弱，不经三极管放大则听不到声音。

（3）故障部位判断法

利用一定的检测方法或经验迅速判断故障部位，能有效提高检修效率。例如判断故障在低放之前还是低放之中（包括功放）的方法：接通电源开关，将音量电位器开至最大，喇叭中没有任何响声，可以判定低放部分肯定有故障。

判断低放之前的电路工作是否正常，方法如下：将音量减小，万用表置为直流电压挡。挡位选择 0.5V，两表笔并接在音量电位器非中心端的两端上，一边从低端到高端拨动调谐盘，一边观看电表指针，若发现指针摆动，且在正常播出时指针摆动次数约在数十次左右。即可断定低放之前电路工作是正常的。若无摆动，则说明低放之前的电路中也有故障，这时仍应先解决低放中的问题，然后再解决低放之前电路中的问题。

例如，完全无声故障的检修：将音量电位器开至最大，用万用表直流电压 10V 挡，黑表笔接地，红表笔分别触碰电位的中心端和非接地端（相当于输入干扰信号），可能出现三种情况：

① 触碰非接地端扬声器中无“咯咯”声，触碰中心端时扬声器有声。这是由于电位器内部接触不良，可更换或修理排除故障。

② 触碰非接地端和中心端均无声，这时用万用表 R×10 挡，两表笔并接触碰扬声器引线端，触碰时扬声器若有“咯咯”声，说明扬声器完好。然后将万用表置为电阻挡，点触 B_7 二次绕组两端，扬声器中若无“咯咯”声，则说明扬声器的导线已断；若有“咯咯”声，则把表笔接到 B_7 一次侧两组线圈两端，这时若无“咯咯”声，就是 B_7 一次绕组有断线。

③ 将 B_6 一次绕组中心抽头处断开，测量集电极电流，若电流正常。说明 VT_6 和 VT_7 工作正常，B_6 二次绕组无断线。

若电流为 0，则可能是 R_{11} 断路或阻值变大；VT_7 短路；VT_5 和 VT_6 损坏。（同时损坏情况较少）。

若电流比正常情况大，则可能是 R_{11} 阻值变小，VT_7 损坏；VT_5 和 VT_6；C_{11} 或 C_{12} 有漏电或短路。

④ 用干扰法触碰电位器的中心端和非接地端，扬声器中均有声，则说明低放工作正常。

参考文献

[1] 胡峥. 电子技术基础与技能[M].北京：机械工业出版社，2010.

[2] 付植桐.电子技术[M].北京：高等教育出版社，2004.

[3] 张志良.电子技术基础[M].北京：机械工业出版社，2011.

[4] 赵永杰，王国玉.Multisim 10 电路仿真技术应用[M]. 北京：电子工业出版社，2012.

[5] 聂典. Multisim 10 计算机仿真在电子电路设计中的应用[M]. 北京：电子工业出版社，2009.

[6] 牛百齐.电子产品装配工快速入门[M].北京：中国电力出版社，2014.

[7] 张惠荣，王国贞.模拟电子技术项目教程[M].北京：机械工业出版社，2012.

[8] 王久和.电工电子实验教程[M].北京：电子工业出版社，2008.

参考文献